O. Sacks

Bewußtseinsdämmerungen

VCH

IN MEMORIAM

William H. Auden
Aleksandr R. Lurija

Vertrieb:
VCH Verlagsgesellschaft, Postfach 101161, D-6940 Weinheim (Bundesrepublik Deutschland)
USA und Canada: VCH Publishers, Suite 909, 220 East 23rd Street,
New York, NY 10010-4606 (USA)

ISBN 3-527-17602-0

Oliver Sacks

Bewußtseinsdämmerungen

Fallgeschichten zur Weckdroge L-DOPA

VCH

Englischer Originaltitel:
Oliver Sacks
Awakenings
Pan Books Ltd., London 1982

Die Übersetzung aus dem Englischen besorgten:
St. Schappo, W. Gutjahr, M. Lehmann, U. Hausmann, N. Rose, K.-H. Plottek

Für die Redaktion der Ausgabe in deutscher Sprache verantwortlich:
Regine Schmidt und Alexandre Métraux

CIP-Titelaufnahme der Deutschen Bibliothek

Sacks, Oliver:

Bewusstseinsdämmerungen : zur Geschichte der Weckdroge L-DOPA / Oliver Sacks. [Die Übers. aus d. Engl. besorgten: St. Schappo ...]. — Weinheim ; New York, NY : VCH, 1989

Einheitssacht.: Awakenings 〈dt.〉

ISBN 3-527-17602-0

Satz, Druck und Bindung: VEB Druckerei „Thomas Müntzer", Bad Langensalza, 5820
Printed in the German Democratic Republic

Inhalt

Zur Neuroanthropologie von Oliver Sacks

Alexandre Métraux

I

Seit einigen Jahren erscheinen in der *New York Review of Books* und der nicht weniger angesehenen *London Review of Books* in unregelmäßiger Folge Beiträge, die man üblicherweise nicht dort, sondern in neurologischen oder neuropsychologischen Fachzeitschriften erwartet. Diese Texte tragen Titel wie *Musical Ears* (Musikalische Ohren), *The Man who Mistook his Wife for a Hat* (Der Mann, der seine Frau mit einem Hut verwechselte), *Hands* (Hände) oder *The President's Speech* (Die Ansprache des Präsidenten). Bei allen handelt es sich um neurologische Fallgeschichten. Und doch fanden sie in den literarischen Journalen nicht deshalb Eingang, weil ihrem Urheber, Oliver Sacks, der Zutritt zu medizinischen Zeitschriften verwehrt worden wäre (er veröffentlicht ja regelmäßig u. a. im *Lancet*), sondern deshalb, weil in ihnen an die Beschreibung pathologischer Verirrungen der Natur die Frage nach den Bedingungen der psychischen Tätigkeiten des Menschen taktvoll geknüpft wird.

Ein Beispiel. Am 15. August 1985 erscheint in der *New York Review of Books* die knapp vier Spalten umfassende Fallgeschichte „Die Ansprache des Präsidenten".

Im Aufenthaltsraum einer Station, auf der aphasische Patienten behandelt werden, läuft der Fernseher. Es wird eine Ansprache des Präsidenten der Vereinigten Staaten von Nordamerika übertragen. Dem Redner, einst Schauspieler in drittklassigen Streifen und in Werbefilmen, werden von seinen Anhängern rednerisches Können, Überzeugungskraft sowie die Beherrschung der Massenkommunikationsregeln zugeschrieben — doch die aphasischen Patienten krümmen sich während der Ansprache vor Lachen oder kichern höhnisch. Was geht da vor? Den Lachern, die an sensorischer Aphasie als Folge einer wie auch immer entstandenen linksseitigen Hirnrindenschädigung leiden, muß an der Redeweise des Präsidenten etwas auffallen, das anderen Menschen üblicherweise verborgen bleibt.

Die Feststellung eines traumatisch bedingten Wortverständnisverlusts ist häufig nur dadurch zu erzielen, daß eine unnatürliche Sprechsituation hergestellt wird, in der die Begleiterscheinungen verbaler Äußerungen (Tonfall, Mimik, Gestik, Haltung usw.) keine Rolle mehr spielen. Oder anders: erst wenn die verbalen Äußerungen, die an den auf Aphasie untersuchten Patienten gerichtet sind, zu einer neutralen Wortkette gemacht werden, läßt sich ermessen, wie stark der Wortverständnisausfall ausgeprägt ist. Der künstlich herbeigeführte Wegfall dessen, was der Logiker Gottlob Frege zur Charakterisierung der Begleiterscheinungen verbaler Äußerungen als „Beleuchtung" oder „Färbung" bezeichnet hat[1], ist für die Erfassung der Wortverständnisstörung unerläßlich.

Patienten mit einem derartigen Funktionsausfall vermögen allerdings durch die Verschiebung ihrer Aufmerksamkeit auf die Färbung oder Beleuchtung verbaler Äußerungen in natürlichen Sprechsituationen die Beeinträchtigung teilweise wettzumachen. Dadurch wird letztere beinahe unauffällig. Zugleich reagieren solche Patienten überaus empfindlich auf die Färbungen der von ihnen wahrgenommenen Sprechakte. So heißt es, daß man an sensorischer Aphasie leidende Patienten nicht belügen und ihnen nichts vormachen könne — sie hören die Lüge aus dem Tonfall, die leere Versprechung aus dem Gehabe eines Sprechenden heraus. Deshalb also das Gelächter, das der sprechende Präsident auslöst.

Im Aufenthaltsraum verfolgt auch Edith D. das Geschehen. Wegen einer Geschwulst im rechtsseitigen Schläfenlappen leidet diese Patientin an tonaler Agnosie: sie ist nicht mehr imstande, die Färbung oder Beleuchtung verbaler Äußerungen wahrzunehmen. Für sie sind Sprechhandlungen nur verstehbar, wenn diese aus grammatikalisch und syntaktisch richtig zusammengesetzten Wortketten bestehen — wenn sie gleichsam eine dürre, spröde Prosa bilden. Umgangssprachliche Wendungen, emotionale Färbung, Mimik und Melodik von Sprechakten sind Edith D. so fremd, wie ihren aphasischen Mitpatienten umgekehrt die puren Wörter ohne Bezug zur Verständigungssituation es sind.

Edith D. kann der Ansprache des Präsidenten auch nichts abgewinnen. Sie ist über die wirre Prosa des Redners so entsetzt, daß Zweifel an dessen Verstand sie beschleichen . . .

Nun ersetzt eine derartige Fallstudie weder eine Kommunikationstheorie, noch tritt sie zu dieser in Konkurrenz. Sie kann aber auf gewisse empirische Randbedingungen der Verständigung aufmerksam machen, die die Sprachtheoretiker in der ständigen Beschäftigung mit „normalen" Sprechakten übersehen könnten. Zudem erlaubt eine Fallstudie wie die kurz vorgestellte, eine Brücke zwischen der Sprachpathologie und der Kommunikationstheorie zu schlagen, wie Aleksandr R. Lurija dies in seinem neurolinguistischen Forschungsprogramm vorgesehen hat[2].

Aus diesen wenigen Angaben läßt sich bereits ersehen, daß das Schaffen Oliver Sacks' einer bestimmten Gattung nicht eindeutig zugeordnet werden kann. Es ist bestimmt das eines Neurologen, wenn man an die Menge der mitgeteilten klinischen Beobachtungen und an die Auseinandersetzungen mit Auffassungen der Neurophysiologie, der Neuropharmakologie und anderen Zweigen dieses medizinischen Faches denkt. Zugleich bricht Sacks — besonders in seinen Fallgeschichten — die durch die Neurologie gesetzten Grenzen auf. Was also ist den Fallgeschichten gemeinsam — gleichgültig, ob sie die Beeinträchtigung einzelner psychischer Funktionen (Sprache, begriffliches und anschauliches Denken, vi-

[1] Vgl. hierzu Michael Dummet: *Frege: Philosophy of Language*, London 1973, S. 2—7 und S. 84—89.

[2] Vgl. Aleksandr R. Lurija: *Osnovnye problemy nejrolingvistiki*, Moskau 1975. Englischsprachige Übersetzung unter dem Titel *Basic Problems of Neurolinguistics*, Den Haag/Paris 1976.

suelle Wahrnehmung, Gedächtnis usw.) zum Gegenstand haben[3], oder, wie im vorliegenden Band, den Zusammenbruch von Denken, Wollen und Handeln als Folge eines massiven Traumas? Sie beschreiben mit den Mitteln der Neurologie analysierbare Ausfallserscheinungen und thematisieren dennoch unentwegt die Problematik der Bedingung der Möglichkeit menschlichen Daseins. Das wird dadurch erreicht, daß die aus der klinischen Beobachtung gewonnenen Befunde zu *lebensgeschichtlichen Lehrstücken umgeschrieben* werden. Die so entstehenden Texte berichten allerdings nicht von großen und kleinen Taten, von Verlegenheiten, Selbstüberwindungen, anerkennungswürdigen Leistungen oder der mitunter mühsam errungenen Identität von Personen, sondern von Ereignissen, die, obzwar sie Personen angehören, keinen Eigennamen zu tragen vermögen. Sacks bringt also Ereignisse und Zustände, die unter der Haut oder unterm Schädel lokalisiert sind, in die Form einer Erzählung, die veranschaulicht, wie jemandes Geschichte durch subjektiv gelegentlich nicht einmal wahrgenommene Veränderungen des organischen Substrats aus den Angeln gehoben, oder anders: wie jemandes Geschichte durch die Verstrickungen einer untergründig sich abspielende Gegengeschichte des Körpers gebrochen wird. Und wenn eine Biographie derart erschüttert wird, bleibt für glückendes Selbstbewußtsein kein Platz mehr. In manchen Fällen wird es durch die Vorherrschaft des Organischen übrigens so überwuchert, daß im kleinen leiblichen Rest einer Biographie (wie Sacks andeutet, vgl. S. 230[4]) archaische Verhaltensformen aus der früheren Gattungsgeschichte des Menschen sichtbar werden.

Die den Fallgeschichten Oliver Sacks' eignende Irritationskraft ergibt sich mithin aus der Symbiose zweier Textgattungen: der diskursiven, analytischen, in Medizin und Naturwissenschaft beheimateten einerseits, und der narrativen oder erzählend aufklärenden andererseits, auf die sich die Geschichtswissenschaften und die Dichtung gründen — nur daß bei Sacks nicht selbstbewußt handelnde Personen, sondern die dem neurologischen Blick sich darbietenden organischen Ereignisse und Zustände als „Helden" der Geschichte auftreten.

II

Aber im Ausbildungsweg und in der frühen beruflichen Laufbahn Sacks' ist nichts zu entdecken, was sich als Vorzeichen seiner heutigen Arbeits- und Denkweisen auslegen ließe. Der am 9. Juli 1933 in London geborene Oliver wurde, wie seine drei älteren Brüder auch, durch die Eltern — beide übten den Arztberuf aus — auf die medizinische Laufbahn eingestimmt und vorbereitet. Vielleicht ist die Tatsache, daß der Vater unter dem berühmten Neurologen Sir Henry Head gearbeitet hatte, für die Entscheidung des jüngsten Sohnes zugunsten einer Laufbahn im Bereich der Neurologie mitbestimmend gewesen. Nach Abschluß der St. Paul's School in London erhielt Sacks 1951 ein Stipendium

[3] Die kleinen Fallgeschichten sind inzwischen gesammelt unter dem Titel *The Man Who Mistook His Wife For a Hat* veröffentlicht worden (New York 1985). Deutschsprachige Übersetzung unter dem Titel *Der Mann, der seine Frau mit einem Hut verwechselte*, Reinbek bei Hamburg 1987.

[4] Bloße Seitenangaben verweisen auf Stellen im vorliegenden Band.

des Queen's College in Oxford, wo er bis 1954 das medizinische Grundwissen erwarb. Sein Medizinstudium schloß er 1958 am Middlesex Hospital in London ab, an dem er sich dann bis 1960 in Chirurgie und Neurologie spezialisierte. Noch im selben Jahr siedelte er in die USA über. Zuerst arbeitete er in San Francisco am Mount Zion Hospital (Abteilung für Parkinsonkranke), von 1962 bis 1965 an der Neurologischen Klinik der University of California in Los Angeles. 1966 wurde er an das Albert Einstein College of Medicine im New Yorker Stadtteil Bronx berufen, an dem er seither Neurologie unterrichtet. Inzwischen ist Sacks auch als Berater für verschiedene Hospitäler und Altenheime in New York tätig. Sein erstes Buch *Migraine: The Evolution of a Common Disorder*[5], das er während seines Aufenthalts in Kalifornien in Angriff genommen hatte, erschien 1970.

Kurz nach der Übernahme der Professur für Neurologie stieß Sacks in einem Hospital für chronisch Kranke auf jene Gruppe von Postenzephalitikern, deren langjährige Beobachtung und Behandlung nicht nur Anlaß des vorliegenden Buches[6] waren, sondern auch zu einer Veränderung der theoretischen Fragestellungen und der medizinischen Denkweise unseres Autors geführt haben. Über Ausmaß und Konsequenzen dieser Veränderung äußert sich Sacks an verschiedenen Stellen seiner Monographie, so daß sich ein Eingehen darauf hier schadlos erübrigt. Hervorzuheben sind aber die Einzigartigkeit des Themas dieser Monographie sowie die Art, wie das Thema behandelt wird.

Die Patientengruppe, der Sacks während gut fünf Jahren unermüdlich seine Aufmerksamkeit geschenkt hat, umfaßt achtzig Personen, die an der 1916/1917 ausgebrochenen epidemischen *Encephalitis lethargica* erkrankt waren und wegen der mitunter gravierenden Folgen dieser Gehirnerkrankung versorgt werden mußten. Sie waren im Laufe der Zeit in das Hospital verlegt worden, dem Sacks den Decknamen „Mount Carmel" gegeben hat, und bildeten Mitte der sechziger Jahre die größte Postenzephalitiker-Gruppe der USA (vermutlich auch der Welt).

Die *Encephalitis lethargica* — sie wird auch *Encephalitis epidemica*, europäische Schlafkrankheit oder Economo-Krankheit genannt, letzteres nach dem Wiener Neurologen Constantin von Economo (1876—1931), der sie ausführlich beschrieben hat[7] — ist Ursache von „Nachkrankheiten"[8], deren Bild dem des Parkinsonismus ähnlich ist. Dieser Ähnlichkeit liegt ohne Zweifel jener Analogieschluß zugrunde, durch den die in ihrem Kranksein gefangenen, in sozialer Isolation lebenden und ihrer Biographie beraubten Patienten zu individuell unterschiedlichen „Trägern" anthropologisch aufsehenerregender und aufschlußreicher Episoden wurden:

1960 gelang der Nachweis, daß bei Parkinsonismus ein Mangel am Neurotransmitter Dopamin vorherrscht. Dieser Mangel kann durch Zufuhr der natürlichen Vorstufe von

[5] Vgl. Oliver Sacks: *Migraine: The Evolution of a Common Disorder*, London 1970. Deutschsprachige Übersetzung unter dem Titel *Migräne. Evolution eines häufigen Leidens*, Stuttgart 1985.

[6] Die erste Auflage erschien unter dem Titel *Awakenings* in London. Inzwischen liegt das Werk in vierter, überarbeiteter Auflage vor.

[7] Vgl. Constantin von Economo: *Die Encephalitis lethargica, ihre Nachkrankheiten und ihre Behandlung*, Berlin/Wien 1929.

[8] Vgl. von Economo, a. a. O., S. 147ff.

Dopamin, nämlich Laevodihydroxyphenylalanin (auch L-DOPA genannt), mindestens soweit ausgeglichen werden, daß sich ein Einsatz dieser Substanz zu therapeutischen Zwecken lohnt. Ende der sechziger Jahre war klar, daß L-DOPA, wenn es schon bei Parkinsonkranken zu einem gewissen, wenngleich nicht immer eindeutigen Erfolg führt, postenzephalitischen Patienten wohl nicht abträglich wäre. Die ersten Versuche zeitigten jedoch die erwartete Wirkung nicht. Erst die mit Risiken behaftete Vervielfachung der Dosis bewirkte eine überraschende Erweckung auch der am schwersten betroffenen Postenzephalitiker aus dem Zustand der Erstarrung, der Sprachunfähigkeit, der Bewußtseinsgerinnung und der Geschichtslosigkeit, in den sie Jahrzehnte zuvor geraten waren (vgl. S. 38—42).

Mit anderen Worten: erst die gezielte Verabreichung einer Substanz, die die Störung wichtiger Mechanismen des Zentralnervensystems teilweise behebt, erlaubte es Sacks, mit den Opfern der *Encephalitis lethargica*-Epidemie eine effektive Verständigung aufzubauen. Die in dieser neuen Situation entstandenen Krankengeschichten nehmen sich denn auch nicht wie Berichte unbeteiligter Beobachter aus, sondern lassen sich wie Erzählungen eines Leidenswegs nachvollziehen, die von den Augenzeugen desselben beglaubigt sind.

Daß ein Medikament einen Kranken aus der „epidemischen Schlummersucht"[9] holen und ihn — wenn auch nur vorübergehend — zu einer Person machen kann, die ihre verschüttete Biographie rekonstruiert, ist gewiß eine aufsehenerregende Tatsache. Beließe man es aber allein beim „biochemischen" Aspekt oder reduzierte man die zwanzig von Sacks vorgestellten Fallgeschichten auf eine Reportage über das Geschick einer „Wunderdroge" (vgl. S. 38), würde der Gehalt des vorliegenden Buches um den wesentlichen Bestandteil amputiert werden.

Wie die *Encephalitis lethargica* sich schlagartig ausbreitete, so verschwand sie Mitte der zwanziger Jahre ebenso plötzlich. Eine Wiederholung der Epidemie ist zwar nicht ausgeschlossen. Aber es deutet alles darauf hin, daß die heutige Medizin aufgrund der früheren Erfahrungen und dank der Fortschritte der therapeutischen Verfahren der *Encephalitis lethargica* anders als damals entgegentreten würde. Vermutlich würde eine erneute Epidemie die Ausmaße derjenigen von 1916—1927 nicht erreichen. Zudem würden die Erkrankten nicht wie die Patienten von „Mount Carmel" jahrzehntelang mit einer nachträglich kaum faßbaren Vergessenheit (Abschiebung und Versorgung in Institutionen, Ausblendung aus dem Bewußtsein der Ärztegemeinschaft) bedacht werden[10]. Doch gerade diese Vergessenheit der Postenzephalitiker, die Verfügbarkeit von L-DOPA zu einem günstigen Zeitpunkt, und die Beobachtungs- und Experimentierfreudigkeit von Oliver Sacks (zu letzterer vgl. z. B. S. 240), die sich mit einer leidenschaftlichen Geduld in ausweglos erscheinenden Lagen und mit einem ausgeprägten Sinn für die Erweiterung der medizinischen Problematik der neurologischen Störung durch die anthropologische Problematik der krankheitsbedingten Lebensbehinderung verbindet, bildeten die Konstellation, dank der die Geschichten über die Bewußtseinsdämmerung einiger Menschen nicht

[9] Vgl. von Economo, a. a. O., S. IV.

[10] Persönliche Mitteilung von Oliver Sacks, 28. Mai 1987.

prinzipiell einmalig, sondern, weil wahrscheinlich unwiederholbar, in der Tat einzigartig sind[11].

III

Jede der im vorliegenden Band enthaltenen Fallgeschichten ist — für sich genommen — menschlich bewegend. Sei es, weil die Leserin oder der Leser in Verfolgung eines detaillierten Berichts und unter Nachhilfe des eigenen Vorstellungsvermögens zu begreifen vermag, was es für einen Menschen heißt, lebensgeschichtlich endlich wieder zu sich zu kommen; sei es, weil anschaulich vorgeführt wird, daß etwas, was bei manchem Patienten zur Linderung des Leids beiträgt, bei anderen Kranken allen Bemühungen zum Trotz nicht mehr hilft. Und wie das ursprünglich von Economo gezeichnete Bild der *Encephalitis lethargica* uneinheitlich war, weil es voller Paradoxe steckte, so sind die individuellen Fallgeschichten uneinheitlich — als ob die Individualität des einzelnen Kranken sich nur mehr in unterschiedlichen organischen Geschehen bemerkbar machte. Deshalb sind induktive Verallgemeinerungen lediglich geringer Reichweite möglich. Dennoch lassen sich aus der widersprüchlichen postenzephalitischen Symptomatik — insonderheit dann, wenn man den Kontrast zwischen den Zuständen vor und denen während der Behandlung durch L-DOPA im Auge behält — einige Merkmale hervorheben, die für die anthropologische Problematik belangvoll sind.

Alle von Sacks untersuchten und behandelten Patienten litten unter Bewußtseinsverzerrungen und Aufmerksamkeitsverlagerungen. Es ging jedoch nicht um wahnähnliche Phänomene oder um Depersonalisationserscheinungen, sondern um eine zwangsartige Innengewandtheit der Aufmerksamkeit auf das Verhalten, das sich jeder Steuerung entzog. Es spielt dabei keine Rolle, ob das Verhalten, das sich dem Patienten regelrecht aufdrängte, zum Bereich des Mentalen gehörte, wie im Falle einer Rechenoperation, oder zu dem der Motorik, wie im Falle des Gehens oder des Hantierens mit einem Gegenstand. Was verhaltensmäßig auch immer geschah, überwältigte unwiderstehlich den Willen und das Gefühl der Postenzephalitiker, deren Selbst in die qualvolle Nebenrolle eines passiv Erduldenden verdrängt wurde. Das ist mit ein Grund, warum Sacks mehrfach Querverbindungen zwischen dem Zustand der Postenzephalitiker und dem Phänomen des Tics bzw. dem Tourette-Syndrom herstellt. Und wenn in der deutschsprachigen Terminologie schon in den zwanziger Jahren im Zusammenhang der *Encephalitis lethargica* von Schlafkrankheit und Schlummersucht die Rede war, dann betraf dies nicht nur den Krankheitsverlauf, der bei Hunderttausenden zum Tod nach langem Koma führte, sondern auch die Unansprechbarkeit der Überlebenden auf die Umwelt bei grundsätzlich intakt gebliebenen geistigen Fähigkeiten: denn ihr Selbst schlummerte ohnmächtig hinter ihrem unbeherrscht mal so, mal anders sich einstellenden Verhalten.

Es fällt ferner auf, daß sich die Verhaltensweisen der Postenzephalitiker durch extreme

[11] Die biographischen Angaben über Sacks sind dem Organ *Current Biography*, Band 46, Nummer 2, Februar 1985, S. 32—36, entnommen.

Verlangsamung oder extreme Beschleunigung auszeichnen. Der Gang vom Bett zum Fenster oder das innere Sprechen eines Satzes kann so in übermäßiger Hast erfolgen oder Stunden in Anspruch nehmen. Was Philosophen und Psychologen im gelegentlich verzweifelten Versuch, die Zeitlichkeit des Erlebens zu erfassen, mit Hilfe von Metaphern als „Strom", als „Fließen", als „Gestalt" mit fließendem Übergang von einem Gegenstand im Brennpunkt der Aufmerksamkeit zu einem anderen Gegenstand im Brennpunkt der Aufmerksamkeit oder auch als „gelebte Zeit" beschrieben haben, scheint sich bei den postenzephalitischen Patienten verselbständigt und jede mit der Musikalität eines Geschehens vergleichbare Ebenmäßigkeit eingebüßt zu haben (vgl. hierzu S. 231—232). Die Postenzephalitiker verhalten sich so, als ob ihnen der inwendige Zeitsinn für den Duktus des Sprechens, des Überlegens, der Lokomotion, des Wahrnehmens und Fühlens abhanden gekommen sei — oder so, als ob das Zeitmaß durch die aus den Fugen geratene Gehirntätigkeit diktiert würde (was übrigens auch die vermittels des Elektroenzephalogramms erhaltenen Meßwerte nahelegen, vgl. S. 219—223). Die krankheitsbedingte Abwendung der Aufmerksamkeit von der Welt — der materiell-gegenständlichen und der gesellschaftlichen in einem — bricht folglich den Bezug zur kosmischen wie auch zur konventionellen Zeit auf. Übrig bleibt die erlittene Zeit der sich wiederholenden, beliebig einsetzenden und ebenso beliebig die Richtung ändernden, bloß auf sich selbst gerichteten Regungen des leiblichen Substrats, das mit seiner Regellosigkeit und Aleatorik den Aufbau einer biographischen Kontinuität verhindert.

Wenn nun durch Verabreichung von L-DOPA die Bedingungen für eine erneute Außenwendung der Aufmerksamkeit gegeben sind, wenn also die Patienten nicht mehr von ihren Verhaltensweisen vereinnahmt werden, sondern wieder in der Lage sind, ihr Erleben und Handeln auf die Umwelt abzustimmen, machen sie die Erfahrung eines aus der lähmenden Abgeschiedenheit zu sich kommenden *geschichtlichen* Selbst. Die einen lassen ihre Biographie an den Zeitpunkt der Erkrankung anknüpfen und leben in ihrer Jugend weiter, leben mithin mit einer jahrzehntelangen Verzögerung ihr Leben dort weiter, wo es nichts mehr zu erleben gab; andere bringen Ereignisse, die sie im Schlummer entfernt noch mitbekommen haben, in eine zeitlich-kontinuierliche Ordnung. Was allerdings nicht heißt, daß die Wiedergewinnung der chronologischen Rahmenbedingung für die Konstruktion einer Biographie jeweils als Erlösung empfunden wird. Denn einige Patienten kommen ja zum Zeitpunkt des Zu-sich-Kommens nicht um die Erkenntnis herum, daß sie alterslos gealtert sind. Man sollte also gerade die Problematik des Aufwachens des Selbst nach der geschichtslosen Zeit nicht unterschätzen, da die Linderung der Aufmerksamkeitsstörung einerseits, der nicht steuerbaren Abfolge von zeitlich chaotischen Verhaltensweisen andererseits in Einzelfällen dramatisch und konflikthaft verläuft, will sagen: die Erkenntnis eines kaputten Lebens unausweichlich macht.

Diese und andere, durch die Monographie von Oliver Sacks veranlaßte Reflexionen lassen vermuten, daß das Bild, das man sich vom Menschen als einem bewußt sich bestimmenden, seine Geschichte aufbauenden, im gesellschaftlichen Verkehr seine Identität suchenden und autonom handelnden Individuum macht, denn doch etwas zu kurz geraten ist. Nicht, daß die gesellschaftlichen Determinanten nun plötzlich und wider besseres Wissen gegen die von Descartes propagierte Bestimmtheit des Menschen aus dem bloßen Denken heraus eingetauscht zu werden bräuchte: das cartesische „Cogito, ergo sum" hat längst ausgedient. Daß außer den gesellschaftlichen Determinanten aber auch die trägen organischen Determinanten mitspielen und daß erst das Zusammenwirken beider Determinantenmengen ein *geschichtliches Individuum* (und nicht einfach einen Vertreter der Gattung *Homo sapiens diurnus*) hervorzubringen vermag, lassen die Fallgeschichten der Postenzephalitiker mit der nötigen Deutlichkeit sichtbar werden.

Vorwort

Vor 21 Jahren kam ich nach Mount Carmel. Dort begegnete ich den faszinierenden postenzephalitischen Kranken, die seit der großen *Encephalitis lethargica*-Epidemie nach dem Ersten Weltkrieg in Mount Carmel untergebracht worden waren. Economo, der vor einem halben Jahrhundert als erster die *Encephalitis lethargica* beschrieben hatte, bezeichnete die schwer betroffenen Patienten als „erloschene Vulkane". Im Frühjahr 1969 brachen diese „erloschenen Vulkane" wieder auf — in einer Art, die er nicht hätte ahnen und die niemand sich hätte ausmalen oder voraussehen können. Die stille Atmosphäre von Mount Carmel veränderte sich gänzlich. Vor unseren Augen ereignete sich eine fast geologische Umwälzung — das explosive „Erwachen" und die „Beschleunigung" von etwa achtzig Patienten, die lange für abgestorben gehalten worden waren und sich selbst dafür gehalten hatten. Ich erinnere mich, von Gefühlen bewegt, an diese Zeit, denn damals geschah das Bedeutsamste und Außerordentlichste in meinem Leben, wie es das wohl auch im Leben meiner Patienten war. Wir alle waren in Mount Carmel gepackt von Emotion, Erregung, von Verzückung und sogar von Ehrfurcht.

Es war keine rein „medizinische" Erregung, so wie das „Erwachen" der Patienten auch kein ausschließlich medizinisches Ereignis war. Es ging um eine durchaus *menschliche* (gar allegorische) Erregung, die „Toten" wieder erwachen zu sehen, denn Leben, die man für unrettbar verloren hielt, blühten wundervoll wieder auf. Individuen in all ihrer Vitalität und Reichhaltigkeit kamen aus dem Zustand des Totseins zurück, in den sie über Jahrzehnte hinweg eingeschlossen gewesen waren. Wir hatten eine *vage Ahnung* von den Persönlichkeiten, die *erstarrt* waren. Die Fülle ihrer Lebendigkeit ging uns aber erst auf, fiel buchstäblich über uns her, als diese Patienten „erwachten".

Ich war davon sehr angetan, diesen Patienten gerade dann und unter den damals vorherrschenden Arbeitsbedingungen zu begegnen. Meine Patienten waren allerdings nicht die einzigen postenzephalitischen Patienten auf der Erde. In den späten sechziger Jahren gab es deren noch viele Tausende, von denen manche in großen Gemeinden in Pflegeanstalten lebten. Ein größeres Land *ohne* seine Gemeinde von postenzephalitischen Patienten ist nicht bekannt. Und dennoch ist dieses Buch die einzige Beschreibung solcher Patienten, ihres jahrzehntelangen „Schlafes" und ihres dramatischen „Erwachens" im Jahre 1969.

Ich fand das damals außerordentlich seltsam: Warum existierten keine anderen Berichte über etwas, das anderswo in der Welt auch hätte geschehen müssen? Warum gab es zum Beispiel keinen entsprechenden Bericht aus Philadelphia, wo, wie ich wußte, eine Gruppe von Patienten lebte, die der meinen nicht unähnlich war? Warum nicht aus London, wo das Highlands Hospital die größte postenzephalitische Gemeinde in England beherbergte[1*]? Oder aus Paris? Oder aus Wien, wo die Krankheit ausgebrochen war?

Diese Frage läßt sich nicht mit einer einfachen Antwort erledigen. Vieles sprach gegen die im Buch bevorzugte Art der Beschreibung und gegen die „biographische" Herangehensweise.

Ein Faktor, der diese Studie möglich machte, hatte mit der *Situation* zu tun. Mount Carmel ist ein Krankenhaus für chronisch Kranke, ein Asyl. Im allgemeinen meiden Ärzte derartige Krankenhäuser oder arbeiten dort eine kurze Zeit, um sie dann so schnell wie möglich zu verlassen. Das war nicht immer so: Im vergangenen Jahrhundert wohnte Charcot praktisch in der Salpêtrière und Hughlings Jackson im West Riding Asylum — die Begründer der Neurologie hatten wohl erkannt, daß man nur in solchen Krankenhäusern die Abgründe und Einzelheiten der verborgenen Funktionsstörungen erforschen und herausarbeiten konnte. Als Anstaltsarzt war ich nie in einem solchen Krankenhaus, und obgleich ich mehrere Patienten mit postenzephalitischem Parkinsonismus und anderen Störungen in Polikliniken behandelt hatte, hatte ich *keine Ahnung*, wie umfassend und fremdartig die Auswirkungen der postenzephalitischen Krankheit sind. Für mich war die Ankunft in Mount Carmel 1966 eine Offenbarung. Es war meine erste Bekanntschaft mit einer Krankheit, von deren Tiefen ich zuvor nichts gesehen, gelesen oder gehört hatte — denn allgemein dringen Ärzte nicht in die „tieferen Bereiche" vor, noch gibt es nicht viele Berichte über diese Bereiche, aus jenen Abgründen der Not oder Bedrängnis, die jetzt sozusagen unter der medizinischen Wahrnehmungsschwelle liegen. Wenige Doktoren haben jemals die Räume solcher Krankenhäuser und Asyle betreten, und noch weniger hatten die Geduld, zu hören, zu schauen und in die Physiologie sowie in die Zwangslagen dieser immer weniger ansprechbaren Patienten einzudringen. Ferner versiegt die medizinische Literatur über die *Encephalitis lethargica* eigentlich schon 1935, so daß die damals noch unsichtbaren gravierenden Krankheitsbilder, die erst später auftraten, nie beschrieben wurden. Ich hätte es nicht für *möglich* gehalten, daß derartige Patienten überhaupt existierten, oder, falls sie existierten, nie beschrieben worden sind.

Die „andere", die gute Seite der Krankenhäuser für chronisch Kranke ist die, daß das Personal oft jahrzehntelang dort arbeitet und lebt. Und so kann es den Patienten außerordentlich nahekommen, sie *als Menschen* kennen und lieben lernen, anerkennen und respektieren. Deshalb begegnete ich, als ich nach Mount Carmel kam, nicht einfach bloß „80 Postenzephalitikern", sondern 80 *Menschen*, deren inneres Leben und Dasein dem Personal in einem bemerkenswerten Ausmaß bekannt war — bekannt im konkreten Sinne einer lebensnahen Zusammengehörigkeit, nicht im fahlen, abstrakten Sinne des medizinischen Wissens. Als ich in diese Gemeinschaft kam — eine Gemeinschaft von Patienten und eine solche von Patienten und Personal —, stellte ich fest, daß ich den Patienten

* Die Anmerkungen finden sich auf den Seiten 224—250.

als Individuen begegnete, die sich kaum mehr auf Statistiken oder Listen von Symptomen reduzieren ließen.

Natürlich war dies auch eine einzigartige *Zeit* für die Patienten und für uns alle. Man hatte in den späten fünfziger Jahren herausgefunden, daß dem Gehirn des Parkinsonkranken der Neurotransmitter Dopamin fehlt und es durch Anhebung des Dopamin-Spiegels „normalisiert" werden könne. Doch alle Versuche in dieser Richtung, bei denen das L-DOPA milligrammweise verabreicht wurde, schlugen fehl, bis Dr. George Cotzias mit großem Wagemut einer Gruppe von Patienten die Substanz erstmals in *tausendfach* größeren Dosen verschrieb. Mit der Veröffentlichung von Cotzias' Ergebnissen im Februar 1967 veränderte sich plötzlich der Ausblick für die Parkinsonpatienten: Die unglaubliche Hoffnung entstand schlagartig, daß Patienten, die bis dahin nur eine schreckliche und sich immer weiter verschärfende Behinderung zu gewärtigen hatten, durch das neue Medikament wenn nicht geheilt, so doch verändert werden könnten. Das Leben wurde für die Patienten wieder vorstellbar. Zum ersten Mal in vierzig Jahren konnten sie an eine Zukunft glauben. Von diesem Zeitpunkt an war die Atmosphäre wie elektrisch geladen. Einer der Patienten, Leonhard L., rief, als er von L-DOPA hörte, in einer Mischung von Enthusiasmus und Ironie aus: „Dopamin ist Auferstehungsamin. Cotzias ist der Messias der Chemie."

Aber es war nicht das L-DOPA, oder was es versprach, das mich so anregte, als ich als junger Doktor, ein Jahr nach Abschluß der Assistenzzeit, nach Mount Carmel kam. Fasziniert wurde ich durch das Phänomen einer Krankheit, die bei jedem Patienten eine andere Gestalt annahm und die von jenen, die sie zuerst studierten, mit Recht als „Phantasmagorie" bezeichnet wurde. („Es gibt nichts in der medizinischen Literatur", schrieb McKenzie [1927], „das vergleichbar wäre mit der Phantasmagorie der Behinderung, die sich im Verlauf dieses seltsamen Leidens manifestiert.") Auf der Ebene des Phantastischen, des Phantasmagorischen, war die Enzephalitis geradezu fesselnd. Es ging um eine Behinderung, die im Vergleich zu anderen Störungen des Nervensystems besser zeigen konnte, wie das Nervensystem organisiert ist und wie Gehirn und Verhalten in tieferen Schichten funktionieren. Der Biologe, der Naturforscher in mir wurde von alldem gepackt — und das brachte mich damals dazu, mit dem Sammeln von Daten für ein Buch über primitive, subkortikale Verhaltens- und Kontrollmechanismen zu beginnen.

Doch ungeachtet der Behinderung und der Auswirkungen dieser Krankheit hatte man es auch mit den Reaktionen der Patienten auf ihre Krankheit zu tun. Womit man konfrontiert wurde, woran man arbeitete, war nicht einfach eine Krankheit oder etwas Physiologisches, sondern das *Menschliche* im Kampf um Anpassung und ums Überleben. Auch das wurde von den frühen Beobachtern der Krankheit, vor allem von Ivy McKenzie (1927), klar erkannt: „Der Arzt ist, anders als der Naturwissenschaftler . . . mit einem einzelnen Organismus, dem menschlichen Subjekt, befaßt, das danach strebt, seine Identität unter widrigen Umständen zu bewahren." Als ich dies erkannte, wandelte ich mich zu mehr als zu einem Naturwissenschaftler (ohne jedoch aufzuhören, ein solcher zu sein). Es entstand ein neuer Bezug, eine neue Bindung: die der Hinwendung zu den Patienten, den Individuen, für die ich zu sorgen hatte. Durch sie sollte ich erfahren, was es bedeutet, ein Mensch zu sein und angesichts unvorstellbarer Härten und Bedrohungen menschlich zu *bleiben*. Während ich kontinuierlich die organische Natur, die vielschichtige, sich ständig verändernde Pathophysiologie und Biologie der Patienten beobachtete, wurde *Identität* zu meinem vordringlichen Anliegen. Das Ringen um den Erhalt der Identität der Patienten galt es zu beobachten, zu unterstützen und nicht zuletzt zu beschreiben. All dies stand am Übergang von der *Biologie* zur *Biographie*.

Der Sinn für die Dynamik von Krankheit und Leben, für das Ringen des Organismus oder des Subjekts ums Überleben (manchmal unter den seltsamsten und dunkelsten Umständen), spielte in meiner Studenten- und Assistentenzeit keine besondere Rolle. Auch in der üblichen Fachliteratur fand ich darüber kaum etwas. Als ich den postenzephalitischen Patienten begegnete, wurde für mich evident, daß der biologisch-biographische Zugang der einzig mögliche ist. Was von den meisten meiner Kollegen geringschätzig abgetan wurde („Anstalten für chronisch Kranke? In ihnen wirst Du nie etwas Interessantes sehen"), stellte sich als das genaue Gegenteil heraus: als eine ideale Situation, in der man beobachten, pflegen und explorieren kann. Dieses Buch wäre vermutlich auch geschrieben worden, wenn es kein „Erwachen" gegeben hätte. Es wäre dann zu *People of the Abyss* (Menschen am Abgrund) geworden, einer Darstellung der Bewegungslosigkeit und Finsternis dieser erstarrten und gefrorenen Leben und einer Beschreibung des Mutes und des Humors, mit denen Patienten zu leben versuchen.

Die Intensität meiner Gefühle für diese Patienten ebenso wie mein Interesse und meine Wißbegierde verbanden uns in Mount Carmel zu einer Gemeinschaft. Die Intensität erreichte im Jahre 1969 ihren Höhepunkt, als die Patienten tatsächlich „erwachten". Im Frühling jenes Jahres zog ich in ein kaum einhundert Meter vom Krankenhaus entferntes Appartement um und verbrachte manchmal 12 oder 15 Stunden am Tag mit den Patienten. Ich war ständig bei ihnen, gönnte mir kaum ein paar Stunden Schlaf, beobachtete sie, sprach mit ihnen, brachte sie dazu, Tagebücher zu führen, und fertigte meinerseits umfangreiche Notizen an — einige tausend Wörter am Tag. Wenn ich in der einen Hand die Feder hielt, führte ich mit der anderen die Kamera: Ich erblickte Dinge, die vielleicht niemals zuvor gesehen worden waren und die, aller Wahrscheinlichkeit nach, nie wieder gesehen werden würden. Es war meine Pflicht (und auch meine Freude), alles zu registrieren und Zeuge zu sein. Auch viele andere Personen widmeten sich dieser Aufgabe, verbrachten unzählige Stunden im Krankenhaus. Wir alle, die mit den Patienten zu tun hatten — Krankenschwestern, Sozialarbeiter, Therapeuten aller Art —, waren in ständiger Verbindung: Wir teilten uns das Neueste aufgeregt im Flur mit, riefen einander nachts und an Wochenenden an, tauschten ständig neue Erfahrungen und Ideen aus. Die Erregung, der Enthusiasmus dieses Jahres waren bemerkenswert. Gerade *dies*, so scheint mir, war der wesentliche Bestandteil der Erfahrung des „Erwachens".

Eng mit diesen geplagten, sich nach Besserung sehnenden Patienten zu leben; mit ihnen die Krise ihres Lebens zu durchleben; jeden Tag Neuigkeiten, Wunder, manchmal Schrecken zu sehen — das mußte mich, mußte uns alle einfach überwältigen . . . Mich selbst vielleicht mehr noch als die anderen, denn ich fühlte mich „verantwortlich", wie es ein Arzt sein muß, für alles, was geschah, und zugleich beseelte mich der leidenschaftliche Drang, alles zu begreifen, besonders deshalb, weil das „Erwachen" der Patienten nicht immer freudig und einfach war. Manchmal verursachte das „Erwachen" den Patienten komplexe, paradoxe Schwierigkeiten — wie in dem seltsamen, tragischen Fall der Rose R. Gelegentlich wurde das „Erwachen" begleitet (oder kurz danach gefolgt) von anderen Erregungen — von der Aktivierung primitiver, gar vor-menschlicher Triebregungen und Verhaltensweisen, die in den langen Jahren der Schlafkrankheit verborgen gewesen waren (siehe S. 229—230). Für mich war dies ein schier unglaublicher Vorgang: Er gab mir einen Sinn für neue Perspektiven, für neue Welten, die sich mir jeden Tag eröffneten und die unvorstellbar gewesen waren, für das Gefühl, die menschliche Ur-Natur und deren Milliarden Jahre alten Ursprung zu sehen, die nach und nach an die Oberfläche drängten und sich zeigten. Aber *als Arzt* mußte ich äußerst besorgt sein. Was *ging* in diesen Patienten *vor*? Beobachteten andere die gleichen Dinge? Wie sahen und behandelten *sie* dieses so komplexe Geschehen mit seinen weitreichenden Resonanzen, Tiefen, Komplikationen?

Kurz nachdem ich 1969 begonnen hatte, den Patienten L-DOPA zu verabreichen, erschien ein Artikel von Calne u. a. (1969), der die Auswirkungen des Medikaments über eine Periode von sechs Wochen an einer Gruppe von Postenzephalitikern in England dokumentierte. Aber diese Arbeit beantwortete keine der mich damals beschäftigenden Grundfragen, obgleich sie in gewisser Weise unschätzbare Hinweise lieferte.

Calne und seine Mitarbeiter berichteten weder von einem dramatischen „Erwachen" noch von irgendeiner jener primitiven Erregungen, die ich beobachtet hatte. Es wurde allerdings nicht ersichtlich, ob ein solches „Erwachen" und derartige Erregungen in ihren Angaben, die eher quantitativ als qualitativ ausgerichtet waren und sich zumeist mit motorischen und anderen parkinsontypischen Phänomenen befaßten und nicht mit allgemeinen Veränderungen des Verhaltens oder Daseins, überhaupt vertreten waren. Das „Erwachen" folgt dem Alles-oder-Nichts-Prinzip; es sprengt alle üblichen Kategorien. Daher mag es der Klassifizierung von Calne und seinen Mitarbeitern entgangen sein. Darüber hinaus war diese Arbeit vornehmlich statistisch und eben nicht biographisch orientiert, so daß man sich, obgleich man die Häufigkeit und Schwere verschiedener Funktionsstörungen durchaus beurteilen kann, dennoch kein Bild von jedem individuellen Patienten zu machen vermag. Eine solche Studie, die eine unter vielen möglichen Herangehensweisen vertrat, war notwendig; sie befriedigte jedoch nicht — es bedurfte auch eines *biographischen* Herangehens. Es ist dieses unbiologische Denken, diese Blindheit für die Krankheit oder den Prozeß als Ganzes — für die ganze Pathophysiologie und deren Verzweigungen und Reaktionen im Organismus —, die in der Medizin und der Neurologie so dominierend, in gewisser Hinsicht auch zerstörerisch geworden sind. So herrscht z. B. die Ansicht vor, daß der Parkinsonismus grundsätzlich eine „rein motorische" Angelegenheit ist. Sobald ich die postenzephalitischen Patienten beobachten konnte, wurde mir klar, daß der Parkinsonismus keineswegs rein motorischer Natur ist, daß es einen Zusammenhang mit der Zähflüssigkeit oder der Stagnation des Bewußtseins gibt, kurzum: daß der Bewußtseinsstrom so langsam und träge fließt wie der Bewegungsstrom. Es zeigte sich ferner, daß es beim Parkinsonismus zu einer Verlangsamung, ja sogar zu einer Hemmung der Wahrnehmung kommt — zu Zuständen des ontologischen Erstarrens, in denen das *Sein* des Patienten stillsteht. Das war in Mount Carmel allen bewußt: den Krankenschwestern und Pflegern, die sich um die Patienten kümmerten, und den Freunden und Familienangehörigen, die zu Besuch kamen. Es war jeder Person bewußt, die diesen Patienten mit Anteilnahme begegnete. Aber Neurologen konnten es im großen und ganzen nicht erkennen, da sie aus Respekt vor der vorherrschenden, doch fehlerhaften Neuroanatomie der Zeit dazu neigten, das Motorische, das Geistige, die Wahrnehmung und die Emotion in getrennten, miteinander nicht kommunizierenden Gehirnzentren anzusiedeln. Mit einer derartigen voreingenommenen Auffassung vermochten sie weder das „Erwachen" noch Dinge im Zusammenhang zu „sehen" und zu beschreiben.

Aleksandr R. Lurija, der sowohl eine neuartige Analyse von Gehirn und Geist (die Neuropsychologie) als auch eine vielversprechende Form der klinischen Lebensbeschreibung ersann, sprach oft von zwei sich ergänzenden Tendenzen in der Wissenschaft — der „klassischen" und der „romantischen". Die „klassische" zergliedert, um ein abstraktes Modell oder eine Theorie zu konstruieren. Die „romantische" dagegen folgt nicht nur dem analytischen Weg, sondern versucht auch, Ganzheiten sichtbar zu machen und die Reichhaltigkeit der lebendigen Realität zu bewahren. Lurija konnte für sich nie entscheiden, welcher Ansatz prinzipiell der bessere war. In der Praxis versuchte er stets, sie miteinander zu verbinden. Wie Lurija betont, ist der „klassische" Ansatz reduktionistisch, womit er die Reichhaltigkeit und Komplexität des Ganzen aufgibt.

Als ich meine Forschungen breiter anlegte, denn 1969 begannen andere Mediziner ebenfalls, ihre Studien zu veröffentlichen, stellte sich das gleiche heraus — daß nirgendwo irgendeine umfassende Idee des Parkinsonismus vorgestellt wurde und niemand von der Auflösung des Parkinsonismus, vom „Erwachen" sprach. Kein Autor vertrat eine klare Auffassung von der Einheit des Organismus. Diese rein medizinischen Abhandlungen, abgefaßt in den reduktionistischen Termini der zeitgenössischen Medizin, in denen alle menschlichen Feinheiten weggestrichen sind, verwiesen an keiner Stelle auf die Wirklichkeit der Patienten noch gaben sie irgendeinen Hinweis auf die Verhaltensveränderungen, die sich in der *wissenschaftlichen* Realität abzeichneten. Mir schien es, daß ihnen sowohl die narrative wie auch erklärende Kraft fehlte. Im Bestreben, „rein klinisch" vorzugehen, hatten sie sich von den verborgenen Schichten der Realität abgewandt und so den Sinn für die Biographie *und* für die Biologie verloren.

Welch ein Gegensatz zu den großen Artikeln der 20er Jahre, die bei aller Liebe für die Einzelheiten des Parkinsonismus leidenschaftlich bemüht waren, einen Sinn für das Ganze zu vermitteln! So heißt es in Ivy McKenzies Artikel (1927), den ich immer wieder als Ausgangspunkt benutze: „Die Pathophysiologie des Parkinsonschen Syndroms führt zu einer Untersuchung eines organisierten Chaos, das in erster Linie durch die Zerstörung bedeutender Integrationen bewirkt, und das auf instabiler Basis im Prozeß der Rehabilitation reorganisiert wird. . . . Es geht um den Zusammenbruch, um unübliche Ausstrahlungen und Subversionen und um die Anstrengungen des Organismus, das Gleichgewicht wiederherzustellen."

In diesen frühen Artikeln machten sich leidenschaftliche Hingabe, das Bedürfnis zu verstehen, bemerkbar[2]. Aber welcher heutige Artikel würde es denn wagen, solche Ausdrücke zu gebrauchen? Und welcher Aufsatz würde von „dem Organismus" und von dessen „Anstrengungen, das Gleichgewicht wiederherzustellen" sprechen? Wie ich später selbst feststellte[3], hatte ein Beitrag, der mit solchen Ausdrücken *sprach*, keine Chance, in zeitgenössischen Publikationsorganen veröffentlicht zu werden. Die „Klassiker" — die bahnbrechenden Beiträge eines von Economo, Jelliffe oder McKenzie, die in den 20er Jahren herauskamen — hätten in der später aufkommenden reduktionistischen Atmosphäre nicht publiziert werden können. (Das ist einer der Gründe, warum die frühe großartige Literatur über Enzephalitis Mitte der 30er Jahre versiegte.) Lurija bemerkte, daß in dieser reduktionistischen Atmosphäre das reichhaltige und komplexe Bild, das das späte 19. Jahrhundert vom menschlichen Verhalten gezeichnet habe, entstellt worden und daß die Fähigkeit zu *beschreiben*, die den großen Neurologen und Psychiatern der damaligen Zeit eigen war, nunmehr fast inexistent sei.

Ich mußte auf die älteren, eher „romantischen" Vorbilder zurückschauen und diese irgendwie mit einer „klassischen" Analyse in Verbindung bringen. Aber *kein* Vorbild schien meinen Erwartungen wirklich zu entsprechen — denn was ich sah und vermitteln wollte, war nicht einfach „medizinisch" oder „wissenschaftlich", sondern stieß einen in die tiefen Bereiche der Allegorie oder des Mythos.

Das warf grundsätzliche Fragen zur deskriptiven Sprache auf. Genügte die Sprache der Wissenschaft mit ihren Modellen und Begriffen zur Beschreibung einer menschlichen Zwangslage? Brauchte man auch eine symbolische Sprache, die mit Metaphern und Tropen versetzt ist? Dies war die Sprache, die von den Patienten häufig benutzt wurde, wenn sie versuchten, ihren Zustand zu beschreiben — so, wenn Leonhard L. seinen durch Parkinsonismus verursachten Zustand mit einem „Gefängnis mit Fenstern, aber ohne Türen", oder seine „hypergravitationellen" Formen des Parkinsonismus mit „Schwarzen Löchern" verglich. Selbst ein entschiedener Wissenschaftler wie von Economo konnte es nicht verhindern, Metaphern zu gebrauchen, wenn er z. B. vom Parkinsonismus als „einer pathophysiologischen Zwangsjacke" sprach und seine zerstörten Patienten mit „erloschenen Vulkanen" verglich. Die Geschichte der *Encephalitis lethargica* und der L-DOPA-Behandlung schien wie die der individuellen Patienten mit epischer oder poetischer Bedeutung besetzt zu sein: Eine plötzliche Katastrophe, die Millionen betraf, aber aus dem Nichts kam; die furchtbare, zweifache Einkerkerung der Überlebenden — versunken in einen eigenartigen, beinahe mystischen „Schlummer" und wie die Aussätzigen verworfen; das Wunder, die Verblüffung und manchmal der Schrecken des „Erwachens" — eines „Erwachens" zu einer Welt, die nicht mehr die der Patienten ist.

Ich hatte also die beobachteten Phänomene minutiös zu beschreiben und ihren organischen Zusammenhang und Sinn zu begreifen; zugleich mußte ich meine Patienten als Menschen, als moralische Wesen darstellen, die den extremsten Wechselfällen von Leiden und „Erlösung" unterworfen sind (denn so erschien ihnen das „Erwachen" zuerst: in Gestalt einer metaphorischen, nahezu übernatürlichen Erlösung). Und für diese zweifache Aufgabe entbehrte ich letztlich eines Vorbilds und eines wie auch immer gearteten Musters. Ich war somit gezwungen, eine dem Inhalt angemessene Form zu schaffen, von der ich vermutete, daß sie eher ungewohnt sein würde. Doch ich fürchtete das Neue. In der ersten Hälfte des Jahres 1969 setzte ich mich mit diesen Problemen auseinander, die durch Denken allein nicht lösbar waren. Schöpferisches entstammt letztlich nicht dem Geist, sondern den verborgenen, traumreichen Bereichen unseres Ichs. Ich zögerte, war von Zweifeln geplagt, und wagte dann im August 1969 den ersten Schritt: Ich schrieb die ersten neun Fallgeschichten.

Wie Lurija oft sagte, daß er Bücher von *zweierlei* unterschiedlicher, indes komplementärer Art schreiben mußte: „klassische", analytische Texte (etwa Lurija 1932 oder 1962 und 1966) und „romantische", biographische Bücher (z. B. Lurija 1971 und 1987), so hatte ich meinerseits das gleiche „zweifache Bedürfnis" verspürt. Da sich *zwei* Bücher — ein biographisches und ein biologisches — in meinen Gedanken zu materialisieren begannen, als ich zum ersten Mal den postenzephalitischen Patienten begegnete, beendete ich im August 1969 die ersten neun Fallgeschichten und wandte mich unmittelbar *Compulsion and Constraint* (Zwang und Nötigung) zu, meinem lange gereiften analytischen Buch über *sub*-kortikale Funktionen und Konflikte.

Ursprünglich betrachtete ich das erste Buch als eine Sammlung „reiner" Fallgeschichten oder Erzählungen, während *Compulsion and Constraint* mit seinen Musterbeispielen eine Art Begleitband hätte werden sollen[4]. Doch mit den Jahren wurden die Zusammenhänge zwischen beiden Texten so eng, daß ich es für richtig befand, sie als *ein* Buch zu publizieren. Schließlich fand gleichsam eine Verschmelzung statt; das Ergebnis ist eine Verbindung beider getrennt begonnenen Bücher.

Aber es blieben noch andere Dimensionen, andere Realitäten übrig, die überhaupt nicht angesprochen wurden. Es bedurfte eines Dichters, der mir das bewußt machte. William H. Auden selbst ist als Kind fast mit der *Encephalitis lethargica* aufgewachsen, denn sein Vater, Dr. George Auden, hat in England als einer der ersten Forscher diese Krankheit studiert (s. S. 226). Auden war von dem fasziniert, was ich ihm über unsere Patienten erzählte, und einmal besuchte er Mount Carmel. Der poetische Geist sieht die Welt in Parabeln und Metaphern, so wie der wissenschaftliche Geist sie vielleicht in Modelle und Paradigmen auflöst. Obgleich Auden einen ausgeprägt wissenschaftlichen, nüchternen Verstand besaß, hörte er nie auf, die „poetischen", ja „religiösen" Dimensionen des Leidens hervorzuheben. Manchmal sagte er, daß er die Welt als „eine Art heiliger Allegorie" wahrnehme. Kein Zweifel: Er sah die Welt des Leidens auf diese Art. Für ihn war das „Erwachen" vor allem ein Erwachen zur *Verantwortlichkeit* des Menschseins, das über Jahrzehnte in einem sowohl physiologischen wie allegorischen Schlaf davon abgeschnitten worden war.

„Nun ist das chemische Drama vorbei", sagte er 1970, „das wahre Geschäft des Lebens beginnt." Für die Patienten bedeutete das, daß sie nicht mehr nur Nervensysteme und passive Empfänger einer Droge waren (obgleich das L-DOPA natürlich weiterhin notwendig war), sondern zu handelnden Personen wurden, die aktiv ihr Leben führten und gestalteten. Wenn das Leben im Jahre 1969 zumeist „chemisch" war, als die Patienten „erwachten" und „heimgesucht" wurden, lag trotz der Dramatik eine gewisse Schlichtheit über dieser Zeit; es war ja eine Zeit des Erwachens und der Belebung — und nicht die eines wirklich gelebten Lebens. Erst die Jahre danach glichen dem „wirklichen", von menschlichen Angelegenheiten, Bedürfnissen, Beziehungen und Pflichten, nicht bloß physiologisch und chemisch bestimmten Leben. Diese Patienten waren vierzig Jahre lang schwer krank und isoliert gewesen, und sie „erwachten", um festzustellen, daß sie ihren Platz in der Welt seit langem verloren hatten. Konnten sie nun einen neuen Platz finden, sich schaffen oder aushandeln? Die Schwierigkeiten, die panischen Ängste, die Herausforderungen waren mächtig, und gerade sie waren es vor allem, die die Patienten in den folgenden Jahren in Anspruch nahmen. In dieser Zeit offenbarten sie ihr *menschliches* Stehvermögen, ihren erstaunlichen Mut, ihre Unverwüstlichkeit und Reserven, ihre außergewöhnliche Fähigkeit zu Humor und Selbsterkenntnis. Erst jetzt kamen wir uns einander immer näher — in einer menschlichen (und nicht einfach „neurologischen") Beziehung. Sie lehrten mich, was es unter diesen Umständen bedeutete, ein Leben aufzubauen und zu leben.

Erst mußte all das geschehen, mußte ich erleben, wie meine Patienten Entscheidungen abwägten und sich anpaßten, aktiv und ihrer eigenen Sache sicher, mußte mit ihnen in den ganz anders gearteten Jahren 1970—1972 leben, bevor ich daran denken konnte, das Buch zu vollenden. Die anderen Fallgeschichten und der letzte Teil des Buches („Reflexionen") mit seinem eher ruhigen, nachdenklichen Duktus hätten nicht geschrieben werden können ohne die Erfahrungen dieser Jahre und die ruhige Sensibilität, mit der Auden mich begleitete.

Lurija und Auden waren unerläßlich, aber sie genügten nicht. Wissenschaft und Kunst waren unumgänglich, aber nicht zureichend. Ich hatte schon lange geahnt, daß „philosophische" Begriffe und ein philosophischer Standpunkt nötig waren, die über den von Kunst oder Wissenschaft gesetzten Rahmen hinausführten. Später wurde mir bewußt, daß die Patienten einen solchen Standpunkt einem beibringen konnten (s. S. 193—194). 1972 war ich allerdings noch philosophisch verwirrt; ich versuchte fast verzweifelt, einen Rahmen, ein großes Leitbild zu finden.

Beides fand ich schließlich bei Leibniz, den ich im April 1972 „entdeckte". Bis dahin schien mir die Philosophie trocken zu sein: irrelevant, ohne Bezug zur Wirklichkeit, die man erlebt. Aber Leibniz verhieß damals die Philosophie des Lebens, des Organismus, des Seins, der Wahrnehmung, des Handelns, des Raumes, der Zeit und der Freiheit, nach der ich mich in den sechs Jahren zuvor vergebens umgesehen hatte. Er bot eine Philosophie an, die das reine Wunder des Seins respektiert und dem menschlichen (und klinischen) Dasein das volle Recht gewährt. Die Leibnizschen Begriffe waren in vielen Punkten durchsichtig. Sie bildeten in gewissem Sinne ein Gerüst für mein Buch. Erst 1972, nach drei viel reicheren, wenn auch weniger spektakulären Jahren mit meinen Patienten, und nach der Verinnerlichung Lurijas, Audens und Leibniz', fühlte ich mich ermutigt, das Buch zum Abschluß zu bringen und ihm seine endgültige, sehr persönliche, vielleicht auch idiosynkratische Form zu geben.

Die Welt anderer Menschen, die fast unbegreiflich seltsam ist, die aber auch wir bewohnen könnten, steht im Mittelpunkt dieses Buches. Eine andere Welt, andere Leben, auch wenn sie sich von den unseren grundlegend unterscheiden, haben das Vermögen, die Vorstellung von Mitgefühl zu erregen und eine intensive, oft kreative Resonanz in anderen zu erwecken. Wir mögen niemals eine Rose R. gesehen haben, aber wenn wir einmal von ihr gelesen haben, sehen wir die Welt mit anderen Augen — wir können uns ihre Welt mit einer Art ehrfürchtiger Scheu vorstellen —, womit sich dann unsere Welt plötzlich weitet. Ein Beispiel für eine derartige schöpferische Reaktion wurde von Harold Pinter in seinem von den vorliegenden Fallgeschichten inspirierten Theaterstück *A Kind of Alaska* gegeben. In ihm spiegelt sich Pinters Welt, die Landschaft seiner einzigartigen Gabe und Sensibilität, aber auch die Welt der Rose R. und anderer Patienten wider. Jeder Leser wird in dieses Buch seine eigene Vorstellung und Sensibilitäten einbringen und, wenn er sich ihnen überläßt, seine Welt verändert wahrnehmen und von einer neuen Zärtlichkeit, vielleicht auch von Grauen durchdrungen sein. Denn obgleich die Patienten anscheinend so ungewohnt, außeralltäglich, „seltsam" sind, verkörpern sie etwas Universelles. Sie können jeden ansprechen, jeden erwecken, so wie sie mich angesprochen und erweckt haben.

Einige der Patienten leben noch — wir kennen uns jetzt seit 21 Jahren. Aber die, die gestorben sind, sind in gewisser Hinsicht nicht tot — wenn ich schreibe, habe ich die offen gebliebenen Tabellen, ihre Briefe und anderes stets vor Augen. Für mich leben sie noch in einer sehr persönlichen Weise. Sie waren nicht nur Patienten, sondern Lehrer und Freunde, und die Jahre, die ich mit ihnen verbrachte, waren die bedeutsamsten in meinem Leben. Ich wünsche mir, daß etwas von ihrem Leben, ihrer Gegenwärtigkeit erhalten bleibt und für andere lebt, als Zeugnis menschlichen Bedrängtseins und Überlebens. Das ist die einzige Botschaft von einem einzigartigen Ereignis — und eine Botschaft, die eine Allegorie für uns alle sein kann.

New York, Mai 1987 *Oliver W. Sacks*

Einleitung

Die Parkinsonsche Krankheit und der Parkinsonismus

1817 veröffentlichte der Londoner Arzt Dr. James Parkinson seinen berühmten *Essay on the Shaking Palsy* (Essay über die Schüttellähmung), in dem er in einer bis heute in bezug auf Lebendigkeit und Verständnistiefe unübertroffenen Art den verbreiteten, Aufmerksamkeit erregenden und einzigartigen Zustand schilderte, den wir *Parkinsonsche Krankheit* nennen.

Bereits zur Zeit Galens hatten Ärzte einzelne Symptome und Merkmale der Parkinsonschen Krankheit beschrieben, beispielsweise das charakteristische Schütteln oder den Tremor und die charakteristische Hast oder die Festination im Gehen und Sprechen. Auch in der nichtmedizinischen Literatur waren detaillierte Darstellungen zu finden, etwa in Aubreys Beschreibungen von Hobbes' Schüttellähmung. Aber es war Parkinson, der als erster einzelne Merkmale und Aspekte der Krankheit im Gesamtzusammenhang betrachtet und sie als einen besonderen Zustand des Menschen bzw. als Verhaltensweise verstanden hat. Er begriff, daß, genauso wie bestimmte Sterne eine Konstellation ergeben, auch viele, scheinbar beziehungslose Phänomene eine bestimmte und konstante „Häufung von Symptomen" zu bilden vermögen. Als erster erkannte er das Moment der Häufung als solches; das wir heute „Parkinsonsyndrom" oder „Parkinsonismus" nennen.

Der Parkinsonismus war eines der ersten neurologischen Syndrome, das erkannt und definiert wurde — eine überragende klinische Leistung. Parkinson war jedoch nicht nur begabt: er war ein Genie. Er erfaßte, daß die von ihm bemerkte, sonderbare Häufung mehr war als ein diagnostisches Syndrom; ihr schien eine kohärente Logik und Ordnung innezuwohnen, so daß sie gleichsam eine Welt für sich bildete.

Zwischen 1860 und 1890 ergänzte Charcot durch seine Arbeit mit vielen chronisch Kranken im Spital der Salpêtrière zu Paris das von Parkinson umrissene Krankheitsbild. Er lieferte zahlreiche, detaillierte und charakteristische Beschreibungen dieser Krankheit und erfaßte die Beziehungen, die zwischen dem Parkinsonismus und der Depression, der Katatonie und der Hysterie bestehen. In der Tat waren es zum Teil diese auffälligen Beziehungen, die ihn bewogen, den Parkinsonismus als „Neurose" zu bezeichnen.

Im 19. Jahrhundert trat der Parkinsonismus fast nie bei Personen unter 50 Jahren auf und wurde in der Regel als Ausdruck eines degenerativen Prozesses bzw. eines in bestimmten „schwachen“ oder leicht verletzbaren Zellen bestehenden Ernährungsmangels betrachtet. Da zu dieser Zeit die Degeneration nicht nachgewiesen werden konnte und die Krankheitsursache unbekannt war, wurde die Parkinsonsche Krankheit als Idiosynkrasie oder „Idiopathie“ bezeichnet. Mit dem Ausbruch der großen europäischen Schlafkrankheit-Epidemie *(Encephalitis lethargica)* im ersten Viertel dieses Jahrhunderts trat ein Parkinsonismus neuer Art auf, der eine eindeutige und spezifische Ursache hat. An diesem enzephalitischen oder postenzephalitischen Parkinsonismus[1] erkrankten, anders als bei der idiopathischen Form, Personen jeglichen Alters; der Krankheitsverlauf dieser neuen Form von Parkinsonismus erwies sich als schwerwiegender und dramatischer als derjenige der idiopathischen Form. Seit 20 Jahren wird der Parkinsonismus zudem durch die Nebenwirkung von phenotiazid- oder butyrophenonhaltigen Medikamenten — sogenannten Tranquilizern — verursacht.

Allein in den Vereinigten Staaten sollen etwa zwei Millionen Menschen an Parkinsonismus leiden: eine Million an idiopathischem, eine Million an durch Medikamente verursachtem und ein paar hundert oder tausend Patienten an postenzephalitischem Parkinsonismus — die letzten Überlebenden der großen Epidemie. Andere Ursachen für Parkinsonismus — Kohlengasvergiftungen, Manganvergiftungen, Syphillis, Tumore etc. — sind außergewöhnlich selten, und es ist unwahrscheinlich, daß der Allgemeinpraktiker ihnen im Laufe seiner lebenslangen Praxis je begegnet.

Einige Jahrhunderte lang wurde die Parkinsonsche Krankheit als „Schüttellähmung“ *(Paralysis agitans)* bezeichnet. Es ist notwendig, gleich zu Beginn darauf hinzuweisen, daß 1. das Schütteln bzw. der Tremor keineswegs ein konstantes Symptom des Parkinsonismus ist, 2. es nie als isoliertes Symptom auftritt und 3. sich oft dem Patienten als geringstes Problem darstellt. Der Tremor tritt im Ruhestand auf und verschwindet bei der Intention, sich zu bewegen, oder in der Bewegung selbst[2]. Bleibt er auf die Hände beschränkt, erscheint er in Gestalt des typischen „Pillen-Drehens“ oder, um Gowers' Bild zu gebrauchen, ähnelt den Bewegungen, mit denen Orientalen ihre kleinen Trommeln schlagen. Bei anderen und speziell bei postenzephalitischen Patienten kann der Tremor äußerst heftig sein, alle Teile des Körpers erfassen und bei Anstrengung, Nervosität oder Ermüdung sich sogar verstärken. Neben dem Tremor ist das zweite, meist genannte Symptom des Parkinsonismus Steifheit bzw. Rigor. Dieser Rigor, der äußerst stark ausgeprägt sein kann, besitzt eine merkwürdig wächserne Qualität, die oftmals mit der Biegsamkeit eines Bleirohres verglichen wird[3]. Es muß jedoch betont werden, daß weder Tremor noch Rigor typische Symptome des Parkinsonismus sind; bei der postenzephalitischen Krankheitsform, die uns im Rahmen dieses Buches vor allem beschäftigen wird, können beide völlig fehlen. Die wesentlichen Symptome des Parkinsonismus, die bei jedem Patienten auftreten und bei der postenzephalitischen Form den extremsten Ausprägungsgrad erreichen, stehen im Zusammenhang mit Störungen der Bewegung und des „Antriebs“.

Die erstmals beschriebenen Symptome des Parkinsonismus waren die *Festination* (Hast) und der *Bewegungsdrang*, die *völlig ungesteuerte Fortbewegung*. Festination besteht in einer Beschleunigung (und einer damit einhergehenden Verkürzung) der Schritte, der Bewegungen, des Sprechens und sogar der Gedanken, die den Eindruck von Ungeduld: Impulsivität und

Unternehmungslust hervorruft, so als ob der Patient unter starkem Zeitdruck stünde. Bei einigen Patienten geht diese Hast mit einem Gefühl der Dringlichkeit und Ungeduld einher, während andere sich fast gegen ihren Willen zur Eile angetrieben fühlen. So beschreibt Gaubius bereits im 18. Jahrhundert Festination *(Scelotyrbe festinans)* wie folgt: „Es gibt Fälle, bei denen die Muskeln, durch Willensimpulse erregt, mit ungewollter Agilität und mit nicht zu unterdrückender Impulsivität dem unwilligen Geist davoneilen."

Merkmale der durch Festination oder Bewegungsdrang bestimmten Bewegungen sind Schnelligkeit, Abruptheit und Kürze. Diesen Symptomen, ebenso wie der oftmals mit ihnen einhergehenden, eigenartigen „motorischen Unruhe" (Akathisie), wurde schon von den älteren Autoren gebührend Aufmerksamkeit geschenkt. So spricht Charcot von der „grausamen Unternehmungslust", unter der viele seiner Patienten leiden, Gowers von der extremen Ruhelosigkeit, die alle paar Minuten zu einer leichten Veränderung der Haltung zwingt. Ich betone diese Aspekte — die Unternehmungslust, den Druck und die Hastigkeit der Bewegungen —, weil sie sozusagen die weniger bekannte „andere Seite" des Parkinsonismus darstellen — den Parkinsonismus auf dem Siedepunkt mit seinem expansiven und explosiven Aspekt, der vor allem im Zusammenhang mit den Nebenwirkungen von L-DOPA bedeutsam ist.

Das andere Extrem — eine merkwürdige Verlangsamung und Schwierigkeiten beim Bewegungsablauf — wird häufiger hervorgehoben und mit dem sehr allgemeinen und wenig informativen Begriff „Akinese" bezeichnet. Es gibt viele verschiedene Arten davon, aber das genaue Gegenteil zur Hast ist die der aktiven *Verzögerung* oder des *Widerstandes*, eine Akinese, die Bewegung und Gedanken hemmt und sie zum völligen Stillstand bringen kann. Wollen solche akinetischen Patienten eine Bewegung ausführen, spüren sie gleichzeitig einen „Widerstand" in sich. So sind sie in einen ständigen Kampf, in eine Art physiologischen Konflikt verwickelt, der sie handlungsunfähig macht. In ihnen streiten sich Kraft versus Gegenkraft, Wille versus Gegenwillen, Befehl versus Gegenbefehl. Charcot meinte von diesen Patienten: „Es gibt keinen Waffenstillstand." Tremor, Rigor und Akinese begreift er als die letzte, nutzlose Konsequenz solcher Zustände des inneren Kampfes; die Spannung und Müdigkeit, über die Patienten so häufig klagen, als Resultat des kräftezehrenden, sinnlosen Kampfes. Es sind diese Zustände des Angetrieben-Seins und Zurückgehalten-Werdens, die einer meiner Patienten (Leonhard L.) stets als „Peitsche und Zügel" bezeichnete.

Analoge Begriffe verwendet William James (1890, S. 537—549) in seinen Ausführungen über die Abarten des Willens. Die zwei grundlegenden, von James dargestellten Abarten sind der „obstruktive" und der „explosive" Wille. Unter dem obstruktiven ist die Ausführung normaler Handlungen erschwert oder unmöglich; dominiert der explosive, sind abnorme Handlungen nicht zu unterdrücken.

Wenngleich James diese Begriffe in bezug auf neurotische Perversionen des Willens verwendet, sind sie dennoch anwendbar auf Erscheinungen, die wir als Parkinsonsche Perversionen des Willens bezeichnen müssen, und zeigen somit eine formale Analogie zur Neurose als einer konativen Störung.

Bei einigen Patienten besteht eine andere Form der Akinese. Diese ist nicht mit dem Erleben von Anstrengung und Kampf, sondern mit ständiger Wiederholung bzw. Perseveration verbunden: So beschreibt Gowers einen Fall, bei dem die Gliedmaßen eines

Patienten „wenn erhoben, mehrere Minuten so verharrten und dann allmählich herabsanken“ — eine Form der Akinese, die Gowers zu Recht mit der Katalepsie vergleicht. Diese ist bei an postenzephalitischen Formen des Parkinsonismus leidenden Patienten im allgemeinen häufiger anzutreffen und weitaus stärker ausgeprägt.

Diese Symptome — Impulsivität, Widerstand und Perseveration — stellen die aktiven oder „Plussymptome“ des Parkinsonismus dar. Später werden wir Gelegenheit haben, zu sehen, daß sie bis zu einem gewissen Grade austauschbar sind und somit unterschiedliche Phasen, Formen oder Transformationen des Parkinsonismus darstellen. Bei Parkinsonpatienten sind auch „negative“ Symptome („Minussymptome“) nachweisbar — sofern das nicht ein Widerspruch in sich selbst ist. Wie Charcot besonders hervorhob, pflegten einige Patienten nicht nur stundenlang bewegungslos dazusitzen, sondern waren offenbar auch ohne jeglichen Impuls, sich zu bewegen: Sie schienen mit dem Nichtstun zufrieden zu sein. Ihnen fehlte offensichtlich der „Wille“, irgendeine Aktivität aufzunehmen oder mit einer fortzufahren; obgleich sie sich recht gut hätten bewegen können, wenn sie mit einem Reiz oder einem Befehl oder einer entsprechenden Bitte einer anderen Person, d. h. *von außen*, konfrontiert worden wären. Von solchen Patienten sagte man, daß es ihnen an Willen fehlt, daß sie an „Abulie“ leiden.

Andere Erscheinungsformen derartiger „negativer“ Störungen oder Insuffizienzen bei Parkinsonpatienten sind das Gefühl von Ermüdung und Energielosigkeit sowie das Erleben einer gewissen „Stumpfheit“ — einer Verarmung des Gefühlslebens, der Libido, der Motivation und eine Verminderung der Aufmerksamkeit. Alle Parkinsonpatienten zeigen mehr oder weniger ausgeprägte Veränderungen der energetischen Grundlage, des Antriebs, der Initiative, Vitalität usw. ähnlich den starken Empfindungen, die Depressive haben[4].

Somit leiden Parkinsonpatienten gleichzeitig (wenngleich in unterschiedlichem Maße) an pathologischem Zuwenig und pathologischem Zuviel. Ersteres verhindert einen kontinuierlichen und angepaßten, normalen Bewegungsablauf (in schweren Fällen einen normalen Wahrnehmungsablauf und Gedankenfluß) und wird als „Schwäche“, Ermüdung, Abbau oder Erschöpfung erlebt; letzteres bewirkt einseitige, geistige Beschäftigung, abnorme Aktivität, pathologische Abläufe, die das Verhalten der Kranken auf sinnlose, bedrückende, zur Handlungsunfähigkeit führende Art und Weise beeinträchtigen. Es ist so, als ob die Patienten nur aus Parkinsonismus bestünden — so wie man es von einem selbst kennt, wenn man vor Wonne vergeht, vor Wut platzt oder vor Verwirrung weder aus noch ein weiß. Die Vorstellung, daß der Parkinsonismus Druck auf den Patienten ausübt, scheint vor allem durch das Phänomen der „paradoxen Kinese“ gestützt zu werden, die in einem plötzlichen und vollständigen (wenngleich vorübergehenden) Verschwinden bzw. einer Reduzierung der Krankheit besteht — ein Phänomen, das am häufigsten und dramatischsten bei schwerkranken Parkinsonpatienten auftritt.

So kann man solche Patienten rigide, bewegungslos, scheinbar leblos wie Statuen antreffen; doch angesichts einer plötzlich auftretenden Notsituation, die ihre Aufmerksamkeit weckt, kehren sie abrupt zu normalem Leben und Handeln zurück. (Erinnert sei an einen berühmten Fall: Ein Parkinsonpatient, der an einen Rollstuhl gefesselt war, sprang ins Wasser, um einen Ertrinkenden zu retten.) Unter solchen Umständen vollzieht sich die Rückkehr des Parkinsonschen Zustands oftmals ebenso unmittelbar und dramatisch wie sein Verschwinden: Der plötzlich „normale" und erwachte Patient kann leblos wie eine Puppe in die Arme seiner Pfleger sinken, sobald der Anreiz zum Handeln wegfällt[5].

Es ist kaum vorstellbar, daß eine derart umfassende Insuffizienz unvermittelt behebbar ist. Aber es ist leicht denkbar, daß ein intensiver Druck plötzlich nachläßt oder eine starke Ladung sich plötzlich entlädt. Vergleiche dieser Art sind bei Charcot implizit, gelegentlich auch explizit vorhanden. So verweist er auf die Analogien, die zwischen den verschiedenen Formen bzw. Schüben des Parkinsonismus und denen der Neurosen bestehen können. Deutlich erkannte er besonders die formale Ähnlichkeit zwischen den drei klar zu unterscheidenden, jedoch austauschbaren Phasen des Parkinsonismus — der angepaßt-perseverativen, der obstruktiven-resistiven und der explosiv-überstürzenden — und den wächsernen, rigiden und manisch-erregten Formen der Katatonie und Hysterie. Diese Annahmen wurden durch Beobachtungen der ungewöhnlichen Verquickung des Parkinsonismus mit anderen Störungen während der enzephalitischen Epidemie der zwanziger Jahre bestätigt. Sie waren damals völlig „vergessen" oder aus dem neurologischen Denken weggefallen. Wie wir sehen werden, zwingen uns die Wirkungen von L-DOPA, die vergessenen Analysen und Analogien Charcots und seiner Zeitgenossen wieder aufzugreifen und weiterzuentwickeln.

Die europäische Schlafkrankheit[6] (*Encephalitis lethargica*)

In Wien und in anderen Städten trat im Winter 1916/17 plötzlich eine „neue" Krankheit auf, die sich schnell verbreitete und innerhalb der folgenden drei Jahre weltweit anzutreffen war. Ihre Erscheinungsformen waren so vielfältig, daß keine Patienten je das gleiche Bild boten, und so merkwürdig, daß Ärzte Diagnosen stellten wie: epidemisches Delirium, epidemische Schizophrenie, epidemischer Parkinsonismus, epidemische, multiple Sklerose, atypische Rabies, atypische Poliomyelitis usw. Tausend neue Krankheiten schienen ausgebrochen zu sein. Daß diese Erkrankung als *Encephalitis lethargica* identifiziert wurde, ist dem großen Wissen und dem klinischen Scharfsinn Constantin von Economos zu verdanken, der diese in so vielfältigen Erscheinungsformen auftretende Erkrankung mit Hilfe neuropathologischer Untersuchungen identifizieren konnte. Er wies nach, daß ihr Gehirn außer einem *einheitlichen* Schädigungsmuster ein Agens (Virus) submikroskopischer Größe aufwies, das diese Krankheit auch bei Affen auslösen konnte. Economo bezeichnete die Krankheit als *Encephalitis lethargica*, die sich als Hydra mit tausend Köpfen erweisen sollte.

In ihrer zweitausendjährigen Geschichte gab es unzählige Fälle und kleinere Epidemien, so daß nur auf einige wenige an dieser Stelle hingewiesen werden kann[7]. 1580 wurde Europa von einer schweren, Fieber und Lethargie erzeugenden Krankheit („Morbus epidemicus per totam fere Europam *Schlafkrankheit* dictus") heimgesucht, die zu Parkinsonschen und anderen neurologischen Störungen führte.

Zwischen 1672 und 1673 sowie zwischen 1673 und 1675 traten vergleichbare schwere Epidemien in London auf, die Sydenham als „febris comatosa" beschrieb; ein auffälliges

Symptom war dabei der Schluckauf (wie bei der Wiener Enzephalitis von 1919). 1695 lieferte Albrecht von Hildesheim einen ausführlichen Bericht über okulogyre Krisen, Parkinsonsche Symptome, Diplopie, Strabismus usw., die bei einem zwanzigjährigen Mädchen nach einem Anfall somnolenten Gehirnfiebers folgten („De febre lethargica in strabismo utriusque oculi desinente"). Eine schwere *Schlafkrankheit*-Epidemie trat 1712 und 1713 in Tübingen auf, bei der in vielen Fällen eine anhaltende Verlangsamung der Bewegung und ein Mangel an Initiative (Abulie) zu beobachten waren. In der zweiten Hälfte des 18. Jahrhunderts gab es in Frankreich und Deutschland kleinere Epidemien von „coma somnolentum" mit Parkinsonschen Merkmalen, die sich mit hyperkinetischen Epidemien von Schluckauf, Myoklonie, Chorea und Tics abwechselten. Viele von Charcot beschriebene Einzelfälle von *jugendlichem* Parkinsonismus, gekoppelt mit Diplopie, okulogyren Störungen, Tachypnoe, Retropulsion, Tics und zwanghaften Störungen, sind ziemlich sicher postenzephalitischen Ursprungs. In Italien trat nach der großen Grippe-Epidemie von 1889/90 die berüchtigte „Nona" auf — eine verheerende Schlafkrankheit mit Parkinsonismus und anderen Symptomen als Folgeerscheinung.

Aber niemals zuvor hatte es eine im Ausmaß vergleichbare, sich weltweit ausbreitende Pandemie gegeben wie 1916/17. Innerhalb der zehn Jahre ihres Wütens nahm oder zerstörte sie das Leben von fast fünf Millionen Menschen, bevor sie auf geheimnisvolle Art 1927 so unvermittelt verschwand, wie sie aufgetreten war[8]. Ein Drittel der Betroffenen starb im akuten Stadium, entweder in Zuständen tiefen Komas, das ein Erwecken unmöglich machte, oder in Zuständen stark ausgeprägter Schlaflosigkeit, die eine Beruhigung ausschlossen. Oftmals vermochten Patienten, die eine derartige Schlaf- oder Schlaflosigkeitsattacke erlitten und überlebt hatten, nicht, ihre frühere Lebensenergie wiederzuerlangen. Sie waren zwar bei Bewußtsein und nahmen ihre Umwelt wahr — dies allerdings nur eingeschränkt. So saßen sie bewegungslos und sprachlos den ganzen Tag in ihrem Stuhl, zeigten weder Bedürfnisse noch Gefühle und gaben keinerlei Zeichen von Antrieb und Initiative von sich. Sie registrierten das Geschehen um sich herum ohne aktive Zuwendung und mit völliger Indifferenz. Weder vermittelten noch erlebten sie das Gefühl, lebendig zu sein; sie waren unwirklich wie Geister, passiv wie Marionetten (von Economo verglich sie mit erloschenen Vulkanen). Neurologisch ausgedrückt, zeigten solche Patienten „negative" Störungen des Verhaltens, d. h. überhaupt kein Verhalten. Sie waren ontologisch tot, „schlafend" — in Erwartung eines Erwachens, das für die wenigen Überlebenden fünfzig Jahre später kommen sollte.

Diese Passivität tritt — wenngleich in weit geringerem Maße — auch bei der herkömmlichen Parkinsonschen Krankheit auf: Zahllose Patienten sagten mir: „Ich laufe nicht — ich *werde* gelaufen." oder — speziell in bezug auf die Festination —: „Ich habe keinen Anteil daran — es geschieht von selbst." Bei den Syndromen, die an das „Verhalten" von Marionetten erinnern, kann die Passivität umfassend sein: Das Fehlen eines Willens, die Abulie, bildet den Kern dieser Zustände. Solche Marionetten vergleichbare Patienten können „Ich will" weder sagen noch empfinden; und da das Erleben eines „Ich" vom Wollen oder Handeln abhängt *(„volo ergo sum")*, haben diese willenlosen Patienten ihr „Ich" verloren. Es ist sozusagen in der Leere entstanden durch das Fehlen einer genuinen Handlungsfähigkeit, eines nicht vorhandenen Willens und eines fehlenden Ichs, in der die „positiven"

Störungen wuchern und sich ausbreiten. Zwar vermitteln sie Gefühle des Antriebs oder Zwangs — jedoch sind diese lediglich eine andere Form der Passivität, nämlich die Erniedrigung zum unfreiwilligen Getriebenwerden: bloßer „Drang“, bloße Dynamik — es existiert lediglich ein „Es“. Hier besteht die Notwendigkeit eines Erwachens, des Belebens eines „Ich“, das sich durch Wollen und Handeln auszeichnet.

Sind diese negativen Zustände, dieser oben erwähnte Mangel ausgeprägter und variationsreicher als bei der herkömmlichen Parkinsonschen Krankheit, so trifft das in noch höherem Maße auf die unzähligen „positiven“ Störungen oder auf die mit der Schlafkrankheit auftretenden pathologischen *Erscheinungen* zu: In der Tat ermittelte von Economo in seiner großen Monographie mehr als fünfhundert deutlich voneinander zu unterscheidende Formen bzw. Variationen.

Parkinsonsche Syndrome dieser oder jener Art waren vielleicht die häufigsten Störungen, wenngleich sie oftmals erst mit einer mehrjährigen Latenz nach der akuten Epidemie auftraten. Postenzephalitischer Parkinsonismus, im Gegensatz zum gewöhnlichen oder idiopathischen Parkinsonismus, tendierte zu geringerer Ausprägung von Tremor und Rigidität — diese fehlten zuweilen völlig —, wies jedoch stärker „explosive“ und „obstruktive“ Störungen, Akinese und Akathisie, Antrieb und Widerstand, Hast und Behinderung usw. auf, ebenso wie schwerwiegendere Zustände der anpassend-perseverativen Akinese, die Gowers mit der Katalepsie verglichen hatte.

Tatsächlich waren viele Patienten von Parkinsonscher Akinese motorisch so stark vereinnahmt, daß sie sich in lebende Statuen verwandelten: Sie verharren völlig regungslos — stunden-, tage-, wochen-, jahrelang. Die noch extremeren dieser enzephalitischen und postenzephalitischen Zustände offenbarten, daß das Erleben und Verhalten in *all* seinen Erscheinungsformen — Wahrnehmungen, Gedanken, Bedürfnisse, Gefühle nicht weniger als Bewegungen — auch durch einen fortschreitenden Parkinsonismus buchstäblich zum Stillstand gebracht zu werden vermögen.

Fast ebenso verbreitet, und häufig gleichzeitig mit den Parkinsonschen Störungen auftretend, waren *katatone* Erscheinungen. Anfangs lag daher die Vermutung nahe, es handele sich um eine „epidemische Schizophrenie“, denn Katatonie wurde — bis zu ihrem Auftreten bei der epidemischen Enzephalitis — als fester Bestandteil des Schizophrenie-Syndroms betrachtet. Es zeigte sich, daß die meisten Patienten, bei denen Katatonie infolge der Schlafkrankheit auftrat, *nicht* schizophren waren, die Katatonie auch direkt, unter physiologischem Aspekt, erfaßt werden kann und nicht immer Ausdruck eines reinen Abwehrmechanismus schizophrener Patienten ist, dessen sie sich in Perioden unerträglichen Drucks und tiefer Verzweiflung bedienen.

Wenn postenzephalitische Patienten sprechen können — bei den schwersten Fällen erst 50 Jahre nach Ausbruch der Krankheit dank L-DOPA —, sind sie in der Lage, uns detaillierte, einzigartige Beschreibungen ihrer katatonen Zustände, des „Dämmerschlafs“, der „Faszination“, der „Blockierung“, des „Negativismus“ zu geben (schizophrene Patienten sind dazu in der Regel nicht fähig bzw. können nur mit Hilfe verzerrter Begriffe ihre Lebenswelt beschreiben).

Die Verlaufsformen der enzephalitischen Katatonie waren denen des Parkinsonismus annähernd analog; mit dem Unterschied, daß sie auf einer höheren, komplexeren Ebene angesiedelt waren und in der Regel eine Übereinstimmung der Form zwischen den subjektiven, inneren Zuständen der Patienten und den äußeren, beobachteten Verhaltensweisen bestand. So zeigten einige der Patienten automatische Anpassung oder „Gehorsam", konnten (zeitlich unbegrenzt und ohne Mühe) in jedweder Pose verharren, in die sie gerieten, oder wiederholten, einem „Echo" vergleichbar, Wörter, Sätze, Gedanken, Wahrnehmungen oder Handlungen, von vorn beginnend und immer auf die gleiche Weise (Palilalie, Echolalie, Echopraxie usw.). Andere Patienten hingegen zeigten Störungen genau entgegengesetzter Art („Befehlsnegativismus", „Blockierung" usw.): Jede Aufforderung oder eigene Initiative zum Handeln, Sprechen oder Denken wird sofort abgeblockt und damit verhindert. Bei den schwersten Fällen verursachte eine „Blockierung" dieser Art eine Aussetzen aller Verhaltensweisen und der geistigen Prozesse (so wie z. B. im Fall Rose R., s. S. 67—76). Solche im Handeln zwanghaft eingeschränkten, katatonen Patienten konnten jedoch, ähnlich wie Parkinsonpatienten, unvermittelt aus ihrem regungslosen Zustand zu heftigen Bewegungen übergehen und in Unruhe verfallen. Viele der zur Zeit der Epidemie und danach beobachteten Tics erwiesen sich als austauschbar mit „Tics der Bewegungslosigkeit" oder Katatonie.

Während der akuten Phase der Enzephalitis und einige Jahre danach war bei den Patienten eine Vielfalt unwillkürlicher, zwanghafter Bewegungen zu beobachten: myoklonische Zuckungen und Spasmen, Zustände mobiler Spasmen (Athetose), Dystonien und dystonische Verrenkungen (z. B. Tortikollis), die dem Parkinsonschen Rigor strukturell ähnlich sind. Des weiteren wurden inkohärente, kraftlose, von einem Körperteil zum anderen springende Bewegungen (Chorea) beobachtet, schließlich auch ein breites Spektrum von Tics und zwanghaften Bewegungen auf allen funktionalen Ebenen wie: Gähnen, Husten, Schnüffeln, Keuchen, nach Luft Schnappen, Anhalten des Atems, Starren, flüchtiges Umsichblicken, lautes Brüllen, gellendes Schreien, Fluchen usw. All das waren die Folgen eines plötzlich auftretenden inneren Dranges[9].

In ihrer „Blütezeit" trat die *Encephalitis lethargica* wie jede neurotische oder psychotische Störung auf; bei vielen der Betroffenen wurde deshalb eine „funktionelle", „zwanghafte und hysterische Neurose diagnostiziert, bis das Auftreten anderer Symptome die enzephalitische Ätiologie der Beschwerden erkennen ließ. In diesem Zusammenhang ist es interessant, daß „okulogyre Krisen" noch mehrere Jahre nach ihrem ersten Auftreten als rein „funktionell" und hysterisch eingeschätzt wurden.

Sehr deutlich voneinander zu unterscheidende Formen affektiven Zwanges traten in der Zeit unmittelbar nach der Schlafkrankheit auf, besonders Erotomanie, leicht auslösbare libidinöse Erregungszustände zum einen, und Stimmungsschwankungen, Wutausbrüche und destruktive Anfälle zum anderen. Am deutlichsten und unverhüllt traten diese Verhaltensweisen bei Kindern zutage, die zuweilen sehr abrupte Veränderungen ihres Charakters zeigten. Sie wurden plötzlich impulsiv, provokativ, destruktiv, frech, gierig oder niederträchtig, manchmal bis zu einem kaum mehr kontrollierbaren Grade. Diese Kinder wurden dann oftmals mit den Etiketten „jugendliche Psychopathie" oder „moralischer Schwachsinn" versehen[10]. Erwachsene hingegen hatten seltener sexuelle und destruktive Ausbrüche, sondern sie paßten ihre Verhaltensweisen eher den sozialen Normen an. Besonders Jelliffe[11] zeigte in seinen umfangreichen Analysen hochintelligenter postenzephalitischer Patienten, daß erotische und feindselige Gefühlsausbrüche nicht nur in neurotisches und psychotisches Verhalten, sondern auch in Tics, „Krisen", Katatonie und sogar Parkinsonismus verwandelt werden konnten. Erwachsene zeigten somit eine außerordentliche Fähigkeit, starke Gefühle nicht direkt, sondern indirekt mittels physiologischer Symptome auszudrücken. Sie waren begnadet oder verflucht, über krankhaft gesteigerte Ausdrucksmöglichkeiten zu verfügen, die Freud als „somatische Anpassung" bezeichnete.

Fast die Hälfte der Überlebenden neigte zu ungewöhnlichen Krisen, in denen sie unvermittelt oder gleichzeitig verschiedene Symptome erlebten wie Parkinsonismus, Katatonie, Tics, Wahnvorstellungen, Halluzinationen, „Blockierung", erhöhte Suggestibilität sowie dreißig oder vierzig andere Belastungen. Derartige Krisenzustände pflegten einige Minuten oder Stunden zu dauern, um ebenso plötzlich zu verschwinden, wie sie gekommen waren. Sie waren außerdem individuell so unterschiedlich ausgeprägt, daß keine zwei Patienten sie auf gleiche Weise erlebten, die Krisen somit grundlegende Charaktereigenschaften, die Persönlichkeit, Lebensgeschichte, Wahrnehmung sowie die Phantasie der einzelnen Patienten widerspiegelten.

Nicht selten trat in einem außergewöhnlichen *Lebensmoment* eine Krise ein, durch die dieser Augenblick quasi „konserviert" wurde. So verweist Jelliffe (1932) auf einen Mann, dessen erste okulogyre Krise während eines Kricket-Spiels auftrat, gerade in dem Moment, als er mit seiner Hand einen Ball fangen sollte (noch im Trancezustand wurde er vom Feld getragen; er hielt den rechten Arm weiterhin ausgestreckt, den Ball fest umklammernd). In der Folgezeit kündigte sich bei diesem Patienten jede okulogyre Krise durch eine *vollständige* Wiederholung dieses ursprünglichen, grotesken und komischen Augenblicks an. Er hatte dann plötzlich das Gefühl, es sei wieder 1919, der Ball nähere sich ihm, und er müsse ihn fangen — *in genau diesem Augenblick!*

Emotionale Probleme oder aktuelle Umstände konnten Krisen dieser Art zum besseren oder schlechteren beeinflussen. Nach 1930 traten sie jedoch nur noch selten auf: ich widme ihnen dennoch besondere Aufmerksamkeit, weil sie eine erstaunliche Affinität zu bestimmten, von L-DOPA herbeigeführten Zuständen haben; und dies nicht nur bei postenzephalitischen, sondern auch bei den normalen Parkinsonpatienten.

Lediglich ein Bereich — und nur dieser — blieb gewöhnlich von der gewaltigen Krankheit verschont: die „höheren geistigen Fähigkeiten" wie Intelligenz, Vorstellungskraft, Urteilsfähigkeit und Humor. So konnten die Patienten, selbst in extremen Grenzsituationen, ihren Zustand bei völliger geistiger Klarheit erleben; sie behielten die Fähigkeit, sich zu erinnern, Vergleiche anzustellen, zu differenzieren und Zeugnis über ihr einzigartiges Schicksal abzulegen.

Nach der Schlafkrankheit (1927—1967)

Wenngleich viele Patienten von der Schlafkrankheit völlig genesen schienen und in der Lage waren, ihr Leben wie zuvor zu führen, so traten dennoch bei der Mehrzahl in der Folgezeit neurologische oder psychotische Störungen auf — am häufigsten Parkinsonismus.

Warum bei diesen Patienten solche „postenzephalitischen Syndrome" auftraten — und zwar nach Jahren oder Jahrzehnten scheinbar völliger Gesundheit—, ist ein Rätsel, das bisher nicht zufriedenstellend gelöst werden konnte. Die Entwicklung der Symptomatik verlief unterschiedlich: Manchmal führte sie zu völliger Invalidität oder zum Tod; ein andermal erreichte sie ein bestimmtes Stadium, indem sie jahre- oder jahrzehntelang verharrte. Es gab auch Fälle, in denen die Syndrome nach ihrem ersten, heftigen Ausbruch abklangen und schließlich ganz verschwanden. Diese Vielfalt der Erscheinungen ist ebenso ein Rätsel, wie das oben erwähnte, und sicherlich nicht durch eine einzige oder simple Erklärung zu verstehen.

Keinesfalls kann der bereits unternommene Versuch ausreichen, die Syndrome mit Hilfe durch das Mikroskop erkennbarer Krankheitsprozesse zu erklären. Auch entsprach die Behauptung, postenzephalitische Patienten litten an „chronischer Enzephalitis", nicht der Wahrheit, denn sie wiesen keine Anzeichen einer Infektion oder einer Entzündung auf. Darüber hinaus bestand nur eine geringe Korrelation zwischen dem Schweregrad des klinischen und dem des pathologischen Befundes, soweit letzterer mit mikroskopischen und chemischen Mitteln erhoben werden konnte: Man sah stark behinderte Patienten mit außerordentlich geringer Veränderung der Gehirnstruktur, auf der anderen Seite bei Patienten mit kaum ausgeprägten Symptomen Anzeichen einer verbreiteten Gewebszerstörung. Es zeigte sich schließlich, daß neben den lokalisierbaren Veränderungen im Gehirn noch andere Determinanten den klinischen Zustand und das Verhalten bestimmten und für die erwähnten Diskrepanzen verantwortlich waren. Es wurde klar, daß die Empfänglichkeit für oder die Neigung zu Parkinsonismus nicht als eine feste Größe in Beziehung zu Schädigungen im „Parkinson-Zentrum" des Gehirns zu sehen war, sondern von vielen anderen „Faktoren" abhing.

Wie von Jelliffe[12] und einigen anderen Autoren wiederholt hervorgehoben wurde, schien die „*Qualität*" der Persönlichkeit — ihre Stärken und Schwächen, die Widerstands- und Anpassungsfähigkeit, Motive und Erfahrungen usw. — eine wesentliche Rolle in bezug auf Schweregrad, Verlauf und Form der Erkrankung zu spielen. So riefen in den dreißiger Jahren, in einer Zeit der fast ausschließlichen Betonung spezifisch physiologisch-pathologischer Mechanismen, die befremdlichen Krankheitsveränderungen Claude Bernards Begriffe *terrain* und *milieu interne* ins Gedächtnis zurück, ebenso wie die Uralt-Begriffe „Konstitution", „Diathese", „Idiosynkrasie", „Prädisposition" usw., die im 20. Jahrhundert so unmodern geworden waren. Genauso eindeutig analysierte Jelliffe in wunderbarer Weise die Auswirkungen der äußeren Umwelt, der Lebensbedingungen und der Schwankungen im Leben jedes einzelnen Patienten, so daß die postenzephalitische Krankheit nicht als eine einfache Erkrankung betrachtet, sondern als eine individuelle Schöpfung größerer Komplexität angesehen werden mußte. Sie wurde außer durch einen primären Krankheitsprozeß auch durch eine Fülle von Persönlichkeitsmerkmalen und sozialen Umständen determiniert und war somit eine Krankheit wie die Neurose oder Psychose, eine Form der Herstellung des Gleichgewichts zwischen der sensibilisierten Persönlichkeit und ihrer Umwelt[13]. Solche Überlegungen sind natürlich von zentraler Bedeutung für das Verständnis der Reaktionen postenzephalitischer Patienten auf L-DOPA.

Heute gibt es nur noch wenig Überlebende der Enzephalitis, die trotz Parkinsonismus,

Tics oder anderer Probleme ein aktives und unabhängiges Leben führen (vgl. zum Beispiel den Fall von Cecil M.). Sie bilden die glückliche Minorität, der es gelang, sich über Wasser zu halten, die nicht von Krankheit, Invalidität, Abhängigkeit, Demoralisierung usw. in den Abgrund gerissen wurde.

Eine wesentlich düsterere Zukunft lag jedoch vor der Mehrheit der postenzephalitischen Patienten — als Folge des Schweregrades der Erkrankung, ihrer „Schwächen", Neigungen oder Mißgeschicke. Wir haben bereits hervorgehoben, daß sowohl die Krankheit eines Patienten als auch sein Ich und seine Welt nicht voneinander zu trennen sind; diese drei können durch ihre mannigfaltigen Wechselwirkungen und eine unübersehbare Zahl von Teufelskreisen den Patienten zum absoluten Tiefpunkt seines Seins bringen. Wieviel das eine oder andere im Einzelfall dazu beiträgt, kann vielleicht bei äußerst langem und sehr engem Kontakt mit einem Patienten herausgefunden, jedoch nicht in eine verallgemeinerte, universell anwendbare Form gebracht werden. Man kann nur sagen, daß die meisten Überlebenden ein Tief nach dem anderen durchlebten, Phase um Phase der sie ständig tiefer erfassenden Erkrankung, Hoffnungslosigkeit und Einsamkeit durchlitten; eine unvorstellbare Einsamkeit, die vielleicht am schwersten zu ertragen war. So vertrat bereits John Donne die Auffassung: Wie die *Krankheit* das größte aller Übel, so ist das größte Übel der Krankheit die *Einsamkeit* . . . . Einsamkeit ist eine Qual, die selbst in der Hölle nicht droht."[14]

Im Laufe der Zeit veränderte sich der Charakter der Krankheit. Die ersten Tage der Epidemie waren eine Zeit der Gefühlswallungen oder der Übersteigerung, d. h. voller Bewegung und Tics, Drang und Heftigkeit, manischer und krisenhafter Zustände, innerer Glut und Verlangen. Gegen Ende der zwanziger Jahre war die akute Phase vorbei; die enzephalitischen Syndrome begannen, eher stereotyp zu werden. Während der frühen zwanziger Jahre waren Zustände der Unbeweglichkeit und des Stillstands äußerst ungewöhnlich gewesen, ab 1930 jedoch begannen sie, wie gewaltige Wogen der Verlangsamung und Stumpfheit über viele hereinzubrechen; bildlich gesprochen (oder sogar physiologisch), versetzten sie die Patienten in einen dem Schlaf oder Tod vergleichbaren Zustand, der jahrzehntelang währte. Seine Qualität war: Parkinsonismus, Katatonie, Melancholie, Dämmerzustände, Passivität, Unbeweglichkeit, Frigidität und Apathie. Einige Patienten gerieten in einen Zustand der Zeitlosigkeit, eines ereignislosen Stillstands, der sie jeglichen Sinnes für ihre Lebensgeschichte und für Ereignisse beraubte. Einzelne Vorkommnisse — Feueralarm, der Essensgong, das unerwartete Eintreffen von Freunden oder Neuigkeiten — vermochten sie plötzlich und unerwartet für einige Minuten zu beleben, so daß sie aktiv und voll freudiger Erregung waren.

Aber solch ein Aufleuchten in den Tiefen der Dunkelheit war selten. Meist lagen die Patienten regungs- und sprachlos, ohne jeglichen erkennbaren Willen und Gedanken oder blieben mit ihren Gefühlen und ihrem Denken auf einen bestimmten Punkt fixiert. Ihr Geist blieb völlig klar und ungetrübt, aber ihr ganzes Sein war eingekapselt, wie eingesponnen in einen Kokon.

Unfähig zu arbeiten oder ihre eigenen Bedürfnisse zu erkennen, schwierig zu versorgen, hilflos, hoffnungslos, so in ihre Krankheit eingebunden, daß sie weder reagieren noch etwas mitteilen konnten, häufig von ihren Freunden und Familien verlassen, ohne Spezialbehandlung, die ihnen von Nutzen hätte sein können — hatte man diese Patienten in Hospitälern für chronisch Kranke, in Pflegeheimen, Irrenanstalten oder speziellen Einrichtungen untergebracht. Und dort blieben sie, wurden vergessen — die Aussätzigen dieses Jahrhunderts, die zu Hunderttausenden starben.

Einige jedoch lebten weiter, obwohl ihre Zahl immer geringer wurde. Sie wurden älter und hinfälliger (obgleich sie in der Regel jünger aussahen, als sie waren); sie, die Insassen von Einrichtungen, lebten völlig isoliert, jeglicher Erlebnisse beraubt, die Welt, in der sie einst lebten, halb vergessend und halb erträumend.

Das Leben in Mount Carmel

Mount Carmel wurde kurz nach dem Ersten Weltkrieg für Kriegsveteranen mit Verletzungen des Nervensystems sowie für die Opfer der Schlafkrankheit eröffnet. In jenen ersten Tagen war es ein Landhaus-Hospital mit nicht mehr als 40 Betten, weiten Grünanlagen und einer schönen Aussicht auf die Umgebung. Es lag in der Nähe des Dorfes Bexley-on-Hudson, zu dem es einen unkonventionellen und freundschaftlichen Kontakt pflegte: Die Patienten gingen öfter ins Dorf zum Einkaufen, Essen oder zur Vorführung eines Stummfilms. Die Dorfbewohner besuchten ihrerseits des öfteren das Krankenhaus. Und so gab es Verabredungen und Tanzveranstaltungen, und es fanden sogar Hochzeiten statt. Man traf sich beim Kegeln und Fußball im freundschaftlichen Wettstreit, wobei die Dorfbewohner mit maßvoller Vorsicht der Abruptheit und dem Bewegungstempo der Patienten begegneten, die vor fünfzig Jahren so typisch waren (s. Anmerkung 5, S. 224—225).

All das änderte sich im Laufe der Jahre. Bexley-on-Hudson ist kein Dorf mehr, sondern ein stark bewohnter und armseliger Vorort von New York. Das gemächliche Dorfleben ist dem hektischen und kräfteverzehrenden Treiben New Yorks gewichen, und die Bewohner Bexleys haben keine Zeit, verschwenden kaum einen Gedanken an das Krankenhaus in ihrer Nähe. Mount Carmel selbst ist an Hypertrophie erkrankt, denn es ist eine Einrichtung mit 1000 Betten geworden, der die Grünflächen zum Opfer gefallen sind. Vor seinen Fenstern erblickt man nicht mehr schöne Gärten oder eine Landschaft, sondern einen einem Ameisennest vergleichbaren Vorort — oder gar nichts. Noch beklagenswerter und weitaus schwerwiegender war die Veränderung seines Charakters, die schleichende Verschlechterung des „Klimas“ und der *Betreuung*. In seinen Anfängen — genau genommen vor 1960 — war das Krankenhaus sowohl unkonventionell als auch ein Ort der Geborgenheit gewesen; so gab es hingebungsvoll arbeitende Schwestern, die teilweise jahrzehntelang dort tätig waren. Medizinische Stellen wurden von ehrenamtlichen und freiwilligen Mitarbeitern besetzt, wodurch die beste Seite der betreuenden Ärzte angesprochen wurde: ihre Güte. Und wenngleich die Patienten älter und hinfälliger wurden, so konnten sie sich dennoch auf mancherlei freuen: auf Ausflüge, Tagesfahrten und Sommerlager. Während der letzten zehn und besonders während der letzten drei Jahre hat sich all das verändert. Das Krankenhaus hat jetzt in gewisser Weise etwas von einer Festung oder einem Gefängnis, sowohl in seinem Äußeren als auch in der Art, wie es geleitet wird. Es ist eine starr der „Effizienz“ und der

Hausordnung verpflichtete Verwaltung entstanden, in der die vertraute Ungezwungenheit im Umgang mit Patienten stark mißbilligt wird. Gesetz und Ordnung haben das Mitgefühl und ein Gefühl der Zusammengehörigkeit verdrängt; ein hierarchisch geprägtes Denken trennt die Patienten vom Pflegepersonal. Die Kranken haben jetzt eher das Gefühl, „drin" zu sein, weit entfernt von der „wahren" Welt. Natürlich gibt es Lücken in dieser starren Struktur, in denen sich *wahre* Fürsorge und Zuwendung noch behaupten können. Viele Mitarbeiter — Krankenschwestern, Hilfskräfte, Krankenwärter, Physio-, Arbeits-, Sprachtherapeuten usw. widmen sich uneingeschränkt und voller Liebe den Patienten; Freiwillige aus der Nachbarschaft kümmern sich in nicht-medizinischer Weise; und natürlich werden auch *einige* Patienten von Verwandten und Freunden besucht. Kurzum, das Krankenhaus ist eine einzigartige Mischung aus Freiheit und Gefangenschaft, Wärme und Kälte, Menschlichem und Technischem, Leben und Tod — miteinander in einem sich ständig wiederholenden Kampf verkettet[15].

Im Frühjahr 1973, als die erste Ausgabe dieses Buches erschienen war, begannen sich in Mount Carmel tiefgreifende und äußerst einschneidende Veränderungen zu vollziehen, die folgenschwere Auswirkungen auf unsere Patienten haben sollten. In der ersten Ausgabe konnte ich nicht mehr als die tragischen Veränderungen im Jahre 1969 und ihre Folgen für das Wohlbefinden der Patienten andeuten; Folgen nicht lediglich in bezug auf ihre Einstellungen und Stimmungen, sondern auch in bezug auf ihren physiologischen Zustand und im Hinblick auf ihre Reaktionen auf L-DOPA. Im Film, der über den Inhalt des vorliegenden Buches gedreht wurde, zeigte sich auf dramatische Weise, daß etwas anderes als ein lediglich physiologischer Prozeß dieser *historischen* Veränderung — dem Übergang vom „Erwachen" zum „Leid" — zugrunde lag. Im Sommer 1969 war für jedermann sichtbar, daß es allen Patienten gut ging. Im Herbst jedoch schienen sie plötzlich Schwierigkeiten zu haben, so einheitlich in den Reaktionen, wie man es bei dieser breitgestreuten Population nicht erwartet hätte (es sei denn, diese Einheitlichkeit hätte eine externe Ursache).

Als ich 1966 nach Mount Carmel kam, befanden sich dort noch etwa achtzig postenzephalitische Patienten; sie bildeten die größte und vielleicht einzige Gruppe, die es in den Vereinigten Staaten, und eine der wenigen, die es in der Welt noch gab. Fast die Hälfte dieser Patienten war in einem Zustand pathologischen „Schlafs" versunken, buchstäblich sprach- und bewegungslos — absolute Pflegefälle. Die übrigen waren weniger geschädigt, abhängig, isoliert und deprimiert, vermochten einige der Grundverrichtungen selbständig zu bewältigen und konnten bis zu einem gewissen Grade ein eigenes Leben führen und soziale Beziehungen herstellen. Sexualität war in Mount Carmel selbstverständlich verboten[16].

Zwischen 1966 und 1969 schlossen wir die Mehrzahl unserer postenzephalitischen Patienten (viele von ihnen waren irgendwo in abgelegenen und unbeachteten Winkeln des Hospitals eingesperrt) zu einer sich selbst verwaltenden Gemeinschaft zusammen. Wir taten alles in unseren Kräften stehende, um ihnen das Gefühl zu vermitteln, daß sie *Menschen* und nicht verurteilte Gefangene in einer riesigen Einrichtung sind. Wir versuchten, Verwandte und Freunde wiederzufinden, in der Hoffnung, daß einige der Beziehungen (weniger zerbrochen an Feindseligkeit als vielmehr durch die Zeit und durch Faulheit) erneut aufgenommen werden könnten. Und ich versuchte, im Rahmen meiner Möglichkeiten Beziehungen zu den Patienten herzustellen.

Während dieser Jahre entstanden dann auch Sympathien und engere Kontakte, und es vollzog sich allmählich eine gewisse Aufhebung der Mitarbeiter-Insassen-Dichotomie. Diese Veränderung zusammen mit allen Behandlungsmaßnahmen führten zu einer leichten Besserung des Gesamtzustandes der Patienten (und dies nicht nur in neurologischer Hinsicht). Die Schwere und der bittere Ernst des Parkinsonismus vereitelten jedoch die therapeutischen Bemühungen und setzten dem Erreichbaren sehr schnell Grenzen. Zu all dem kamen noch die durch lange Isolierung und Einsperrung bedingten Verfallserscheinungen, die Verarmung und die Verirrungen[17].

Einige Patienten hatten vor dem Aufkommen von L-DOPA einen Zustand ungerührter Hoffnungslosigkeit, ja fast Gelassenheit erreicht: Sie *wußten*, daß sie zum Untergang verurteilt waren, und sie akzeptierten es mit allem Mut und Gleichmut, den sie aufzubringen vermochten. Andere Patienten (und bis zu einem gewissen Grade vielleicht alle, trotz des äußeren Gleichmuts) empfanden grimmige und ohnmächtige Wut: Sie waren um die besten Jahre ihres Lebens *betrogen* worden und verzehrten sich im Wissen um die verlorene, die *vergeudete* Zeit. So sehnten sie sich unaufhörlich nach einem zweifachen Wunder: es sollte nicht nur ihre Krankheit heilen, sondern sie auch für ihr verlorenes Leben entschädigen. Sie wollten die verlorene Zeit zurückerhalten und auf wunderbare Weise in ihre Jugend und in ihre Blütezeit zurückversetzt werden.

L-DOPA tritt auf den Plan[18]

L-DOPA ist ein „Wundermedikament" — zumindest wird es überall so bezeichnet. Das ist vielleicht kaum überraschend, denn selbst der Arzt, der ihm zum Ruhm verhalf — Dr. Cotzias — nannte es „eine wahre Wunderdroge unserer Tage". Es ist merkwürdig, wenn man im 20. Jahrhundert nüchtern und sachlich denkende Ärzte und andere Personen von „Wundern" sprechen und ein Medikament preisen hört, das Glück und Zufriedenheit bescheren soll. Auch die große Begeisterung, die durch Berichte über L-DOPA unter anderem von Ärzten und Patienten entstanden ist, ist höchst erstaunlich und läßt vermuten, daß außergewöhnliche Gefühle und Vorstellungen hervorgerufen wurden. Während der letzten sechs Jahre war die L-DOPA-„Story" auf das engste mit einer Art mystischem Eifer verflochten und emotional geladen. Ohne dies zu berücksichtigen, kann man die L-DOPA-Geschichte nicht verstehen, und es wäre äußerst irreführend, stellte man sie lediglich aus literarischer oder historischer Sicht dar.

Wir versachlichen, wir heucheln: Wir täuschen vor, die Medizin sei eine rationale Wissenschaft, sei kein Unsinn, sondern genau das, was sie zu sein scheint. Aber ein leichtes Kratzen an der glänzenden Oberfläche reicht aus, um auf ihre Wurzeln und Grundlagen zu stoßen, auf ihren alten, dunklen Kern aus dem Zeitalter der Metaphysik, des Mystizismus, der Magie und Mythologie. Medizin ist die älteste der Künste und die älteste der Wissenschaften: Ist daher nicht zu erwarten, daß sie unseren tiefsten Erkenntnissen und Gefühlen entspringt?

Gewiß, es gibt die normale Medizin für den Alltagsgebrauch: eintönig, entzaubert, eine

Medizin für die Behandlung von verstauchten Zehen, Mandelentzündungen, Kröpfen und Geschwüren. Aber wir alle hegen die Vorstellung von einer *anderen*, ganz und gar verschiedenen Art der Medizin: von etwas Tiefgründigerem, Älterem, Außergewöhnlichem, fast Heiligem, das unsere Gesundheit und Intaktheit wieder herzustellen und uns das Gefühl völligen Wohlbefindens zu geben vermag.

Denn im Grunde haben wir alle intuitiv das Gefühl, erstmal völlig intakt und gesund gewesen zu sein, d. h. unbeschwert, in Eintracht lebend, geborgen in der Welt und in völliger Harmonie mit uns selbst. Dann aber stürzten wir aus diesem ersten, glücklichen, unschuldigen Zustand in unseren jetzigen, durch Krankheit und Leiden gezeichneten Zustand und verloren die uns eigene unendliche Schönheit und den kostbaren Glanz. Seitdem verbringen wir unsere Tage damit, das Verlorene zu suchen, und werden es vielleicht eines Tages auch finden. Das wird dann das Wunder sein, das Zeitalter der Glückseligkeit.

Es ist zu erwarten, daß solche Vorstellungen diejenigen Patienten am intensivsten hegen, die in extremer Weise dem Leiden, der Krankheit und der Pein ausgesetzt sind — und sich in Gedanken an das Verlorene und das Vergeudete verzehren, es dringend wiedergewinnen wollen, ehe es zu spät ist. In ihrer verzweifelten Sehnsucht suchen solche Menschen Geistliche oder Ärzte auf: um alles zu glauben, um eines Aufschubs, einer Rettung, um der Wiederherstellung oder der Erlösung willen.

Im wesentlichen ist das Gefühl, etwas verloren zu haben und es wiederfinden zu müssen, ein metaphysisches. Unterbrechen wir einen Menschen in seiner metaphysischen Suche und fragen ihn, *was* es denn ist, das er herbeisehnt oder sucht, wird er uns nicht eine säuberliche Aufstellung von Einzelheiten präsentieren, sondern einfach sagen: „mein Glück", „meine verlorene Gesundheit", „meinen früheren Zustand", „ein Gefühl der Wirklichkeit", „sich lebendig fühlen" usw.

Er sehnt sich nicht nach diesem oder jenem, sondern nach einer *allgemeinen* Veränderung insgesamt, danach, daß alles wieder *in Ordnung* sein möge, makellos, so wie einst. Und es ist an diesem Punkte seiner mit einem so schmerzhaften Gefühl der Dringlichkeit verbundene Suche möglich, daß er einer plötzlichen und grotesken Fehlanahme verfallen könnte: daß er (in Donnes Worten) „die Apotheke" für „die zur Metapher gewordene Gottheit" hält — eine Fehlannahme, die der Apotheker oder der Arzt zu unterstützen versucht sein könnte.

Und es ist denkbar, daß der Patient, klug und erfinderisch, und sein Apotheker und Arzt, vielleicht unklug und gar nicht erfinderisch, gemeinsam den Bereich der Wirklichkeit verlassen und daß die fundamentale, metaphysische Wahrheit plötzlich verzerrt und ersetzt wird durch eine phantastische, mechanistische Verfälschung oder Unwahrheit. Das nunmehr an ihre Stelle getretene phantastische Konzept ist einer der Irrtümer der vitalistischen oder materialistischen Lehren, die Annahme nämlich, „Gesundheit", „Wohlbefinden", „Glücklichsein" usw. ließen sich auf bestimmte „Faktoren" oder „Elemente" reduzieren — auf Prinzipien, Flüssigkeiten, Körpersäfte, Gebrauchsgegenstände — und auf *Dinge*, die sich messen und wiegen, kaufen und verkaufen lassen. Nach diesem Konzept ist Gesundheit etwas *Eindimensionales*, dessen Maß man analysieren und das man auf mechanische Weise auffüllen kann. Der Metaphysik sind derartige Reduzierungen nicht eigen; sie bedient sich der Begriffe „Organisation" oder „Entwurf". Die den Sachverhalt verfälschende

Reduzierung jedoch stammt von Alchemisten, von Medizinmännern und ihren modernen Vertretern sowie von Patienten, die *um jeden Preis* gesund werden wollen.

Es geschah auf der Grundlage dieser irreführenden Metaphysik, daß die Vorstellung von einer geheimnisvollen Substanz, einer Wunderdroge entstand, von etwas, das all unsere Sehnsüchte zu stillen und unsere Übel zu lindern, uns von unserem Elend zu befreien vermag: metaphorisches Äquivalent für ein Lebenselixier. Das von Ehrlich zur Behandlung von Syphilis entwickelte Medikament Arsephenamin ist ein bekanntes Beispiel dafür. Ehrlichs eigene und realistische Ansprüche wurden sofort durch maßlose Wünsche und Hoffnungen verzerrt, so daß Arsephenamin bald den Namen „Magische Kugel" erhielt. *Diese* Art mystischer Medizin widmet sich denn auch der Suche nach mehr solcher „magischen Kugeln".

Derartige Vorstellungen und Hoffnungen bergen auch heute noch ihre alte, magische und mythische Kraft; sie zeigen sich — wie sehr wir ihnen auch abschwören mögen — in den von uns verwendeten Worten und Ausdrücken wie „Vitamine" (vitale Amine) und „Vitamin-Kult", „biogene Amine" (lebensspendende Amine), von denen das Dopamin (die biologische Substanz, in die L-DOPA verwandelt wird) ein Vertreter ist.

Die Idee von solchen mystischen, lebensspendenden Heilmitteln führt zum Entstehen von zahllosen Kulten und Marotten sowie zu einer besonders großen und anhaltenden Begeisterung. Derartiges erlebte man bei Freuds Engagement für Kokain, ebenso angesichts der ersten wilden Reaktionen beim Aufkommen von Kortison, als medizinische Konferenzen (nach den Worten eines Augenzeugen) „eher Zusammenkünfte von Erweckungspredigern glichen", und sieht es in nicht geringem Maße in unserer heutigen Begeisterung für L-DOPA. Man kann sich des Gefühls nicht erwehren, daß hierbei, über eine gerechtfertigte Begeisterung hinaus, eine spezielle Art von Begeisterung im Spiel war, eine Art magischer Mystizismus. Ein amüsantes, lehrreiches, wenngleich fatales Beispiel hierfür wurde mir bekannt, als mein medizinischer Beitrag *Maßlose Nostalgie als Folge von L-DOPA* (Sacks 1970c), für die Presse freigegeben, in immer gekürzteren und ausgeschmückten Versionen erschien: Eine Zeitung, der *National Enquirer*, legte mir die erstaunliche Behauptung in den Mund, ich könne durch Anwendung von L-DOPA Tote wieder zum Leben erwecken. Wir können nun zur „eigentlichen" Geschichte von L-DOPA übergehen, dabei stets an den mystischen Faden denkend, der sie durchzieht. Parkinson hatte selbst vergeblich versucht, den „Sitz" bzw. das Substrat des Parkinsonismus zu finden, wenngleich er es im Kernbereich der unteren Medulla vermutete. Auch noch einhundert Jahre nach der Veröffentlichung seines *Essays* gab es keinen nachweisbaren Erfolg bei der Lokalisierung und der näheren Bestimmung der Art des pathologischen Prozesses. 1917 beschrieb von Economo schwere Schädigungen der *Substantia nigra* (ein aus pigmentierten Zellen bestehender Kern im Mittelhirn) bei mehreren, an *Encephalitis lethargica* erkrankten Patienten, die unter stark ausgeprägten Parkinsonschen Symptomen litten (vgl. v. Economo 1917). Ein Jahr später gelang es Greenfield in England und Pathologen in anderen Ländern, in diesem Zellbereich ähnliche, aber weniger ausgeprägte Veränderungen bei Patienten festzustellen, die an der herkömmlichen Parkinsonschen Krankheit erkrankt waren. Diese Ergebnisse, zusammen mit anderen pathologischen und physiologischen Arbeiten, deuteten auf das Vorhandensein eines klar umrissenen *Systems*, das die *Substantia nigra* mit anderen Teilen des Gehirns verbindet: Ein System, dessen Fehlfunktion oder Zerstörung das Entstehen Parkinsonscher Symptome zur Folge haben könnte. Greenfield schrieb: „Ein allgemeiner Überblick zeigte, daß die *Paralysis agitans* in ihrer klassischen Form eine spezielle Art von System-Degeneration darstellt und sich auf das Neuronensystem auswirkt, dessen Knotenpunkt die *Substantia nigra* bildet.“ Im Jahre 1920 wiesen C. und O. Vogt mit bemerkenswertem Weitblick darauf hin, daß diesem anatomisch und funktionell unabhängigen System ein *chemisch* unabhängiges System entsprechen könnte und damit die gezielte Behandlung des Parkinsonismus und ihm verwandter Störungen möglich wäre, vorausgesetzt, diese hypothetisch angenommene chemische Substanz läßt sich nachweisen und kann verabreicht werden. Die beiden Autoren führten aus, daß Untersuchungen Antwort auf die Frage geben müßten, ob das Striatum oder Teile desselben eine besondere Disposition in bezug auf bestimmte schädigende Agenzien aufweisen oder nicht. Es kann angenommen werden, daß eine solche positive oder negative Reaktionstendenz letztlich auf die spezifische chemische Beschaffenheit des entsprechenden Hirnzentrums zurückzuführen wäre. Der Nachweis für das Vorhandensein derartiger, spezifisch chemischer Gegebenheiten stellt seinerseits zumindest den ersten Schritt auf dem Wege der Erhellung ihrer tatsächlichen Beschaffenheit dar, womit die Entwicklung eines biochemischen Ansatzes für die Therapie eingeleitet würde (vgl. Vogt & Vogt 1920). Somit gab es in den zwanziger Jahren nicht nur die vage Vorstellung, den Parkinsonpatienten „fehle etwas“ (so wie Charcot sich äußerte), sondern auch die Ahnung, daß der von der Forschung eingeschlagene Weg erkennbar Aussicht auf Erfolg hatte.

Die versiertesten praktizierenden Neurologen äußerten jedoch Vorbehalte: Lagen nicht *strukturelle* Schädigungen der *Substantia nigra* und vielleicht auch anderer Bereiche vor, Schädigungen der Nervenzellen und der zwischen diesen bestehenden Verbindungen? Würden *diese* Schäden reversibel sein? Wäre die Verabreichung der fehlenden chemischen Substanz bei einem bestimmten Grade des strukturellen Abbaus ausreichend oder sicher? Bestünde nicht eine gewisse Gefahr, die noch vorhandenen Zellen zu überreizen oder zu stark zu beanspruchen? Kinnier Wilson formulierte diese Vorbehalte mit großer Schärfe, als er meinte, daß die *Paralysis agitans* die unheilbare Krankheit *par excellence* sei. Das Gegenmittel gegen den „lokalisierten Tod“ von Zell-Faser-Systemen wäre dann ein ebensowenig faßbares „Lebenselixier“. Parkinsonpatienten irgendein Nerven-Tonikum zu geben, um ihre im Abbau befindlichen Zellen „aufzupeitschen“, sei mehr als nutzlos; vielmehr müsse nach einem schnell assimilierbaren Aufbaumittel gesucht werden, in der Hoffnung, von außen das zuzuführen, was die Zelle selbständig nicht mehr erlangen könne.

In den zwanziger Jahren existierte Neurochemie als Wissenschaft so gut wie gar nicht, und dem von den Vogts vorausgesehenen Projekt stand eine langsame Entwicklung bevor. Jedoch allein die Zwischenstufen im Verlaufe dieser Forschung stellen eine faszinierende Geschichte dar, auf die hier aber nicht eingegangen werden kann. Es mag der Hinweis genügen, daß im Jahre 1960 Hornykiewicz in Wien und Barbeau in Montreal, zwar von unterschiedlichen Ansätzen ausgehend, fast gleichzeitig jedoch klare Beweise erbrachten, daß die bei Parkinsonpatienten betroffenen Hirnbereiche einen Mangel am Neurotransmitter *Dopamin* aufweisen, in diesen Bereichen auch die Übertragung und der Stoffwechsel von Dopamin gestört sind. Es wurden sofort Maßnahmen ergriffen, um bei den Patienten das Dopamin durch Verabreichung der Substanz einer natürlichen Vorstufe von Dopamin zu ersetzen — durch Laevodihydroxyphenylalanin, abgekürzt: L-DOPA (Dopamin selbst wird vom Gehirn nicht resorbiert). Die Ergebnisse dieser ersten therapeutischen Bemühungen waren ermutigend, konnten jedoch nicht völlig überzeugen, so daß sieben weitere Jahre beharrlichen Forschens nötig waren. Anfang 1967 konnten dann Dr. Cotzias und seine Kollegen in ihrer nunmehr klassischen Arbeit von nachhaltigem therapeutischem Erfolg bei der Behandlung von Parkinsonismus durch die orale Verabreichung großer Dosen von L-DOPA berichten (Cotzias et al. 1967)[19].

Dr. Cotzias' Arbeit übte eine unmittelbare und erstaunliche Wirkung auf die Welt der Neurologen aus. Die gute Nachricht verbreitete sich schnell. Bereits im März 1967 hatten die postenzephalitischen und Parkinsonpatienten in Mount Carmel von L-DOPA gehört: Einige waren begierig, es sofort auszuprobieren, andere hatten Vorbehalte und Zweifel und wollten, bevor sie es selbst versuchten, seine Wirkung zuerst bei anderen Patienten beobachten. Ea gab auch Betroffene, die völlig teilnahmslos reagierten, oder solche, die irgendeine Reaktion zu zeigen nicht in der Lage waren.

In den Jahren 1967 und 1968 war der Preis für L-DOPA äußerst hoch (das Pfund kostete mehr als £ 2000) und für Mount Carmel unerschwinglich — einem auf Wohltätigkeit gegründeten Krankenhaus, verarmt, unbekannt, keiner Universität oder Stiftung angeschlossen, unbeachtet von pharmazeutischen oder anderen Industrien und auch keine aus der Sicht der Regierung förderungswürdige Einrichtung. Gegen Ende des Jahres 1968 begann der Preis für L-DOPA stark zu fallen, so daß es im März 1969 zum ersten Mal in Mount Carmel verwendet werden konnte. Die nun folgenden Fälle stellen eine Auswahl aus den Lebensgeschichten der über 200 Patienten dar, die ich in den folgenden drei Jahren mit L-DOPA behandelte.

Zwölf Jahre später (1981)

Als ich 1969 begann, Patienten L-DOPA zu verabreichen, wurde dieses Vorgehen als Versuch betrachtet und die Verwendung eingeschränkt. Die Freigabe für die allgemeine Anwendung erfolgte in den Vereinigten Staaten erst im Sommer 1970.

In den dazwischenliegenden fünfzehn Monaten hatte meine eigene Erfahrung mich gelehrt, daß L-DOPA zwar bei fast allen an Parkinsonismus leidenden Patienten therapeutische Wirkung zeitigte, gleichzeitig jedoch *Komplikationen* auftraten. Diese Komplikationen — oftmals leichtfertig als „Nebenwirkungen" bezeichnet — waren nicht nur konstant, sondern auch mit den damals verfügbaren Mitteln nicht beeinflußbar. Mir schien, daß das, was sich zunächst als eine ziemlich einfache Angelegenheit dargestellt hatte oder so dargestellt worden war, nunmehr unerwartete Komplexität und Untiefen offenbarte, so daß unsere Denkmodelle, unser theoretisches Verständnis nicht ausreichten, die sonderbaren Schwierigkeiten zu erfassen, geschweige denn zu bewältigen.

Diese Gedanken und Beobachtungen, die auf der Behandlung einer großen Anzahl postenzephalitischer und einfacher Parkinsonpatienten basierten, wurden im Sommer 1970 veröffentlicht (Sacks 1970e). Unter meinen Kollegen lösten sie so etwas wie einen Sturm aus. Bis zu diesem Zeitpunkt war ich mir der Kraft des *Wunsches*, Sachverhalte zu verzerren und zu verneinen, nicht ausreichend bewußt gewesen. Auch nicht seiner Vorherrschaft in dieser komplexen Situation, in der sowohl der Enthusiasmus der Ärzte als auch die Bedrängnis der Patienten, in einem unbewußten Einverständnis vereint, eine unbequeme Wahrheit nicht wahrhaben wollen. Die Situation ähnelte der vor zwanzig Jahren, als dem Kortison unbegrenzte Möglichkeiten zugeschrieben wurden. So konnte man nur hoffen, daß im Laufe der Zeit, durch Erfahrung, der Sinn für die Realität über das Wunschdenken triumphieren würde. Und daß ebenso Mittel gefunden werden, um das Gute zu bewahren und das Schlechte aufzuhalten, zu vermeiden oder zu umgehen. Über diese unmittelbaren, pragmatischen Ziele hinaus mußte man schließlich auf ein tieferes *Verständnis* hoffen; nicht nur aus wissenschaftlicher, sondern auch aus *menschlicher* Sicht. Denn Patienten sind nicht nur Beispiele oder „Fälle", sondern einzigartige Individuen. Es war diese Hoffnung, die mich nach erheblichem Zögern im Jahre 1973 schließlich zur Veröffentlichung meines Buches veranlaßte.

L-DOPA, das steht fest, ist nicht einfach „ein anderes Medikament", den Anticholinergika oder seinen Vorgängern vergleichbar — es hat eine neue Ära in der Behandlung eingeleitet. Bereits 1967 hatte Cotzias so empfunden, als er seine historisch bedeutsame Arbeit veröffentlichte; und alle seither gewonnenen Erfahrungen haben seine intuitive Erkenntnis bestätigt. Das war nun auch bei meinen postenzephalitischen Patienten der Fall (s. Epilog); doch mußten diese, wie auch *alle* anderen Patienten, einen bestimmten Preis dafür zahlen.

Unser Wissen über den Parkinsonismus ist differenzierter geworden, insbesondere hat sich ein besseres Verständnis seiner chemischen Grundlagen sowie der äußerst feinen, komplexen und störanfälligen Wechselwirkungen zwischen einigen physiologischen und chemischen Systemen entwickelt. Dennoch gibt es keine grundlegenden Fortschritte. Es leuchtet ein, daß die anfänglichen Vorstellungen von einem einfachen Dopamin-Mangel unzureichend sind. Aber es ist nicht unbedingt zu erwarten, daß kompliziertere Vorstellungen tatsächlich die Hoffnung nähren, den Parkinsonismus mit einer möglichen Chemotherapie bekämpfen zu können. Die mit der Zeit erworbenen Kenntnisse haben bewirkt, daß der überschäumende Enthusiasmus, die absurden Phantasien und die überspannten Erwartungen der ersten Zeit gedämpft oder gemäßigt wurden. Die von mir 1969 erstsmals beschriebenen Phänomene galten 1970 als noch nicht anerkannt, sind inzwischen jedoch generell akzeptiert und werden als relativ unvermeidlich betrachtet (wenngleich als beeinflußbare Auswirkungen einer begrenzten neuronalen Belastbarkeit angesehen). Zu diesen Phänomenen zählen: befremdliche und oftmals unvermutet auftretende Reaktionsschwankungen (oder Schwankungen in der Reaktionsfähigkeit), charakteristische Akzentuierungen und übersteigerte Reaktionen, die Entwicklung einer pathologischen Sensibilität gegenüber L-DOPA und die Notwendigkeit der Unterbrechung der Medikation. Zwar hat im großen und ganzen die Realität triumphiert — eine vielschichtige jedoch, die viele tragische Elemente in sich birgt. Die in bezug auf L-DOPA im Mittelpunkt der Erwartungen stehende Hoffnung hat sich erfüllt: millionenfach. Jeder Parkinsonpatient kann einer gewissen Erleichterung, eines gewissen „Erwachens" durch L-DOPA sicher sein. Aber auch die im Mittelpunkt der Erwartungen stehenden Befürchtungen haben sich bestätigt. Jeder regelmäßig mit L-DOPA behandelte Patient ist auf unterschiedliche Weise starkem Leid oder Ähnlichem ausgesetzt. Wenn auch vielleicht nicht in der ungeheuren grotesken Form, wie es die von mir beschriebenen Patienten erlebten. Wir haben keine Möglichkeiten, die Hirnschädigungen, die strukturelle Insuffizienz und die auftretenden Abnormitäten, über die Kinnier Wilson vor sechzig Jahren reflektierte, zu beheben. Es gab Vorstellungen, daß man den Parkinsonismus durch rechtzeitige Diagnose und Behandlung „in den Griff bekommen" könne, da dann bloß biochemische und noch keine strukturellen Schädigungen vorhanden sind. Somit könnte man nicht nur für unbestimmte Zeit das chemische Gleichgewicht wiederherstellen, sondern auch die Entstehung struktureller Schädigungen verhindern. Diese Hoffnung hat sich, bedauerlicherweise, jedoch nicht überraschend, als vergeblich erwiesen.

Es kamen in der Tat darüber Zweifel auf, ob man den Parkinsonismus überhaupt mit L-DOPA oder anderen, das Dopamin verändernden Agenzien behandeln solle, denn diese könnten den Anstoß für ein sich ständig steigerndes, nicht korrigierbares chemisches Ungleichgewicht im Gehirn geben. Das wurde in erschreckendem Maße im Zusammenhang mit der „tardiven Dyskinesie" bekannt, einer komplexen und zuweilen permanenten Bewegungsstörung, die bei manchen Patienten durch die Anwendung „schwerer" Tranquilizer (wie L-DOPA, Amantadin, Apormorphin, Bromocriptin usw.) hervorgerufen werden kann, Tranquilizer, die die Dopamin-Systeme im Gehirn beeinflussen (besonders die des Mittelhirns und der Area striata) und sich störend auf das Gleichgewicht anderer Transmittersysteme auswirken können.

Die vor einem Jahrzehnt noch geleugneten Gefahren der medikamentösen „Angriffe" auf das Gehirn werden nunmehr weithin anerkannt. Man muß erst abwägen — dann wagen. Auf die Dauer sind große oder elementare Veränderungen im Gehirn nicht konstant zu halten, sondern nur mäßige, bescheidene Veränderungen, besonders bei starker Verringerung der neuronalen Funktion und der Belastbarkeit.

Die vorschnellen Behauptungen und wagemutigen Unterfangen der sechziger Jahre gehören der Vergangenheit an. Die heutige Praxis und „Philosophie" tendieren zu Bescheidenheit oder zu einer ehrlichen Darstellung des nicht zu überwindenden Dilemmas: ob man starke, dafür jedoch kurzlebige Wirkungen hervorrufen will oder auf der anderen Seite zwar dauerhafte, aber gemäßigte Wirkungen anstrebt. Erforderlich ist eine „ökonomische" oder „strategische" Entscheidung, die von den speziellen Erfordernissen und Wünschen im Einzelfall abhängt. Die „allgemeinen Vorschriften", „Tabellen" und „Formeln" sind inzwischen zu Recht außer Gebrauch und in Verruf geraten. Dafür ist eine erhöhte Feinfühligkeit dem Patienten als Individuum gegenüber entstanden, ganz gleichgültig, welches Medikationsregime auch vorherrscht. Der „einmalige Fall" mag für die Wissenschaft ein Alptraum sein, für die Medizin aber, bei der es sich nicht einfach um eine Frage von Quantitäten und Systemen oder der angewandten Physiologie handelt, sondern um eine Frage individueller Ökonomie und Bedürfnisse, ist er eine Notwendigkeit. Ich denke doch, daß mein Buch einen gewissen Einfluß hatte, nicht nur indem es die Aufmerksamkeit auf die bei der Behandlung mit L-DOPA und anderen Medikamenten zu beachtende *Vielschichtigkeit* lenkte, sondern auch auf die gegenwärtige humanistische Entwicklung von einer Fließband- zu einer persönlichkeitsorientierten Medizin.

Obwohl viele neue Medikamente auf den Markt gekommen sind, verändern sie alle doch das Dopamin-Gleichgewicht im Gehirn — die Produktion, den Transport und den Stoffwechsel, die Rezeption und das komplizierte Gleichgewicht zwischen Dopamin und anderen Transmittersystemen. Kein Medikament hat die Situation grundlegend verändert oder das zuerst im Zusammenhang mit L-DOPA aufgetretene Dilemma in seiner Komplexität modifiziert. Und es erscheint unwahrscheinlich, daß irgendeins dies zu leisten vermag oder je vermögen wird. Wir Ärzte können ein wenig regulieren — ein bißchen hier, ein bißchen dort, die Dosis erhöhen oder herabsetzen —, aber 1981 wie 1970 scheinen doch jeglicher medikamentösen Therapie Grenzen gesetzt zu sein.

Barmherzigerweise vermag die Natur das für uns zu tun, wozu wir nicht in der Lage sind. Wenn die Realität des „Erwachens" und die des Leids millionenfach bestätigt worden ist, so trifft das auch auf die äußerst komplexe und rätselhafte Realität der „Anpassung-an-die-Krankheit" zu. Es ist letztlich dieses Mit-der-Krankheit-leben-Können, das einen Patienten „ins Gleichgewicht" bringen kann, wenn dies mit Hilfe von Mechanismen, miteinander wetteifernden chemischen Stoffen, Systemen und dynamischen Kräften erfolglos geblieben ist. Was ich bei meinen eigenen Patienten gesehen habe (s. Epilog), ist bei allen Patienten zu beobachten: die das strenge Urteil des Schicksals mildernde Barmherzigkeit.

Die „Anpassung" an die Krankheit ist, obgleich universell (und — letzten Endes — unser einziger Freund), das am wenigsten diskutierte, verstandene und rätselhafteste aller Phänomene, die Überlegenheit des „Ich" gegenüber dem „Es", der Persönlichkeit gegenüber dem Mechanismus. Was seinen Anfang in der Veränderung eines Mechanismus hat oder hatte, ruft am Ende die stärksten Kräfte des Selbst hervor. Es erhellt uns die Rolle des Außergewöhnlichen in der Medizin und zeigt uns eine Form dieser Wissenschaft, die der Medikation überlegen ist. Dies wird endlich in zunehmendem Maße selbst von den nüchternsten und hartgesottensten Meß-Fanatikern anerkannt: Was im Bereich des Mechanischen und des Problematischen eine Niederlage ist, nämlich unsere Unfähigkeit, die Lösung für ein algebraisches X zu finden, kann uns zur Realität eines transzendenten X führen. Das heißt, das Bedürfnis wecken, dieses Problem auch gefühlsmäßig zu erfassen und es so angemessen wie möglich zu umschreiben. Die oftmals verblüffenden und zugleich qualvollen Erfahrungen mit unseren Patienten während eines Jahrzehnts haben eine Bewegung in Richtung auf die Sichtweise fürs Transzendente ausgelöst, und vielleicht trug mein Buch etwas zu dieser historischen Veränderung bei.

Die Fallgeschichten

1. Frances D.

Miss D. wurde 1904 in New York als jüngstes und aufgewecktestes von vier Kindern geboren. Sie besuchte die High School und erwies sich als hochbegabte Schülerin, bis sie im Alter von fünfzehn Jahren von einem schweren Anfall von *Encephalitis lethargica* in der relativ selten auftretenden hyperkinetischen Form überrascht wurde. In dem sechs Monate währenden akuten Stadium der Erkrankung litt sie stark an Schlaflosigkeit (in der Regel blieb sie bis vier Uhr morgens hellwach und schlief höchstens ein bis zwei Stunden), an auffälliger Unruhe (im Wachzustand war sie zappelig, ablenkbar und hyperkinetisch; im Schlaf warf sie sich ständig von einer Seite auf die andere) sowie an Impulsivität (einem plötzlich auftretenden Drang nach ihr selbst sinnlos erscheinenden Handlungen, dem sie meist durch bewußte Anstrengung entgegenzuwirken vermochte). Das akute Syndrom wurde als „neurotisch" diagnostiziert, trotz eindeutiger Beweise, daß es sich bei Miss D. bisher um eine sozial integrierte Persönlichkeit mit intaktem Familienleben handelte.

Gegen Ende 1919 hatten sich die Unruhe und Schlaflosigkeit vermindert, so daß die Wiederaufnahme des Unterrichts und der Schulabschluß möglich waren, wenngleich Miss D. noch weitere zwei Jahre an diesen, nunmehr weniger stark ausgeprägt auftretenden, Symptomen litt. Kurze Zeit nach Ende der akuten Phase ihrer Krankheit begann Miss D. an Keuch-Anfällen zu leiden, die zunächst, scheinbar spontan, zwei- bis dreimal wöchentlich auftraten und einige Stunden anhielten. Danach wurden sie seltener, kürzer, leichter und erfolgten eindeutig periodisch (in der Regel freitags) oder situationsbedingt (speziell bei Ärger oder Frustration). Diese respiratorischen Krisen (es waren zweifellos solche, auch wenn sie in der damaligen Zeit als „neurotisch" bezeichnet wurden) wurden immer seltener und verschwanden schließlich nach 1924 ganz. Bei meiner ersten Untersuchung erwähnte Miss D. diese Anfälle nicht einmal, sondern konnte sich erst später bei detaillierten Nachfragen vor der Anwendung von L-DOPA an sie erinnern.

Nach dem letzten Keuch-Anfall erlitt Miss D. ihre erste okulogyre Krise; derartige Krisen sollten für 25 Jahre (1923—1949) ihr einziges postenzephalitisches Syndrom sein. In diesem Zeitraum entwickelte sich Miss D. zu einer vielseitigen und erfolgreichen Sekretärin einer Anwaltskanzlei; war aktives Mitglied einer Vereinigung, die sich um soziale und kommunale Probleme kümmerte. So war ihr Leben ausgefüllt. Sie hatte viele Freunde, pflegte Geselligkeit, liebte Theaterbesuche, las begierig, sammelte altes Porzellan usw.

Begabt, beliebt, voller Tatkraft und emotional ausgeglichen, wies Miss D. keinerlei Anzeichen einer Verschlechterung auf, die angeblich nach schwerer Enzephalitis der hyperkinetischen Form auftreten soll.

Vor etwa zwanzig Jahren jedoch begannen sich unheilvollere Symptome zu entwickeln, so die Neigung, bei einer Bewegung oder beim Sprechen zu erstarren, sowie die gegenläufige Tendenz, beim Gehen, Sprechen und Schreiben zu hasten. Als ich Miss D. 1969 das erste Mal nach ihren Beschwerden fragte, antwortete sie: „Ich habe verschiedene banale Symptome, die Sie selbst sehen können. Aber mein *Hauptproblem* besteht darin, daß ich nicht anfangen und nicht aufhören kann. Entweder werde ich stillgehalten oder zu beschleunigten Bewegungen gezwungen. Ich scheine keine Zwischenstufen mehr zu haben." Diese Feststellung faßt die paradoxen Symptome des Parkinsonismus perfekt und präzise zusammen. Es ist aufschlußreich, daß angesichts des Fehlens „einfacher" Symptome (z. B. Rigidität, Tremor usw., die bei ihr erst 1963 sichtbar wurden) nicht Parkinsonismus diagnostiziert, sondern eine Vielzahl anderer Diagnosen gestellt wurde (wie z. B. „Katatonie" oder „Hysterie"). Erst 1964 wurde Miss D.s Krankheitsbild richtig als Parkinsonismus erkannt.

Ihre okulogyren Krisen — um zu diesem Hauptsymptom zurückzukehren — waren ursprünglich sehr schwer, traten im Laufe eines Monats mehrmals auf und dauerten jeweils bis zu fünfzehn Stunden. Innerhalb weniger Monate nach ihrem erstmaligen Auftreten hatten sie einen ziemlich festen zeitlichen Rhythmus erreicht und manifestierten sich „auf die Minute genau" jeden fünften Tag. Und dies mit solch einer Pünktlichkeit, daß Miss D. ihre Zeit für Monate im voraus mit der Gewißheit planen konnte, an einem bestimmten Tag unvermeidlich und nur äußerst selten zu anderen Zeitpunkten eine Krise zu erleiden. Die seltenen Abweichungen davon waren in der Regel mit aktuell bedingtem, starkem Ärger oder Kummer verbunden. Die Krise trat dann sehr plötzlich, ohne irgendwelche Vorwarnungen auf. Miss D.s Blick wandte sich zuerst minutenlang wie gezwungen nach unten oder in eine der beiden Seitenrichtungen, anschließend ebenso unwillkürlich aufwärts, wo er für die Dauer des Anfalls verharrte. Miss D. stellte fest, daß ihr Gesicht während dieser Anfälle einen starren ärgerlichen oder ängstlichen Ausdruck annahm, obwohl sie weder Wut noch Angst empfand. In solch einer Situation fielen ihr Bewegungen schwerer, war ihre Stimme abnorm leise, und ihre Gedanken schienen stehenzubleiben. Auch erlebte sie stets ein „Gefühl von Widerstand", eine Kraft, die sich während eines Anfalls den Bewegungen, dem Sprechen und Denken entgegenstellte. Die ganze Zeit über war sie hellwach und konnte nicht schlafen. Näherte sich die Krise schließlich ihrem Ende, begann Miss D. zu gähnen und wurde äußerst schläfrig. Üblicherweise endete der Anfall unvermittelt mit der Wiederherstellung normaler Bewegungsabläufe, normalen Sprechens und Denkens (diese plötzliche Wiederherstellung des normalen Bewußtseins pflegte sie, eine Kreuzworträtsel-Süchtige, als „Einsicht" zu bezeichnen). Zusätzlich zu diesen okulogyren erlebte Miss D. nach 1955 eine Reihe anderer, unterschiedlicher Krisen: Die unwillkürliche Blickdivergenz wurde eine Ausnahme und durch fixierendes, ausdrucksloses Starren ersetzt. Einige dieser Starranfälle waren von einem außergewöhnlichen Schweregrad, beraubten sie jeglicher Bewegungsmöglichkeit sowie ihrer Sprache und konnten bis zu drei Tagen anhalten. Während der sechziger Jahre wurde sie mehrmals, nachdem Nachbarn sie während solcher Anfälle gefunden hatten, in ein städtisches Krankenhaus eingeliefert und bei Dienstbesprechungen als eindrucksvoller Fall für „periodische Katatonie“ vorgestellt. Seit 1962 litt Miss D. auch an kurzen Starranfällen, in denen alles ins Stocken geriet und sie sich „wie im Trancezustand“ fühlte. Darüber hinaus war ein weiteres, in unregelmäßigen Zeitabständen auftretendes, paroxysmales Symptom zu beobachten, nämlich ein anfallartiges Erröten und Schwitzen, das jeweils fünfzehn bis dreißig Minuten dauerte. (Ende der Menopause von Miss D.: Mitte der vierziger Jahre.) Seit 1965 verliefen die Starranfälle und okulogyren Krisen nur schwach ausgeprägt und traten seltener auf. Als Miss D. Anfang 1969 in das Mount-Carmel-Hospital eingeliefert wurde, war sie länger als ein Jahr davon verschont gewesen und blieb es auch weiterhin, bis ihr im Juni 1969 L-DOPA gegeben wurde.

Wenngleich, wie bereits erwähnt, 1963 Rigidität und Tremor auftraten, so waren doch die beschwerlichsten Symptome dreifacher Natur: Eine progressive Flexionsdystonie des Halses und des Rumpfes, unkontrollierbare Festination und zwanghaftes Hin- und Herlaufen sowie unkontrollierbares Erstarren mit der Folge, daß Miss D. manchmal stundenlang in unbequemen Haltungen verharrte. Ein weiteres Symptom aus jüngerer Zeit, für das keine Infektion als Ursache gefunden werden konnte, war der Drang, häufig zu urinieren. Manchmal rief dieser Drang gleichzeitig einen Widerstand oder eine „Blockierung“ hervor — was zu einer unerträglichen Verknüpfung gegensätzlicher Symptome führte.

Bei ihrer Aufnahme in das Mount-Carmel-Hospital im Januar 1969 war Miss D. in der Lage, allein oder gestützt auf zwei Stöcke kurze Strecken zu gehen. Bereits im Juni 1969 jedoch war sie unfähig dazu. Ihre bei der Einlieferung gebeugte Körperhaltung war nach sechs Monaten fast völlig gekrümmt. Es war unmöglich geworden, sie vom Bett auf einen Stuhl zu heben oder sie im Bett von einer Seite auf die andere zu drehen. Ebensowenig konnte sie das Essen allein zerkleinern oder zerschneiden. Angesichts dieser rapiden Verschlechterung und der erfolglosen Verabreichung konventioneller Anti-Parkinsonismus-Medikamente erfolgte das Aufkommen von L-DOPA zu einem für Miss D. kritischen Zeitpunkt: sie schien sich einem beschleunigten und unaufhaltbaren Verfall zu nähern.

Vor der L-DOPA-Behandlung

Miss D. war eine winzige, gebeugte Frau, so kyphotisch, daß sie ihr Gesicht zwangsläufig beim Stehen dem Boden zuwandte. Zwar konnte sie ihren Kopf kurze Zeit heben, kehrte jedoch innerhalb von Sekunden in die habituelle Haltung eines extremen Emprosthotonus zurück, das Kinn auf das Brustbein gepreßt. Diese Haltung konnte nicht auf die Rigidität der zervikalen Muskeln zurückgeführt werden, denn sie war nur im Hals geringfügig erhöht, und während okulogyrer Krisen war der Kopf auf gleiche extreme Weise wie gezwungen zurückgebeugt.

Das Gesicht war äußerst maskenhaft. Nur die Augen, lustig, konnten einen Eindruck von Wachsamkeit und Emotion vermitteln; sie schienen in diesem maskenhaften Gesicht fast unnormal beweglich. Spontanes Blinzeln war jedoch selten. Miss D.s Stimme war klar und gut hörbar, wenngleich in Volumen und Klangfarbe gleichförmig, d. h. ohne „persönliche" Intonation oder Modulation. Auch konnte sie nur für kurze Augenblicke über einen Flüsterton und äußerste Verhaltenheit, über eine hypophone Lautstärke hinausgehen. In Abständen sprach sie in so schnellen, hastigen Wortfolgen, daß sie sich verhaspelte und am Schluß nur noch ein Kauderwelsch hervorbrachte.

Wie das Sprechen, so waren andere Willkürbewegungen durch die gegensätzlichen Merkmale der Akinese und Hyperkinese gekennzeichnet, die entweder abwechselnd oder in paradoxer Gleichzeitigkeit auftraten.

Die von Akinese gekennzeichneten Handbewegungen waren kraftlos, sparsam, bedurften großer Anstrengung und konnten nach Wiederholungen nicht mehr ausgeführt werden. Begann Miss D. zu schreiben, schrieb sie groß, mühelos und schnell; wurde sie jedoch übererregt, konnte ihre Schrift außer Kontrolle geraten. Sie schrieb dann entweder größer, schneller und heftiger, bis das ganze Papier mit runden, spiralartigen Gebilden und Kritzeln bedeckt war, oder kleiner, langsamer und zähflüssiger, bis die Schrift nur noch ein unbeweglicher Punkt war. Miss D. konnte sich ohne Schwierigkeiten von einem Stuhl erheben: war sie allerdings einmal aufgestanden, „erstarrte" sie oft viele Minuten lang, unfähig, einen Schritt zu tun. In solchen Zeiten wies ihre Körperhaltung eine fast kataleptische Fixierung auf, d. h., Miss D. war völlig gekrümmt und erinnerte in dieser Stellung an jemanden in einem angehaltenen Film. War der erste Schritt getan, ausgelöst durch einen kleinen Stoß in den Rücken, einen Befehl, einen visuellen Reiz (ein Stock, ein Stück Papier usw.) oder durch ein im Weg liegendes Hindernis, das sie überwinden mußte, pflegte Miss D. in winzigen, schnellen Schritten vorwärts zu tippeln. Schon bei ihrer Aufnahme sechs Monate vorher, als ihr das Gehen insgesamt leichter gefallen war, stellte die Hast ein äußerst ernstes Problem dar, das stets in einer Katastrophe zu enden drohte (wie ihr panikartiges Verheddern im Sprechen und ihr immer schneller werdendes Kritzeln). Einen Gegensatz hierzu bildete ihre ausgezeichnete Fähigkeit, Treppen ruhig und mit Stetigkeit zu steigen, wobei jede Stufe offensichtlich ein auslösender Reiz für den nächsten Schritt war. Am Ende der Treppe angekommen, befand sich Miss D. jedoch wieder in „erstarrtem" Zustand, unfähig, sich fortzubewegen. Sie bemerkte oft: „Bestände die Welt nur aus Treppen, hätt ich keinerlei Schwierigkeiten, umherzugehen."[1]

Der Antrieb, nach vorne, seitlich oder rückwärts zu gehen, konnte mit gefährlicher Mühelosigkeit ausgelöst werden. Ein anderes Symptom bestand in der Neigung, bei Tätigkeiten, die ein Umschalten erfordern, ausgeprägt und anhaltend zu erstarren. Das wurde offensichtlich, wenn Miss D. beim Gehen die Richtung ändern mußte, zeigte sich aber auch dann, wenn sie ihren Blick von einem Objekt zu einem anderen schweifen ließ oder ihre Aufmerksamkeit einem neuen Gedanken widmen sollte.

Rigidität und Tremor standen bei dem klinischen Bild, das die Patientin bot, nicht speziell im Vordergrund. Verhältnismäßig selten trat ein grobschlägiger Tremor in der rechten Hand auf, als Reaktion auf physische oder psychische Spannung. Charakteristisch war dabei das Einsetzen dieses Tremors bei der vergeblichen Kraftanstrengung und Niedergeschlagenheit, die mit dem Erstarren verbunden war. Es waren ein leichter Hypertonus im linken Arm und deutliche („hemiplegische") Hypertonie der Beine zu diagnostizieren, ebenso übersteigerte Reflexe und Spastizität auf der linken Körperseite. Eine Reihe spontaner Bewegungen und Hyperkinesen rundeten das klinische Bild ab: Im Bereich des Mundes zuckten manchmal die Muskeln, und gelegentlich kam es zum Spitzen der Lippen. Ab und zu traten Zähneknirschen und Kaubewegungen auf. Miss D. hielt ihren Kopf selten still, sondern bewegte ihn unregelmäßig auf und ab und nickte. Bei Anstrengungen wurden diese Mund- und Kopfbewegungen gleichzeitig verstärkt. Des weiteren verspürte sie von Zeit zu Zeit, ca. fünf- oder sechsmal in der Stunde, den Drang, unvermittelt, tief und ticartig Luft zu holen. Ein Rest der ursprünglichen Ruhelosigkeit und Akathisie fand in unaufhörlichem Bewegen der rechten Hand seinen Ausdruck, in einer lokal begrenzten Unruhe, die sich nur legte, wenn die Hände anderweitig beschäftigt waren.

Miss D. war hellwach und nahm an allem großen Anteil, ohne jedoch dabei krankhaft wachsam zu sein oder an Schlaflosigkeit zu leiden. Sie verfügte über eine hohe Intelligenz und eine Sprache voller Witz und Präzision, die während der Krisen keine nennenswerten Stereotype oder Zähflüssigkeit der Gedankenführung erkennen ließ. Miss D. führte alle Tätigkeiten bemerkenswert exakt, ordentlich, pünktlich und systematisch aus, wurde aber von keinen zwanghaften Symptomen (Zwänge oder Phobien) geplagt.

Trotz der Hospitalisierung behielt sie eine gesunde Selbstachtung, hatte weiterhin viele Interessen, verfolgte die Ereignisse in ihrer Umgebung mit Anteilnahme und stellte so auf einer großen Station von behinderten und zuweilen sehr gestörten postenzephalitischen Patienten einen Ruhepol, eine Oase des Humors und des Mitgefühls dar.

Am 25. Juni 1969 wurde Miss D. das erste Mal mit L-DOPA behandelt.

Der Verlauf der L-DOPA-Behandlung

30. Juni: Obwohl erst fünf Tage vorher mit der Behandlung begonnen worden war und Miss D. nicht mehr als 0,5 g L-DOPA pro Tag erhielt, zeigte sie eine gewisse allgemeine Unruhe, begleitet von verstärkt auftretenden diffusen Bewegungen der rechten Hand und von Kaubewegungen. Das Muskelspiel im Mundbereich war ausgeprägter als sonst und erwies sich als eine Art zwanghaften Grimassenschneidens bzw. als Tic. Die allgemeine Aktivität hatte sich bereits sichtbar gesteigert: Miss D. war jetzt ohne Unterlaß mit etwas beschäftigt; sie häkelte (vor der Verabreichung des Medikaments vermochte sie dies nur langsam und mit großer Mühe zu tun), wusch Wäsche, schrieb Briefe, und vieles andere mehr. Sie schien wie *getrieben* und nicht in der Lage, Inaktivität zu ertragen. Bereits in diesem sehr frühen Stadium beklagte sich Miss D. über „Schwierigkeiten beim Atemholen“, und in einer Untersuchung ließ sich tatsächlich eine Tachypnoe von vierzig Atemzügen pro Minute nachweisen, die keinerlei Schwankungen in bezug auf Stärke oder Atemrhythmus erkennen ließ.

6. Juli: Am elften Tag der versuchsweisen Verabreichung des Medikaments und einer Tagesdosis von 2 g L-DOPA zeigte sich eine komplexe Mischung günstiger und ungünstiger Wirkungen. Zu den positiven gehörte, daß Miss D. sich wohl fühlte, vor Energie strotzte, eine kraftvollere Stimme besaß, seltener erstarrte, weniger gebeugt war und einen festeren Gang mit längeren Schritten zeigte. Eine der ungünstigeren Wirkungen bestand in der Intensivierung ihrer früher leicht ausgeprägten Kau- und Beißbewegungen, so daß sie inzwischen ununterbrochen auf ihr sehr wundes Zahnfleisch biß. Hinzu kamen erhöhte Unruhe in der rechten Hand, nunmehr verbunden mit ticartigem Beugen und Strecken des Zeigefingers, und schließlich, für Miss D. am bedrückendsten, eine Störung der normalen, reflektorischen Atemsteuerung. Sie atmete jetzt schnell, flach und unregelmäßig, und ihr Atemablauf wurde zwei- oder dreimal in der Minute durch plötzliches und heftiges Einatmen unterbrochen, worauf jedesmal unvermittelt das sehr starke und ihr völlig bewußte, jedoch nicht steuerbare *Bedürfnis* entstand, Atem zu holen. In dieser Zeit stellte Miss D. fest: „Mein Atmen erfolgt nicht mehr automatisch. Ich muß über jeden Atemzug nachdenken und werde immer wieder zum Keuchen *gezwungen*."

Angesichts dieser beeinträchtigenden Symptome wurde die Dosis an diesem Tag herabgesetzt. Während der nächsten zehn Tage war Miss D. bei einer Tagesmenge von 1,5 g L-DOPA weniger unruhig, ihre Kaubewegungen wie auch ihre dranghafte Aktivität gingen zurück. Jedoch blieben die respiratorischen Symptome bestehen, wurden täglich gravierender, und hatten sich um den 10. Juli schließlich zu eindeutigen respiratorischen Krisen gesteigert. In der Regel begannen sie ohne jegliche Vorwarnung mit einem plötzlichen, schweren Einatmen, gefolgt von unwiderstehlichem, zehn bis fünfzehn Sekunden währendem Anhalten des Atems, heftigem Ausatmen und einer sich anschließenden apnoeischen Pause von zehn bis fünfzehn Sekunden. Andere Symptome oder autonome Störungen (z. B. Tachykardie, Hypertension, Schwitzen, Zittern, Angst usw.) traten im Zusammenhang mit diesen frühen und verhältnismäßig leichten Anfällen nicht auf. Der merkwürdige, von der Norm abweichende Atmungsverlauf konnte ein oder zwei Minuten durch starke Willensanstrengungen unterbrochen werden, setzte sich dann aber mit seinem bizarren und zwanghaften Charakter durch. Miss D.s Krisen dauerten zwischen einer und drei Studen, gingen dann innerhalb von ungefähr fünf Minuten zurück; danach setzte normales, reflektorisches, unbewußtes, in bezug auf Häufigkeit, Rhythmus und Stärke gleichmäßiges Atmen ein. Interessant war der jeweilige Zeitpunkt der Anfälle, der in keiner konstanten Beziehung zur Medikation von L-DOPA stand. So traten während der ersten fünf Tage der respiratorischen Krisen die Anfälle stets und ausschließlich abends auf. Am 15. Juli erlitt Miss D. zum ersten Mal am Nachmittag einen Anfall (um 13.00 Uhr, eine Stunde nach der Einnahme von L-DOPA); am 16. Juli erstmals am frühen Morgen, noch vor der Einnahme der ersten Dosis von L-DOPA. Danach hatte sie täglich zwei bis drei Anfälle, wobei sich die abendlichen weiterhin als die längsten und schwersten erwiesen.

Am 16. Juli fiel mir die nunmehr erschreckende Vehemenz der Anfälle auf. Heftigem und verlängertem Einatmen (wobei Miss D. so verzweifelt aussah und wie jemand klang, der, dem Ertrinken nahe, noch einmal an die Oberfläche kommt und tief Luft zu holen versucht) folgte unwillkürliches Anhalten des Atems, das bis zu fünfzig Sekunden dauern konnte. Während dieser Sekunden setzte Miss D. alles daran, Luft durch die geschlossene Stimmritze auszustoßen, wobei sich ihr Gesicht durch die sinnlose Anstrengung blaurot verfärbte. Schließlich wurde der Atem mit enormer Heftigkeit ausgestoßen, begleitet von einem Kanonendonner ähnelnden Geräusch. Zu diesem Zeitpunkt war keine willkürliche Steuerung möglich. Um Miss D. zu zitieren: „Ich kann das ebensowenig steuern wie eine Springflut. Ich stehe es einfach durch und warte, daß der Sturm sich legt." Während dieser Krisen war Sprechen natürlich völlig unmöglich, und ihr ganzer Körper wurde starr. Die Pulsfrequenz stieg auf 120, der Blutdruck von seinen Normalwerten von 130/75 auf 170/100. Zwanzig mg intravenös gegebenes Benadryl (ein Beruhigungsmittel) blieben ohne Einfluß auf den Verlust des Anfalls. Wenngleich dieser Vorgang für mein Empfinden erschreckend sein mußte und ich auch in Miss D.s Gesicht Schrecken wahrzunehmen meinte, so leugnete sie jedoch jegliche Beeinflussung ihres Denkens bzw. das Entstehen von Angstgefühlen. In äußerster Sorge wegen etwaiger Folgen eines so schweren Anfalls für eine ältere Patientin erwog ich damals, L-DOPA abzusetzen. Zunächst begnügte ich mich aber mit einer Reduzierung der Dosis auf ein Gramm pro Tag, da Miss D. angesichts der spürbaren Besserung, die das Medikament ihr gebracht hatte, auf seiner weiteren Einnahme bestand und ich darüber hinaus die Hoffnung hegte, daß ihre respiratorische Labilität abnehmen würde. Trotz dieser geringen Dosis traten weiterhin täglich zwei, meistens sogar drei unterschiedlich schwere respiratorische Krisen auf. Innerhalb weniger Tage hatte sich eine Regelmäßigkeit eingestellt — eine Krise um 9.00 Uhr, eine mittags und eine um 19.30 Uhr —, die unverändert blieb — trotz zufälliger und systematischer Veränderung des Zeitpunkts der Einnahme von L-DOPA. Bis zum 21. Juli war auch die Vermutung entstanden, daß ihre respiratorischen Anfälle leicht zu konditionieren seien: An diesem Tag unterbrach unsere Sprachtherapeutin ihr Gespräch mit Miss D. um fünf Uhr nachmittags (normalerweise eine krisenfreie Zeit) und fragte, ob kürzlich irgendwelche Krisen aufgetreten seien. Bevor Miss D. antworten konnte, mußte sie unfreiwillig heftig einatmen und geriet in einen unerwarteten Anfall, der verdächtig beredt die Frage zu beantworten schien.

Nun wurde auch das therapeutische Dilemma deutlich. Zweifellos brachte L-DOPA enorme Vorteile: Miss D. sah nicht mehr so schlecht aus, fühlte und bewegte sich weitaus besser als in den vergangenen zwanzig Jahren. Aber sie war auch übererregbar und sonderbar in ihrem Verhalten geworden, schien einer wiedererstarkten idiosynchratischen respiratorischen Sensibilität ausgesetzt, die 45 Jahre lediglich latent bestanden hatte. Daneben gab es während der ersten Monate eine Reihe leichterer „Nebenwirkungen" (ein Begriff, dessen Inhalt zu bestimmen mir zunehmend schwerfällt), und ich sah die Gefahr, daß ihnen noch weitere folgen könnten, sie schon auf der *Lauer* lagen. Würde es uns gelingen, einen goldenen Mittelweg zu finden, einen Zustand *ohne* respiratorische Symptome und andere „Nebenwirkungen"?

Die Dosis wurde am 19. Juli noch einmal gesenkt — jetzt auf lediglich 0,9 g L-DOPA pro Tag. Dieser Reduzierung folgte prompt, am gleichen Tag, eine okulogyre Krise — Miss D.s erste seit fast drei Jahren. Das war beunruhigend, denn wir hatten bereits bei anderen postenzephalitischen Patienten beobachtet, daß jede therapeutisch wirksame Dosierung von L-DOPA respiratorische und jede Reduzierung dieser Dosis okulogyre Krisen auslöst. Und so befürchteten wir, daß auch Miss D. auf dem schmalen Grat zwischen diesen beiden unerfreulichen Alternativen werde wandeln müssen.

Wenngleich die erwähnte Erfahrung mit anderen Patienten uns zu der Annahme ermutigte, man könne sie durch Ermitteln der individuell adäquaten Dosierung „ins Gleichgewicht bringen" bzw. „titrieren", so zeigte unsere Erfahrung mit Miss D. zu diesem Zeitpunkt, daß sie genausowenig „ins Gleichgewicht zu bringen" war wie eine auf ihrer Spitze stehende Stecknadel. Der schweren okulogyren Krise folgten sofort eine zweite und dritte. Wurde die Tagesdosis auf 0,95 g erhöht, hörten *diese* Krisen auf, aber Miss D. erlitt erneut respiratorische Anfälle. Bei einer Reduktion auf 0,925 g täglich (in diesem Stadium waren wir gezwungen, L-DOPA selbst zu verkapseln, um die kleinen Veränderungen der Dosierung zu ermöglichen), erfolgte die Wirkung in umgekehrter Richtung, und bei der Dosis von 0,9375 g traten bei Miss D. *beide* Krisenarten auf, abwechselnd oder gleichzeitig.

Zu dieser Zeit wurde deutlich, daß Miss D.s nunmehr mehrmals am Tage auftretenden Krisen in enger Beziehung nicht nur zu ihrer gesamten psychophysischen Verfassung standen, zu ihrer Stimmung und zu den Lebensumständen, sondern auch zu einer bestimmten, situativ bedingten Dynamik. In dieser Hinsicht verhielten sie sich wie Migräne-Anfälle oder wie hysterische Ausbrüche. Es gab mehrere Anlässe, die bei Miss D. zu einer Krise führten: Wenn sie schlecht geschlafen hatte, Schmerzen verspürte (zu dieser Zeit bereitete ihr eine Fußnagelentzündung großen Verdruß) oder aufgeregt war, unabhängig davon, ob der Grund dafür beängstigend, ärgerlich oder erheiternd war. Ebenso, wenn sie sich frustriert fühlte oder die Aufmerksamkeit des Pflegepersonals auf sich lenken wollte. Allmählich wurde mir klar, daß ich selbst eine der Ursachen für eine Krise war: Zwar hatte ich beobachtet, daß Miss D. in der Regel einen Anfall bekam, sobald ich ihr Zimmer betrat oder sie mich erblickte, hatte aber angenommen, daß es hierfür eine mir bislang unbekannte Ursache gab. Erst als eine aufmerksame Schwester kichernd bemerkte: „Dr. Sacks, *Sie* sind der Anlaß für Miss D.s Krisen!", stieß ich recht spät auf die Wahrheit. Als ich Miss D. fragte, ob das der Fall sei, stritt sie dies ab, errötete jedoch wie zur Bestätigung. Schließlich gab es noch eine neurotische Ursache für ihre Krisen, die ich niemals vermutet hätte, wäre ich nicht durch Miss D. selbst darauf gestoßen worden. „Schon bei dem Gedanken, daß ich in eine Krise geraten könnte", bekannte sie, „ist es wahrscheinlich, daß es passiert. Wenn ich zu denken versuche, daß ich keine Krise bekomme, ist es genau das gleiche. Und will ich nicht daran denken, führt das auch zu einem Anfall. Glauben Sie, daß das zu einer Zwangsvorstellung wird?"

In der letzten Juliwoche war Miss D.s Wohlbefinden nicht nur durch diese Krisen gefährdet, sondern auch durch eine Reihe anderer Symptome, deren Zahl und Vielfalt sich von Tag zu Tag oder Stunde zu Stunde erhöhten: Ein pathologisches Erblühen bzw. ein Ausbruch, dem nicht Einhalt geboten und der kaum modifiziert werden konnte, gleichgültig, wie wir die Tagesdosis oder den Einnahmezeitpunkt variierten. Es war ziemlich beängstigend, Miss D.s respiratorische Krisen auf ihrem Höhepunkt zu beobachten. Das Anhalten des Atems verlängerte sich auf fast eine Minute, und das Ausatmen wurde durch Stridor, zwanghaftes Würgen und unwillkürlich ausgestoßene Laute („Aaach!") erschwert. Zeitweise unterbrach ein vierzig- bis fünfzigmaliges, hundeartiges Japsen den Atemrhythmus. Zum ersten Mal begann Miss D., während dieser Anfälle eine angstvolle Unruhe zu verspüren, und behauptete, es sei „keine normale Angst", sondern „eine besondere, merkwürdige Art von Angst", die sie zu überfluten schien und sich von allem je Erlebten unterschied. Wiederholt schlug ich ihr vor, L-DOPA abzusetzen, aber sie verlangte nachdrücklich, dies nicht zu tun, da „alles schon gehen wird"; bei dieser Gelegenheit erwähnte sie auch, daß das Absetzen dieses Medikaments „wie eine Todesstrafe“ wäre. Diese und andere Verhaltensweisen ließen erkennen, daß Miss D. nicht mehr (oder zumindest nicht immer) ihrem normalen, vernünftigen Selbst glich, sondern sich einem Zustand näherte, der durch Leidenschaftlichkeit, Unnachgiebigkeit, Hartnäckigkeit und Besessenheit gekennzeichnet war.

Am 23. Juli zeigte sich ein neues Symptom. Miss D. hatte gerade ihre Hände gewaschen (sie empfand jetzt die „Notwendigkeit“, sie dreißigmal am Tage zu waschen) und war auf dem Weg zum Abendbrot, als sie plötzlich bemerkte, daß sie ihre Füße nicht mehr vom Boden heben konnte. Je stärker sie sich bemühte und dagegen ankämpfte, desto fester hafteten sie wie „von selbst“ dem Fußboden an. Plötzlich und spontan wurden schließlich ihre Füße dann „freigelassen“. Angesichts dieser neuen Erfahrung, die Miss D. alarmierte, verärgerte und nachdenklich stimmte, erläuterte sie nach etwa zehn Minuten: „Es ist, als haben meine Füße gegen mich rebelliert. Als hätten sie einen eigenen Willen gehabt. Ich war dort festgeklebt, wissen Sie. Ich fühlte mich wie eine Fliege, die auf einen Fliegenfänger geraten ist.“ Und noch am gleichen Abend fügte sie hinzu: „Ich habe oft gelesen, daß Leute wie *angewurzelt* auf einem Fleck verharren, aber ich verstand nie, was das bedeutet — heute weiß ich es.“

In den folgenden Tagen traten Antrieb und Erstarren in der Regel unerwartet und ohne Warnung auf. Miss D. führte zum Beispiel eine Tasse zum Mund und konnte sie nicht wieder absetzen; oder sie griff zur Zuckerdose und bemerkte, daß ihre Hand an der Dose „festklebte“. Beim Lösen von Kreuzworträtseln starrte sie ein bestimmtes Wort an, unfähig, ihren Blick oder ihre Aufmerksamkeit davon zu lösen. Am beunruhigendsten (für sie und für andere) war jedoch, wenn sie sich zuweilen „gezwungen“ fühlte, einem anderen in die Augen zu starren: „Wann immer ich das mache“, erklärte sie entwaffnend, „verhindere ich eine okulogyre Krise.“ Ihre Neigung zu schmatzen und zu nagen nahm beständig zu: So kaute und kaute sie ihr Essen und knurrte dabei wie ein mit einem Knochen beschäftigter Hund. War kein Essen vorhanden, zerbiß sie ihre Lippen und knirschte mit den Zähnen. Bei dieser vornehmen, älteren Dame wirkte dieses Verhalten höchst ungewöhnlich, und Miss D. war sich der Diskrepanz sehr wohl bewußt: „Ich bin ein ruhiger Mensch“, protestierte sie einmal. „Ich könnte eine ehrbare Jungfer sein. Aber sehen Sie mich an! Ich beiße und kaue wie ein wildes Tier und kann absolut nichts dagegen tun.“ Und in der Tat schien es in diesen letzten Julitagen so, als sei Miss D. von zahlreichen befremdlichen und fast unmenschlichen Zwängen „besessen“. Ihre düsteren Gedanken vertraute sie zwar ihrem Tagebuch an, enthielt sich jedoch jeder lauten Äußerung dazu.

Trotz allem gab es auch gute Tage oder zumindest einen guten Tag. Am 28. Juli, während eines sehnsüchtig erwarteten und viel Freude bereitenden Tagesausflugs aufs Land, waren bei Miss D. den ganzen Tag über nicht die geringsten Anzeichen einer respiratorischen Abnormität, einer okulogyren Krise oder einer anderen Anomalie zu bemerken. Strahlend und in bester Stimmung kehrte sie zurück und rief: „Das war ein vollkommener Tag, so friedlich, den werde ich nie vergessen. An solch einem Tag ist es eine Freude, zu leben. Und ich fühle wirklich, daß ich lebe, fühle mich lebendiger als je zuvor, als in den letzten zwanzig Jahren. Wenn L-DOPA das vermag, dann ist es ein absoluter Segen!“

Am folgenden Tag begann die schlimmste und längste Krise in Miss D.s bisherigem Leben. Sie verbrachte sechzig Stunden in einer ununterbrochenen, respiratorischen Krise. Diese wurde nicht nur von ihren „üblichen" Spasmen und Zwängen begleitet, sondern von einer Vielzahl anderer, vorher nie aufgetretener Symptome. Glieder und Rumpf waren wiederholt in eigenartigen Haltungen „festgehakt" und widerstanden, völlig unnachgiebig, sowohl aktiven als auch passiven Versuchen, sie zu lösen. Mit diesem totalen Fehlen jeglicher Bewegungsmöglichkeit ging ein äußerst starkes, fast unermüdliches Bedürfnis nach Bewegung einher, so daß Miss D. innerlich in einen heftigen Kampf verstrickt war. Der Gedanke an ihr Bett war ihr unerträglich; und so schrie sie unaufhörlich, sofern man sie nicht auf ihrem Stuhl ließ. Wiederholt brach sie aus ihrem „verhakten" Zustand aus, schoß dann ein paar Schritte nach vorn, „verhakte" sich erneut, so, als sei sie gegen eine unsichtbare Wand gelaufen. Sie wies ein dranghaftes Sprechbedürfnis auf und zeigte nunmehr zum ersten Mal den nicht kontrollierbaren Hang, Wörter und Wendungen immer wieder zu wiederholen (Palilalie). Ihre normalerweise tiefe und weiche Stimme verwandelte sich in ein schrilles und durchdringendes Schreien. War sie in eine unbequeme Körperhaltung geraten, schrie sie: „Meine Arme, meine Arme, meine Arme, meine Arme, bitte, bewegen Sie meine Arme, meine Arme, bewegen Sie meine Arme . . ." Ihre Erregungszustände schienen wellenweise und in immer stärkerem Ausmaße aufzutreten und einem grenzenlosen Höhepunkt zuzustreben. Gleichzeitig wurde Miss D. von einer Mischung aus Qual, Schrecken und Scham überwältigt, der sie mit einem durch Palilalie gekennzeichneten Schreien Ausdruck verlieh: „Oh, oh, oh, oh! . . . Bitte nicht . . . Ich bin nicht ich selbst, nicht ich . . . Das bin ich nicht ich . . . überhaupt nicht ich."

Gegen diesen totalen Erregungszustand wirkten nur massive Dosen parenteraler Barbiturate, die jedoch lediglich zu einigen Minuten erschöpften Schlafes, gefolgt von erneutem Auftreten aller Symptome unmittelbar nach dem Aufwachen führten. L-DOPA war selbstverständlich zu Beginn dieser schrecklichen Krise abgesetzt worden.

Am 31. Juli fiel Miss D. schließlich in einen tiefen, fast komatösen Schlaf, aus dem sie nach vierundzwanzig Stunden erwachte. Den 2. und 3. August verbrachte sie krisenfrei, zeigte jedoch stark ausgeprägte Parkinsonsymptome (in weit größerem Ausmaß als vor der Behandlung mit L-DOPA) und eine schwere Depression. Aber auch jetzt noch manifestierte sich ein Schimmer ihres alten Unternehmungsgeistes und ihres Humors; „Dieses L-DOPA", flüsterte sie (denn sie hatte ihre Stimme nunmehr fast völlig verloren), „dieses Zeug sollte man bei seinem richtigen Namen nennen — *Hell*-DOPA!"*

1969—1972

Im August 1969 blieb Miss D.s Zustand auf einem Tiefpunkt: „Zeitweise wirkt sie wie betäubt", schrieb mir unsere Sprachtherapeutin Miss Kohl, „wie jemand, der von der Front zurückgekehrt ist. Wie ein Soldat, der sich noch im Schockzustand nach einem

* „Hell-DOPA" ist im Sinne von „Höllen-DOPA" zu verstehen; es handelt sich um ein onomatopoetisches Wortspiel (Anm. der dt. Redaktion).

Kugelhagel befindet.“ Während dieser etwa zehntägigen, schockartigen Phase verstärkte sich die Parkinsonsymptomatik so extrem, daß sie keine der elementaren, täglichen Verrichtungen ohne Hilfe des Pflegepersonals ausführen konnte. Während des restlichen Monats traten die Symptome zwar etwas zurück (wenngleich sie noch immer weitaus stärker als vor der Verabreichung von L-DOPA waren), aber Miss D. litt weiterhin an einer tiefen und qualvollen Depression. Sie hatte wenig Appetit („Sie scheint auf *nichts* Appetit und zu *nichts* Lust zu haben“, schrieb Miss Kohl, „keine Lust zu leben. Früher glich sie einer Fackel, und jetzt ist sie wie eine verlöschende Kerze. Sie können sich den Unterschied kaum vorstellen“) und nahm zwanzig Pfund ab. Als ich im September (nach einmonatiger Abwesenheit) nach New York zurückkehrte, erkannte ich im ersten Moment Miss D. in der bleichen, abgemagerten, zusammengesunkenen Gestalt nicht wieder.

Trotz ihrer ein halbes Jahrhundert währenden Krankheit war Miss D. vor dem Sommer stets aktiv und lebhaft gewesen und hatte erheblich jünger als fünfundsechzig Jahre gewirkt. Jetzt war sie nicht nur hinfällig geworden und weitaus stärker vom Parkinsonismus gezeichnet, als ich es je bei ihr gesehen hatte, sie war auch erschreckend gealtert, so, als habe sie während meiner Abwesenheit ein weiteres halbes Jahrhundert durcheilt. Sie wirkte wie eine aus Shangri-La Entflohene.

In den Monaten nach meiner Rückkehr sprach Miss D. mit mir ausführlich über die Zeit meiner Abwesenheit. Durch ihre Offenheit, ihren Mut und ihr hohes Einsichtsniveau gelang es ihr, das Wie und Warum ihres Zustands überzeugend zu analysieren. Obwohl ihr Zustand schlimmer als der ihrer Mitpatienten war, gibt es wesentliche gemeinsame Merkmale und Determinanten, die für die Situation und Einnahme von L-DOPA charakteristisch sind. Aus diesem Grund werde ich an dieser Stelle Miss D.s Geschichte zugunsten einer Analyse unterbrechen.

Als erstes hob Miss D. hervor, daß sie sich durch das plötzliche Absetzen der Medikamente sehr stark „im Stich gelassen“ gefühlt hatte. „Ich habe einen Senkrechtstart gemacht“, sagte sie, „wurde durch L-DOPA immer höher getrieben, bis ich schließlich das Gefühl hatte, auf einem eine Million Meilen hohen Gipfel zu sein ... Und dann, als der Aufschwung verklang, stürzte ich ab; nicht einfach auf den Boden, sondern ich flog bis ich eine Million Meilen tief in der Erde begraben war.“

Ebenso sprach Miss D. (wie jeder meiner Patienten mit vergleichbarer Erfahrung) von der Verwirrung, Ungewißheit, Beklemmung, dem Ärger und der Enttäuschung, die sich ihrer bemächtigten, als es mit L-DOPA „schiefzugehen begann“. Das heißt, als das Medikament mehr und mehr „Nebenwirkungen“ auslöste, die zu verhindern *ich* bzw. *wir*, ihre Ärzte, nicht in der Lage waren — trotz unserer Beteuerungen und trotz der Variierung der Dosis. Miss D. sprach weiter von ihrer am Ende extremen Hoffnungslosigkeit, als L-DOPA abgesetzt wurde, eine Maßnahme, die in ihren Augen einer endgültigen Verurteilung gleichkam. Etwas, das in Wirklichkeit hieß: „Diese Patientin hatte ihre Chance — die ist nun vorbei. Wir gaben ihr das Wundermittel, und es versagte. Jetzt lassen wir unsere Hände von ihr und überlassen sie ihrem Schicksal.“

Es gab einen dritten Aspekt der durch Verabreichung von L-DOPA gekennzeichneten Situation, auf den Miss D. immer wieder zu sprechen kam (besonders in ihrem bemerkenswerten Tagebuch, das sie zu dieser Zeit führte und mir in Auszügen zeigte).

Es handelte sich um eine akute, fast unerträgliche Steigerung bestimmter Gefühle, der sie während ihrer Krankheit in Abständen ausgesetzt war und die in den letzten Tagen der Behandlung mit L-DOPA und während der ersten, der Absetzung des Medikaments unmittelbar folgenden Phase einen Höhepunkt erreichten. Es waren Gefühle der Verwunderung und des Schreckens, daß *ihr so etwas passieren konnte*, und ohnmächtige Wut, daß sie, Miss D., dagegen nichts unternehmen konnte. Ich glaube, daß Emotionen dieser Art *alle* Patienten überkommen, die ihr Ich, das Erleben ihres „Ich" durch Krankheit oder andere Umstände auf groteske Weise verändert finden. Aber vielleicht sind postenzephalitische oder schizophrene Patienten hiervon am stärksten betroffen, denn sie erleiden die stärksten ontologischen Beleidigungen, die vehementesten und „unerklärlichsten" Anschläge auf ihre Identität.

Aber es spielten noch tiefere und bedrohlichere Gefühle eine Rolle. Zu den Dingen, die sich ihrer unter dem Einfluß von L-DOPA bemächtigten, gehörten: Kau- und Beißzwänge[2], heftige Gelüste und Leidenschaften sowie bestimmte fixe Ideen und Vorstellungen. Miss D. erlebte sie so, als ob frühe Schichten ihres Ichs freigelegt, entblößt oder enthüllt würden — Bekenntnisse eines verborgenen Teils ihrer Persönlichkeit. Es waren wie monströse, aus dem Unterbewußtsein und aus physiologischen, unvorstellbaren Tiefen aufsteigende Geschöpfe, die meiner Patientin fremd und zugleich doch auf geheimnisvolle Weise vertraut erschienen (so, wie wir es von bestimmten Träumen kennen)[3]. Miss D. vermochte nicht, diese plötzlich freigelegten Teile ihres Ichs mit Abstand zu betrachten. Sie riefen sie mit den Stimmen von Sirenen, lockten, erregten, erschreckten, riefen in ihr Gefühle von Schuld und Sühne hervor. Mit der alles verschlingenden und überwältigenden Macht eines Alptraums ergriffen sie Besitz von ihr.

In meinen Augen standen mit diesen Empfindungen und Reaktionen ihre Gefühle im Zusammenhang. Mit der fragwürdigen Person, die ihr ein Medikament angeboten hatte, das so wunderbar und so schrecklich in seiner Wirkung war. Dem nicht ganz zu durchschauenden Arzt mit dem Janus-Kopf, der ihr das einerseits wiederbelebende, das Lebensgefühl steigernde, andererseits jedoch Schrecken verursachende, das Leben zerstörende Medikament verschrieben hatte. Zuerst war ich mit meiner heiligen Medizin als der Erlöser erschienen. Dann jedoch als der Teufel, der sie der Gesundheit und des Lebens beraubt hatte und ihr etwas aufzwang, das schlimmer war als der Tod. In meiner ersten Rolle als „guter" Doktor liebte sie mich; in meiner zweiten Rolle als „böser" Doktor löste ich in ihr Furcht und Haß aus. Doch wagte sie es nicht, diese Gefühle zu äußern, sondern behielt sie für sich; verschlossen in ihrem Inneren stauten sie sich und prallten aufeinander, bis sie die Dichte und Düsterheit von Schuldgefühlen und Depressionen annahmen. Kraft seiner erstaunlichen Wirkung verlieh L-DOPA mir, dem „verantwortlichen" Arzt, allzuviel Macht über ihr Leben und Wohlbefinden. Mit dieser heiligen und unheiligen Macht ausgestattet, erhielt ich in Miss D.s Augen eine absolute und vollkommen widersprüchliche Oberherrschaft. Die uneingeschränkte Macht von Eltern, Autoritätspersonen und Gott. So befand sich Miss D. in dem Labyrinth einer quälenden Übertragungsneurose, einem Irrgarten, aus dem es keinen Ausgang zu geben schien, nicht einmal in der Vorstellung.

Mein Verschwinden am 3. August, ausgerechnet auf dem Höhepunkt ihrer Qualen, wurde von ihr sowohl als sehr große Erleichterung als auch wie ein unersetzlicher Verlust erlebt. Ich hatte sie ja zuerst in das Labyrinth geführt; war ich da nicht der Strohhalm, an den sie sich festklammerte und der sie aus dem Irrgarten befreien konnte?

Dies war also Miss D.s Situation bei meiner Rückkehr im September. In dem Augenblick, da ich sie wiedersah, erfaßte ich *gefühlsmäßig* bruchstückhaft und unvollständig ihre Lage. Es brauchte Jahre, bis meine und Miss D.s Intuition den Grad der Bewußtheit erreichten, der eine explizite Formulierung der Sachverhalte, wie oben skizziert, erlaubte.

Sommer 1972

Seit diesen Ereignissen sind drei Jahre vergangen. Miss D. geht es gut, und sie lebt — eine Art Leben. Der dramatische Zustand vom Sommer 1969 gehört der Vergangenheit an. Die heftigen Schwankungen dieser Zeit haben sich nicht wiederholt, und aus heutiger Sicht haftet ihnen etwas Unwirkliches und Wehmütiges an — wie einem Traum oder einem einmaligen, nicht wiederholbaren und fast unvorstellbaren historischen Ereignis. Trotz ihrer Ambivalenz begrüßte Miss D. mich bei meiner Rückkehr mit Freude und mit der vorsichtigen Frage bzw. Bitte, ob die Anwendung von L-DOPA nicht wieder in Betracht gezogen werden könne. Ihr Verhalten zeigte jetzt nicht mehr die frühere Beharrlichkeit und Unnachgiebigkeit. Ich hatte den Eindruck, daß der letzte Monat mit seinem Tief auch eine Zeit tiefgründigen Nachdenkens, innerer Veränderungen und Anpassungen von großer Komplexität gewesen war. Wie mir später klar wurde, war dies eine Phase der Läuterung, in der Miss D. mit ihren in sich widersprüchlichen und vielfältigen Impulsen kämpfte und all ihr neu erworbenes Wissen über sich zur Anwendung brachte (ihr Wissen um Ausmaß und Richtung ihrer Reaktionen auf L-DOPA). Sie setzte die ganze Kraft ihres Verstandes und ihre charakterliche Stärke ein, um eine neue Einheit und Stabilität ihrer Persönlichkeit zu erreichen — weitreichender und deutlicher als je zuvor. Sie hatte sozusagen die Feuerprobe in Form der Grenzsituationen, die sie durchlebt hatte, bestanden und war an ihnen nicht zerbrochen (wie so viele andere meiner Patienten). Miss D. war eine herausragende Persönlichkeit; sie hatte ein halbes Jahrhundert Krankheit durchlebt, mit sich und gegen sich kämpfend, und hatte (trotz zahlloser Widrigkeiten) ihr eigenes Leben zu leben vermocht, außerhalb einer Einrichtung, bis zu ihrem fünfundsechzigsten Lebensjahre. Ihr Krankheitsbild war mir bekannt, und ich hatte ihre pathologischen Dimensionen kennengelernt. Ihr geheimnisvolles Reservoir an körperlicher und geistiger Gesundheit wurde für mich jedoch erst *nach* dem Sommer 1969 und in den folgenden drei Jahren offenbar.

Der letzte Teil von Miss D.s Lebensgeschichte ist leichter zu erzählen. Ab September 1969 verordnete ich ihr erneut L-DOPA, das sie von diesem Zeitpunkt an mehr oder minder kontinuierlich erhielt. Wir beobachteten bei Miss D. (wie bei einigen anderen Patienten), daß die gleichzeitige Anwendung von Amantadin (Symmetrel) einige der Reaktionen auf L-DOPA zu lindern vermochte, wenngleich sich diese positiven Wirkungen nach einigen Wochen in ihr Gegenteil verkehren konnten. Aus diesem Grund verschrieben wir zusätzlich zu L-DOPA intermittierend Amantadin. Den in der Literatur angegebenen Empfehlungen entsprachen wir und bemühten uns, durch die Anwendung von Phenotiaziden, Butyrophenonen und anderen Tranquilizern abnorme Erregungszustände und Bewegungen zu reduzieren. Bei Miss D. (wie bei all unseren anderen Patienten) stellten wir allerdings fest, daß diese Medikamente lediglich die *Gesamtwirkung* von L-DOPA verringern oder erhöhen, d. h. daß sie nicht zwischen den „guten Wirkungen" und den störenden „Nebenwirkungen" differenzieren können — wie so viele enthusiastische Ärzte. Wir fanden schwache Tranquilizer und Antihistamine usw. völlig ohne Wirkung auf Miss D., wohingegen sich Barbiturate — speziell die parenterale Anwendung von Sodium amytal — als wertvolle Stütze bei schweren Krisen unterschiedlicher Art erwiesen.

Die Reaktionen auf L-DOPA (oder vielmehr auf die Kombination von L-DOPA und Amantadin) waren in jeder Hinsicht *schwächer* als im Sommer 1969: Nie wieder befand sich Miss D. in so einmaliger Hochform wie damals oder auf einem so außergewöhnlichen gesundheitlichen Tiefpunkt. Ihr Parkinsonismus ist stets vorhanden, aber weniger stark ausgeprägt als in den Tagen vor L-DOPA; wobei jedoch eine beeinträchtigende Verschlimmerung des Parkinsonismus und anderer Symptome stets dann auftritt, wenn die positive Wirkung der Amantadin-L-DOPA-Mischung nach ein paar Wochen nachzulassen beginnt. Wird daraufhin das Amantadin für etwa eine Woche abgesetzt, entstehen beeinträchtigende „Entzugserscheinungen" (ähnlich, jedoch weniger ausgeprägt, den im August 1969 aufgetretenen). Dieser Zyklus von Verbesserung — Verschlechterung — Entzugserscheinungen wiederholt sich etwa zehnmal jährlich. Miss D. mag diesen Zyklus nicht, aber sie akzeptiert ihn inzwischen. Ihr bleibt in der Tat nichts weiter übrig; denn wird L-DOPA gänzlich abgesetzt, verfällt sie in einen Zustand, der weitaus bedrückender und beeinträchtigender ist als ihr ursprünglicher Zustand vor der Medikamentation mit L-DOPA. Sie bezieht daher den Standpunkt: Sie brauche L-DOPA, könne es aber nicht ganz akzeptieren oder unbegrenzt ertragen.

Miss D.s Krisen sind nun seltener und weniger gravierend, treten nur noch ein- bis zweimal wöchentlich auf, aber, was vielleicht bemerkenswerter ist, die Merkmale haben sich gewandelt. Im Sommer 1969 (wie im Sommer 1919) waren es zuerst rein respiratorische Krisen, die erst in der Folgezeit die zahllosen anderen, oben beschriebenen Erscheinungen nach sich zogen. Als jedoch Miss D.s Krisen im Herbst 1969 erneut auftraten, waren sie nur durch diese anderen Symptome gekennzeichnet; die respiratorischen Komponenten waren auf unerklärliche Weise verschwunden und kamen nie wieder zum Vorschein. In der Regel waren ihre „neuen" Krisen durch hochgradige Palilalie gekennzeichnet, wobei das gleiche Wort oder die gleiche Wendung zuweilen Hunderte von Malen hintereinander wiederholt wurde. Dieses Symptom wurde in unterschiedlicher Weise von starker Erregung, Angetriebensein, Zwängen, gesteigertem Parkinsonismus und merkwürdigen „Blockierungen" oder „Hemmungen" der Bewegung usw. begleitet. Man muß Wörter wie „in der Regel", „in unterschiedlicher Weise", „usw." gebrauchen, denn obwohl jede Krise zweifelsfrei eine Krise war, glichen sich doch nicht zwei von ihnen völlig[4]. Anders gesagt, der spezielle Charakter und Verlauf jedes Anfalls wurden durch die auslösenden Umstände erheblich modifiziert: So konnte sich ein starker Affekt, in der Regel Ärger oder Furcht, in Fröhlichkeit oder Heiterkeit verwandeln, wenn Miss D. zufällig ein Lustspiel oder eine Show vor dem Fernseher verfolgte. Ihre „Blockierung" konnte sozusagen aus einem Glied herausgelockt und auf ein anderes übertragen werden. Als die bei weitem beste Behandlung für ihre Krisen erwies sich Musik, deren Wirkung fast unheimlich anmutete. Eben noch sah man Miss D. in sich zusammengesunken, verkrampft und blockiert, zuckend, voller Tics und vor sich hin plappernd — wie eine Art menschlicher Bombe; und in der nächsten Minute, beim Ertönen von Musik aus einem Radio oder einem Grammophon, war man Zeuge des völligen Verschwindens all dieser obstruktiv-explosiven Erscheinungen und ihrer Ablösung durch leichte und fließende Bewegungen, mit denen Miss D., plötzlich von allen ihren Automatismen befreit, lächelnd die Musik „dirigierte" oder sich erhob und nach ihr tanzte. Die einzige Voraussetzung hierfür war, daß ein Legato erklang; ein Staccato (besonders wenn es von einer Schlagzeug-Formation ausgeführt wurde) zog manchmal eine groteske Wirkung nach sich: Miss D. begann, im Takt zu hüpfen oder sich ruckartig nach dem Takt zu bewegen — wie eine mechanische Puppe oder eine Marionette[5].

Ende 1970 hatte Miss D. einen Spießrutenlauf hinter sich: L-DOPA, Amantadin, DOPA-Decarboxylasen, Apomorphine, jeweils allein genommen oder in Verbindung mit Anticholinergika, Antiadrenergika, Antihistaminen und jedem anderen erdenklichen Adjuvans oder Blocker. Nun war Schluß. „Das ist es gewesen!", sagte sie. „Sie haben mich mit der ganzen Pharmazie bombardiert. Ich war oben, unten, auf eine Seite getrieben, von innen nach außen gekehrt und alles mögliche noch. Ich wurde gestoßen, gezogen, gepreßt und verrenkt. Ich bin schneller gelaufen, langsamer, und so schnell, daß ich in Wirklichkeit nicht vom Fleck kam. Und ich gehe weiter auf und zu wie eine menschliche Ziehharmonika . . ." Miss D. unterbrach ihre Rede, um Luft zu holen. Ihre Worte ließen unvermeidlich das Bild einer an Parkinsonismus erkrankten „Alice" in einem postenzephalitischen „Wunderland" entstehen.

Zu diesem Zeitpunkt war Miss D. völlig klar, daß L-DOPA für sie unentbehrlich geworden war, ihre Reaktionen darauf begrenzt und unspektakulär waren und es bleiben würden. Sie erkannte das nunmehr als unabänderliche Tatsache an. Diese Einsicht markierte das Ende ihrer engen Bindungen an L-DOPA, ihren Verzicht auf die leidenschaftlichen Hoffnungen und Sehnsüchte, die länger als ein Jahr eine dominierende Rolle in ihrem Leben gespielt hatten. Somit wandte sich Miss D. von ihren Phantasien ab und der Wirklichkeit zu: nichts leugnend, nichts vortäuschend, ohne Erwartungen (obgleich sie in ihrem Tagebuch weiterhin von Zeit zu Zeit, halb im Ernst und halb im Spaß ihrer Hoffnung, alles möge anders sein, Ausdruck gab) — ein Wendepunkt im doppelten Sinne, der ihre Befreiung aus dem Labyrinth symbolisierte, in dem sie ein Jahr lang eingeschlossen war. Von diesem Zeitpunkt an gestalteten sich alle ihre sozialen Beziehungen viel ungezwungener, normaler und angenehmer. Miss D.s Einstellung zu L-DOPA verwandelte sich in distanzierte und humorvolle Resignation, ebenso wie ihre Haltung gegenüber den Symptomen und Behinderungen. Sie hörte auf, die Patienten zu beneiden, die sich durch L-DOPA auf einem Höhenflug befanden, oder mit Schrecken jene zu betrachten, denen L-DOPA nicht bekam und mit denen sie sich möglicherweise identifizierte. Vor allem sah sie in mir nicht mehr den Retter und Zerstörer, in dessen Händen ihr Schicksal lag. Die Negierungen, Projektierungen, Identifikationen und Übertragungen, das Wirkliche und das Vermeintliche der durch L-DOPA bewirkten Situation, fielen nunmehr wie ein sie bisher umgebender Schutzschild von ihr ab und enthüllten somit

„die alte Miss D.“, die sich dahinter verborgen hatte — ihr wirkliches Ich kam zum Vorschein.

In der zweiten Hälfte des Jahres 1970 war Miss D. dann bereit, sich voller Aufgeschlossenheit der Frage zuzuwenden, was im Hinblick auf ihren Parkinsonismus, ihre sozialen Beziehungen, das Weiterleben und Menschlich-Bleiben in einer „totalen Institution“ zu tun sei[6]. Diese Probleme wären vielleicht zu vermeiden gewesen, wenn L-DOPA das perfekte Heilmittel gewesen und es geblieben wäre und die in es gesetzten Hoffnungen erfüllt hätte. Aber das hatte es nicht getan. Miss D. betrachtete nun L-DOPA als seines Glanzes beraubt, d. h. als äußerst nützliches und unentbehrliches Hilfsmittel, das jedoch nicht länger die Rettung verheißen konnte. Jetzt war sie in der Lage, der Realität ins Auge zu schauen, um mit ihren Reserven, den meinen sowie denen der Einrichtung aus dem Verbleibenden das Beste zu machen[7].

Auf diese Weise stellte sich Miss D. auf die Unberechenbarkeit der Wirkung von L-DOPA ein und bewirkte durch eigene Aktivität eine Modifizierung der Symptome ihres Parkinsonismus, ihrer Katatonie, ihrer Zwänge usw. Aber es gab auch noch andere Probleme, die nicht sie verursacht hatte und die direkt zu beeinflussen nicht in ihrer Macht lag. Das waren vor allem diejenigen, die mit dem Leben in einer autoritär geleiteten Einrichtung zu tun hatten.

Ihren allgemeinsten Ausdruck fanden diese Probleme in der verkürzten Form der Pascalschen Antinomien, die in ihren Tagebuchaufzeichnungen immer wieder anklangen: Das Gefühl der Isolierung und des Eingeschlossenseins, der Leere und der Kleinheit; das Gefühl, eine Insassin, von der Gesellschaft eingewiesen und von ihr ausgegrenzt, unzähligen, entwürdigenden Regeln und Verordnungen unterworfen zu sein. Das Gefühl schließlich, auf den Stand eines Kindes oder einer Gefangenen reduziert worden zu sein, verlorengegangen oder von einer Maschine zermalmt. Miss D. fühlte sich frustriert, einsam und machtlos.

Schon bei der Gründung des Krankenhauses bis zu einem gewissen Grade vorhanden, wurden diese unmenschlichen, autoritären Züge der Einrichtung im September 1969 plötzlich deutlicher spürbar und traten unverhüllter zutage. Bei vielen Patienten war die erhebliche Beeinflussung des klinischen Zustands durch diese bedrückende Veränderung klar erkennbar, und zwar nicht nur in bezug auf Stimmung und Einstellung, sondern auch im Hinblick auf Krisen, Tics, Angetriebensein, Katalepsien, Parkinsonsymptome usw., und natürlich auch auf die Reaktionen auf L-DOPA.

Es besteht kein Zweifel, daß auch Miss D. von diesen Veränderungen in ihrer Umgebung stark betroffen war. Ich kann jedoch kein eindeutiges Urteil darüber abgeben, inwieweit ihr Krankheitsverlauf bei der Behandlung mit L-DOPA die unausweichliche Folge der Wirkung des Medikaments und ihres individuellen, konstitutionellen Reaktionspotentials war und inwieweit der Krankheitszustand möglicherweise durch die zunehmend ungünstigen Lebensbedingungen verändert wurde. Ich kann nur das Gesamtbild so fair und so gerecht wie möglich darstellen und das Urteil meinen Lesern überlassen.

Drei Dinge waren jedoch eindeutig:

Erstens verringern sich alle pathologischen Erscheinungen, wann immer es Miss D. gelingt, ihren Gefühlen Ausdruck zu verleihen und eine Veränderung in ihrer Umgebung zu bewirken. Zweitens gehen alle Symptome und Anzeichen zurück, wenn Miss D. das Krankenhaus für einen Tagesausflug verläßt (solche Ausflüge sind seit den unkonventionellen Tagen im Jahre 1969 immer seltener geworden). Schließlich hat sich Miss D.s Zustand seit Anfang 1971 in jeder möglichen Hinsicht offenkundig verbessert, seit sie eine tiefe und liebevolle Beziehung fest mit zwei anderen Patienten auf der Station verbindet.

Damit kommen wir zur Gegenwart, zum Sommer 1972. Miss D. ist weiterhin auf eine mäßig hohe Dosis von abwechselnd L-DOPA und Amantadin eingestellt. Sie ist recht aktiv und neun Monate im Jahr in der Lage, das täglich Notwendige ohne fremde Hilfe zu verrichten. Die restlichen drei Monate werden durch Verschlimmerung der Krankheit und durch Entzugserscheinungen bestimmt. Etwa zweimal im Monat treten leichtere Krisen auf, die nunmehr weder sie noch andere sonderlich stören. Sie liest ziemlich viel, häkelt wie eine „Weltmeisterin" und löst zahllose Kreuzworträtsel weitaus schneller, als ich es vermag. Am meisten ist sie sie selbst, wenn sie sich mit Freunden unterhält. Ihre Gereiztheit, Hartnäckigkeit sowie ihre Abhängigkeit hat sie fast völlig überwunden und auch von nachdrücklichen Forderungen fast völlig abgelassen. Sie ist jetzt sehr umgänglich (außer wenn sie sich in düsteren Stimmungen mit ihrem Tagebuch zurückzieht) und bei den sie umgebenden Menschen beliebt. Man sieht sie oft am Fenster: Eine sanfte, alte Dame von annähernd 70, leicht gebeugt und mit etwas starrer Körperhaltung, die äußerst schnell häkelt und dem durch Bexley brausenden Verkehr zuschaut.

Sie gehört nicht zu unseren Star-Patienten, denn ihr bekam L-DOPA nicht besonders gut, noch verbesserte sich ihr Zustand endgültig. Aber sie hat fast ein Leben lang dem Druck einer persönlichkeitsverändernden Krankheit, starker zerebraler Reizmittel und dem Eingeschlossensein in einem Krankenhaus für chronisch Kranke widerstanden, das nur wenige Patienten lebend verlassen. Tief in der Realität verwurzelt, hat sie Krankheit, Intoxikation, Isolierung und Hospitalisierung überlebt und ist dabei das geblieben, was sie stets war — ein vortrefflicher Mensch.

2. Magda B.

Mrs. B. wurde 1900 in Österreich geboren und kam bereits als Kind in die Vereinigten Staaten von Amerika. Während ihrer Kindheit litt sie an keinerlei ernsthaften Erkrankungen; sie erbrachte auf der High School vorbildliche fachliche und sportliche Leistungen. 1918/19, zu dieser Zeit arbeitete sie als Sekretärin, zog sie sich eine schwere, somnolent-ophthalmoplegische Form der *Encephalitis lethargica* zu, von der sie sich nach ein paar Monaten erholte. Um 1923 traten jedoch Parkinsonismus und andere Folgeerscheinungen auf.

Da Mrs. B. viele Jahre nicht sprechen konnte, kannte ich den Verlauf ihrer Krankheit während der folgenden 45 Jahre lediglich aus dürftigen, dem Krankenhaus vorliegenden Aufzeichnungen. Zusätzlich zu der Ophthalmoplegie, die sich nach der akuten Enzephalitis nicht zurückgebildet hatte, bestanden Mrs. B.s Hauptprobleme in ausgeprägter Akinese und Apathie sowie in einer Reihe autonomer Störungen: übermäßiger Speichelfluß,

Schwitzen und wiederholt auftretende, peptische Geschwüre. Für okulogyre oder andere Krisen war sie jedoch nicht anfällig. Gelegentlich trat noch „grobschlägiger" Tremor auf, aber keinerlei Rigidität, Dystonie oder Ruhetremor („Pillen-Drehen").

Eine auf 1964 datierte Notiz enthält eine Bemerkung über das „sonderbare Fehlen von Ärger oder Frustration in Situationen, die solche Reaktionen hervorrufen". In einer Notiz aus dem Jahre 1966, als Mrs. B. gleichzeitig an einer anderen schweren Erkrankung litt, wird auf das Fehlen jeglicher Besorgnis oder Furcht angesichts ihrer Situation hingewiesen. Im Verlauf des Jahres 1968 war sie wiederholt verbalen und physischen Belästigungen von seiten eines geistesgestörten, feindseligen Schwachsinnigen, der auf der gleichen Station neben ihr untergebracht war, ausgesetzt (häufig beschimpfte und verfluchte, gelegentlich schlug er sie sogar). Mrs. B. zeigte weder motorische noch emotionale Reaktionen auf derartig unerträgliche Provokationen. Viele andere Aufzeichnungen, deren detailliertes Zitieren sich erübrigt, bestätigen auf ähnliche Weise ihre anormale Passivität und Ruhe. Andererseits gab es keine Hinweise auf depressive oder paranoide Tendenzen sowie keine Anhaltspunkte für exzentrische Vorstellungen oder Verhaltensweisen. Mrs. B. wirkte liebenswürdig und für jede Hilfe dankbar, gefügig, sanft und zu emotionalen Reaktionen vielleicht nicht fähig.

Vor der Verabreichung von L-DOPA

Als ich Mrs. B. zum ersten Mal sah, saß sie reglos in ihrem Rollstuhl. Zu diesem Zeitpunkt war die Akinese so extrem ausgeprägt, daß sie den größten Teil des Tages auf diese Weise verbringen konnte, ohne zu blinzeln, ohne Veränderung des Gesichtsausdrucks und ohne geringste Andeutung einer Körperbewegung. Es entsprach ihrer Gewohnheit, den Kopf gesenkt zu halten; sie war aber auch in der Lage, kurzzeitig dagegen anzugehen. Zervikale Rigidität bestand nicht. Mrs. B. schien an bilateraler nukleider und internukleider Ophthalmoplegie mit alternierender Exotropie zu leiden. Sie schwitzte sehr leicht, hatte fettige, seborrhoeische Haut und etwas verstärkten Tränen- und Speichelfluß. Vereinzelt traten spontane Anfälle von Lid-Klonus oder Lidschluß, jedoch überhaupt kein Blinzeln auf. Mrs. B. war buchstäblich stimmlos; nur mit großer Mühe konnte sie ein leises „Ah!" hervorbringen, jedoch kein einziges Wort hörbar artikulieren. Mehr als zehn Jahre war sie sprachlos, davor mindestens fünfzehn Jahre lang hypophon gewesen.

Ihr Gesicht war maskenhaft starr — während der gesamten ersten Untersuchung war nicht die geringste Spur eines Ausdrucks erkennbar —, und sie war kaum in der Lage, den Mund zu öffnen oder die Zunge an die Lippen zu bringen bzw. sie innerhalb der Mundhöhle von einer Seite zur anderen zu bewegen. Kauen und Schlucken erfolgten kraftlos und langsam; die Einnahme selbst einer kleinen Mahlzeit dauerte über eine Stunde. Es bestanden indes keine Anzeichen einer bulbären oder pseudobulbären Lähmung.

Alle willkürlichen Bewegungen zeichneten sich durch extreme Langsamkeit und Schwäche aus. Es wurde so gut wie keine „Hintergrund"-Muskulatur mit einbezogen, und es bestand die Tendenz zur frühzeitigen Unterbrechung einer Bewegung. Hatte man Mrs. B. von ihrem Stuhl erhoben — Aufstehen war ein Unterfangen, zu dem sie allein nicht in der Lage war —, stand sie bewegungslos wie eine Statue da. Dabei konnte sie ihr

Gleichgewicht nicht halten, da sie unter einer unwiderstehlichen Neigung litt, rückwärts zu fallen. Einen Schritt zu machen war nicht nur unmöglich, es war undenkbar. Schloß sie im Stehen oder im Sitzen ihre Augen, fiel sie sofort wie eine welke Blume vornüber.

Mrs. B. war somit völlig behindert, nicht in der Lage zu sprechen und so gut wie außerstande, irgendeine willkürliche Bewegung auch nur zu beginnen; sie war ein absoluter Pflegefall. Zusätzlich zu den motorischen Problemen kamen noch eine auffällige Apathie und die offensichtliche Unfähigkeit, emotional zu reagieren, hinzu. Des weiteren waren über weite Strecken des Tages eine erhebliche Schläfrigkeit und Stumpfheit zu beobachten. Konventionelle Medikamente gegen Parkinsonismus hatten sich als wenig nützlich erwiesen, und ein operativer Eingriff war nie in Betracht gezogen worden. Viele Jahre lang war Mrs. B. als eine „hoffnungslose", retardierte Enzephalitikerin eingeschätzt worden, mit keinerlei Voraussetzungen für eine Rehabilitation. Am 25. Juni begann ihre Behandlung mit L-DOPA.

Behandlung mit L-DOPA

2. Juli: Nach einwöchiger Behandlung (mit einer täglichen Dosis von 2 g) begann Mrs. B. zum ersten Mal seit vielen Jahren gut hörbar zu sprechen, wobei jedoch ihre Stimmkraft nach zwei oder drei kurzen Sätzen nachließ. Ihre wiedergefundene Stimme war tief, monoton und zeigte keine Modulation.

8. Juli: Nachdem die Tagesdosis von L-DOPA auf 3 g erhöht worden war, reagierte Mrs. B. mit Übelkeit und Schlaflosigkeit. Ihre Pupillen waren zwar auffallend geweitet, Tachykardie, Blutdruckschwankungen oder Akathisie ließen sich aber nicht feststellen. Sie zeigte jetzt erhebliche spontane Aktivität, konnte sich im Stuhl bewegen, sich im Bett von einer Seite auf die andere drehen usw. Sie war viel aufnahmebereiter, denn die tagsüber aufgetretene Schläfrigkeit und „Stumpfheit" waren verschwunden. Die Stimme war kräftig geworden, und es gab sogar Anzeichen von Intonation und Modulation. So konnte man jetzt den starken Wiener Akzent dieser Patientin erkennen, wohingegen die Klangfarbe ihrer Stimme ein paar Tage zuvor ausdruckslos und für an Parkinsonismus Erkrankte typisch anonym gewesen war.

Mrs. B. konnte jetzt in ihrer rechten Hand einen Bleistift halten und die erste Eintragung in ihrem Tagebuch vornehmen: Sie schrieb ihren Namen und bemerkte: „Es ist zwanzig Jahre her, daß ich geschrieben habe. Ich fürchte, ich habe fast vergessen, wie mein Name geschrieben wird."

Sie zeigte jetzt auch emotionale Reaktionen, beispielsweise Besorgnis wegen ihrer Schlaflosigkeit und ihres Erbrechens, und bat mich, die Dosis des neuen Medikaments zu reduzieren, es aber keinesfalls abzusetzen. Die Dosis wurde schließlich auf 2 g täglich herabgesetzt.

Durch die Verringerung der Dosis wurden zwar Übelkeit, Schlaflosigkeit und Pupillenerweiterung beseitigt, jedoch trat ein partieller Verlust der Stimm- und Muskelkraft auf. Nach einer Woche (am 15. Juli) konnte die Dosis wieder ohne ungünstige Begleiterscheinungen erhöht werden (auf täglich 3 g), so daß Mrs. B. in der Folgezeit auf diese Dosis eingestellt wurde. Hierbei zeigte sich eine stetige und kontinuierliche Besserung ihres Zustands. Gegen Ende des Monats war sie in der Lage, sich zu erheben und dreißig Sekunden lang ohne Hilfe zu stehen sowie zwischen parallel verlaufenden Stangen zwanzig Schritte zu gehen. Im Stuhl oder Bett konnte sie nunmehr selbständig eine für sie bequeme Lage einnehmen. Man konnte beobachten, wie die Beugehaltung von Rumpf und Hals von Woche zu Woche zurückging, und bis etwa Mitte August hatte sich Mrs. B.s Körperhaltung auffallend normalisiert.

Mrs. B., die früher gleichgültig, unaufmerksam und für ihre Umwelt unzugänglich gewesen war, wurde von Woche zu Woche munterer, aufmerksamer und an ihrer Umgebung stärker interessiert. Es war unendlich rührend zu beobachten, wie diese so viele Jahre äußerst in sich zurückgezogene und apathische Patientin ihre emotionale Reaktionsfähigkeit wiedererlangte, ein Vorgang, mindestens ebenso dramatisch wie die Verbesserung ihrer Motorik. Mrs. B. wurde, im Zusammenhang mit der zunehmend kräftiger werdenden Stimme, recht gesprächig, zeigte Intelligenz, Charme und Humor. Sie zeigte also Seiten ihrer Persönlichkeit, die fast völlig von ihrer Krankheit überlagert worden waren. Besonders gern sprach sie von ihrer Kindheit in Wien, von ihren Eltern und ihrer Familie, von ihrer Schulzeit, von Wanderungen und Ausflügen in die Umgebung und lachte bei ihren Erinnerungen oftmals vor Vergnügen oder vergoß Tränen der Wehmut — normale, emotionale, seit mehr als zwanzig Jahren nicht mehr gezeigte Reaktionen. Nach und nach trat Mrs. B. als Persönlichkeit auf und vermochte uns somit auf anschauliche und erschreckende Weise zu verdeutlichen, wie sehr sie sich vor der Behandlung mit L-DOPA als Nicht-Persönlichkeit gefühlt hatte. Sie beschrieb ihre Gefühle der machtlosen Wut und zunehmenden Depression während der ersten Jahre der Erkrankung und die Ablösung dieser Gefühle durch Apathie und Gleichgültigkeit: „Ich hörte auf, irgendwelche Stimmungen zu haben“, sagte sie. „Alles wurde mir einerlei: Nichts bewegte mich — nicht einmal der Tod meiner Eltern. Ich vergaß, wie es ist, glücklich oder unglücklich zu sein. War das gut oder schlecht? Es war weder das eine noch das andere. Es war gar nichts.“[8]

1969—1971

Im großen und ganzen verlief Mrs. B.s Behandlung mit L-DOPA im Vergleich zu *allen* anderen Patienten am unkompliziertesten und befriedigendsten[9]. Ihr Verhalten während der zwei Jahre, die sie dieses Medikament erhielt, war insgesamt bewundernswert in bezug auf den Grad der Aktivität, die geistige Gesundheit und die Vielfalt der Lebensbereiche. Zugegeben: es gab gegen Ende des zweiten Jahres einige geringfügige Schwankungen, was die Energie und die Beweglichkeit anbelangte. Auch litt Mrs. B. kurzzeitig unter krankhaften Aktivitäten. Hierauf wird im entsprechenden Zusammenhang noch näher eingegangen werden.

Die Veränderung ihres Verhaltens war erheblich mitbestimmt durch die ihr offensichtlich große Freude bereitende Wiederherstellung der emotionalen Kontakte zu ihren Töchtern und Schwiegersöhnen, ihren Enkeln und zu den vielen anderen Verwandten, die sie nun, da sie gesund war und das Leben sie sozusagen wieder hatte, besuchten.

Sie erinnerte sich jedes Geburts- und Jahrestages und vergaß nie, ihrer mit einem Brief zu gedenken. Aufgeschlossen und gerne einwilligend verhielt sie sich gegenüber Einladungen zu Autofahrten, zum Essen, zu Theaterbesuchen, und vor allem zu Besuchen bei ihrer Familie, ohne sich dabei je fordernd oder aufdringlich zu verhalten. Sie nahm erneut Kontakt zum Rabbiner und orthodoxen Patienten im Krankenhaus auf, besuchte alle Gottesdienste, und es ging ihr nichts über das Anzünden der Kerzen am Sabbath. Kurz gesagt, sie schlüpfte wieder in ihre alte Identität einer frommen, charakterfesten Wiener Dame aus gutem Hause. Noch bemerkenswerter war, daß sie sich mit offensichtlicher Leichtigkeit in der Rolle einer alten Frau, des „Oma-Seins" zurechtfand, trotz der Tatsache, daß sie, wie durch ein Vakuum gestoßen, eben noch Mitte zwanzig, plötzlich das Alter von Ende Sechzig erreicht hatte.

Es ist gleichermaßen interessant und bedeutsam, daß Magda B. mit scheinbar geringer oder ohne Mühe die ungeheure zeitliche Kluft, den mit der Krankheit verbundenen, ungeheuren Zeit-„Verlust" zu überwinden vermochte. Das steht in absolutem Gegensatz zu der im nächsten Abschnitt dargestellten Patientin (Rose R.), die sich beim „Erwachen" nach dreiundvierzig Jahren mit einer „jenseits des Begreifbaren und Erträglichen liegenden zeitlichen Kluft", „einem unerträglichen und nicht zu verändernden Anachronismus" und der völligen Unmöglichkeit, sich dieser Situation anzupassen, konfrontiert sah (s. S. 75—76). Weshalb dieser Unterschied?

Offensichtlich war Magda B. im Laufe ihrer jahrzehntelangen Krankheit weder verbittert noch boshaft geworden, und das hing vielleicht mit ihrer Apathie zusammen. Eine ihrer Töchter sagte: „Ich hatte oft das Gefühl, daß meine Mutter nichts fühlte, wenngleich sie alles zu bemerken, sich an alles zu erinnern schien. Ihr Zustand hat mich stets schrecklich traurig gemacht, ohne daß ich mich dabei geärgert hätte — denn wie könnte man schließlich einen Geist beschuldigen oder sich über ihn ärgern?"

Während der Behandlung mit L-DOPA zeigte Mrs. B. zweimal kurzzeitig psychotische Reaktionen. Die erste stand im Zusammenhang mit ihrem Ehemann, der sie nicht mit den anderen Familienmitgliedern besuchte. „Wo ist er?" pflegte sie ihre Töchter zu fragen. „Warum besucht er mich nicht?" Ihre Töchter erfanden Ausflüchte. Er sei krank, nicht auf dem Posten, nicht in der Stadt, auf einer Reise usw. (In Wahrheit war er fünf Jahre zuvor gestorben.) Diese vielen Ungereimtheiten beunruhigten Mrs. B. und lösten eine kurze Phase mit Wahnvorstellungen aus. In dieser Zeit hörte sie die Stimme ihres Mannes in den Korridoren, sah seinen Namen in den Zeitungen und „begriff", daß er zahllose Liebschaften hatte. Angesichts dieser Vorgänge bat ich ihre Töchter, ihr die Wahrheit zu sagen. Mrs. B.s Reaktion war: „Ach! Ihr Dummen, warum habt Ihr mir das nicht gesagt?" Es folgte eine Zeit der Trauer und schließlich das völlige Verschwinden ihrer psychotischen Vorstellungen.

Ihre andere Psychose stand im Zusammenhang mit ihrer rapide abnehmenden Sehkraft, etwas, das sie vor der L-DOPA-Behandlung mit Gleichgültigkeit „akzeptiert" hatte. Im zweiten Jahr der Behandlung, als die Gesichter ihrer Kinder, das Gesicht der Welt für sie zunehmend verschwommen und unerkennbar wurden, reagierte sie besonders heftig. Sie rebellierte gegen die Diagnose: altersbedingte Degeneration, progressiv und nicht heilbar. Mrs. B. lehnte sich gegen diese Diagnose um so mehr auf, als ihr von einem ihr bisher unbekannten Facharzt mit kurz und knapp formulierter Endgültigkeit und einem deutlichen Mangel an Mitgefühl dies mitgeteilt wurde. In den folgenden Wochen bat sie uns flehentlich und Mitleid erregend, ihr Augenlicht wieder herzustellen, hatte Träume und Halluzinationen, in denen sie wieder klar sehen konnte. Während dieser für sie qualvollen Phase entwickelte sie einen merkwürdigen „Berührungstic", d. h. sie berührte ständig das Treppengeländer, die Möbel und vor allem die verschiedenen Leute, die durch den Korridor gingen. Von mir einmal darauf angesprochen, schrie sie: „Können Sie mir das verübeln? Ich kann kaum etwas sehen. Wenn ich berühre, immer und immer wieder, dann um in Berührung zu bleiben!" In dem Maße, in dem Mrs. B. ihre zunehmende Sehschwäche akzeptierte und begann, die Blindenschrift zu lernen (ihre Idee, auf deren Verwirklichung sie bestanden hatte), verringerte sich ihre quälende Besorgnis; ihre Träume, Forderungen und Halluzinationen hörten auf, und ihr zwanghaftes Berühren ließ nach, wurde viel weniger aufdringlich[10]. Vielleicht sollte hervorgehoben werden, daß während dieser psychotischen Phasen die Dosis von L-DOPA nicht verändert worden war, da Mrs. B.s Verhalten eindeutig ihre veränderte Wirklichkeit reflektierte.

Im Juli 1971 hatte Mrs. B., die sich in gutem Gesundheitszustand befand und im allgemeinen nicht von Vorahnungen befallen wurde, plötzlich ein Vorgefühl des Todes und zwar so eindeutig und zwingend, daß sie ihre Töchter anrief. „Kommt mich heute besuchen", sagte sie. „Es wird kein Morgen geben ... Nein, ich fühle mich recht gut ... Nichts stört mich, aber ich weiß, daß ich heute nacht im Schlaf sterben werde." Ihr Ton war völlig nüchtern und sachlich; sie sprach ohne jegliche Erregung und so überzeugend, daß *wir* begannen, uns Gedanken zu machen, Blutbilder, Kardiogramme usw. anforderten (die alle völlig normal waren). Am Abend ging Mrs. B. mit einer Würde, die jedes Gelächter verstummen ließ, durch die Station, gab jedem die Hand und verabschiedete sich. Sie ging zu Bett und starb noch in dieser Nacht.

3. Rose R.

Miss R. wurde 1905 in New York als jüngstes Kind einer großen, reichen und begabten Familie geboren. Ihre Kindheit und Schulzeit verliefen ohne ernste Erkrankungen und waren von den ersten Tagen an von Frohsinn, Spiel und Spaß bestimmt. Miss R. wuchs voller Lebensfreude heran, war begabt, ging zahlreichen Interessen und Hobbys nach und war sich der Zuwendung und Liebe ihrer Familie bewußt. Sie hatte das sichere Gefühl, wer, was und warum sie war, und litt weder unter ernsthaften neurotischen Problemen noch unter „Identitätskrisen".

Nachdem sie die Schule verlassen hatte, stürzte sich Miss R. mit Eifer in ein Leben, das mit Geselligkeit und unterschiedlichsten Unternehmungen ausgefüllt war. Vor allem hatten es ihr Flugzeuge angetan. Sie, die ein aufgeschlossenes und lebhaftes Naturell besaß, flog nach Pittsburgh und Denver, New Orleans und Chicago, zweimal nach Kalifornien und Hollywood, was in den Maschinen jener Tage kein gewöhnliches und leichtes

Unterfangen war. Miss R. besuchte zahlreiche Parties und Shows; man brachte Trinksprüche auf sie aus, feierte sie, und des Nachts wankte sie betrunken nach Hause. Zwischen Parties und den Reisen fertigte sie eilig Skizzen von den zahlreichen Brücken und Ufern New Yorks an. Von 1922 bis 1926 lebte Miss R. höchst vital und erlebte in dieser kurzen Zeit mehr als die meisten Menschen in ihrem ganzen Leben. Und das war gut so, denn im Alter von einundzwanzig Jahren erkrankte sie schlagartig an einer virulenten Form der *Encephalitis lethargica*. Sie war eines der letzten Opfer, bevor die Epidemie verschwand. Damit war 1926 das letzte Jahr, in dem Miss R. wirklich *lebte*.

Ihre Verwandten und auch sie selbst können die Nacht, in der die Schlafkrankheit auftrat, sehr detailliert rekonstruieren. Die akute Phase kündigte sich (wie es zuweilen der Fall war: vgl. den Fall Maria G., S. 140—144) durch sonderbare, erschreckende und mit Vorahnungen erfüllte Alpträume an, die sich auf ein zentrales Thema bezogen. So träumte sie, in einer unzugänglichen Burg eingesperrt zu sein, deren Gestalt ihrer eigenen glich. Sie träumte von Trancezuständen, in die sie, verzaubert oder verhext, geriet, und die Welt stand still. Sie war im Traum in einen derart tiefen Schlaf gefallen, daß sie durch nichts mehr geweckt werden konnte. Ferner träumte sie von einem Tode, der sich vom Tod unterschied. Ihre Familie konnte sie am nächsten Morgen nur mit Mühe wecken, und als sie erwachte, waren alle äußerst bestürzt: „Rose“, riefen sie, „wach auf! Was ist los? Dein Gesichtsausdruck, wie Du daliegst . . . Du bist so ruhig und so seltsam.“ Miss R. konnte nicht antworten, doch als sie ihren Blick auf den Spiegel im Kleiderschrank richtete, sah sie dort, daß sich ihr Traum erfüllt hatte. Der herbeigerufene Arzt war unwirsch und nicht sehr hilfreich: „Katatonie“, sagte er, „*Flexibilitas cerea*. Was erwarten Sie, bei dem Leben, das sie führte? Einer dieser Taugenichtse hat ihr das Herz gebrochen. Halten Sie sie ruhig, und geben Sie ihr zu essen — in einer Woche wird sie wieder obenauf sein.“

Aber Miss R. erholte sich nicht in einer Woche, nicht in einem Jahr und auch nicht in dreiundvierzig Jahren. Sie erlangte zwar die Fähigkeit wieder, in kurzen Sätzen zu sprechen oder unvermittelt Bewegungen auszuführen, erstarrte danach jedoch erneut. Zunehmend zeigte sie eine erzwungene Retraktion des Halses und der Augen — einen Zustand fast ununterbrochener okulogyrer Krisen, der nur durch Schlaf, die Einnahme von Mahlzeiten und gelegentliches „Loslassen“ unterbrochen wurde. Miss R. war hellwach und schien wahrzunehmen, was um sie herum geschah; empfand weiterhin liebevolle Zuneigung für ihre zahlreichen Familienmitglieder, die ihrerseits auch ihr dieses Gefühl entgegenbrachten. Jedoch schien sie in einem für andere nicht einfühlbaren Zustand zu sein, der sie absorbierte und mit dem sie sich vorrangig beschäftigte. Die meiste Zeit aber wirkte sie weder bedrückt, noch gab es in ihrem Verhalten irgendwelche Anzeichen für etwas anderes als äußerste *Konzentration*. Eine ihrer Schwestern sagte: „Sie sah aus, als versuche sie sehr angestrengt, sich an etwas zu erinnern — oder, vielleicht, unter Einsatz ihrer ganzen Kraft, etwas zu vergessen. Was auch immer es war, es beanspruchte ihre ganze Aufmerksamkeit.“ Während der Jahre, die Miss R. zu Hause und später im Krankenhaus verbrachte, versuchte ihre Familie das Beste, um dieses Absorbiert-Sein zu durchdringen und herauszufinden, was mit ihrer geliebten „kleinen“ Schwester vor sich ging. Miss R. war ihrer Familie und, viel später, auch mir gegenüber äußerst freimütig, aber was immer sie sagte, erschien wie mit geheimnisvollem verschlüsseltem Sinn, und zugleich auf beunruhigende Weise klar verständlich.

Typisch für die „Zwiegespräche" zwischen Miss R. und mir:

„Woran denken Sie, Rosie?"

„An nichts, einfach nichts."

„Aber wie ist es denn möglich, daß Sie an nichts denken?"

„Es ist schrecklich einfach, wenn man erst einmal weiß, wie."

„Und *wie* denken Sie denn an nichts?"

„Eine Möglichkeit besteht darin, immer wieder und wieder an dieselbe Sache zu denken. Zum Beispiel: 2 = 2 = 2 = 2; oder: Ich bin, was ich bin, was ich bin, was ich bin ... Es ist genau dasselbe mit meinem Zustand: Er führt immer wieder zu sich selbst zurück. Egal, was ich mache oder denke, es führt tiefer und tiefer in sich selbst hinein ... Und dann sind da die Landkarten. Ich denke an eine Landkarte, dann an eine Karte dieser Karte, dann an eine Karte der Karte dieser Karte, und jede Karte ist vollständig, nur kleiner und kleiner ... Welten innerhalb von Welten innerhalb von Welten innerhalb von Welten. Wenn ich erst einmal dabei bin, kann ich nicht aufhören. Es ist, als ob man zwischen Spiegeln, Echos oder etwas anderem gefangen ist. Oder sich auf einem Karussell befindet, das einfach nicht hält."

Solange Miss R. sich nur in diesem Zustand befand und keine weiteren Probleme auftraten, konnte die Familie sie zu Hause versorgen. Sie war keine Belastung; alle liebten sie. Nur daß sie ganz einfach lebte — woanders (oder nirgends). Drei oder vier Jahre nach dem ersten Auftreten ihres Trancezustandes waren Rigor in Miss R.s linker Körperhälfte, Gleichgewichtsstörungen beim Gehen und andere Anzeichen für Parkinsonismus zu beobachten. Allmählich verschlimmerten sich diese Symptome so sehr, daß eine ganztägige Betreuung erforderlich wurde. Die jüngeren Familienmitglieder zogen aus, die Eltern wurden alt, und es gestaltete sich zunehmend schwieriger, Miss R. zu Hause zu pflegen. Schließlich wurde sie 1935 in Mount Carmel aufgenommen.

Ihr Zustand veränderte sich nach ihrem 30. Lebensjahr kaum, so daß sich mein Befund, nachdem ich sie im Jahre 1966 zum ersten Mal untersucht hatte, mit dem bei der Einlieferung erhobenen deckte. Die alte Stationsschwester, die sie schon zu dieser Zeit kannte, sagte: „Es ist unheimlich, aber diese Frau ist während der dreißig Jahre, die ich sie kenne, nicht um einen Tag älter geworden. Wir alle werden älter — nur Rosie ist geblieben, wie sie war." Es entsprach der Wahrheit: Mit einundsechzig sah Miss R. dreißig Jahre jünger aus, hatte rabenschwarzes Haar, ein Gesicht ohne Falten, so, als sei sie durch ihren Trancezustand oder Stupor auf wunderbare Weise unverändert geblieben.

Stundenlang saß sie aufrecht und reglos in ihrem Rollstuhl, zeigte dabei kaum oder gar keine spontanen Bewegungen. Sie starrte vor sich hin, blinzelte nicht spontan, schien völlig in sich versunken und ihrer Umwelt gegenüber anscheinend teilnahmslos. Forderte man sie auf, in verschiedene Richtungen zu blicken, richtete sie ihren Blick, von einer Konvergenzinsuffizienz abgesehen, starr in die angegebene Richtung. Versuchte Miss R., einen Gegenstand zu fixieren, bewegten sich die Augen nicht gleichmäßig, sondern in ruckartig vollzogenen Teilbewegungen, die erhebliche Mühe zu kosten schienen. Das Gesicht war völlig maskenhaft und ausdruckslos. Die Zunge konnte nur bis zu den Lippen geführt und nach entsprechender Aufforderung äußerst langsam und geringfügig bewegt werden. Miss R.s Stimme war kaum hörbar, mit offenkundiger Anstrengung gelang es ihr recht gut, zu flüstern. Wegen eines regen Speichelflusses sabberte sie so stark, daß ein Latz innerhalb einer Stunde durchnäßt war. Die Haut war fettig, seborrhoeisch, und Miss R. schwitzte stark. Sie war total akinetisch, wobei ihr Rigor und ihre Dystonie auffallend einseitig ausgeprägt waren. Es bestand ein starker längsachsiger Rigor, so daß weder die Hals- noch Rumpfmuskulatur bewegt werden konnten. In gleichem Ausmaß litt Miss R. unter einer Rigidität im linken Arm sowie einer extremen dystonischen Verkrampfung der linken Hand, die sie willkürlich nicht zu bewegen vermochte. Die Starrheit des rechten Arms war zwar weitaus schwächer, doch war er derart akinetisch, daß Bewegungen minimal waren und nach zwei oder drei Wiederholungen eingestellt wurden. Miss R.s Beine waren hypertonisch; das linke war stärker davon betroffen. Der linke Fuß war in dystonischer Inversion nach innen gerichtet. Miss R. konnte nicht ohne Hilfe aufstehen; half man ihr jedoch, so war sie in der Lage, ihr Gleichgewicht zu halten und schlurfend und vorsichtig ein paar kleine Schritte zu setzen. Dabei hatte sie die ausgeprägte Tendenz, nach hinten zu fallen und „davonzuschießen".

Miss R. befand sich fast permanent in einem okulogyren Krisenzustand, dessen Schweregrad deutlich schwankte. War er gravierend, trat Miss R.s Parkinson-„Hintergrund" stärker in Erscheinung, d. h., es entstand ein zeitweilig aussetzender grobschlägiger Tremor im rechten Arm. Gleichzeitig traten Tremor des Kopfes, der Lippen und der Zunge sowie rhythmische Bewegungen der Wangen- und Stirnmuskulatur auf. In diesen Phasen war Miss R.s Atmen von Röcheln und gutturalen, dem Grunzen von Schweinen vergleichbaren Lauten begleitet. Schwere Krisen waren stets mit Herzjagen und Bluthochdruck verbunden. Zudem war ihr Kopf dann in einer ausgeprägten, oft mit quälendem Schmerz verbundenen, starrkrampfähnlichen Haltung zurückgebeugt, die Augen starr nach vorn gerichtet. Die Blickrichtung konnte dabei nicht willkürlich verändert werden. Während der schwersten Krisen war der Blick sogar unwillkürlich nach oben gerichtet und blickte starr auf die Decke.

In den heftigsten Krisen verlor Miss R. fast völlig ihre (auch in guten Tagen äußerst begrenzte) Fähigkeit zu sprechen oder sich zu bewegen. In solchen Grenzsituationen rief sie dennoch manchmal mit merkwürdig klingender, sehr hoher, ihrem „normalen", leiseren Flüstern völlig unähnlichen Stimme (wobei Perseveration und Palilalie zu bemerken waren): „Doktor, Doktor, Doktor, Doktor ... Helfen Sie mir, helfen, helfen, h'lf'n, h'lf'n ... Ich habe schreckliche Schmerzen. Ich habe solche Angst, solche Angst, solche Angst ... Ich werde sterben, ich weiß es, ich weiß es, ich weiß es, ich weiß es ..." Und wenn niemand in ihrer Nähe war, wimmerte sie leise, wie ein kleines, in eine Falle geratenes Tier vor sich hin. Erst später, als sie wieder ohne Mühe sprechen konnte, erhielten wir Aufschluß über die während der Krisen aufgetretenen Schmerzen: Zum Teil handelte es sich um einen lokal begrenzten, mit dem extremen Starrkrampf verbundenen Schmerz. Eine wesentliche Komponente schien jedoch zentral bedingt zu sein — diffus, nicht lokalisierbar: Der Schmerz trat unvermittelt auf und ließ genauso unvermittelt nach, war untrennbar mit grauenhafter Angst und dem Gefühl des Bedrohtseins verbunden. In den schwersten Krisen trat mithin ein Zustand größter Seelenangst *(Angor animi)* auf. Bei besonders starken Anfällen rötete sich Miss R.s Gesicht, und ihre ebenfalls geröteten Augen traten hervor. Sie wiederholte dann hundertmal: „Es wird mich umbringen, es wird mich umbringen . . .“[11]

Zwischen 1966 und 1969 veränderte sich Miss R.s Zustand kaum, und als L-DOPA verfügbar wurde, war ich hinsichtlich der Anwendung bei dieser Patientin nicht sicher. Zwar war Miss R. zweifellos äußerst behindert und mehr als vierzig Jahre lang faktisch hilflos gewesen. Was mich zögern und überlegen ließ, war vor allem ihre Seltsamkeit — waren Befürchtungen, was passieren könnte, wenn ich sie mit L-DOPA behandelte. Nie zuvor hatte ich eine Patientin gesehen, die ihren Blick in so starkem Maße von der Außenwelt abgewandt hatte und in einer persönlichen, nur ihr zugänglichen Welt eingeschlossen war.

Ich mußte daran denken, was Joyce über seine geistesgestörte Tochter geschrieben hatte: So inbrünstig er ihre Heilung herbeisehnte, so frage er sich doch, was geschehen werde, wenn sie endlich ihren Blick von den blitzartig aufleuchtenden Traumbildern ihrer Vorstellungswelt abwenden und ihn auf das vom Leben entstellte Antlitz des Droschkenkutschers, also auf die wirkliche Welt richten werde.

Der Verlauf der L-DOPA-Behandlung

Trotz meiner Befürchtungen begann ich am 18. Juni 1969 mit der L-DOPA-Behandlung. Was folgt, sind Auszüge aus meinem Tagebuch.

25. Juni: Obwohl die Tagesdosis auf nur 1,5 g erhöht wurde, sind bereits erste therapeutische Reaktionen aufgetreten. Miss R. hat zwei Tage erlebt, die zum erstenmal frei von okulogyren Krisen waren. Ihre Augen, vorher so ruhig und vorrangig auf anderes gerichtet, sind jetzt heller, beweglicher und aufmerksamer geworden.

1. Juli: Bis heute sind sehr konkrete Verbesserungen eingetreten: Miss R. kann ohne Hilfe den Gang entlang gehen, weist eine deutliche Verminderung der Rigidität im linken Arm und in anderen Bereichen auf und ist nunmehr imstande, in normaler Lautstärke zu sprechen. Sie ist in fröhlicher Stimmung und hatte seit drei Tagen keine okulogyre Krise mehr. Angesichts dieser Reaktion und dem Fehlen ungünstiger Nebenwirkungen, erhöhe ich die Tagesdosis auf 4 g.

6. Juli: Miss R.s Zustand hat sich weiterhin in fast jeder Hinsicht verbessert. Als ich sie mittags sah, freute sie sich über alles: „Dr. Sacks!“ rief sie. „Ich bin heute bis zu dem neuen Gebäude gelaufen und wieder zurück (eine Entfernung von ungefähr 55 m). Es ist unglaublich, herrlich!“ Miss R. lebt seit acht Tagen ohne okulogyre Krisen und zeigt keine Akathisie oder unmotivierte Erregung. Auch ich bin über ihren Fortschritt erfreut, aber gleichzeitig aus irgendeinem Grunde auch von düsteren Vorahnungen erfüllt.

7. Juli: Miss R. zeigte erste Anzeichen instabiler und abrupter Reaktionen auf L-DOPA. Ich sah sie dreieinhalb Stunden nach Einnahme der morgendlichen Dosis und war angesichts ihres deutlichen „Tiefs“ erschüttert: Miss R. war fast tonlos, ein wenig depressiv, rigide und akinetisch, mit äußerst verengten Pupillen und übermäßigem Speichelfluß. Fünfzehn Minuten nach Verabreichung ihres Medikaments* war sie wieder „obenauf“:

* Es handelt sich vermutlich um die Mittagsdosis (Anm. d. dt. Redaktion).

Stimme und Gang waren völlig in Ordnung, sie war fröhlich, lächelte, war gesprächig, mit hellwachen, glänzenden Augen und leicht geweiteten Pupillen. Was mich allerdings beunruhigte, war ein Impuls, zu rennen, den Miss R. aber mühelos zu unterdrücken vermochte.

8. Juli: Nach einer schlaflosen Nacht („Ich war überhaupt nicht müde; mir gingen einfach ständig Gedanken durch den Kopf“), ist Miss R. äußerst aktiv, fröhlich und liebevoll. Sie scheint sehr beschäftigt, eilt unentwegt von einem Ort zum anderen, auch ihre Gedanken sind pausenlos in Bewegung. Atemlos rief sie: „Dr. Sacks, heute fühle ich mich großartig. Ich glaube, ich möchte fliegen. Ich liebe Sie, Dr. Sacks, ich liebe Sie, ich liebe Sie. Sie sind der netteste Arzt auf der Welt ... Wissen Sie, ich bin immer gern gereist: Ich bin nach Pittsburgh, Chicago, Miami, Kalifornien ... geflogen“ usw. Ihre Haut ist warm und gerötet, die Pupillen sind wieder deutlich geweitet, und die Augen bewegen sich ständig hin und her. Miss R. scheint über unbegrenzte Energie zu verfügen und unermüdlich zu sein, wenngleich ich den Eindruck eines Erschöpfungszustandes habe, der irgendwo unterhalb dieses auf Hochtouren laufenden Äußeren vorhanden ist. Auch trat heute ein völlig neues Symptom auf: eine plötzliche und schnelle, zwei- oder dreimal in der Stunde wiederholte Bewegung der rechten Hand zum Kinn. Als ich danach fragte, antwortete Miss R.: „Es ist neu, sonderbar merkwürdig, vorher habe ich das nie gemacht. Weiß Gott, warum ich das mache. Ich habe einfach plötzlich einen *Drang* dazu, so wie man plötzlich niesen oder sich kratzen muß.“ Da ich das Auftreten von Akathisie oder exzessiver emotionaler Erregung befürchtete, verringerte ich die Tagesdosis von L-DOPA auf 3 g.

9. Juli: Miss R.s Energie und Aufregung sind zwar heute unvermindert, ihre Stimmung jedoch hat sich jäh verändert und ist von Begeisterung in Beklemmung umgeschlagen. Miss R. ist ungeduldig, empfindlich und äußerst fordernd. Gegen Mittag behauptete sie sehr erregt, man habe ihr sieben Kleider gestohlen, und ihr Portemonnaie sei verschwunden. Sie verdächtigte Mitpatienten: Zweifellos hatten sie den Diebstahl wochenlang vorher geplant. Noch am gleichen Tag entdeckte sie ihre Kleider an gewohnter Stelle im Kleiderschrank. Ihre paranoiden Beschuldigungen hörten sofort auf: „Oh!“, sagte sie, „ich muß mir das alles eingebildet haben. Ich glaube, ich muß mich zusammenreißen.“

14. Juli: Nach den Aufregungen und Stimmungsschwankungen am 9. Juli wirkte Miss R. weniger getrieben und nicht so überaktiv. Sie konnte schlafen, und die ticartigen Bewegungen ihrer rechten Hand sind verschwunden. Nach zweiwöchiger Schonfrist tauchte bedauerlicherweise ihr alter Feind wieder auf; sie erlitt zwei schwere okulogyre Krisen, während derer ich nicht nur das übliche Starren, sondern ein weiteres, wunderlicheres Symptom beobachtete — die Fesselung des Blicks. Miss R. fühlte sich gezwungen, einen ihrer Mitpatienten anzustarren, und hatte dabei das Gefühl, ihre Augen würden, hierhin und dorthin „gezogen“, dem Patienten durch die Station folgen. „Es war unheimlich“, sagte Miss R. später. „Meine Augen waren wie gebannt. Ich hatte das Gefühl, wie ein Kaninchen von einer Schlange verhext zu sein.“ Während der Phasen des „Verhextseins“ bzw. des Gebanntseins drängte sich ihr der Eindruck auf, daß ihre „Gedanken zum Stillstand“ gekommen seien und sie nur an eines denken konnte, nämlich an das von ihr angestarrte Objekt. Wurde ihre Aufmerksamkeit jedoch auf anderes gelenkt, so veränderte sich die Qualität ihrer Gedanken sofort. Die bis zur Bewegungslosigkeit gesteigerte Gebanntheit wurde durchbrochen, und an ihre Stelle trat das Erlebnis „eines totalen Gedanken-

Sturmes", dessen Gedanken nicht die „ihren" zu sein schienen, denn sie beinhalteten nicht das, was sie denken wollte. Es waren „sonderbare Gedanken", die „von selbst" kamen. Miss R. konnte oder wollte den Charakter dieser unerwünscht auftretenden Gedanken nicht näher beschreiben, war jedoch dadurch sehr verängstigt: „Diese Krisen sind anders als die, die ich früher hatte", sagte sie. „Sie sind schlimmer, sie sind völlig *verrückt*!"[12]

25. Juli: Miss R. verbrachte erstaunliche zehn Tage. Es traten Phänomene auf, wie ich sie nie für möglich gehalten hatte. Sie war in freudiger, ausgelassener Stimmung und dabei voller Lüsternheit. Ihr Verhalten blieb untadelig, aber sie entwickelte ein unstillbares Verlangen, Lieder zu singen und Witze zu erzählen. In den letzten Tagen nutzte sie ausgiebig unser Tonbandgerät, nahm zahllose, erstaunlich frivole Lieder und eine Menge „schlüpfriger" Verse aus den zwanziger Jahren auf. Sie steckt auch voller Anekdoten und Anspielungen auf „zeitgenössische" Persönlichkeiten — Persönlichkeiten, die Mitte der zwanziger Jahre ihre Zeitgenossen *waren*. Wir fühlten uns zum Recherchieren veranlaßt und sahen in der New York Library alte Zeitungen durch. Dabei stellten wir fest, daß sich fast alle Anspielungen von Miss R. auf das Jahr 1926 bezogen, das letzte Jahr ihres unbeschwerten Lebens, ehe die Krankheit sie überwältigte. Ihr Gedächtnis ist unglaublich, wenn man bedenkt, daß sie von einer so weit zurückliegenden Zeit spricht.

Miss R. erhebt Anspruch auf das Tonbandgerät und duldet niemanden in ihrer Nähe. So bleibt sie allein mit dem Tonbandgerät in ihrem Zimmer und blickt alle an, als existierten sie nicht. Inzwischen ist sie vollends in ihre Erinnerungen an die zwanziger Jahre versunken und tut ihr Mögliches, um alles Spätere zu übersehen. Ich glaube, man nennt das „erzwungenes Erinnern" oder ausschweifende Nostalgie. *Aber ich habe das Gefühl, daß sie ihre „Vergangenheit" als Gegenwart erlebt und vielleicht noch nie als „vergangen" betrachtet hat. Ist es möglich, daß Miss R. sich eigentlich nie von der „Vergangenheit" gelöst hat und daß sie dreiundvierzig Jahre später noch „im Jahre" 1926 lebt? Bedeutet 1926 für sie „heute"*[13]*?*

28. Juli: Heute vormittag suchte mich Miss R. auf — das erste Mal seit fast zwei Wochen. Ihr strahlender Gesichtsausdruck ist verschwunden, und sie wirkt beunruhigt, etwas düster und leicht verwirrt: „So kann es nicht weitergehen", sagte sie. „Etwas Furchtbares braut sich zusammen. Gott weiß, was es ist, aber etwas Schlimmes kommt auf mich zu." Ich bemühte mich, näheres zu erfahren, aber Miss R. schüttelte den Kopf: „Es ist einfach ein Gefühl. Mehr kann ich Ihnen nicht sagen . . ."

1. August: Wenige Stunden nach ihrer Prophezeiung türmte sich vor ihr ein Berg von Schwierigkeiten auf. Plötzlich zeigte sie zahlreiche Tics und war in eigenartigen Haltungen blockiert: Der wunderbar ebenmäßige Strom, der sie getragen hatte, schien ins Stocken geraten zu sein, sich zu ballen und in sich selbst zurückzuschnellen. Miss R.s Fähigkeit, zu gehen, und ihr Sprechen sind von der dramatischen Veränderung schwer betroffen. So muß sie zwanghaft fünf oder sechs Schritte vorwärts eilen, bis sie ohne Vorwarnung in der Haltung gefangen ist. Die Erregung und Frustration nehmen ständig zu, wobei sich mit wachsender Erregung auch das „In-der-Haltung-gefangen-Sein" verschlimmert.

Sofern sie ihre Erregung oder den Zwang, zu rennen, zügeln kann, vermag Miss R. ohne Probleme den Gang entlang zu gehen. Analoge Schwierigkeiten treten im Zusammenhang mit der Sprache auf: Wenn sie überhaupt spricht, dann nur leise, denn mit zunehmender Lautstärke stottert sie, hält dann inne. Ich habe den Eindruck, daß Miss R.s „Bewegungsraum“ eingeschränkt ist und sie innerlich zurückprallt, wenn sie sich zu schnell oder mit zu viel Kraft bewegt. Das Herabsetzen der Tagesdosis von L-DOPA auf 3 g reduzierte das gefährliche Hasten und Blockieren, führte jedoch zu äußerst schweren okulogyren Krisen — den schwersten, die Miss R. seit der ersten Behandlung mit L-DOPA hatte. Darüber hinaus hat sich ihr „Wisch“-Tic (Berührung des Kinns mit der Hand), der am 28. Juli erneut aufgetreten war, von Stunde zu Stunde verstärkt und ist *komplexer* geworden. Das harmlose, federleichte Streifen des Kinns hat sich zu einem tiefen, kreisförmigen Herausquetschen entwickelt, wobei der rechte Zeigefinger in kreisförmigen Bewegungen unaufhörlich die Haut kratzt und so lange schürft, bis sie blutet. Miss R. war völlig außerstande, diesem Zwang *direkt* entgegenzuwirken; sie kann ihn aber unterdrücken, wenn sie die rechte Hand tief in ihre Tasche vergräbt und dabei mit ganzer Kraft das Futter umklammert. Vergißt sie das, schnellt die Hand augenblicklich nach oben und zerkratzt ihr das Gesicht.

August 1969[14]: Während der ersten Augustwoche hatte Miss R. weiterhin täglich äußerst schwere okulogyre Krisen, die mit starkem Rigor und Starrkrampf (im Bereich der Rückenmuskulatur), innerer Qual, Wimmern und triefendem Schweiß verbunden waren. Die Tics ihrer rechten Hand konnten angesichts der schnellen Aufeinanderfolge — sie hatten sich auf etwa 300 pro Minute gesteigert (dies wurde durch Zeitlupenfilm bestätigt) — mit dem Auge fast nicht mehr erfaßt werden. Am 6. August zeigte Miss R. deutlich Palilalie; sie wiederholte immer wieder ganze Sätze und Wortreihen: „Ich fange immer wieder von vorn an“, sagte sie, „wie eine Schallplatte, die bei einem Kratzer steckenbleibt . . .“ Während der zweiten Augustwoche nahmen ihre Tics einen komplexeren Charakter an und wurden mit Abwehrmechanismen, „Gegen-Tics“ und ausgereiften Ritualen verbunden. So konnte Miss R. z. B. die Hand eines anderen fest umklammern, sie loslassen, etwas in der Nähe Stehendes oder Liegendes berühren, ihre Hand in ihre Tasche stecken, sie wieder herausnehmen, *dreimal* auf die Tasche schlagen, die Hand wieder in die Tasche stecken, *fünfmal* über ihr Kinn streichen, die Hand wieder in die Tasche stecken, *fünfmal* über das Kinn streichen, die Hand einer anderen Person umklammern . . . und diese stereotype Folge immer von neuem wiederholen.

Der Abend des 15. August bescherte uns das einzige angenehme Zwischenspiel in einem sonst mit Behinderungen und Leiden angefüllten Monat. An diesem Abend überwand Miss R. völlig unerwartet ihre Krise, ihre Blockierung und ihre Tics und kehrte für kurze Zeit zu ihrer fröhlichen Lüsternheit mit ungehemmten Gesängen und Bewegungen zurück. An diesem Abend improvisierte sie eine Anzahl koprolalischer Limericks nach der Melodie „The Sheikh of Araby“, wozu sie sich mit ihrer nichtkontraktierten rechten Hand auf dem Klavier begleitete.

In derselben Woche trat eine totale motorische und sprachliche Blockierung auf. So rief sie zum Beispiel plötzlich zu Miss Kohl: „Margie, ich . . . Margie, ich möchte . . . Margie!“, völlig unfähig, über das erste bzw. zweite Wort dessen, was sie so unbedingt sagen wollte, hinauszugelangen. Wenn sie zu schreiben versuchte, hielt ihre Hand (und auch ihr Gedankenfluß) nach zwei Wörtern plötzlich inne. Bat man sie, leise und langsam zu sprechen, bekam sie einen bestürzten Gesichtsausdruck; ihre Augen bewegten sich wie unter Qualen hin und her. Vielleicht war das ein Zeichen ihrer äußerst verzweifelten inneren Suche nach dem entschwundenen Gedanken. Zu diesem Zeitpunkt war es für Miss R. nicht möglich, zu gehen, da sie ihre Füße wie fest an den Boden geklebt empfand, gleichzeitig aber ein Bewegungsdrang dazu führte, daß sie mit ihrem Gesicht flach auf den Boden fiel. Während der letzten zehn Augusttage schienen alle ihre Aktivitätsbereiche völlig blockiert: die Spannung in ihrem gesamten Sein war so extrem hoch, daß sie jedwede Möglichkeit für das Finden eines Auswegs ausschloß. Zu jener Zeit war ihr Gesicht ständig durch einen Ausdruck des Entsetzens, der Marter und inneren Qual verzerrt. Ihre einen Monat früher geäußerte Vorahnung hatte sich voll und ganz bestätigt: Etwas Fürchterliches war gekommen.

1969—1972

Im Vergleich zu ihrer anfänglichen, dramatischen Reaktion auf L-DOPA im Sommer 1969 sind bei Miss R. seither so gut wie keine Reaktionen mehr feststellbar. Es wurde weitere fünf Male mit der L-DOPA-Therapie begonnen, und zwar jeweils mit einer kontinuierlichen Steigerung der Tagesdosis auf 3 g. L-DOPA bewirkte zwar eine gewisse Verringerung des Rigors, der Okulogyrie und der allgemeinen geistigen Abwesenheit, jedoch ließ die Wirkung von Mal zu Mal nach. Es hat niemals wieder etwas mit der erstaunlichen Beweglichkeit und Stimmungsveränderung des Jahres 1969 Vergleichbares hervorgebracht, vor allem nicht das ungewöhnliche Gefühl, im Jahre 1926 zu leben, das Miss R. damals beherrscht hatte. Wird Miss R. mehrere Wochen lang L-DOPA verabreicht, überwiegen unweigerlich dessen Nachteile, d. h. es treten wieder Blockierung, Krisen und ticartige Impulse auf. Die während einer Krise auftretenden Tics unterschieden sich jeweils erheblich voneinander: Während einer Phase der Behandlung z. B. ging mit ihren Krisen stets die palilalische Wiederholung des Wortes Honigstrauß einher, das sie den ganzen Tag zwanzig- bis dreißigmal wiederholte.

Durch äußere Reize kann Miss R. stets aus dem ernstesten und befremdlichen pathologischen Zustand für ein paar Sekunden oder Minuten „befreit“ werden, wenngleich sie offensichtlich nicht in der Lage ist, derartige Reize oder Aufrufe zum Handeln für sich selbst zu schaffen. Trinkt Miss A., eine andere Patientin, die an Trinksucht leidet, mehr als zwanzigmal pro Stunde vom Trinkwasserbrunnen, ruft Miss R.: „Scher' Dich weg von diesem Brunnen, Margaret, oder ich knall' Dir eine!“ Oder sie ruft: „Hör auf, an der Tülle zu saugen, Margaret. Wir wissen ja alle, woran Du eigentlich saugen möchtest!“ Wann immer sie hört, daß mein Name ausgerufen wird, schreit sie gellend: „Dr. Sacks! Dr. Sacks! Sie sind wieder hinter Ihnen her!“; sie schreit so lange, bis ich den Aufruf beantwortet habe.

Miss R. erhält häufig Besuche von Familienmitgliedern, die ihr alle sehr zugetan sind und aus allen Teilen des Landes angereist kommen, um sie zu sehen. Während dieser Besuche ist sie in ihrer besten Verfassung. Vor Erregung hellwach und aufgeschlossen, die maskenhafte Leere ihres Gesichts in ein Lächeln verwandelt, zeigt sie ein großes Verlangen nach Familienklatsch, jedoch keinerlei Interesse für politische Ereignisse oder aktuelle „Neuigkeiten“. Bei diesen Gelegenheiten ist sie bis zu einem gewissen Grade in der Lage, sich verständlich zu äußern, zeigt dabei vor allem ihre Vorliebe für Witze und leicht anzügliche Indiskretionen. Erlebt man Miss R. in solchen Situationen, wird einem klar, was für eine „normale", charmante und lebenssprühende Persönlichkeit hinter dieser komischen Krankheit gefangen war.

Verschiedentlich habe ich Miss R. über ihre merkwürdige „Nostalgie" im Juli 1969 und darüber, wie sie die Welt erlebt, befragt. In der Regel reagiert sie darauf mit Niedergeschlagenheit und „Blockierung"; aber einige Male gab sie mir genügend Auskunft, um die sie betreffende, schier unglaubliche Wahrheit erkennen zu können. Aus ihren Antworten geht hervor: sie *wußte* während ihrer „nostalgischen" Phase ganz genau, daß man das Jahr 1969 schrieb und sie vierundsechzig Jahre alt war; aber sie hatte das *Gefühl*, es sei 1926 und sie sei einundzwanzig. Sie fügt hinzu, daß sie sich eigentlich gar nicht vorstellen kann, älter als einundzwanzig zu sein, da sie dieses Alter eigentlich nie durchlebt hat. Meistens geht allerdings „nichts, absolut nichts" in ihr vor, sind „überhaupt keine Gedanken" in ihrem Kopfe, so als sei sie gezwungen, einem unerträglichen und nicht zu bewältigenden Anachronismus zu wehren — die fast ein halbes Jahrhundert breite Kluft zwischen dem von ihr empfundenen und tatsächlich erlebten Alter (ihrem *ontologischen* Alter) und ihrem tatsächlichen oder *amtlichen* Alter. Rückblickend ist anzunehmen, daß L-DOPA sie ein paar Tage lang „deblockiert" und ihr eine für sie sonst jenseits des Erfassens und des Erträglichen liegende zeitliche Kluft offenbarte, wodurch sie sich gezwungen sah, sich der Wiederholung einer ähnlichen Reaktion auf L-DOPA gegenüber „erneut zu blockieren". Immer noch sieht sie wesentlich jünger aus, als sie ist; und im Grunde *ist* sie auch jünger. Aber sie ist wie ein schlafendes „Dornröschen", für das das „Aufwachen" unerträglich war und das deshalb nie wieder aufzuwecken sein wird.

4. Robert O.

Mr. O. wurde 1905 in Rußland geboren, kam jedoch schon als Kind in die Vereinigten Staaten von Amerika. Sein Gesundheitszustand war ausgezeichnet; und bis zu seinem siebzehnten Lebensjahr, als er gleichzeitig an einer Grippe und einer somnolenten Form der *Encephalitis lethargica* erkrankte, zeigte er außergewöhnliche schulische Leistungen (Abschluß der High School im Alter von fünfzehn Jahren). Sechs Monate lang war er äußerst schläfrig, wenngleich nicht stuporös. Aber kurze Zeit, nachdem er das akute Stadium seiner Krankheit überwunden hatte, wurde er sich der Anomalie seines Schlafbedürfnisses, geistigen Zustands und seiner Stimmungslage bewußt.

Vielleicht bestand in den Jahren 1922—1930 sein Hauptproblem in der Umkehrung des Schlafrhythmus; Mr. O. neigte tagsüber zu starker Schläfrigkeit und Apathie, war nachts sehr unruhig und litt an Schlaflosigkeit. Des weiteren traten Gähn- und Schlafanfälle, Schlafwandeln, Sprechen im Schlaf, Schlaflähmung und Alpträume auf.

Während Mr. O. vor seiner Erkrankung emotional ausgeglichen gewesen war, wurden in der Folgezeit erhebliche Stimmungsschwankungen bemerkbar: häufige und plötzliche Depressionen wechselten mit gelegentlichen Phasen gehobener Stimmungen ab. Diese Schwankungen schienen wie „aus heiterem Himmel" zu kommen und ließen keinen Zusammenhang mit seiner aktuellen Situation oder seinem Gefühlsleben erkennen. Es gab auch kurze Phasen voller Ruhelosigkeit und Impulsivität, in denen „es" ihn „drängte", sich „zu bewegen oder etwas zu tun“. Sie waren allerdings auch in keinen Zusammenhang mit Robert O.s alltäglichen Lebensbedingungen zu bringen. Während dieser Anfangsphase bemerkte er auch, daß „etwas“ in bezug auf seine geistige Verfassung „passiert war“. Zwar blieben sein Gedächtnis, die Vorliebe für Lesen, der treffsichere Wortschatz, sein Eifer und seine Schlagfertigkeit, aber er bemerkte, daß er sich nicht mehr längere Zeit konzentrieren konnte, weil „mir Gedanken durch den Sinn schossen, nicht meine eigenen, keine beabsichtigten, wenn Sie wissen, was ich meine“; oder aber, weil „Gedanken plötzlich verschwinden, platzen, manchmal mitten in einem Satz . . . Die fallen dann einfach heraus und hinterlassen einen Raum, wie einen Rahmen ohne Bild.“ In der Regel begnügte sich Mr. O. damit, seine sprunghafte Denkweise der Schlafkrankheit zuzuschreiben. Zuweilen war er aber überzeugt, daß „unterschiedliche Einflüsse ihr Spiel“ mit seinen Gedanken „trieben“.

Etwa um 1926 begann er, mit beiden Armen zu zucken und zu schütteln, er stellte fest, daß er den linken Arm beim Gehen nicht mehr bewegte. 1928 stellte er sich im Pennsylvania Hospital zur Untersuchung vor, bei der folgendes festgestellt wurde: „Leichter Tremor der Finger und der Zunge . . . Zucken der Muskeln im Vorderarm . . . maskenhafter Gesichtsausdruck . . . ständiges Blinzeln beider Augen.“ Während der vierjährigen, ambulanten Betreuung durch das Hospital wirkte er stets geistig klar, schien jedoch an depressiven Phasen zu leiden und gelegentlich euphorisch zu sein.

Trotz dieser Symptome konnte Mr. O. bis 1936 als Verkäufer arbeiten und sich danach, bis zu seiner Einlieferung in das Mount Carmel Hospital im Jahre 1956, mit Hilfe einer kleinen Rente für Schwerbehinderte selbst versorgen.

Die Jahre unmittelbar vor seiner Aufnahme in Mount Carmel hatte er recht einsiedlerisch und zurückgezogen gelebt, zeigte beim Sprechen und Denken deutlich exzentrische Züge und hatte bei alltäglichen Verrichtungen bis an Stereotypien grenzende Zwänge entwickelt. Inzwischen war er auch religiös geworden.

Zum Zeitpunkt seiner Aufnahme konnte Mr. O. selbständig gehen, wobei sein Rumpf leicht gebeugt war. Mit Unterbrechungen traten grobschlägiger Tremor im linken Arm und Bein auf, Rigor und Zahnradphänomen in allen Gliedmaßen, Maskenhaftigkeit des Gesichts und die Unfähigkeit, aufwärts zu blicken. Er behauptete mit Nachdruck und Freundlichkeit, daß seine Stimmungen durch die Wechselwirkung von Protonen und Neutronen in der Atmosphäre auferlegt und seine neurologischen Probleme das Ergebnis einer 1930 erfolgten Rückenmarkpunktion seien.

Anfang 1960 traten bei Mr. O. zwei neue Symptome auf, die seine Mitpatienten als „Grimassen schneiden“ und „Selbstgespräche“ bezeichneten. Die Grimassen ähnelten kaum irgendeinem normalen Gesichtsausdruck; sie entsprachen eher dem Gebaren eines von einem Brechreiz befallenen Mannes, der würgend die Zunge hervorstreckt und unter Qualen seine Augen fest zusammenkneift. Die „Selbstgespräche“ bestanden nicht wirklich aus Sprechen, sondern vielmehr aus einem bei jedem Ausatmen ausgestoßenen, murmelnd-schnurrenden Laut, der, für das Ohr nicht unangenehm, an ein von einer entfernten Sägemühle kommendes Geräusch erinnerte, an einen surrenden Bienenschwarm oder an den von einem zufriedenen Löwen nach einer sättigenden Mahlzeit ausgestoßenen Laut. Interessant ist, daß Mr. O. seit mindestens dreißig Jahren das „Bedürfnis“ verspürte, Laute von sich zu geben und Grimassen zu schneiden, bis 1960 jedoch in der Lage war, die entsprechenden Impulse mit Erfolg zu unterdrücken. Am deutlichsten traten die genannten Symptome zutage, wenn er müde, erregt, frustriert oder krank war. Auch wurden sie auffälliger, wenn sie Aufmerksamkeit erregt hatten, wodurch natürlich ein Teufelskreis entstand.

Während dieser Jahre verschlimmerten sich auch Mr. O.s rigid-dystonische Symptome sowie das Hasten und die Festination. Zwischen 1966 und 1968 (d. h. vor der L-DOPA-Behandlung) sah ich ihn mehrmals und lernte ihn allmählich gut kennen. Er war ein sonderbarer, charmanter, an einen Gnom erinnernder Mann; seine Ausdrucksweise war voll überraschender sprachlicher Wendungen und Verdrehungen, von denen manche sehr drollig waren, andere wieder durch ihre Irrelevanz den Gedankengang sprengten. Seine „Gedankenstörungen", die sehr originellen und zuweilen schockierenden Ansichten und sein spöttischer Humor waren alle untrennbar miteinander verbunden, wie bei vielen begabten, an Schizophrenie Leidenden. In ihrer Gesamtheit verliehen sie den Gedanken und Gesprächen eine eigenartige, an Gogol erinnernde Nuance. Beim Sprechen zeigte Mr. O. kaum eine gefühlsmäßige Beteiligung, und im Laufe dieser drei Jahre habe ich nie erlebt, daß er auf irgendeine Art und Weise „aus sich herausging". Es schien, als sei er niemals ärgerlich oder streitlustig, beunruhigt oder fordernd, obwohl er eindeutig nicht in der Weise wie Mrs. B. apathisch war. Vielmehr gewann ich den Eindruck, daß seine Gefühle auf äußerst komplexe Weise, im Sinne eines Schutzmechanismus, zersplittert, verdrängt und zerstreut waren. Mr. O. war ein sehr narzistischer Mensch, der sich um den Rest der Welt nicht allzuviel sorgte oder kümmerte.

Er sprach schnell, leise, mit tiefer, leicht zittriger Stimme, als wolle er, unter Zeitdruck stehend, seinem Gesprächspartner ein Geheimnis anvertrauen. Es bestand eine extreme Rigidität des Rumpfes in Verbindung mit einer erheblich beeinträchtigenden Beugestörung, durch die der Rumpf in einem geraden Winkel zu seinen Beinen nach vorn gebeugt wurde. Mr. O. war nicht imstande, sich willkürlich aufzurichten; bemühte er sich, zog das lediglich eine Verschlimmerung des Symptoms nach sich. Während er schlief, konnte er sich jedoch strecken. Die Gliedmaßen zeigten ausgeprägt wächserne Rigidität und gelegentlich „grobschlägigen" Tremor. Mr. O. stand ohne Schwierigkeiten und ging recht schnell, hatte indes Probleme, innezuhalten oder langsam zu gehen. Propulsion und Retropulsion traten schnell auf. Außer Grimassieren und Summen waren kleinere Bewegungen der Ohren, der Augenbrauen, der vorderen Halsmuskeln und des Kinns zu beobachten. Der Blick war starr wie der einer Eidechse; er blinzelte nicht, außer wenn er Grimassen schnitt oder während seines selten, jedoch unvermittelt auftretenden krampfartigen Lidflatterns. Alles in allem war aber Mr. O. einer unserer aktivsten und selbständigsten Patienten. Er war in der Lage, alle täglichen Verrichtungen selbständig zu bewältigen, in der Nachbarschaft spazierenzugehen und sich einzelnen gesellig-sozialen Tätigkeiten zu widmen (Füttern von Tauben, Verteilen von Bonbons an Kinder, stundenlanges Schwatzen mit Landstreichern an der Ecke).

Hyoscine und andere Anticholinergine reduzierten seine Rigidität ein wenig (eine Operation war niemals in Betracht gezogen worden). Angesichts der Tatsache, daß er sich bereits ausreichend Bewegung zu verschaffen vermochte und Tendenzen erkennbar waren, die durch L-DOPA hätten verstärkt werden können, zögerte ich anfangs, ihn versuchsweise damit zu behandeln. Aber, wie er sagte, „brachte ihn" dieser gebeugte Rücken „um".

Daher meinten wir, daß sich *dafür* schon die versuchsweise Verschreibung von L-DOPA lohnen würde.

Der Verlauf der Behandlung mit L-DOPA

Mit der L-DOPA-Therapie wurde am 7. Mai begonnen. Während der ersten zehn Tage, in denen versuchsweise die Tagesdosis allmählich auf 4 g erhöht wurde, zeigten sich weder therapeutische noch nachteilige Wirkungen.

Am 19. Mai (als Mr.O. täglich 4 g L-DOPA erhielt) bemerkte ich zum ersten Male negative Wirkungen des Medikaments. Das vorher sporadische Grimassieren wurde häufiger und ausgeprägter. Mr. O. sprach schneller; sein Sprechen zeigte eine Tendenz zum Blockieren. Diesen Sachverhalt beschrieb er selbst sehr anschaulich: „Die Wörter stoßen zusammen, sie unterbrechen sich gegenseitig und versperren den Ausgang." Auch sein Gehen war hastiger geworden, das jetzt die Qualität der Dringlichkeit und Ungeduld besaß: Auch diese Erscheinung beschrieb Mr. O. sehr einprägsam: „Ich fühle den Zwang, mich so zu beeilen, als ob der Teufel hinter mir her wäre."

Am Abend des 21. Mai, als ich meine späte Runde machte, bemerkte ich, wie Mr. O. im tiefen Schlaf seinen Mund spitzte, wiederholt die Arme schwang und im Schlaf sprach.

In der Hoffnung, die längsachsige Rigidität und Beugung verringern zu können, erhöhte ich die Tagesdosis von L-DOPA auf 6 g. In der Tat hatte dies eine Verminderung der Rigidität in den Extremitäten, im geringeren Grade auch im Rumpf sowie in den Nackenmuskeln zur Folge. Diese positive Wirkung wurde allerdings durch eine unerträgliche Zunahme unwillkürlicher Bewegungen aufgehoben. Insbesondere traten jetzt fast ununterbrochen eine heftige, unwillkürliche Protrusion und Propulsion der Zunge auf, die mit einer Art Knebelung und unwillkürlichem Würgen einherging. Das Sprechen wurde durch diese ständigen Zungenbewegungen verhindert. Andere Formen des Grimassierens, vor allem das zwanghafte Schließen der Augen, waren ebenfalls zu einer Dauererscheinung geworden, und zwar in so ausgeprägter Form, daß Mr. O. eigentlich blind geworden war. Angesichts dieser unzumutbaren Wirkungen vertrat ich die Auffassung, L-DOPA müsse abgesetzt werden, was auch innerhalb einer Woche geschah. Am 10. Juni wurde L-DOPA endgültig abgesetzt, und Mr. O. befand sich wieder in seinem früheren Zustand.

1969—1972

Niemals *äußerte* Mr. O. seine Enttäuschung darüber oder seinen Ärger oder Neid auf die Patienten in seiner Umgebung, denen L-DOPA geholfen hatte. Er *zeigte* jedoch seine Gefühle durch eine Veränderung seines Verhaltens. So ging er weniger aus, hörte auf, die Tauben zu füttern. Er begann, mehr zu lesen, besonders die Kabbala, und verbrachte Stunden mit der Anfertigung von „Diagrammen", die er in einer verschlossenen Schublade aufbewahrte. Er war zwar nie unliebenswürdig, wurde aber weniger zugänglich. Sein Denken schien sprunghafter zu werden, und seine Gedanken waren nicht mehr nur von Wohlwollen geleitet wie zuvor. Der Witz und die Schlagfertigkeit von Mr. O., die sich stets durch Schärfe ausgezeichnet hatten, wurden beißend und gelegentlich sogar sarkastisch. Dennoch gab es angenehme Zeiten, besonders an schönen Sonntagvormittagen, wenn die Protonen und Neutronen „sich anständig benahmen". Dann pflegte Mr. O. um den Block zu spazieren und mich gelegentlich unangemeldet zu besuchen (meine Wohnung lag nur wenige Meter vom Krankenhaus entfernt). Ich bewirtete ihn dann mit Kakao; er beschäftigte sich mit meinen Büchern, schon geübt im Umgang mit ihnen, und vertiefte sich in sie. Bei diesen Gelegenheiten schien ihm meine Gegenwart angenehm, vorausgesetzt, ich redete nicht und stellte keine Fragen. Auch er schwieg, befreit von lästigen, bedrückenden Gedanken.

Sein körperlicher Zustand verschlechterte sich, und, wie mir schien, schneller als zuvor. Im Jahre 1970 „verfiel" er deutlicher als während der letzten zehn Jahre. Durch seine axiale Dystonie war sein Rumpf fast rechtwinklig zu seinen Beinen nach vorn gebeugt, was fast unerträglich war. Am meisten beunruhigte mich, daß Mr. O. abzunehmen begann — an Muskelmasse und an Kraft, derer er doch eigentlich sehr bedurfte. Wir gaben ihm deshalb Puddings und Milchgetränke, Nachschlag beim Essen und Rotwein mit Ei, bis er zu protestieren begann, er werde gemästet wie eine Gans. Wir verabreichten ihm Spritzen mit anabolischen Steroiden und überprüften in zahllosen Tests, ob er an einem bisher nicht erkannten Krebs oder an einer versteckten Infektion leide — die Befunde waren eindeutig negativ. Der Kreatingehalt seines Urins war äußerst hoch, was jedoch lediglich seinen körperlichen Zustand widerspiegelte. Vor unseren Augen siechte er dahin; es schien nichts zu geben, was seinen Verfall hätte aufhalten können.

Es ist allgemein bekannt (Parkinson hat es seinerseits selbst festgestellt), daß ein anhaltender Gewichtsverlust bei Parkinsonkranken ein unheilvolles, in der Regel auf das Ende hinweisendes Symptom ist. Bei einigen Patienten ist die Gewichtsabnahme eindeutig verminderter Nahrungsaufnahme, Schwierigkeiten beim Essen u. ä. zuzuschreiben. Andererseits kann man bei einer Reihe postenzephalitischer Patienten äußerst starken Gewichtsverlust trotz normalen und sogar ungezügelten Eßverhaltens beobachten, was auf die Möglichkeit eines zentralen Kräfteverfalls hinweist. Anders gesagt, diese Patienten werden sozusagen vom Feuer ihres eigenen Stoffwechsels verzehrt. Bei einigen dieser Patienten kann indes auch das genaue Gegenteil der Fall sein (s. den Fall Ida T., S. 135—138), nämlich rätselhaftes Ansetzen von Fett und Zunahme des Körperumfangs. Und schließlich sind Fälle zu verzeichnen, bei denen das plötzliche Auftreten dieser Symptome (Zu- oder Abnahme) mit der Einnahme von L-DOPA einhergeht; möglicherweise sind sie eine zentrale Wirkung dieses Medikaments. Ob jedoch Mr. O.s Kräfteverfall durch L-DOPA ausgelöst worden war, bleibt eine offene Frage.

1971 beschlossen wir, es noch einmal mit L-DOPA zu versuchen. Wir hatten beobachtet, daß dieses Medikament bei ein und demselben Patienten unterschiedlichste Wirkungen zeitigte; so hofften wir natürlich, durch einen zweiten Versuch bei Mr. O. bessere therapeutische Wirkungen zu erzielen. Letztere *waren* diesmal tatsächlich anders; ob „besser" oder „schlechter", sei dahingestellt. Es traten weder das Grimassieren noch die Atembeschwerden auf — Symptome, die beim ersten Mal so unerträglich gewesen waren; sie nahmen, wenn sie sich überhaupt veränderten, eher ab. Die wächserne Rigidität der Gliedmaßen verringerte sich so weit, daß diese fast schlaff wurden; die axiale Dystonie blieb jedoch unverändert bzw. verstärkte sich.

Beim ersten Mal hatte sich L-DOPA kaum auf Mr. O.s Denken ausgewirkt; beim zweiten Mal traten jedoch in gewisser Weise verheerende Wirkungen auf. Mr. O.s Gedanken folgten einander mit übergroßer Hast, standen mehr unter Druck, waren bruchstückhaft und weniger lenkbar. Während der vergangenen fünfzig Jahre hatte es gelegentlich „Filmrisse" und seltsame Gedankenverbindungen gegeben. Jetzt aber brachen die Gedanken in ungezähmter Weise aus.

Denken und Sprechen wurden zunehmend zusammenhanglos. Mr. O.s Äußerungen steckten voller Wortschöpfungen; Wörter und selbst Wortteile wurden zersplittert, anders zusammengesetzt und mit neuen Bedeutungen versehen. Er bediente sich jetzt eines sehr schnellen „Wortsalats", der in gewisser Weise brillant, doch sehr schwer zu erfassen war, so, als spielte man ein Band mit *Finnegans Wake* von James Joyce rückwärts ab. Abermals wurde L-DOPA abgesetzt, aber Mr. O.s Denkstörung blieb unvermindert bestehen. Sie hielt in der Tat weitere zwölf Monate an. Dennoch war ein Teil seiner Persönlichkeit eindeutig nicht gespalten und hellwach; denn er erkannte alle und war sich des Ablaufs auf der Station voll bewußt. Niemals war er auch nur für einen Augenblick verwirrt oder desorientiert, wie z. B. ein geistig Behinderter oder ein Patient im Delirium. Man konnte sich des Gefühls nicht erwehren, daß der alte Mr. O. noch irgendwo vorhanden war, alles beobachtete und steuerte, irgendwo *hinter* den bruchstückhaft irren Äußerungen versteckt. (Vgl. Anmerkung 11, S. 245).

Während der ganzen Zeit verlor Mr. O. weiter an Körpergewicht; er nahm innerhalb von zwei Jahren siebzig Pfund ab. Schließlich wurde er so schwach, daß er sich nicht mehr bewegen konnte. Er verfiel vor unseren Augen.

Vielleicht ist noch folgende Begegnung erwähnenswert. Eine Woche vor seinem Tode wurden Mr. O.s Sprache und Gedanken plötzlich sehr klar. Mehr noch: er „fand" sogar seine fünfzig Jahre lang vergessenen und unterdrückten Gefühle „wieder". Er hörte auf, „schizophren" zu sein, und wurde ein einfacher, leicht zu verstehender Mensch. In den letzten Tagen führten wir mehrere Gespräche, bei denen Mr. O. den Ton angab: „Machen Sie mir nichts vor", sagte er, „ich *weiß*, wie es um mich steht. Bob ist völlig runtergekommen, nur noch Haut und Knochen. Er ist *bereit*, abzutreten." Während seiner letzten Tage scherzte er mit den Schwestern und bat den Rabbiner, ihm einen Psalm vorzulesen. Wenige Stunden vor seinem Tode sagte er: „Ich wollte mich, so um das Jahr '22 herum, umbringen ... Ich bin froh, es nicht getan zu haben ... Es war ein gutes Spiel, diese Enzephalitis und alles andere ..."

5. Hester Y.

Mrs. Y. wurde in Brooklyn als ältestes Kind eines Einwandererehepaares geboren. In ihrer Kindheit und Jugend hatte sie keine bedeutsamen Krankheiten oder solche, die auf *Encephalitis lethargica* hinwiesen.

Von Anfang an zeigte Hester Y. eine lebhafte Intelligenz und einen ungewöhnlich unabhängigen und ausgeglichenen Charakter. Ihr jüngerer Bruder erinnerte sich liebevoll an ihre Wärme, ihren Mut und ihren ausgeprägten Sinn für Humor: „Hester war immer ein feiner Kerl und eine wunderbare Schwester", sagte er mir vierzig Jahre später. „Sie hatte starke Vorlieben und Abneigungen, war aber niemals unfair. Wie wir anderen Kinder war auch sie immer in irgendeiner Klemme, aber nahm es, wie es kam — sie bewältigte alles spielend. Sie konnte über alles lachen, besonders über sich selbst."

Nach dem Abschluß der High School und einer äußerst kurzen Phase des Werbens heiratete Mrs. Y. im Alter von neunzehn Jahren. Nach einem Jahr wurde sie Mutter eines Jungen und gebar zwei Jahre später eine Tochter. Ein Jahrzehnt genoß sie das Familienleben, bis sie in ihrem dreißigsten Lebensjahr erkrankte. Es ist klar, daß Mrs. Y. der Angelpunkt ihrer Familie war, der sie durch ihre eigene Charakterstärke Gleichgewicht und Stabilität verlieh, und daß dies alles durch ihre Krankheit erschüttert wurde.

Die Symptome traten anfangs anfallartig und bizarr in Erscheinung. Eben noch ging oder sprach Mrs. Y. normal und hielt dann plötzlich, ohne Vorwarnung, inne — mitten im Gehen, mitten in der Gebärde oder in der Mitte eines Wortes. Nach einigen Sekunden nahm sie das Sprechen wieder auf, offenbar ohne zu bemerken, daß es eine Unterbrechung gegeben hatte. Damals wurde angenommen, daß sie an einer Form der Epilepsie litt — an sogenannten „Absencen" oder „*petit-mal*-Varianten". In den folgenden Monaten wurden diese Unterbrechungen länger und hielten gelegentlich mehrere Stunden an. Mrs. Y. wurde dann oft bewegungslos und mit einem völlig leeren und ausdruckslosen Gesicht im Zimmer entdeckt. Eine bloße Berührung reichte aus, um diese Zustände aufzulösen und die unmittelbare Wiederaufnahme von Bewegung und Sprechen wieder zu ermöglichen. In dieser Phase wurde die ursprüngliche Diagnose durch die Krankheitsbeziehung „Hysterie" ersetzt.

Einige dieser seltsamen Hemmungen begannen nach der Anwendung von L-DOPA wiederzukehren. Eine von ihnen bleibt uns, weil sie dramatisch war, im Gedächtnis haften.

Eines Tages erreignete sich eine ungeheure Überschwemmung, die bis zum fünften Stockwerk reichte, wo meine postenzephalitischen Patienten lebten und eines der Badezimmer lag. Als wir dort eintraten, fanden wir Hester bewegungslos und bis zu den Achseln im Wasser stehend vor. Als ich ihre Schulter berührte, sprang sie auf und fragte: „Mein Gott, was *ist geschehen*?" Ich antwortete: „*Sie* werden es mir erzählen." „Ich hatte gerade mein Bad einlaufen lassen", sagte sie, „und es waren zwei Zoll in der Badewanne. Das nächste war — Sie berühren mich, und ich sehe diese Überschwemmung."

Im folgenden Gespräch stellte sich heraus, daß sie in einer ihrer „Wahrnehmungs- und Daseinsbewegungen" überrascht und „eingefroren" worden war: Während der Zeit der Überschwemmung (eine Stunde oder etwas länger) blieb sie wie verstockt auf dem Augenblick stehen, da zwei Zoll Wasser in die Badewanne eingelaufen waren.

Im Film über *Awakenings* ist eine ähnliche Hemmung zu sehen, bei der sie schlagartig aufhörte, ihr Haar zu frisieren . . . nach ein oder zwei Minuten wird das Publikum unruhig, wendet sich um, um zu sehen, ob der Projektor stehengeblieben ist. Aber es ist *Hesters* „Projektor", der sie zwei Minuten lang in ein „stillstehendes Bild" zwängt.

Nach zwei Jahren dieser anfallartigen und geheimnisvollen „Stillstände" wurden Zeichen von Parkinsonismus, Katatonie oder Trance unverkennbar, die jede Bewegung, die Sprache sowie das Denken bedrohten. Als Mrs. Y.s Parkinsonismus und ihre Trance sich rasch verschlimmerten, wurde sie sonderbar und schwer zugänglich — dies beunruhigte, alarmierte und ärgerte ihre Familie mehr als die körperlichen Beschwerden. Diese Veränderung beschreibt ihr Bruder wie folgt: „Hester war bis zu ihrem dreißigsten Lebensjahr, als die Krankheit über sie hereinbrach, äußerst lebhaft. Zwar büßte sie in der Folgezeit nicht die Fähigkeit ein, Gefühle zu empfinden, wurde nicht feindselig oder kalt im Umgang mit anderen Menschen, aber sie schien sich immer weiter zu entfernen. Man konnte beobachten, daß sie durch die Krankheit verschleppt wurde, fortgetragen wie ein Schwimmer, den die Flut mitreißt. Hester wurde aus unserer Mitte verjagt."

Mit 35 Jahren war Mrs. Y. nicht in der Lage, sich zu bewegen, lebte sprachlos und wie eingesperrt in einem unerreichbaren Zustand. Sowohl ihr Mann als auch ihre Kinder fühlten sich auf qualvolle Weise hilflos, wußten nicht, was sie machen sollten. Es war Mrs. Y., die sich schließlich entschied, es wäre für jeden das Beste, wenn sie in ein Krankenhaus ginge. Sie sagte: „Ich bin am Ende. Es bleibt mir nichts anderes zu tun übrig." So kam sie in ihrem sechsunddreißigsten Lebensjahr nach Mount Carmel. Dieser Schritt und die damit verbundene Endgültigkeit ließen die Einheit der Familie zusammenbrechen und höhlten die Moral derselben aus. Mr. Y. besuchte seine Frau zweimal im Krankenhaus und fand die Situation so unerträglich, daß er seine Besuche einstellte und sich von ihr scheiden ließ. Die Tochter von Mrs. Y. wurde akut psychotisch und mußte in ein örtliches Staatskrankenhaus eingeliefert werden. Der Sohn verließ das Elternhaus und flüchtete in den Westen der USA. So hatte die Familie Y. zu bestehen aufgehört.

Mrs. Y.s Leben in Mount Carmel verlief ereignislos und ruhig. Bei den Patienten, den Schwestern und dem übrigen Personal war sie wegen ihres Humors und ihres gutmütigen Charakters beliebt — beide schimmerten trotz ihrer starken Regungslosigkeit durch ... Während all der Jahre ihres Aufenthalts blieb Mrs. Y. sprachlos und bewegte sich nicht.

Als ich sie im Jahre 1966 zum ersten Mal traf, erkannte ich plötzlich mit tiefer Erschütterung, daß Parkinsonismus und Katatonie einen schier unermeßlichen Schweregrad erreichen können. Mrs. Y. rief weder den Eindruck der Leblosigkeit oder Apathie (wie Magda B.; s. S. 63—64) noch den des Protests oder des „Abblockens" (wie Lucy K.; s. S. 111—116) hervor, machte nicht den Eindruck von Verschlossenheit oder Zurückgezogenheit (wie Leonard L. und Miron V.; s. S. 153—162 bzw. S. 125—127). Sie bot vielmehr das Bild einer immensen Unerreichbarkeit, so als ob sie in einer unvollstellbar fremdartigen und unzugänglichen Abgeschiedenheit oder in einem abgrundtiefen Sog des Daseins lebte. Sie schien wie in einen unendlich festen, unentrinnbaren Zustand gebannt oder bewegungslos im bewegungslosen „Auge" eines Strudels festgehalten zu sein. Dieser Eindruck wurde noch durch ein langsames rhythmisches Summen sowie durch langsame, sich ständig ablösende palilalische Antworten verstärkt[15]. Zudem verhielt sich Mrs. Y. sehr zwanghaft — wie die Gefangene einer gegen ihren Willen sich fortsetzenden kreisförmigen, beinahe endlos wirkenden Bewegung. Für einen Beobachter war diese Bewegung kaum sichtbar, so unendlich verhalten trat sie auf. Und das war der Grund, warum Mrs. Y. so ruhig wirkte, obgleich sie sich ständig bewegte.

Es gab nur eine Sache, die sie ihrem Zustand der Unerreichbarkeit und des Parkinsonismus vorübergehend entreißen konnte. An jedem Nachmittag wurde Mrs. Y. während der Physiotherapie in ein warmes Schwimmbecken gehalten; nach einer Stunde, in der sie versucht hatte, aktiv oder passiv Bewegungen auszuführen, löste sich die Akinese ein wenig, so daß sie für kurze Zeit ihren rechten Arm bewegen und mit den Füßen im Wasser „radfahren" konnte. Nach einer halben Stunde verflog auch diese Fähigkeit, und Mrs. Y. fiel in ihre gewohnte Akinese zurück.

Außer dieser Akinese hatte Mrs. Y. während der Jahre eine schwere dystonische Kontraktur des linken Armes entwickelt, zudem eine Beugungsdystonie des Nackens, durch die das Kinn fast auf das Brustbein gepreßt wurde. Diese Störung, die mit der schweren Akinese des Kauens und Schluckens einherging, erschwerte die Nahrungsaufnahme in beinahe unüberwindlicher Weise. Im Mai 1969 hatte sich das Problem so verschlimmert, daß Mrs. Y. mit flüssiger Kost ernährt werden mußte und ihr die künstliche Ernährung drohte. In diesem Stadium war die Verabreichung von L-DOPA eine Maßnahme zur Lebensrettung, denn wir fürchteten, unsere Patientin würde sonst verhungern oder an Aphagie sterben.

Am 7. Mai erhielt sie deshalb zum ersten Mal L-DOPA, das wir ihr im Orangensaft zu trinken gaben.

Der Verlauf der L-DOPA-Behandlung

Während der ersten zehn Tage der L-DOPA-Behandlung (7.—16. Mai), bei der die Tagesdosis allmählich auf 4 g erhöht wurde, zeigte Mrs. Y. keinerlei Veränderungen. Aufgrund meiner Befürchtung, daß ein Teil oder sogar das ganze Medikament durch den sauren Orangensaft zersetzt würde, ordnete ich am 16. Mai an, ihr statt dessen L-DOPA mit Apfelsaft zu geben. Am nächsten Tag „explodierte" Mrs. Y. — so die Beschreibung des Pflegepersonals — ohne jegliche subjektive oder objektive „Vorwarnung". Am Sonnabend, dem 17. Mai, etwa eine halbe Stunde nach Einnahme der morgendlichen Dosis (1 g), sprang Mrs. Y. plötzlich auf und schritt vor den ungläubig dreinblickenden Mitpatienten den Flur der Station ab. „He, was halten Sie davon?" rief sie mit lauter, erregter Stimme, „was halten Sie davon, was halten Sie davon, was halten Sie davon?" Als ich einige Tage später mit einer Schwester sprach, erzählte sie mir, was ihr beim Anblick dieses Ereignisses durch den Kopf gegangen sei: „Ich habe nie irgend etwas Derartiges gesehen. Hester ist wunderbar. Alles erscheint wie ein Wunder."

Im Verlauf dieses erstaunlichen Wochenendes ging Mrs. Y. erregt im Krankenhaus umher; sie begann in ihrer neu entdeckten Freiheit voller Freude Gespräche mit Mitpatienten zu führen, die sie vorher niemals hatten reden hören. Sowohl die Fähigkeit zu kauen und zu schlucken wie auch der Appetit steigerten sich plötzlich, und so rief Mrs. Y., als ihr zur Mittagszeit die übliche dünne Suppe gebracht wurde: „Geben Sie mir nichts mehr von dieser faden Brühe, ich möchte ein saftiges Steak!" Ihr Wunsch wurde erfüllt; schon bald verzehrte sie mit Genuß ein gegrilltes Steak, ohne daß bei ihr Kau- oder Schluckbeschwerden aufgekommen wären. Mit der rechten Hand, die plötzlich aus ihrer jahrelangen Erstarrung befreit war, machte Mrs. Y. die ersten Eintragungen in ein Notizbuch, das ich ihr vor einiger Zeit überlassen hatte und von dem ich mir nicht ernsthaft hatte vorstellen können, daß es jemals eine Verwendung finden würde.

19. Mai: Nachdem ich Mrs. Y. am Freitagabend in ihrer gewohnten, stark ausgeprägten Unbeweglichkeit verlassen hatte, war auch ich von der Veränderung beeindruckt, die am

Wochenende eingetreten war. Zu dieser Zeit hatte ich relativ wenig Erfahrung mit den dramatischen Reaktionen auf L-DOPA, wie sie manche Patienten kennen. Solchen Reaktionen ging immer eine *gewisse* „Aufbau"-Phase mit steigendem Aktivitätsdrang voraus. Mrs. Y.s „Erwachen" jedoch hatte unvermittelt begonnen und war innerhalb weniger Sekunden vollendet[16].

Als ich am Montagmorgen das Zimmer betrat, wurde ich von einer verwandelten Mrs. Y. laut begrüßt: Sie saß ohne Gleichgewichtsprobleme auf dem Rand des Bettes, strahlte mich mit weit geöffneten Augen an, hatte ein etwas gerötetes Gesicht und hatte ein Lächeln aufgesetzt, das von einem Ohr zum anderen reichte. Entzückt und etwas palilalisch überfiel sie mich lautstark mit dem Bericht über die Ereignisse des Wochenendes. Ihr Sprechen war schnell, etwas überhastet und wie jubilierend: „Wunderbar, wunderbar, wunderbar", wiederholte sie, „ich bin ein neuer Mensch, ich fühle es, ich fühle es innerlich, ich bin ein vollkommen neuer Mensch. Ich fühle so viel, ich kann Ihnen nicht sagen, was ich fühle. Alles ist anders, es beginnt ein neues Leben" usw. Ähnliche Gefühle wurden auch im Tagebuch festgehalten, das Mrs. Y. jetzt zu führen begonnen hatte. Die erste Eintragung vom Sonnabend, dem 17. Mai, lautet: „Ich fühle mich sehr gut. Mein Sprechen ist lauter und klarer geworden. Meine Hände und meine Finger bewegen sich freier. Ich kann jetzt sogar das Papier von einem Stück Konfekt entfernen, etwas, das ich seit Jahren nicht getan habe." Am folgenden Tage schrieb sie: „Jemand, der dieses Tagebuch liest, muß mit meiner Rechtschreibung und Schrift Nachsicht üben, man muß bedenken, daß ich seit Jahren nichts mehr geschrieben habe." Und bitter fügte sie dem hinzu: „Ich würde gern meine Gefühle voll ausdrücken. Es ist so lange her, daß ich welche hatte. Ich kann die Worte dafür nicht finden. Gerne würde ich ein Wörterbuch haben, um Wörter für meine Gefühle zu finden . . ." Ein Gefühl wenigstens war einfach zu benennen: „Ich *genieße* mein Essen, ich bin richtig *gierig* danach. Vorher aß ich einfach das, was mir in den Mund gesteckt wurde." — Ihre Eintragungen für das Wochenende faßt Mrs. Y. so zusammen: „Ich fühle mich voller Schwung, Energie und Vitalität. Liegt es an der Medizin, die ich nehme, oder an meinem neuen Gemütszustand?" Ihre Handschrift auf diesen drei Seiten des Tagebuchs war gleichmäßig: groß, flüssig und sehr gut lesbar.

Mehr als zwanzig Jahre war Mrs. Y. bewegungslos gewesen — nun schien sie aus einer großen Tiefe aufgetaucht, wie ein knallender Korken, der durch die Luft fliegt. Sie hatte sich wie besessen aus den Fesseln befreit, die sie festhielten. In mir waren Bilder von Gefangenen, die befreit, und von Kindern, die von der Schule erlöst werden. Ich dachte an das Frühlingserwachen oder an Dornröschen. Doch auch in plötzlicher Vorahnung an Katatoniker, die unvermittelt wahnsinnig werden. Bei der Untersuchung von Mrs. Y. am 10. Mai diagnostizierte ich eine bemerkenswert gelockerte Muskulatur in dem vordem starren Nacken und im rechten Arm, während der Tonus im linken Arm und in den Beinen eher geringer als normal zu sein schien. Der Speichelfluß war stark zurückgegangen, und das Triefen hatte aufgehört. Ich stellte auch fest, daß das Summen beim Ausatmen nicht mehr so deutlich war. Mrs. Y. machte einen äußerst munteren Eindruck; ihre Augen bewegten sich rasch und häufig, begleitet von angemessenen Kopfbewegungen. Der Aufforderung zu klatschen — etwas, das vor der L-DOPA-Therapie undenkbar war — konnte Mrs. Y. inzwischen mit einer übermütigen Kraft folgen, wobei das Klatschen vorwiegend von der rechten Hand ausging. Diese Handlung erregte sie so sehr, daß sie nach etwa fünfzehnmaligem Klatschen plötzlich zu einem Wechsel zwischen dem Klatschen und dem Auf-die-Oberschenkel-Schlagen überging, um schließlich abwechselnd ihre Hände hinter dem Kopf zu berühren oder zu klatschen. Ich war über diese unaufgeforderten Variationen beunruhigt, weil ich nicht wußte, ob sie der gehobenen Stimmung, einem Drang oder einem Zwang zuzuschreiben waren.

20. Mai: Gestern stellten sich zwanghafte, ticartige Bewegungen ein. Mrs. Y. schlief kaum während der Nacht (dasselbe geschah auch in der folgenden Nacht). Die rechte Hand zeigt jetzt außerordentlich schnelle, schleudernde Bewegungen, bei denen unvermutet die Nase, das Ohr, die Wange, der Mund berührt werden. Als ich Mrs. Y. fragte, warum sie dies tue, antwortete sie: „Es ist nichts, es ist nichts. Sie haben keine Bedeutung. Es ist eben eine Gewohnheit, eine Gewohnheit — wie mein Summen eine Gewohnheit ist." Die Bewegungen waren außerordentlich schnell und kräftig, und das Sprechen schien zwei- oder dreimal schneller als das normale Sprechen anderer zu sein. Wenn Mrs. Y. vorher einem Film im Zeitlupentempo ähnelte, erweckte sie jetzt den Eindruck eines beschleunigt abgespulten Films — so sehr, daß meine Kollegen, die einen von mir zu dieser Zeit aufgenommenen Film ansahen, darauf schwörten, daß der Projektor zu schnell lief. Die Reaktionsschwelle von Hester Y. lag jetzt fast beim Nullpunkt. Dies bedeutete, daß all ihre Handlungen unverzüglich, überstürzt und übermäßig kraftvoll erfolgten.

Wenn Mrs. Y. vorher die am stärksten *behinderte* Patientin gewesen war, so wurde sie mit L-DOPA die *schnellste* Person, die ich jemals gesehen habe. Ich kannte einige Olympiaathleten, aber Mrs. Y. hätte sie in bezug auf das Reaktionsvermögen alle geschlagen. Unter anderen Umständen hätte sie im Wilden Westen den Revolver am schnellsten gezückt. Solch eine Schnelligkeit, solcher Eifer und solch ungestüme Bewegung sind nur in pathologischen Zuständen erreichbar. Dies läßt sich vor allem beim Tourette-Syndrom (multiple Tics, nach Gilles de la Tourette so benannt) und bei bestimmten hyperkinetischen Kindern beobachten[17].

Es bleibt von den Patienten manchmal völlig unbemerkt, wie schnell oder langsam sie sich bewegen. Als ich meine Studenten bat, mit Hester Ball zu spielen, war es ihnen nicht nur unmöglich, die Würfe zu fangen, ihre Handflächen wurden auch von dem zurückprallenden Ball heftig getroffen. „Sie sehen, wie schnell sie ist", mußte ich ihnen sagen. „Unterschätzen Sie sie nicht — es ist besser für Sie, vorbereitet zu sein." Aber sie schafften es nicht, denn ihre besten Reaktionszeiten betrugen etwa ein achtel Sekunde, dagegen die Hesters nicht mehr als ein dreißigstel. Ich sagte zu ihr: „Sie müssen langsamer werden! Zählen Sie bis zehn und werfen Sie erst *dann* den Ball zurück!" Daraufhin flog der Ball fast genauso schnell durch die Luft wie vorher. Ich sagte zu Hester: „Ich bat Sie doch, bis zehn zu zählen." Sie erwiderte, fast *überwältigt* von ihrem äußerst schnellen Sprechen: „Aber ich *habe* bis zehn gezählt." Es stimmte. Sie hatte bis zehn, zwanzig oder dreißig gezählt, innerhalb eines Bruchteils einer Sekunde — doch *ohne zu erkennen, daß sie es so schnell tat*[18].

21. Mai: Als ich auf die Station kam, wurde mir vom Pflegepersonal mitgeteilt, daß Mrs. Y. „ausgeflippt", „schrecklich erregbar" und „hysterisch" geworden sei. Ich betrat ihr Zimmer und fand sie stark agitiert und akathitisch vor, ständig kreuzte sie ihre Beine oder trat mit den Füßen, schlug in ihre Hände und stieß jäh hohe Kreischlaute aus. Sie konnte in einem bemerkenswerten Ausmaß beruhigt werden, indem man mit einer gedämpften, besänftigenden Stimme zu ihr sprach, ihre Hände hielt oder einen sehr *sanften* Druck auf ihre sich wild bewegenden Glieder ausübte. Versuchte man jedoch, sie zu etwas zu zwingen, verursachte dies Frustration, erhöhte ihre Erregung und Aufregung. Wollte man das Treten mit den Füßen verhindern, entwickelte sich eine unerträgliche Spannung, die sich im Stoßen mit den Armen entlud. Wenn *diese* Bewegungen verhindert wurden, stieß Mrs. Y. ihren Kopf von einer Seite auf die andere, und wenn *dies* nicht möglich war, fing sie zu kreischen an.

Einen großen Teil des Tages verbrachte sie mit dem Schreiben ihres Tagebuchs. Dabei füllte sie Seite um Seite mit schnell hingekritzelten paligraphischen Wiederholungen, Wortspielen, anomatopoetischen Wendungen und heftigen, perseverierenden Durchstreichungen. Ihre Handschrift und Art des Denkens unterschieden sich von dem ruhigen, fließenden Schreiben am Wochenende, wie dieses seinerseits mit dem sperrigen, fremdartigen Buchstabenschreiben nichts gemein hatte, das Mrs. Y. vor der L-DOPA-Behandlung als einziges aufs Papier bringen konnte.

Ich war zunächst erstaunt, daß sie angesichts dieser emotionalen und motorischen Erregung überhaupt schreiben *konnte*. Es zeigte sich aber bald, daß zu diesem Zeitpunkt das Schreiben für sie eine *Notwendigkeit* war und daß die Fähigkeit, ihre Gedanken auszudrücken und in dieser Weise aufzuzeichnen, einen lebenswichtigen Akt der Katharsis und der Auseinandersetzung mit sich selbst erlaubten. Das Schreiben ermöglichte zudem eine indirekte Form der Verständigung mit mir, denn Mrs. Y. war bereit, mir ihr Tagebuch zu zeigen, nicht jedoch, mir direkt ihre geheimsten Gedanken anzuvertrauen.

In dieser Zeit bestanden ihre Äußerungen fast ausschließlich aus Vorwürfen, Wut und Entsetzen, gemischt mit Gefühlen von Kummer und Verlust. Es gab lange paranoide Tiraden gegen verschiedene Schwestern und Hilfsschwestern, die sie seit Beginn ihres Krankenhausaufenthalts „schikaniert" und „gequält" hätten, und rachsüchtige Phantasien darüber, wie sie es ihnen jetzt „heimzahlen" könnte. Immer wieder erwähnte Hester Y. eine frühere Mitpatientin, eine feindselige, geistig behinderte Frau, die zwei Jahre zuvor ein Glas Wasser über sie ausgeschüttet hatte. Da gab es auch unzählige durch Tränen verschmierte Seiten, die Zeugnis ihres Kummers und ihres erbarmungslosen Gewissens waren: „Schaut auf mich jetzt", schrieb sie, „ich bin fünfundfünfzig und doppelt gebeugt . . . ein Krüppel . . . ein häßliches altes Weib . . . ich war früher so hübsch, Dr. Sacks, Sie werden es heute nicht glauben . . . ich habe Mann und Sohn verloren . . . habe sie vertrieben . . . Meine Tochter ist verrückt . . . Es ist alles meine Schuld. Es muß die Strafe für etwas sein, das ich getan habe . . . Zwanzig Jahre lang habe ich geschlafen und bin in meinem Schlaf alt geworden."

Was Mrs. Y. in ihrem Tagebuch *nicht* erwähnte, und was vielleicht noch verdrängt wurde, waren sexuelle Gefühle und libidinöse Ersatzempfindungen — Formen der *Gier*, die so viele andere Patienten auf dem Höhepunkt einer durch L-DOPA induzierten Erregung zeigten. Daß auch Mrs. Y. *unter der Oberfläche* von solchen Gefühlen verzehrt wurde, machten ihre wollüstigen, alptraumartigen Träume in dieser Zeit und die Art der Halluzinationen, die sie während des Tages entwickelte, deutlich. Gegen acht Uhr abends wurde ich gebeten, Mrs. Y. zu besuchen, da sie ununterbrochen mit ohrenbetäubender Lautstärke kreischte. Als ich ihr Zimmer betrat, geriet sie in Panik, verwechselte meinen Füllfederhalter mit einer Spritze und begann zu schreien: „Es ist eine Nadel, eine Nadel, eine Nadel . . . nehmen Sie sie weg, nehmen Sie sie weg . . . Stechen Sie mich nicht, stechen Sie mich nicht!“, wobei ihr Schreien immer lauter wurde und sie ihre Beine und ihren Rumpf in wilder Raserei hin und her warf. Sie hatte in ihr Tagebuch geschrieben: „Ich glaube nicht, daß ich in einem Konzentrationslager bin??????“ Die Fragezeichen wurden immer größer und zahlreicher, bis sie schließlich die ganze Seite füllten. Und auf der folgenden Seite stand in übergroßen Buchstaben: „BITTE, ICH BIN NICHT VERRÜCKT, BIN NICHT WAHNSINNIG.“ Mrs. Y. hatte jetzt ein gerötetes Gesicht, ihre Pupillen waren geweitet, und der Puls war arhythmisch und beschleunigt. Wenn sie nicht kreischte, keuchte und schnaufte sie und streckte heftig ihre Zunge und ihre Lippen vor.

Ich beauftragte die Schwestern, ihr 10 mg Thorazin intramuskulär zu geben. Innerhalb von fünfzehn Minuten klang die Erregung ab und wurde durch Erschöpfung, Zerknirschung und Schluchzen abgelöst. Entsetzen, Mißtrauen und Wut verschwanden aus Mrs. Y.s Augen, und sie blickten mich mit Zuneigung und Vertrauen an: „Lassen Sie es nicht wieder geschehen, Dr. Sacks“, flüsterte sie, „das war wie ein Alptraum, nur noch schlimmer . . . Das darf nie wieder geschehen, niemals, niemals, niemals . . . niemals wieder!“ Mrs. Y. stimmte jetzt einer Senkung der L-DOPA-Dosis zu; zuvor hatte sie sich dem energisch und heftig widersetzt: „Es wird ein Todesurteil sein, wenn Sie es verringern“, hatte sie am Morgen gesagt.

22.—25. Mai: Ich reduzierte die Tagesdosis von 3 auf 2 und schließlich auf 1 g, aber Mrs. Y. war weiterhin übermäßig erregt, obwohl keine Rückkehr zur heftigen Paranoia wie am 21. Mai zu beobachten war. An diesem Tage hatte sie sich entschlossen, ihre Rechnung mit der früheren Mitpatientin zu begleichen, und am Morgen hatte sie eine Kanne Wasser über sie ausgegossen. Lachend und erheitert war sie in ihr Zimmer zurückgekommen. Als ich sie damals fragte, ob sie über diese Angelegenheit ganze zwei Jahre lang gebrütet hätte, sagte sie: „Nein, natürlich nicht. Früher war mir das gleichgültig. Ich machte mir keine Gedanken darüber, bis ich mit der L-DOPA-Behandlung begann. Und dann wurde ich verrückt und konnte nicht aufhören, an den Vorfall zu denken.“ Mrs. Y.s Tätigkeit bestand fast ausschließlich im Schreiben ihres Tagebuchs. In dem Moment, wo sie damit aufhörte, traten ihre Erregung und ihre Akathisie wieder auf. Es gab aber keine Rachetiraden oder -phantasien mehr, nachdem sie „Rache“ an ihrer Peinigerin geübt hatte. Die Tagebuchaufzeichnungen vom 22. und 23. Mai betrafen ausschließlich Fragen der Krankheit, der Familie, Trauer und Schuld, und die fortschreitende Erkenntnis, daß das „Schicksal“ — und nicht sie selbst — für alles verantwortlich war. Am 24. Mai sagte sie zu mir: „Hören Sie bitte auf, mir L-DOPA zu geben. Es ist zu viel, um damit fertig zu werden. In diesen wenigen Tagen ist alles viel zu schnell geschehen . . . Ich muß erst mal zur Ruhe kommen und nachdenken.“

Noch am selben Tag stellte ich die Verabreichung von L-DOPA ein. Als ich Mrs. Y. am 25. Mai sah, war sie wieder rigide, bewegungs- und sprachlos, die Augen blieben stumpf, und der Kopf lag erneut auf ihrer Brust. Ich konnte kaum glauben, daß der ganze Kreis vom triumphierenden „Erwachen“ über die „Komplikationen“ bis zum Rückzug in den ursprünglichen Zustand in nur einer Woche stattgefunden hatte.

1969—1972

Seit der Zeit, da die vorhin angeführten Notizen entstanden sind, sind vierzig Monate vergangen, in denen Mrs. Y. weiterhin L-DOPA eingenommen hat (bis auf eine Ausnahme, auf die ich später eingehen werde). Noch immer reagiert sie heftig und übertrieben auf das Medikament. Sie ist inzwischen allerdings in der Lage, ein erfüllteres und aktiveres Leben zu führen als die Mehrheit unserer Patienten in Mount Carmel. Von allen Patienten, die ich gekannt habe, ist Mrs. Y. die extravaganteste und instabilste, was die physiologischen Veränderungen und ihre Reaktionen auf L-DOPA angeht. Zudem schätze ich sie als die „kühlste" Patientin ein, was die emotionalen Einstellungen zu und die Anpassung an L-DOPA betrifft. Auch im Abwenden, Überlisten oder Bewältigen ihrer verdrehten Reaktionen auf L-DOPA ist Mrs. Y. die einfallsreichste und erfinderischste Patientin. Mit höchster Geschicklichkeit und Leichtigkeit lotst sie sich durch die gewaltigen physiologischen Stürme und deren Nichtvorhersehbarkeit, wird mit Problemen fertig, an denen die meisten Patienten sofort scheitern.

Obwohl ich in anderen Fallgeschichten Listen und Tabellen vermieden habe, werde ich an dieser Stelle von ihnen Gebrauch machen, um Weitschweifigkeit zu vermeiden.

1. *Sensibilität gegenüber L-DOPA und Reaktionsschwankungen*: Wie alle postenzephalitischen (und Parkinsonismus-) Patienten, die für eine Zeit lang mit L-DOPA behandelt wurden, war Mrs. Y. dem Medikament gegenüber äußerst empfindlich. Die durchschnittliche Tagesdosis lag nicht über 750 mg. Die Reaktionen auf L-DOPA erfolgen inzwischen tatsächlich nach dem Alles-oder-Nichts-Prinzip (eigentlich war dies von Anfang an der Fall). Mrs. Y. reagierte also entweder extrem oder überhaupt nicht. Zu einer abgestuften Reaktion ist sie genauso unfähig, wie man es zu abgestuftem Niesen ist. Die vom Beginn der Therapie an schnell erfolgenden Reaktionen treten nun unverzüglich auf. Hester Y. springt von einem physiologischen Extrem ins andere, und zwar im Augenblick, im Nu, im Bruchteil einer Sekunde. Sie gelangt von einem Zustand in einen anderen, wie man von einem Gedanken zu einem anderen springt. Solche Übergänge — oder genauer ausgedrückt: solche Sprünge — sind unvorhersagbar und korrelieren in keiner Weise mit der Einnahme von L-DOPA. Mrs. Y. ist in der Lage, abrupte physiologische Kehrtwendungen zu vollziehen, deren Anzahl am Tag irgendwo zwischen 30 und 200 liegt. Von allen unseren Patienten, die sich wie „Yo-Yos" verhalten, lebt Mrs. Y. mit den stärksten, abruptesten und häufigsten Schwankungen. Die Abruptheit und Totalität dieser dramatischen Veränderungen erwecken kaum den Eindruck eines graduellen, abgestuften Prozesses, sondern zeugen vielmehr von schlagartigen Reorganisationen oder Umstellungen einer *Phase*. Wenn bei Mrs. Y. die Einnahme von L-DOPA abgebrochen wird, verfällt sie sofort in ein Koma.

2. *Die Vielfalt der Reaktionen auf L-DOPA*. Es wurde bereits erwähnt, daß innerhalb der drei Tage ihres „Erwachens" zu Beginn der L-DOPA-Behandlung Mrs. Y. scharf umrissene *Tics* entwickelte. Deren Zahl hat sich inzwischen derart vermehrt, daß ich jetzt mehr als 300 unterschiedliche und individuelle Tic-Muster unterscheiden kann. Alle zwei

oder drei Tage wird ein neuer Tic „erfunden" — zuweilen *de novo*, manchmal in Form einer Weiterentwicklung eines bereits bestehenden oder als Verschmelzung zweier oder mehrerer schon vorhandener Tics; hin und wieder entwickelt sich auch ein Tic als „Gegen-Tic", d. h. als Abwehr eines anderen Tics. Diese Tics betreffen jeden Handlungs- und Verhaltensaspekt. Man kann oft beobachten, wie zwei oder ein Dutzend von ihnen *gleichzeitig* ablaufen, scheinbar unabhängig voneinander, kontrolliert und jeder für sich funktionell völlig isoliert. Alle Tics haben einen unterschiedlichen Stil und Rhythmus — sind „kinetische Melodien" (um Lurijas Ausdrucksweise in Erinnerung zu rufen). Wenn man die fröhliche Mrs. Y. beim Ticcen sieht, erweckt sie im Beobachter den Eindruck eines verrückt gewordenen Uhrenladens mit seinen unzähligen Uhren, die alle nach ihrem eigenen Rhythmus und ihrer Melodik ticken und läuten. Da findet man keinen Synchronismus oder Zusammenklang, sondern Vielstimmigkeit von zahlreichen, beziehungslosen *Tempi* und abhängig voneinander erklingenden Melodien. All dies erzeugt eine sehr seltsame Wirkung im Auge (oder „Ohr") des Beobachters — ihm bietet sich ein Bild des Grotesken oder des Surrealen (dem durch Lillian W.s Krisen hervorgebrachten sehr ähnlich; vgl. Anm. 4, S. 230—231). Die Vorstellung eines „verrückt gewordenen Uhrenladens" vermittelt nicht ein musikalisches, sondern ein „gegen-musikalisches" Gefühl. Das Ausleben von Tics verhindert ebenso wie Parkinsonismus eine Musik — aber beide *brauchen* sie, d. h. eine einzige integrierende, motorische und persönliche Melodie, um eine wahrhafte Musikalität (und Persönlichkeit) von Bewegung und Handlung wiederherzustellen (s. Anm. 5, S. 231—232 und Anm. 31, S. 248—250).

3. *Gegenseitige Umwandlung von Tics und deren Beziehung zueinander während einer Phase.* Mrs. Y. zeigt verschiedene Grundtypen von Tics, deren Beziehungsgefüge deutlich wird, wenn sie an ein und derselben Grundform demonstriert werden. So kann ein bestimmter Tic eine abrupte, schleudernde Form annehmen, eine rhythmisch-klonische (wie ihr ursprünglicher Summ-Tic) oder eine tonische (oder katatone), wie dies beim sogenannten „Unbeweglichkeits-Tic" der Fall ist. Der Übergang von einer Phase zu einer anderen kann unvermittelt erfolgen: Mrs. Y. wird dann „mitten im Tic" festgehalten, d. h. wandelt ihn zu einer kataleptischen Perseveration um. Oder einer ihrer „bevorzugten" tonischen Tics — eine bizarre Beugung des rechten Arms, so daß die Finger zwischen den Schulterblättern ruhen — „zerbricht" plötzlich in sich überstürzende Tics.

4. *Kein Rückfall in eine Psychose.* Mrs. Y. wird mehrmals am Tag sehr aufgeregt, sowohl emotional wie motorisch. Diese Aufgeregtheit oder Erregung nimmt dann eine Form an, die Hester Y. angemessen erscheint. Die „bevorzugte" und typischste Form ist eine übermütige Erregtheit *(titillatio et hilaritas)*, in der die Patientin es liebt, Witze erzählt zu bekommen, amüsiert zu werden oder Komödien im Fernsehen zu sehen. Manchmal erlebt sie auch Angst, Wut und Entsetzen, jedoch seltener als die Momente der Ausgelassenheit. Auch sind ihr, im Gegensatz zu mehreren Patienten (Rolando P., Margaret A., Maria G. usw.), Unersättlichkeit und Gier fremd. Zudem neigt sie nicht sonderlich zu Besitzgier, Unzufriedenheit, Paranoia oder Manie. Ob das einem anderen Niveau der neutralen Organisation, ihrer Gleichmütigkeit oder strikter Selbstkontrolle zuzuschreiben ist, wurde mir nicht klar. Sicher-

lich hat sich aber Mrs. Y. als fast einzige von unseren schwer erkrankten postenzephalitischen Patienten ihren „oberen Bereich" bewahrt — ihre Persönlichkeit, ihre sozialen Beziehungen, ihre Lebensanschauung usw. —, der ungestört und frei von turbulenten Zwängen und Affekten bleibt, die untergründig ihr Unwesen treiben. Zwar erlebt Mrs. Y. heftige Triebregungen, steht aber stets „über ihnen". Ihre Affekte werden niemals neurotisch, so wie sich ihre Tics niemals in Manierismen verwandeln.

5. *Die Organisation, das „Niveau" und der Nicht-Gebrauch von Tics.* Es ist klar, daß Mrs. Y.s Tics weit komplexer sind als bloße Parkinson-Krämpfe, Jaktationen oder Stürze, die sprunghaften „quasi-zwecklosen" choreatischen und hyperkinetischen Bewegungen, die bei den meisten an „einfachem" Parkinsonismus erkrankten Patienten nach längerer Einnahme von L-DOPA auftreten. Mrs. Y.s Tics *sehen aus wie* Tätigkeiten oder Handlungen — und nicht wie bloße Krämpfe, Spasmen oder Bewegungen. So kann man zum Beispiel folgendes beobachten: Keuchen, Japsen, Schnüffeln, mit den Fingern knacken, Räuspern, Kneifen, Kratzen, Betasten usw. — Teile eines normalen Verhaltensrepertoires, deren Abnormalität lediglich in der unaufhörlichen, zwanghaften und „unangemessenen" Wiederholung liegt. Es treten zudem bizarre Grimassen, Gestikulationen und absonderliche „Pseudo-Handlungen" auf, die auch bei großzügiger Auslegung nicht als „normal" bezeichnet werden können. Diese Pseudo-Tätigkeiten wirken manchmal komisch oder grotesk; sie rufen im Beobachter einen zutiefst paradoxen Eindruck hervor, weil sie vordergründig eine bestimmte (wenn auch geheimnisvolle) Struktur und einen Zweck zu haben *scheinen* — doch später erkennt man, daß dem nicht so ist (wie bei Chorea). Es ist dieses sonderbare Trugbild von Handlung und Bedeutung (diese Parodie auf den Sinngehalt), das den Verstand hinters Licht führt (s. Anm. 4 über L. W.s Krisen, S. 230—231). Andererseits hat Mrs. Y. nie die Tendenz gehabt, ihre Tics zu benutzen, zu rationalisieren, zu manierieren oder zu ritualisieren (im Gegensatz zu Miron V., Miriam H. usw.). Dieses Nichtbenutzen bedeutet, daß Mrs. Y. ruhig, sozusagen „inmitten" ihrer Tics sitzen kann, wobei sie ihnen bemerkenswert wenig Aufmerksamkeit schenkt. Das schützt sie davor, von den Tics „besessen" zu sein, durch sie „geraubt" oder von ihnen „übernommen" zu werden, — den Tics, die sich zu Manierismen, Verstellungen oder Hochstapeleien wandeln, wie es zum Beispiel bei Maria G. (s. S. 140—144) geschah. Eine spezielle Form von Zusammenfließen und „Spaltung" zeigt sich in Mrs. Y.s Sprüngen von den „*Makro-Tics*" (jähe, unglaublich heftige und massive Bewegungen, welche sie von einem Stuhl reißen oder auf den Boden werfen können) zu den „*Mikro-Tics*" (multiple, kleinere Tics; ein „Glitzern" oder „Sprühen" von unzähligen Tics). Mrs. Y.s „Stil" bevorzugt im allgemeinen „*Mikro-Tics*".

6. *Die Beziehungen zwischen Tics und Verhaltensstörungen.* Es ist möglich, daß ich den Terminus „Tics" zu weit fasse, um sämtliche physisch-psychische Zustände von Mrs. Y. zu bezeichnen. Im Verlauf der L-DOPA-Einnahme zeigte sie eine immer größer werdende Tendenz, ihr Verhalten in *Fragmente* aufzuspalten — in diskrete, unterschiedliche Verhaltensformen. So kann sie z. B. innerhalb einer Minute von einem sonderbaren Sprechverhalten zu einem eigenartigen Atmen, dann zu einem anderen sonderbaren respira-

torischen Verhalten usw. springen. Jedes dieser Stadien betrifft jeweils einen anderen Verhaltensaspekt. Man kann dabei leicht erkennen, daß diese scheinbar sinnlosen Sprünge eine klare Verhaltenseinheit oder eine dramatische Ganzheit bilden. Sie alle enthalten Spuren von anderen Einheiten oder beziehen sich in Anspielungen aufeinander. Man könnte deshalb sagen, daß sie zueinander eine metaphorische und zu sich selbst eine metanymische Beziehung besitzen. So folgen sie wie Sequenzen „freier Assoziationen" aufeinander, und wie diese demonstrieren sie, daß sich unter der oberflächlich betrachteten „Zufälligkeit" oder Sinnlosigkeit das „primitive" Verhalten offenbart.

7. *Zustände der Ruhe und der Bewegung.* Außer den oben erwähnten Störungen hat Mrs. Y. *auch* Phasen, in denen ihre Bewegungen, ihre Sprache und Gedanken normal zu sein scheinen. Ihre „Anfälle" von Normalität haben in der Tat etwas von derselben anfallartigen und unvorhersehbaren Art ihrer Verhaltensstörungen. Wenn Mrs. Y. unbehindert, „normal" lebt, kann man sehen, was für eine charmante und intelligente Person sie ist und wie „unversehrt" ihre ursprüngliche, prämorbide Persönlichkeit blieb. Aber diese „normalen" Phasen können plötzlich ohne Vorwarnung unterbrochen werden, indem Bewegungen, Sprechen und Denken unvermittelt aufhören, so daß Mrs. Y. auf einmal wie zu einer Salzsäule erstarrt scheint. Diese reglosen Zustände dauern eine Sekunde oder eine Stunde. Sie *können* durch willkürliche Bewegungen oder Handlungen von Mrs. Y. selbst *nicht* unterbrochen werden (tatsächlich ist in diesen Momenten eine solche Handlung undenkbar). Sie hören spontan durch eine bloße Berührung oder ein Geräusch auf, und unmittelbar danach befindet sich Mrs. Y. wieder im Bewegungs-, Sprach- und Denkfluß.

Die Tatsache, daß der *kleinstmögliche* Reiz, ein einzelnes Photon oder Energiequantum, ausreicht, um diese reglosen Zustände zu beenden, zeigt uns, daß ihnen jedes Trägheitsmoment fehlt. Dies wird auch durch den Umstand bestätigt, daß es einen unmittelbaren Sprung von der absoluten Stille zur normal fließenden Bewegung gibt. Diese absolute Reglosigkeit der ungewöhnlichen Zustände und ihre Anfälligkeit für plötzliche Veränderungen legen die Analogie zu den „stationären Zuständen" und „Quantensprüngen" nahe, die bei Atomen und den Kreisbahnen der Elektronen angenommen werden. Sie legen in der Tat nahe, daß wir es mit einem vergrößerten Modell solcher Mikrophänomene zu tun haben — also mit „Makro-Quanten-Zuständen", wenn der Terminus gestattet ist. Solche trägheitslosen Zustände stehen in absolutem Kontrast (und in absoluter Komplementarität) zu den greifbaren Störungen des Parkinsonismus und deren deutlicher Trägheit, deren Widerstand gegenüber Veränderungen und deren heftigen Verzerrungen von Raum und Feld. Letztere legen eher Miniaturmodelle von galaktischen Phänomenen nahe. Deshalb könnte man sie als „mikrorelativistische Zustände" bezeichnen.

(Es waren solche Betrachtungen, die mich 1972 zu schreiben veranlaßten: „Unsere Daten belegen nicht nur die Inadäquatheit der klassischen Neurologie, sondern lassen uns eine neue Neurophysiologie quanten-relativistischen Typs in Umrissen erkennen ... in Übereinstimmung mit den Auffassungen der zeitgenössischen Physik". [Sacks 1972])

Diese reglosen Zustände haben für Mrs. Y. subjektiv keinerlei Dauer: sie sind identisch mit den *Stillständen*, mit denen ihre Krankheit ausbrach. Auf Befragung stellte sich heraus, daß die Wahrnehmung ihrer eigenen Person und der Welt in diesen Momenten eine sehr sonderbare Eigenschaft besitzt. So erscheint alles als scharfkantig, flach und geometrisch regelmäßig angelegt, hat die Beschaffenheit eines Mosaiks oder eines Fensters mit farbigem Glas. Das Gefühl für Raum oder Zeit fehlt vollkommen[19]. Mitunter vermitteln diese bewegungslosen Zustände den Eindruck des Flimmerns, wie bei einem Kinofilm, der zu langsam läuft.

Mrs. Y. und andere Patienten, die „kinematische Visionen" erlebt haben, erzählten mir gelegentlich von einem außergewöhnlichen (und schier unvorstellbarem) Phänomen, das während solcher Phasen auftreten kann: die zeitliche Versetzung eines „Stillstands" in die Vergangenheit oder Zukunft, so daß ein bestimmter „Augenblick" *zu früh oder zu spät* erlebt wird. So hatte Hester einmal, als sie von ihrem Bruder besucht wurde, zufällig eine kinematische Vision mit etwa drei oder vier Bildern pro Sekunde, d. h. eine so langsame Rate, daß es einen klar wahrnehmbaren Unterschied zwischen jeweils zwei Bildern gab. Während sie beobachtete, wie ihr Bruder seine Pfeife anzündete, war sie durch das Erleben folgender Sequenz höchst erschrocken: Zuerst sieht sie das Aufflackern eines Streichholzes, dann die Hand ihres Bruders, die das angezündete Streichholz hält, einige Zoll von der Streichholzschachtel „weggesprungen"; dann lodert das Streichholz am Kopf der Pfeife; dann ... und dann ... usw. all die „Zwischen"-Stadien, bis ihr Bruder tatsächlich dabei war, die Pfeife anzuzünden. Es ist unglaublich, aber Hester sah einige Bilder zu früh. Sie sah sozusagen die „Zukunft", bevor sie sie sehen *sollte* ... Wenn wir Hesters Aussage glauben schenken (hören wir unseren Patienten nicht zu, werden wir niemals etwas lernen), sind wir gezwungen, eine oder mehrere neuartige Hypothesen über die Zeitwahrnehmung und über die Natur von „Augenblicken" aufzustellen.

Hat die kinematische Darstellung ein gewisses kritisches Tempo erreicht, wird Mrs. Y.s Gefühl für die Wahrnehmung der Welt, von Bewegung, Raum, Zeit, Perspektive, Krümmungen und Stetigkeiten plötzlich wieder „normal"; im Zustand großer Erregtheit erlebt Mrs. Y. manchmal ein kinematisches „Delirium", bei dem eine Vielfalt von Wahrnehmungen, Halluzinationen oder halluzinatorischen Mustern mit schwindelerregender Geschwindigkeit — mehrere in einer Sekunde — aufeinanderfolgen. Sie ist dann ziemlich beunruhigt, gequält und behindert, aber zum Glück treten diese Delirien recht selten auf. Wie die bereits erwähnten Tics oder bizarren „Verhaltensfragmente" besitzen auch die kinematischen Zustände die Eigenschaft des „Fragmentierten": sie zerlegen Raum und Zeit in einzelne Bruchstücke. Diese Fragmentierung untergräbt notwendigermaßen jenes elementare Gefühl des „Lebensstromes" oder der „inneren Musik", das dem Leben und der Einheit der menschlichen Natur (und der des Tieres) zugrunde liegen. Sie erscheint daher von Grund auf *un*lebendig, *un*wirklich, *un*persönlich und *un*organisch. Sie verschwindet nur, wenn man die innere Musik, das existentielle Fließen durch eine gewisse Musik oder einen lebendigen Kontakt mit dem Patienten wiederfindet.

Sommer 1972

Mrs. Y. hat sich an alle diese fremdartigen Zustände gewöhnt, verleugnet sie nicht, sondern spricht offen mit mir oder anderen darüber. Obwohl ihr die Leidenschaft und Fähigkeiten eines Forschers wie meinem Patienten Leonard L. fehlen, akzeptiert sie die ungewöhnlichen und möglicherweise erschreckenden Zustände mit einem seltenen Gleichmut, Abstand und Humor. Sie fühlt sich niemals von ihnen verfolgt oder gequält, sondern scheint sie einfach *als Dinge, die da sind*, anzusehen — so wie ihre Nase, ihren Namen, New York oder die Welt. Auch „flippt" sie nie mehr wie zu Beginn der L-DOPA-Behandlung „aus", sondern bleibt absolut „beisammen" und wird es auch weiterhin sein; anders als weniger stabile Patienten (Maria G., Margaret A.), die unter der Belastung von L-DOPA zusammenbrachen und schizophren wurden.

Ein zweiter Faktor, der Mrs. Y. eine größere Handlungsfreiheit, als ihre Reaktionen es hätten vermuten lassen, eingeräumt hat, ist ihre Geschicklichkeit und Findigkeit im Verhüten und im Umgang mit ihren „Nebenwirkungen" — eine Geschicklichkeit, die sie besonders mit Frances D. (s. Anm. 7, S. 232—235) gemeinsam hat. Diese beiden Damen mit ihrem wachen Verstand und ihrem bizarren Krankheitsbild haben eine Kenntnis und Beherrschung ihres Nervensystems und ihrer Reaktionen erreicht, wie dies kein Neurologe der Welt annähernd tun könnte. Ich weiß kaum, wer hier wen etwas lehrt. Ich habe unermeßlich viel von Mrs. Y. gelernt, und sie vielleicht ein wenig von mir[20]. Im Krankenhaus und draußen ist Hester immer aktiv — beim Bingo-Spielen, beim Anschauen von Filmen oder beim Besuchen anderer Patienten. Sie leitet ein halbes Dutzend Projekte in der Beschäftigungstherapie oder in der Werkstatt, besucht Konzerte, Dichterlesungen, Philosophie-Kurse und, ihre Lieblingstätigkeit, nimmt an Exkursionen teil.

Eine wesentliche Quelle von Mrs. Y.s Kraft scheint, wie bei vielen anderen Patienten auch, aus persönlichen Beziehungen zu erwachsen. In ihrem Fall war es die „Auffindung" des Sohnes und der Tochter, die sie seit fünfzehn Jahren oder länger nicht mehr gesehen hatte. Diese Kontaktaufnahme war durch unsere unermüdliche Sozialarbeiterin zustande gekommen. In den dramatischen Tagen vom Mai 1969 hatte Mrs. Y. voller Sehnsucht den Wunsch nach einer solchen Begegnung in ihrem Tagebuch geäußert. Und jetzt ist die Tochter, die zwei Jahrzehnte in und außerhalb der Psychiatrie verbracht hatte, eine häufige und beliebte Besucherin in Mount Carmel. Das Zusammentreffen von Mutter und Tochter bereitete große Freude und erzeugte eine Beständigkeit für beide (die Tochter hatte seit der Zeit keine Psychosen mehr). Ebenso ergreifend war das Wiedersehen mit Mrs. Y.s Sohn. Dieser war nach vielen Jahren eines quasi-psychopathischen Lebens wieder nach New York gekommen und hatte dort Wurzeln gefaßt. Wenn man Mrs. Y. und ihre Kinder sieht, erkennt man die Stärke ihres Charakters und ihrer Liebe. Man sieht, was für eine bemerkenswerte Person sie ist und wie natürlich und zuverlässig sie als Mutter gewesen sein muß. Es wird einem bewußt, warum die Kinder durch ihre Erkrankung wahnsinnig wurden und jetzt sichtbar gesund werden, wo sie zu ihr zurückkehren.

Trotz der unzähligen Umstände, die gegen sie waren — die Schwere, Dauer und Fremdartigkeit ihrer Krankheit, ihre grotesken Reaktionen auf L-DOPA und die schreckliche Institution —, ist Mrs. Y. deutlich erwacht und hat zur Wirklichkeit zurückgefunden, in einer Art, die vier Jahre zuvor undenkbar gewesen wäre.

6. Rolando P.

Rolando P. wurde 1917 in New York als jüngster Sohn einer kürzlich eingewanderten und sehr musikalischen italienischen Familie geboren. Er war ein ungewöhnlich munteres Kind, das Sprache und motorische Fertigkeiten schon früh erwarb. Seine Umwelt erlebte ihn als aktiv, wißbegierig, liebevoll und gesprächig. Im Alter von zweieinhalb Jahren wurde dann sein Leben plötzlich durch einen heftigen Anfall von *Encephalitis lethargica* dramatisch verändert. Anfangs litt er unter hohem Fieber und Grippesymptomen, denen sich eine intensive, achtzehn Wochen währende Schläfrigkeit anschloß.

Als Rolando P. aus seiner Schlafkrankheit erwachte, wurde augenscheinlich, daß eine tiefgreifende Wandlung stattgefunden hatte. Er zeigte jetzt ein völlig maskenhaftes und ausdrucksloses Gesicht und hatte große Schwierigkeiten beim Bewegen oder Sprechen. Stundenlang saß er völlig bewegungslos in seinem Stuhl, anscheinend leblos, abgesehen von plötzlichen, impulsiven Bewegungen der Augen. Wenn er auf seine Füße gestellt wurde, ging er „wie eine kleine Holzpuppe" mit beiden Armen steif an der Seite hängend. Häufig wurde er in ein immer schneller werdendes Laufen getrieben, bis er auf ein Hindernis stürzte und wie eine Statue zu Boden fiel. Allgemein betrachtete man ihn als geistig retardiert; eine Ausnahme bildete seine sehr aufmerksame und verständnisvolle Mutter, die sagte: „Mein Rolando ist kein Dummkopf — er ist so aufgeweckt und gescheit, wie er immer war. Er ist lediglich in einen inneren Stillstand geraten".

Im Alter von sechs bis zehn Jahren besuchte er eine Sonderschule. In dieser Zeit konnte er sich zwar nicht mehr bewegen oder sprechen, dennoch vermittelte er einem der Lehrer den Eindruck einer intakten, aber eingekerkerten Intelligenz. „Rolando ist nicht dumm", steht in einem Bericht von 1925. „Er begreift alles, es kommt aber nichts heraus." — Diesen Eindruck eines rein absorbierenden Individuums, unergründlich, schwarz und hungrig wie ein Schlund, bestätigten in den folgenden vierzig Jahren all diejenigen, die ihn näher kannten. Nur flüchtige Beobachter hielten Rolando P. für interesselos, dumm oder unaufmerksam. Als zunehmend schwierig gestaltete sich jedoch der Schulbesuch, da er unter zunehmendem Verlust des Gleichgewichts und zunehmendem Speichelfluß litt. In seinem letzten Schuljahr mußte er sogar zum aufrechten Sitzen mit Kissen gestützt werden; andernfalls wäre er hilflos wie eine stürzende Statue umgefallen.

Zwischen seinem elften und neunzehnten Lebensjahr blieb Rolando P. zu Hause und saß die meiste Zeit vor dem Lautsprecher eines großen Victrola-Grammophons. Musik schien nämlich (wie der Vater beobachtet hatte) die einzige Sache zu sein, die er genoß und die „ihn zum Leben erweckte". Lebhafte Musik gab dem Jungen einen Teil seiner Energie zurück und erlaubte ihm, im Takt zu nicken, zu singen oder zu gestikulieren, sobald jedoch die Musik aufhörte, kam es auch bei ihm zu einem Innehalten; er verfiel sofort in seine steinerne Unbeweglichkeit. Im Jahre 1935 wurde Rolando P. in Mount Carmel aufgenommen.

Die nächsten dreißig Jahre verliefen in einer entlegenen Station des Krankenhauses völlig ereignislos. Mr. P., der trotz seiner Behinderungen zu einem wohlproportionierten jungen Mann herangewachsen war, saß den ganzen Tag wie éine Statue auf seinem Stuhl. Allerdings ließen die Rigidität und seine frostige Haltung jeden Abend zwischen neunzehn und einundzwanzig Uhr ein wenig nach, so daß kleine Bewegungen möglich wurden und Mr. P. sich etwas unterhalten und emotional ausleben konnte. Bei solchen Gelegenheiten sang er Partien aus einer Oper oder umarmte seine Lieblingsschwestern. Häufiger aber schimpfte er auf sein Schicksal. „Es ist die Hölle von einem Leben", rief er aus, „ich möchte tot sein!" Seltsam genug, seine abendliche Aktivität setzte sich während der ersten Schlafphase fort; er warf sich hin und her, drehte sich von einer Seite auf die andere, gab Wortschwälle von sich und zeigte Ansätze, im Schlaf zu gehen. Nach Mitternacht erlahmten diese Aktivitäten; Rolando P. lag für den Rest der Nacht wie eine Statue im Bett.

1958 wurde er einer Operation (einer linksseitigen Chemopallidektomie) unterzogen, die zu einer gewissen Auflockerung der Rigidität der rechten Körperhälfte führte, jedoch zu keiner Veränderung der Akinese oder des gesamten bewegungs- und sprachlosen Zustands.

Ich untersuchte Mr. P. zwischen 1966 und 1969, sprach mehrere Male mit ihm. Er war zu dieser Zeit ein kräftig gebauter Mann, der bedeutend jünger erschien als ein Mittfünfziger; sein Aussehen glich nämlich dem eines Fünfundzwanzigjährigen. Er war immer an seinen Rollstuhl gebunden, um der sonst unwiderstehlichen Tendenz vorzubeugen, nach vorne zu fallen. Des weiteren hatte er eine fettige Haut, fiel durch ununterbrochenes Schwitzen, Tränen- und Speichelfluß auf.

Seine Stimme war so sanft, daß sie kaum zu hören war. Eine plötzliche Anstrengung oder Erregung indessen führten zu überlautem Reden, das einige Sekunden andauern konnte. Als ich ihn fragte, ob sein Speichelfluß ihn sehr störe, erklärte er schreiend: „Aber sicher tut er das! Es ist ein verdammtes Problem!" Unmittelbar danach fiel er in Aphonie zurück. Es gab fast kein spontanes, normales Blinzeln; dies stand im Widerspruch zu dem natürlichen Lidklonus, der eigentlich ein Schließen des Auges erzwingt. Lediglich eine Berührung des Gesichts oder eine plötzliche Bewegung im Gesichtsfeld konnte diesen Klonus auslösen. Mr. P.s Mund neigte dazu, offen zu bleiben, wenn er nicht von einer anderen Person geschlossen wurde.

In vorgebeugter Haltung, fast bewegungslos saß er stundenlang in seinem Stuhl. Seine Nacken- und Rumpfmuskulatur sowie die Gliedmaßen wiesen eine starke Rigidität auf. Seine rechte Körperhälfte war jetzt zwar (nach der Operation) etwas weniger starr als die linke; trotzdem wurde bei allen Hauptgelenken leicht das Zahnradphänomen ausgelöst. Was die Körpertemperatur anbelangt, so war die rechte Hand kühl, die linke hingegen kalt, beide wiesen außerdem trophische Veränderungen der Haut und der Nägel auf, jedoch keine konstante Deformation und keinen Tremor. Ferner ließ sich eine schwere Akinese diagnostizieren: auf die Aufforderung hin, die Hände zur Faust zu ballen und dann zu öffnen, konnte Mr. P. die Finger nur schwach bewegen, wobei die Bewegung nach drei oder vier Malen völlig nachließ. Auf die Bitte hin, zu klatschen, konnte Mr. P. nur drei oder vier relativ kraftlose Schläge ausführen; dabei wurde er in seinen Bewegungen immer schneller und zittriger, bis er schließlich damit ganz aufhörte.

Nur mit heftiger Anstrengung konnte Mr. P. sich zu einer aufrechten Haltung erheben, ohne Hilfe jedoch nicht allein stehen bleiben, da er die unwiderstehliche Tendenz hatte, nach hinten zu fallen. Wenn man ihm half, tat er etwa zwei oder drei schleppende

Schritte. Setzte sich Mr. P. wieder hin, wurde er erneut starr und statuenhaft; keine Bewegungen einzelner Körperteile oder Reflexe waren wahrnehmbar.

Rolando P. war zwar Analphabet, aber imstande, unter Anstrengung mit Hilfe der linken Hand einfache geometrische Figuren abzuzeichnen; diese waren indes viel kleiner als die Vorlagen. In der rechten Hand war die Akinese so ausgeprägt, daß sie den bloßen Versuch des Abzeichnens verhinderte.

Da war also einer der am meisten behinderten postenzephalitischen Patienten, die ich jemals gesehen habe. Ich hatte keine Zweifel, daß er auf L-DOPA ansprechen würde, aber viele Zweifel darüber, wie seine Reaktionen und die Folgen sein würden, da er seit dem Ausbruch seiner Krankheit (er war damals zweieinhalb Jahre alt gewesen) abgeschnitten von der Welt gelebt hatte. Dennoch begannen wir am 14. Mai 1969 mit der L-DOPA-Therapie.

Das Krankheitsbild unter L-DOPA

Am 20. Mai sagte Mr. P., er verspüre ein ungewöhnliches Energiegefühl und einen Drang, seine Beine zu bewegen. Diesem Drang gab er durch „Tanzen" Ausdruck, wobei ihn aber ein Krankenpfleger stützen mußte. Am folgenden Tag zeigte Mr. P. recht dramatische Veränderungen in seiner Motorik. Er war plötzlich imstande, durch die ganze Station hin und her zu gehen (etwa 25 Meter), wobei ihm jemand zur Stütze einen Finger an den Rücken legte.

Am 24. Mai (die Tagesdosis von L-DOPA betrug 3 g) waren bei Mr. P. vielfältige Reaktionen bemerkbar. Seine Stimme, vorher fast unhörbar, konnte aus drei Meter Entfernung klar vernommen und von ihm in dieser Lautstärke ohne sichtbare Anstrengung gehalten werden. Sein Sabbern hatte ganz aufgehört. Er war inzwischen in der Lage, recht kräftig zu klatschen, zu klopfen und die Hände zu Fäusten zu ballen. Zudem konnte Mr. P. nun auf der Station umher*gehen*, war aber noch auf Hilfe angewiesen (wegen seiner Tendenz, nach hinten zu fallen). Die Rigidität in Armen und Beinen war so zurückgegangen, daß deren Tonus sich etwas *geringer* als normal anfühlte. Seine früher unbeweglichen Nacken- und Rumpfmuskeln waren nun weniger rigide, obwohl sie nicht die verblüffende Lockerheit der Arme aufwiesen. Sein Gesicht schien an diesem Tag gerötet; seine Augen glänzten übermäßig und stachen etwas hervor. Die krampfartigen Lidzuckungen traten nicht mehr auf.

Mr. P. war auch verspielt, kichernd und ein wenig euphorisch. So fragte er mich, ob er weitere Fortschritte machen würde, so daß er für einen Tag das Krankenhaus verlassen könnte. Insbesondere zeigte er eine Woge sexueller Erregung und eine plötzliche Entwicklung (oder „Freisetzung") libidinöser Phantasien. Sein Bedürfnis auszugehen, entsprach daher teilweise dem Wunsch, ein sexuelles Erlebnis zu haben — sein erstes wohlgemerkt. Während des folgenden Wochenendes stiegen seine Stimmungen, die motorischen Aktivitäten und die allgemeine Heiterkeit weiter an. Mr. P. forderte lautstark: „Eine Frau — um Himmelswillen, ich *verdiene* eine nach all diesen Jahren!" Am 27. Mai fand ich ihn deutlich errötet, laut lärmend, ungestüm, schlaflos, etwas manisch und wild aufgeregt vor. Seine Bewegungen, die vorher so dürftig und fast ohne Dynamik gewesen waren, zeigten jetzt eine gewaltige Kraft und schlossen seinen ganzen Körper mit ein; er war äußerst munter und aufgedreht. Die Augenbewegungen (die selten aufgetreten und von keinen Kopfbewegungen begleitet worden waren) hatten nun ein ungebrochen stechendes Aussehen und wurden von schnellen Kopfbewegungen begleitet. Mr. P.s Aufmerksamkeit wurde ständig hierhin und dorthin gezogen, schien sich zu intensivieren, aber auch kurzlebig und allen möglichen Ablenkungen ausgesetzt zu sein; unerwartete Geräusche erschreckten ihn und ließen ihn zusammenfahren. Schließlich beobachtete ich den Beginn einer Akathisie, die sich durch ruheloses Schlurfen der Füße und die Tendenz, bei Ungeduld auf den Tisch neben dem Bett zu hämmern, äußerte. Angesichts dieser übermäßigen Erregtheit reduzierte ich die tägliche L-DOPA-Dosis von 3 g auf 2 g.

Dies erlaubte Mr. P. zu schlafen, trotzdem zeigte er weiterhin diese Erregtheit. Am 29. Mai machte mich der wachsame, barsche Ausdruck seines Gesichts betroffen. Die Bewegungen waren nicht nur kraftvoll, sondern unbeherrschbar geworden und neigten zur Beschleunigung und Perseveration. Mr. P. war, wenn er sich einmal in Bewegung gesetzt hatte, nicht mehr zu bremsen.

Positiv war zu verzeichnen, daß Mr. P., der seit der frühen Kindheit wegen seines Analphabetentums betrübt und beschämt war, den Wunsch äußerte, Lesen und Schreiben zu lernen. In seinen Bemühungen war er bemerkenswert beharrlich; anfangs waren sie auch von Erfolg gekrönt. Leider machten seine physiologischen Behinderungen dies zunehmend schwieriger; entweder las er zu schnell, um aufzunehmen, was er las, oder er blieb bei einem einzelnen Buchstaben oder Wort hängen. Ähnlich tendierte seine Handschrift zum „Steckenbleiben“ und zur Kleinschrift; noch häufiger schrieb Mr. P. in impulsiven, kurzen Strichen, die er nicht heherrschen konnte.

Seine vorher diffuse Akathisie differenzierte sich nunmehr in spezifische Impulse: ruhelose, „scharrende“ Bewegung des rechten Beines (die an diejenigen eines ungeduldigen Pferdes erinnerte). Drang zu verstärkten Kaubewegungen. Die sexuelle und libidinöse Erregung war noch ausgeprägter, mit der Folge, daß das Auftauchen irgendeines weiblichen Mitglieds des Personals bei Mr. P. sofort einen unbeschreiblich lasziven Gesichtsausdruck hervorrief, begleitet von Lippenlecken und Schnalzen, Aufreißen der Augen und unwillkürlichem Beobachten. So schien er das Objekt seines Blicks visuell an sich zu reißen, es zu packen, um es nicht mehr loszulassen, bis es aus seinem Blickfeld verschwunden war.

Am Abend des 29. sah ich zufällig Mr. P. schlafen und beobachtete dabei eine erstaunliche motorische Unruhe. Insbesondere zeigte er unaufhörliche Kaubewegungen, winkende und salutierende Bewegungen der Arme, rhythmische Beugungen des Kopfes bis auf die Brust („salaam“ = tiefe Verbeugung), Stoßbewegungen der Füße, Murmeln, Sprechen und Singen. Zudem beobachtete ich eine auffällige Echolalie, denn er wiederholte meine Frage, wenn ich mit ihm sprach. Nachdem ich diese Tätigkeiten gefilmt und auf Band aufgenommen hatte, weckte ich Mr. P. Sogleich hörte alles auf. Er selbst hatte den Eindruck, fest geschlafen zu haben, und konnte sich weder an seine Bewegungen noch an sein Sprechen erinnern. Als er wieder eingeschlafen war, begannen seine motorischen Aktivitäten erneut und hielten bis ein Uhr morgens an. Erst dann hörten sie auf und tauchten auch in der Nacht nicht wieder auf. *So waren diese Tätigkeiten eine Akzentuierung von Phänomenen, die schon vor der L-DOPA-Therapie vorhanden gewesen waren.*

Dies wurde auch am Tagesrhythmus Mr. P.s mit der allabendlich auftretenden, grundlos anmutenden Aktivierung offenbar; es handelte sich um eine zyklische Wiederkehr von Phänomenen, die auch dann vorhanden waren, als die Menge und der Einnahmezeitpunkt von L-DOPA verändert wurden. So begannen jeden Abend gegen 18 oder 19 Uhr Eß-Kaubewegungen, die auch während des Schlafes anhielten und erst nach Mitternacht aufhörten.

Um den 10. Juni erschien ein neues Symptom, das als Eßgier, orale Sucht oder Verzehrdrang beschrieben werden könnte. Der erste Biß schien den unwiderstehlichen Wunsch aufkommen zu lassen, so schnell wie möglich zu grapschen, zu beißen und Nahrung zu verschlingen. Mr. P. fühlte sich gedrängt, Essen in seinen Mund zu stopfen, hastig zu kauen (das Kauen hielt nach dem Hinunterschlucken an), und, wenn sein Teller geleert war, schließlich seine Finger oder eine Serviette in den noch heftig und beharrlich kauenden Mund zu stecken.

In der dritten Juniwoche (die L-DOPA-Dosis blieb unverändert) tauchten beunruhigende Symptome auf, deren Kennzeichen starke Erregung, Perseveration und Stereotypie waren. Mr. P. verbrachte den größten Teil des Tages damit, in seinem Stuhl hin- und herzuschaukeln und im Rhythmus zu singen: „Ich bin verrückt ... Wenn ich von diesem beschissenen Ort nicht wegkomme, werde ich verrückt, verrückt, verrückt!" Zu anderen Zeiten summte oder sang er stundenlang auf monotone und wortreiche Weise. Mit jedem Tag verstärkten sich die Perseveration und Stereotypie. Am 21. Juni wurde Mr. P.s Unterhaltung mit anderen durch palilalische Wortwiederholungen erschwert. Sein zu dieser Zeit intensives Gefühlsleben wechselte zwischen Angst (mit Furcht vor Wahnsinn und Chaos), Feindseligkeit und starker Erregbarkeit. Wann immer er einen anderen Patienten aus dem Fenster schauen sah, schrie er gellend: „Er wird gleich springen, gleich springen, springen, gleich springen, glchspring!" Seine Einstellungen zu anderen, die vorher ein wenig passiv, abhängig und verächtlich gewesen waren, veränderten sich zu anstachelndem Verhalten, Grobheit und Streitlust, die jedoch gemäßigt blieben und durch Lächeln oder Blödeleien annehmbar waren. Intensive sexuelle Drangzustände hielten während dieser ganzen Zeit an und manifestierten sich wiederholt in erotischen Träumen oder Alpträumen, zudem in leicht zwanghafter Masturbation und (kombiniert mit Aggressivität) in einem perseverierenden Hang zum Fluchen, zu Koprolalie und zu wortreichem pornographischem Singsang mit obszönen Refrains[21].

Am 21. Juni klagte Mr. P., daß seine Augen durch alle bewegten Objekte „gefangen" werden, und daß er seinen starren Blick nur dadurch „erlösen" kann, indem er eine Hand vor seine Augen hält. Dieses bemerkenswerte Phänomen konnte mühelos von anderen beobachtet werden: Einmal machte sich eine Fliege im Raum bemerkbar und weckte seine visuelle Aufmerksamkeit. Sein Blick wurde von ihr „festgehalten" und blieb unwiderstehlich angezogen, gleichgültig, wohin sie auch flog. Als das Symptom sich deutlicher ausprägte, „mußte" Mr. P. seine ganze Aufmerksamkeit auf jedes Objekt konzentrieren, das seinen Blick anzog. Dieses Phänomen nannte er „Faszination", „Gebanntsein" oder „Hexerei". Während dieser Zeit verstärkten sich Mr. P.s „Greifreflexe" (welche vor der Einnahme von L-DOPA nur mäßig vorhanden und unsymptomatisch gewesen waren) und verursachten vermehrtes Greifen und Betasten, mithin auch die Neigung, sich an all dem „festzuhalten", was zufällig berührt wurde.

Ebenfalls im Juni trat ein anderes Symptom auf, eine respiratorische Instabilität, die die Form eines häufigen, plötzlichen ticähnlichen Einatmens, gelegentlichen Schnüffelns und fortgesetzten Hustens annahm. Alle diese Auffälligkeiten (Kau-, Grapschbewegungen usw.) traten abends auf und waren eindeutig auf eine Rhythmizität und nicht auf den Zeitpunkt der L-DOPA-Einnahme bezogen.

Angesichts von Mr. P.s extremer emotionaler und motorischer Erregung, der quälenden Perseverationen und der „versklavenden" Reizung durch Gegenstände reduzierte ich die L-DOPA-Dosis auf 1,5 g täglich: sein motorisches Erregungssyndrom hielt jedoch unvermindert an. Daher wurde entschieden, zusätzlich zu L-DOPA die Wirkung von Haloperidol (insgesamt 1,5 mg täglich) zu erproben. Da der Erregungszustand und die Akathisie aber noch immer anhielten, wurde die L-DOPA-Dosis noch weiter reduziert. Ich war erstaunt, zu entdecken, daß eine so kleine Tagesdosis wie 1 g noch eine spürbare Aktivierung von Sprache und Bewegung bewirken konnte, wenn auch auf Kosten eines verstärkten Speichelflusses. Eine sofortige Rückkehr zu größerer Dosierung verursachte jedoch sofort eine exzessive Aktivierung. Etwa Mitte Juli konnten wir die Reaktionen auf L-DOPA mit beträchtlicher Genauigkeit voraussagen, wie aus der nachstehenden Aufstellung ersichtlich ist.

1,5 g täglich	1 g täglich
große stimmliche und motorische Kraft	gemäßigte stimmliche und motorische Kraft
erregt, akathisisch,	keine Erregung, Akathisie,
an Schlaflosigkeit leidend	Schlaflosigkeit
sehr wenig Speichelfluß	übermäßiger Speichelfluß
auffallende Tics und Perseverationen	weder Tics noch Perseverationen

Es wurde offensichtlich, daß Haloperidol *im ganzen* eine dem L-DOPA entgegengesetzte Wirkung zeitigte und nicht von den Wirkungen einer reduzierten L-DOPA-Dosis zu unterscheiden war. Selbst eine so minimale Dosis wie 1 g täglich konnte noch anfall- und krampfartige, rhythmisch auftretende Aktivierungen hervorrufen. Besonders eindrucksvoll war das „Erwachen", das jeden Abend zu beobachten war und zu einer expansiven, manisch-katatonen Akathisie führte. Diese ging einher mit Erröten, glänzenden Augen, lauter Stimme, schnellen Augenbewegungen, Kraft und Lüsternheit. Der Übergang zur in sich geballten, krampfartigen und stimmlosen Akinese, der sich oft innerhalb einer Minute oder weniger vollzog, war ebenso dramatisch und keiner dosisbezogenen Wirkung der Medikamente zuzuschreiben. So sahen wir uns Mitte Juli dem wesentlichen Problem der Behandlung von schwerem postenzephalitischen Parkinsonismus gegenübergestellt — einem Problem, vor dem man bei jedem Fall dieser Krankheit steht: Wie läßt sich ein therapeutischer Kompromiß bei einem Patienten finden, dessen Nervensystem äußerst instabil und dessen Verhalten durch ein Alles-oder-Nichts-Prinzip gekennzeichnet ist?

1969—1972

In den vergangenen Jahren nahm Mr. P. weiterhin täglich 1 g L-DOPA; läßt er eine Dosis aus, ist er weitgehend behindert, und wenn er einen Tag lang aussetzt, verfällt er in Stupor oder Koma. Im Herbst 1969 waren seine Tage fast gleichmäßig eingeteilt in erregt-explosive und gehemmt-lähmende Zustände, zwischen denen er sich wie ein Yo-Yo hin und her bewegte. Dabei vollzog sich der Wechsel jeweils innerhalb von dreißig Sekunden. In den erregten Zuständen zeigte Mr. P. einen starken Wunsch zu reden, sich zu bewegen und Reize auf sich einwirken zu lassen. Dahinter verbarg sich auch das intensive Bedürfnis zur Lektüre. In diesen drei Monaten machte Rolando P. dabei bemerkenswerte Fortschritte, wenn man bedenkt, daß er seit dem dritten Lebensjahr an Parkinsonismus litt. Inzwischen war er fähig, die Schlagzeilen und Überschriften in Zeitungen zu lesen.

Seit Anfang 1970 sprach Mr. P. nicht mehr so günstig auf L-DOPA an, denn seine Parkinson- oder „Tiefpunkt"-Perioden überschatteten seine erregt-expansiven Zustände. Diese waren die einzigen Gelegenheiten, bei denen er wirklich zugänglich war. Nur selten (ein- oder zweimal im Monat) zeigte er einen „normalen" Zustand zwischen den Extremen, der allerdings bloß einige Sekunden oder Minuten dauerte.

Als weiteres Problem erwies sich das vermehrte Auftreten stuporöser oder schlafartiger Zustände, begleitet von Gestikulieren, Tics, Geschwafel und Echolalie.

Solche Zustände wurden von den unterschiedlichen L-DOPA-Dosierungen nicht beeinflußt. Bei mehreren Gelegenheiten haben wir die Wirkung von Amantadin erprobt, das bei manchen Patienten die pathologischen Reaktionen auf L-DOPA reduziert und seine therapeutischen Wirkungen (wenn auch nur zeitweilig) wiederherstellt. Bei Mr. P. wurde genau der gegenteilige Effekt erzielt: leider verschlimmerte Amantadin die pathologischen und stuporösen Reaktionen.

Seine besten Stimmungen und den besten Allgemeinzustand hat er, wenn seine Familienangehörigen ihn gelegentlich zum Wochenende oder Urlaub mit nach Hause nehmen. Insbesondere mag Mr. P. die Hi-Fi-Anlage und das Schwimmbad im Landhaus seines Bruders. Bemerkenswerterweise kann er dort die ganze Länge des Beckens schwimmen und zeigt dabei eine große Verminderung seines Parkinsonismus. Er schwimmt mit einer Leichtigkeit und Gewandtheit, die er niemals erreicht, wenn er sich auf dem Boden bewegt. Mühelose Bewegungen werden auch durch Musik ausgelöst, speziell durch die *Opera buffa*, zu der sich Mr. P. hingezogen fühlt. Die Musik erfordert Singen, „Dirigieren" und gelegentlich Tanzen; auch während der „Musikzeit" sind die Symptome minimal ausgeprägt (s. Frances D., S. 60). Mr. P.s Lieblingsbeschäftigung besteht jedoch darin, auf der Veranda zu sitzen und entweder das Leben im Garten zu beobachten oder das weite Hinterland New Yorks zu bestaunen.

Mr. P. ist stets schwer deprimiert, wenn er vom Landausflug zurückkehrt. Seine ausgedrückten Empfindungen sind immer dieselben: „Was für eine gottverdammte Erholung, von diesem Ort wegzukommen! Ich bin eingesperrt seit dem Tage, an dem ich geboren wurde . . . Ich bin in die Krankheit eingesperrt worden seit dem Tag, an dem ich geboren wurde . . . Das ist ein Mistleben, wie es nur jemand haben kann . . . Verflucht nochmal, warum habe ich nicht als Kind sterben können? ... Was ist der Sinn, was ist der Nutzen meines beschissenen Lebens hier? ... He, Doc, ich hab' genug von L-DOPA — was ist mit der *wirklichen* Pille los, aus dem Schrank, den die Schwestern abschließen? ... Die *Euthanasie*-Pille, oder wie immer sie heißt ... Ich habe diese Pille nötig, seit ich auf dieser blöden Welt lebe."

Nachtrag

In der amerikanischen Ausgabe meines Buches ergänzte ich Rolando P.s Geschichte durch ein kurzes Postskriptum: „Anfang 1973 siechte Rolando P. dahin und starb. Wie bei Frank G. und anderen konnte nach dem Tode keine Todesursache gefunden werden. Ich werde den Verdacht nicht los, daß solche Patienten an Hoffnungslosigkeit und Verzweiflung starben, und daß die *scheinbare* Ursache (Herzstillstand oder was auch immer) nur das Mittel war, mit dem das ersehnte Ende endlich erreicht wurde."

Dieses mehrdeutige Postskriptum hat viele Fragen aufgeworfen. Ich halte es deshalb für angemessen, den Verlauf von Rolandos Verfall und dessen mögliche Determinanten in einer umfassenderen und deutlicheren Weise nachzuzeichnen.

Rolandos Mutter war eine außergewöhnlich verständnisvolle und aufopfernde Frau. Sie war es, die ihn in seiner Kindheit immer verteidigt hatte, wenn er für schwachsinnig oder verrückt gehalten wurde (s. S. 95). Trotz hohen Alters und Arthritis besuchte sie Rolando jeden Sonntag oder traf ihn, wenn er sich im Landhaus seines Bruders aufhielt. Im Sommer 1972 wurde Mrs. P. durch ihre Arthritis jedoch so behindert, daß sie nicht mehr imstande war, ins Krankenhaus zu kommen. Ihr Sohn reagierte darauf mit einer schweren emotionalen Krise, nahm zwanzig Pfund ab, litt zwei Monate lang unter Depression, Wut und starker Sehnsucht. Glücklicherweise wurde aber der Verlust durch eine Physiotherapeutin unseres Personals gemildert, eine Frau, die die Fertigkeiten in ihrem Beruf mit einer ungewöhnlich warmen und liebevollen Umgangsart verband. Im September 1972 etwa hatte Rolando P. eine sehr vertraute, „anaklitische" Beziehung zu ihr entwickelt, wobei er sich an sie wie an eine Stütze lehnte, so, wie er es zuvor bei seiner Mutter getan hatte. Wärme und Klugheit dieser guten Frau erlaubten ihr, diese mütterliche Rolle mit echter, ungeheuchelter, bedingungsloser Liebe zu übernehmen, ohne einen falschen Ton anzuschlagen. Ihre Aufopferung war derart, daß sie oft an Wochenenden oder Abenden kam, um ihm Zeit und Liebe zu schenken, die er so sehr brauchte. Unter diesem günstigen Einfluß begann Rolandos Wunde zu heilen — er wurde ruhiger, besser gelaunt, nahm an Gewicht zu und schlief gut.

Leider wurde Anfang Februar seine geliebte Physiotherapeutin entlassen (zusammen mit einem Drittel des Krankenhauspersonals) — dies war die Folge der im neuen Bundeshaushalt beschlossenen Einsparungen. Rolandos unmittelbare Reaktion war ein niederschmetternder Schock, verbunden mit Verleugnung und Ungläubigkeit. In dieser Zeit träumte er wiederholt, daß jedermann *außer* seiner neuen „Mutter" entlassen worden sei und daß sie es irgendwie geschafft habe, doch noch zu bleiben. Aus diesen süßen und doch grausamen Träumen wachte Rolando P. mit einem Lächeln auf, dem ein

Schrei der Einsicht und der Seelenqual folgte. Wenn dies aber seine Träume waren, so waren seine bewußten Reaktionen anders: überaus „sensibel“ und sehr „rational“. „Solche Dinge passieren eben“, sagte er mit einem Nicken, „sie sind sehr schlimm, aber man kann nichts tun . . . es nützt nichts, über verschüttete Milch zu weinen, wissen Sie, man muß *weitermachen*.“ Auf dieser Bewußtseinsebene schien Rolando dann entschlossen, den Verlust zu verkraften und ohne Rücksicht darauf weiterzuleben.

Auf einer tieferen Ebene aber, so schien es mir, war ihm eine Wunde zugefügt worden, von der er sich nicht wieder erholen sollte. Einmal war er von einer Ersatzmutter gerettet worden, aber jetzt war *sie* gegangen, und es gab keine Aussicht auf eine andere. Rolando, seit seinem dritten Lebensjahr schwerkrank und abhängig, hatte den Verstand eines Mannes, aber die Bedürfnisse eines Kleinkindes. Ich dachte immer wieder an die berühmten Studien von Spitz und vermutete, daß die Chancen für ein Überleben verspielt waren[22].

Gegen Mitte Februar hatte Rolando einen schweren seelischen Zusammenbruch; Kummer, Depression, Schrecken und Wut plagten ihn. Er *verzehrte* sich weiterhin nach seinem verlorenen Liebes-Objekt, suchte dauernd nach ihr und hielt „versehentlich“ andere Frauen für seine Ersatzmutter. Er litt wiederholt unter *Kummerschmerzen* (und psychischem Schmerz), wurde dabei blaß, griff sich an die Brust, weinte lauter oder stöhnte. Dazu gesellten sich ein verwirrendes und Wut auslösendes Gefühl von Verrat. Er schimpfte dann wild auf das Schicksal, das Krankenhaus und die Ersatzmutter. Zuweilen äußerte er sich abfällig über sie und nannte sie „eine treulose beschissene Hündin“; ein andermal verfluchte er das Krankenhaus, weil es „sie fortgenommen“ habe. Rolando lebte in einer Marter von Wehklagen und Schmähungen.

Gegen Ende Februar veränderte sich sein Zustand erneut; er geriet in eine dauerhafte und fast unzugängliche leichenähnliche Apathie. Einmal mehr manifestierten sich gravierende Parkinsonsymptome, aber unter der physischen Parkinsonmaske war eine schlimmere Maske von Hoffnungslosigkeit und Verzweiflung erkennbar. Er verlor Appetit und hörte zu essen auf, äußerte keine Hoffnung und kein Bedauern mehr. Nachts lag er mit weit geöffneten und matten Augen wach, und es war klar, daß er den Lebenswillen verloren hatte und im Sterben lag.

Eine Episode (Anfang März) haftet in meinem Gedächtnis: Das medizinische Personal, äußerst wachsam bei „organischen Krankheiten“ (aber anscheinend blind für die Verzweiflungen der Seele), ordnete an, bei Rolando eine Reihe von Tests anzuwenden. Ich war an dem Morgen auf der Station, als der Wagen mit den Spritzen und Röhrchen fürs Blut kam, begleitet von einem munteren, weißgekleideten Techniker. Zuerst überließ Rolando passiv ind apathisch seinen Arm zur Blutentnahme. Dann aber brach er plötzlich in eine leidenschaftliche Empörung aus. Er stieß den Wagen und den Techniker mit Gewalt beiseite und schrie gellend: „Könnt ihr Arschlöcher mich nicht allein lassen? Welchen Sinn haben alle euren beschissenen Tests? Habt ihr keine Augen und Ohren im Kopf? Könnt ihr nicht sehen, daß ich vor Kummer sterbe? Laßt mich verflucht nochmal in Frieden sterben!“

Dies waren Rolandos letzte Worte. Er starb nur vier Tage später im stuporösen Schlaf.

7. Miriam H.

Miss H. wurde 1914 in New York als zweites Kind einer sehr religiösen jüdischen Familie geboren. Beide Eltern starben innerhalb der ersten sechs Monate nach ihrer Geburt — das war der erste von vielen Schlägen, die das Leben ihr noch versetzen sollte. Als Kind wurde sie von ihrer älteren Schwester getrennt und in das alte Waisenhaus in Queens gebracht, wo man sie wie Oliver Twist mit Haferschleimsuppe und Drohungen erzog. Miss H. war frühreif; mit zehn Jahren lebte sie wie unter Büchern „begraben". Als sie elf Jahre alt war, wurde sie von einer Brücke heruntergestoßen und erlitt Frakturen beider Beine, des Beckens und der Rückenwirbel. Als einzige von den 200 Kindern im Waisenhaus erkrankte sie im Alter von zwölf Jahren an *Encephalitis lethargica*. Sechs Monate lang war sie so benommen, daß sie Tag und Nacht schlief, wenn sie nicht zum Essen und für andere Bedürfnisse wach gehalten wurde. Zwei weitere Jahre lang litt sie an eindrucksvollen und häufig auftretenden Schlafanfällen, Lähmungen der Bewegungen im Schlaf, Alpträumen, alptraumartigen Tagträumen und Sprechen im Schlaf. Es folgte Parkinsonismus. So entwickelte sich bei Miss H. im Alter von sechzehn Jahren eine linksseitige Rigidität mit Abmagerung der linken Hand; es manifestierten sich Abweichungen in der Körperhaltung, eine übermäßige Schnelligkeit und ungestümes Verhalten im Sprechen und Denken. Ihre ausgezeichnete Intelligenz blieb von der Krankheit jedoch unberührt, so daß Miss H. imstande war, die High School zu besuchen und abzuschließen.

Mit achtzehn Jahren war sie so behindert, daß sie ins Mount-Carmel-Krankenhaus verlegt werden mußte. Dadurch hatte sie keine Gelegenheit, die Welt „draußen" kennenzulernen; was sie von ihr wußte, lernte sie vom Hörensagen und aus Büchern kennen.

Ihr Lebensweg führte sie die folgenden 37 Jahre langsam, aber stetig bergab. Zusätzlich zur halbseitigen Parkinson-Rigidität und Akinese entwickelte sich eine gewisse Spastizität und Schwäche des linken Beins sowie eine Verkürzung und Deformation des rechten Beines, eine Folge ihres Unfalls in der Kindheit. Trotz dieser Schwierigkeiten, der Gleichgewichtsstörungen und einer auffälligen Festination konnte Miss H. bis 1966 mit Hilfe zweier Krücken gehen. Zusätzlich zu hastigem Sprechen zeigte sie ausgeprägte Kaubewegungen. In den frühen Jahren ihrer Krankheit litt sie an einer plötzlichen Verschlimmerung ihres Zustands, die von linksseitigem Schmerz, Schrecken und Qual begleitet wurden. Nach einigen Stunden hörte die Krise so unvermittelt auf, wie sie angefangen hatte. Als ich sie viele Jahre später danach fragte, antwortete sie mit einem Beispiel von Dickens (was sie zu tun liebte): „Sie fragen mich immer nach der *Lage* der Schmerzen. Die einzige Antwort, die ich geben kann, ist die von Mrs. Gradgrind auf solch eine Frage: ‚Gewöhnlich fühlte ich, daß ein Schmerz *irgendwo im Raum* war, aber ich konnte nicht sicher sagen, daß ich ihn habe.'" — Nachdem diese Anfälle etwa 1940 nachließen, litt Miss H. dennoch weiterhin an einer extremen Schmerzempfindlichkeit auf der linken Körperhälfte.

Bis 1945 neigte sie zu heftigen Depressionen und Wutanfällen, die allmählich einer konstanten, leicht apathischen Depression wichen. Miss H. bemerkte zu diesem Übergang: „Nach der Schlafkrankheit hatte ich ein aufbrausendes, ganz unbeherrschbares Temperament, das aber durch meine Krankheit gezähmt wurde." Nach der Enzephalitiserkrankung neigte sie zu Ungeduld und Impulsivität; auf Enttäuschungen reagierte sie mit Kreischen; diese Verhaltensweisen ließen im Verlauf der folgenden Jahre allerdings nach. Miss H. verwies mit Verlegenheit auf diese Kreischanfälle: „Es war, als wenn etwas, was sich in mir gestaut hatte, plötzlich aus mir herausbrach. Manchmal merkte ich gar nicht, daß ich selbst kreischte. Gewöhnlich fühlte ich, daß etwas von mir Getrenntes, etwas Unbeherrschbares das Kreischen bewirkte. Danach fühlte ich mich furchtbar und haßte mich."

Abgesehen von diesen gelegentlichen Wut- und Kreischanfällen richtete Miss H. ihren Haß und ihre Schuldgefühle hauptsächlich gegen sich selbst oder gegen Gott. „Zuerst haßte ich jedermann", sagte sie, „ich sehnte mich nach Rache. Ich glaubte, daß die Leute um mich herum in gewisser Weise für meine Erkrankung verantwortlich seien. Dann fand ich mich damit ab und erkannte, daß es eine Strafe Gottes war." Als ich sie fragte, ob sie der Meinung sei, die Enzephalitis verdient zu haben, und was denn der Grund für die Erkrankung gewesen sei, antwortete sie: „Nein, ich hatte nicht den Eindruck, etwas Falsches getan zu haben. Ich bin kein schlechter Mensch. Aber ich bin auserwählt worden — ich weiß nicht, warum. Gott ist unergründlich."

Diese Schuldgefühle und die Depressionen verschlimmerten sich und wurden während der okulogyren Krisen, unter denen Miss H. litt, fast unerträglich. Die Krisen hatten 1928 begonnen; sie traten mit großer Regelmäßigkeit jeden Mittwoch auf. So konnten meine Studenten, wenn sie es wünschten, immer an diesem Tag Zeugen einer solchen Krise sein. Dennoch ließ sich der Zeitpunkt zu einem bestimmten Grad beeinflussen. Einmal informierte ich Miss H. darüber, daß meine Studenten nicht am Mittwoch kommen könnten. „In Ordnung", sagte sie, „ich werde meine Krise auf den Donnerstag verschieben." Und sie tat es.

Während der Krisen, die acht bis zehn Stunden dauerten, fühlte sich Miss H. „gezwungen, zum Himmel zu schauen", wobei sie aber keinen Starrkrampf der Rückenmuskulatur hatte. Des weiteren war sie nicht imstande, ihren Rollstuhl zu bewegen, und konnte nur flüsternd sprechen. In diesen Stunden war sie „mürrisch, traurig, angewidert vom Leben", fühlte sich genötigt, zwanghaft über ihre erbärmliche Lage zu grübeln: seit siebenunddreißig Jahren im Krankenhaus, ohne Freunde oder Familie, häßlich, behindert, und so fort. Immer wieder fragte sie: „Warum ich? Was habe ich getan? Warum werde ich bestraft? Warum bin ich um mein Leben betrogen worden? Was ist der Sinn des Ganzen? Warum bringe ich mich nicht um?" Diese Gedanken, die in einer Art innerer Litanei wiederholt wurden, konnten während der Krisen von ihr nicht aus dem Kopf verbannt werden. Sie wurden dauernd wiederholt, waren unweigerlich da, erdrückend, und schlossen andere Gedanken aus. Waren die Krisen vorüber, zeigte sich Miss H. „relativ fröhlich" darüber, daß sie wieder sie selbst war und daß die Dinge vielleicht doch nicht so schlecht stünden.

Zusätzlich zu den okulogyren Krisen litt Miss H., die eine außergewöhnlich gute Rechnerin war, an „Zähl"-Krisen: vor allem nachts bestand der Zwang, bis zu einer bestimmten Zahl zu zählen (etwa 95000) oder sieben in die fünfzehnte Potenz zu erheben, bevor es ihr möglich wurde, mit dem Denken aufzuhören und zu schlafen.

Wie einer von Jelliffes Patienten, war sie manchmal insbesondere während der okulogyren Krisen zu zählen gezwungen, bis das Ziel erreicht worden war. Wenn dabei das Zählen unterbrochen wurde, kehrte Miss H. zum Anfang zurück und begann erneut. Sobald sie aber das Ziel erreicht hatte, klang die Krise sogleich ab[23].

Trotz der vielen neurologischen und neuro-endokrinologischen Probleme und trotz des lähmenden Gefühls der Hoffnungslosigkeit kämpfte Miss H. bis 1967 tapfer gegen ihre Behinderungen an. Sie war aktiv bei Stations- und Synagogenangelegenheiten, eine eifrige Debattiererin in Philosophie und anderen, im Krankenhaus stattfindenden Unterrichtsklassen, eine alles verschlingende Leseratte und eine aufmerksame Beobachterin der laufenden Ereignisse.

Nach dem äußerst heißen Sommer 1967, in dem ihre Parkinsonmedikamente abgesetzt worden waren (der Grund: die Furcht vor Hitzschlag und übermäßig hohem Fieber, unter denen die postenzephalitischen Patienten in dieser Zeit litten), erlebte Miss H. einen neurologischen und emotionalen Rückschlag. Ihr linker Arm wurde rigide, das Sitzen im Stuhl plagte sie, sie lebte zurückgezogen und apathisch. Es schien, als habe sie jede Motivation verloren. Den ganzen Tag saß sie bewegungslos in ihrem Stuhl und starrte stumpf auf die Wand. Antidepressiva konnten höchstens eine kaum merkliche Verbesserung ihres Zustands bewirken. Ein Absetzen ihrer vorherigen Arzneien verminderte zwar den Speichelfluß, war aber sonst nutzlos. So wurde Miss H., als L-DOPA erstmalig angewendet wurde, als eine irreparabel geschädigte, hoffnungslos „zurückgebliebene“ Patientin angesehen.

Vor der Behandlung durch L-DOPA

Als sie im Mai 1969 kurz vor der L-DOPA-Therapie untersucht wurde, saß Miss H. zusammengesunken und apathisch in ihrem Rollstuhl. Ihr Gesicht wirkte sehr maskenhaft, ohne jegliches Mienenspiel und ohne emotionalen Ausdruck. Die Hoffnungslosigkeit und Trostlosigkeit ihrer Erscheinung und Lebenseinstellung wurden durch ihre fast undurchsichtige, seit Monaten nicht geputzte Brille überbetont, die sie vor ihren kurzsichtigen, hervortretenden Augen trug. Setzte man die Brille ab, so schienen die Augen stumpf ins Leere zu starren. Miss H. zeigte keine Anzeichen einer wachen, aufmerksamen Bewegung, die bei schwer akinetischen Patienten zuweilen der einzige Hinweis auf Leben sind. Die Pupillen waren klein und unterschiedlich groß (die linke war etwas weiter), aber der Blick war (bis auf eine leichte Divergenz) in jeder Hinsicht normal. Es gab kein spontanes Blinzeln; Betupfen der Glabella oder visuelle Annäherung lösten ein verzögertes, erzwungenes Schließen der Augenlider aus. Ihre Haut war fettig, zeigte ausgedehnte Akne und seborrhoeische Dermatitis. Miss H. schwitzte übermäßig, besonders auf der linken Körperseite.

Ihre Stimme war klar und verständlich, obwohl sie beim Sprechen zwischen Blockierungen und überstürzten Wortfolgen schwankte. Jeder Nebensatz wurde plötzlich hervorgesprudelt, bis Miss H. in Lautlosigkeit versank. Außer diesen Unregelmäßigkeiten in Stärke und Rhythmus des Sprechens waren gelegentlich Tics (beim Ausatmen und in der Stimmgebung) zu beobachten, welche das zusammenhängende Sprechen zusätzlich unterbrachen. Das Atmen war kaum wahrnehmbar, doch Miss H. atmete manchmal rasch und tief ein. Der Speichelfluß war zwar verstärkt, aber kein wirkliches Triefen oder Sabbern. Miss H. war außerstande, ihre Zunge herauszustrecken und konnte sie nur langsam und zitternd hin und her bewegen. Auf die Aufforderung hin, den Mund zu bewegen, konnte sie ihn nur ein wenig verzerren. Wenn ihre Aufmerksamkeit gefordert war, führte sie intermittierend Kaubewegungen aus, die auch während des Schlafs (in der ersten Nachthälfte) anhielten, wie ich später einmal beobachtete. Dabei litt Miss H. unter einer auffallenden einseitigen Rigidität und Akinese; die linke Körperseite war wesentlich schwerer betroffen als die rechte. So war der linke Arm rigide, wies dystonische Deformationen und Kontraktionen der Hand auf und war damit zu fast keiner unabhängigen Bewegung fähig. Der rechte Arm hatte eine nur gering ausgeprägte Rigidität; die rechte Hand konnte sechs bis sieben Greifbewegungen ausführen, bevor sie akinetisch wurde. Des weiteren war eine starke axiale Rigidität zu beobachten, die fast keine Bewegung der Rumpf- oder Nackenmuskeln erlaubte. Die ganze linke Körperhälfte wies eine Kombination von Hypalgesie (herabgesetzter Schmerzempfindlichkeit) und Hyperpathie (Schmerzüberempfindlichkeit) sowie Überreaktionen auf schmerzhafte Reize auf. Die Beine waren etwas spastisch, was auf eine Störung der höheren motorischen Zentren schließen ließ: alle Sehnenreflexe waren pathologisch gesteigert, und die Reaktion auf die Reizung der Fußsohle war eine Streckung auf beiden Seiten. Miss H. war völlig unfähig, aus ihrem Stuhl aufzustehen; sie konnte sogar mit Unterstützung weder stehen noch gehen. Es war allerdings überraschend, bei einer Patientin mit diesem Erscheinungsbild plötzlich hohe Intelligenz, Witz und Charme zu entdecken. Die meiste Zeit, in der Miss H. sich extrem zurückzog oder blockiert war, lagen diese Eigenschaften ja für Außenstehende, die unsere Patienten nicht kannten, so verborgen, daß diese Kranke geradezu als schwachsinnig angesehen werden mußte.

Verlauf der L-DOPA-Behandlung

Die L-DOPA-Therapie wurde am 18. Juni 1969 begonnen. In der ersten Woche wurden trotz Erhöhung der Dosis keine Veränderungen beobachtet. Miss H. klagte nicht über Übelkeit, Schwindelgefühle oder andere Symptome, die erfahrungsgemäß in den ersten Tagen auftreten.

27. Juni: Bei einer Tagesdosis von 2 g L-DOPA erscheint Miss H. munterer, fröhlicher und an ihrer Umgebung interessierter.

1. Juli: Miss H. ist weiterhin munter und fröhlich und zeigt zum ersten Mal nach vielen Jahren Interesse an ihrem eigenen Aussehen. Sie bittet darum, daß man sie dreimal in der Woche rasiere, sich ihrer Hautprobleme annehme; auch äußert sie den Wunsch, jeden Tag ein eigenes Kleid statt des unförmigen Krankenhausgewands zu tragen. Aus der Bibliothek hat sie sich eine Novelle ausgeliehen — zwei Jahre hatte sie nicht lesen wollen. Auch beginnt sie, mit einer winzigen, danach größer werdenden Schrift in ein Tagebuch zu schreiben. Ein bemerkenswertes Nachlassen der Rigidität im linken Arm tritt ein, und Miss H. hat bereits eine Reihe von Übungen geplant, um das vorher erstarrte Glied „geschmeidig“ zu machen. Sie kann inzwischen die linke Hand öffnen und schließen, obwohl separate Fingerbewegungen noch nicht möglich sind. Angesichts dieser günstigen therapeutischen Reaktionen und des Fehlens nachteiliger Wirkungen erhöhe ich die Tagesdosis von 3 auf 4 g.

9. Juli: Miss H. macht weitere Fortschritte, obwohl mittlerweile auch eine Anzahl ungünstiger Effekte auftreten, von denen glücklicherweise keiner schlimm ist. Ihr linker Arm ist dank der Physiotherapie geschickter geworden; einzelne Fingerbewegungen sind jetzt möglich. Dies erlaubt Miss H. unter anderem, ganz normal mit Messer und Gabel umzugehen und von Bonbons und Pralinen das Papier zu entfernen (denen sie, trotz Korpulenz und Diabetes, zugetan ist).

Miss H. ist auch anspruchsvoller und ungeduldiger geworden und äußert ihre Wünsche lautstark, wenn es sein muß. Geht man über ihre Wünsche hinweg, fängt sie schrill zu kreischen an, wobei dieses Kreischen von ihr als ichfremd erlebt wird; ihm folgten meist Zerknirschung und Entschuldigungen. Miss H. spricht weiterhin hastig; trotzdem ist ihr Sprechduktus insgesamt glatter und zusammenhängender geworden und hat ganz aufgehört, irgendeine Verzögerung nach jedem Satz oder Nebensatz aufzuweisen. Allerdings habe ich noch nie einen Menschen erlebt, der wie Miss H. sprach: Sie vermochte jeden Nachrichtensprecher leicht zu schlagen, weil sie 500 Wörter in der Minute produzierte, ohne dabei eine Silbe auszulassen. Diese Sprechgeschwindigkeit, verbunden mit ihrer schnellen Denk- und Rechenfähigkeit, machte sie jedem meiner Medizinstudenten überlegen. Wenn ich sie zum Beispiel bitte, fortlaufend die Zahl 17 von 1012 zu subtrahieren, führt sie diese Rechenoperation genau so schnell aus, wie ich sie aussprechen kann.

Die Kaubewegungen waren ausgeprägter geworden und besonders an den Abenden sehr stark. Sie setzten auch nicht aus, wenn Miss H. eingeschlafen war; als Störung oder Behinderung empfand sie sie jedoch nie. Ein neuartiges Symptom, das sich mit der erhöhten L-DOPA-Dosis entwickelt hatte, war ein *Tic*: eine blitzschnelle Bewegung der Hand zum Gesicht, die etwa zwanzigmal in der Stunde zu beobachten war. Als ich Miss H. nach diesem Symptom befragte, nannte sie es eine „sinnlose Bewegung", die keinen ihr bewußten Zweck verfolgte und die sie eigentlich nicht auszuführen wünsche. „Ich fühle, wie sich eine Spannung in meiner Hand entwickelt", sagte sie, „die nach einer gewissen Zeit so spürbar ist, daß ich meine Hand bewegen *muß*."

Nach drei Tagen allerdings war der Tic mit einer Absicht und einem Zweck verbunden: er war zu einem Manierismus geworden, der nun von Miss H. dazu benutzt wurde, das Sitzen der Brille zu korrigieren. Diese Brille saß tatsächlich locker und neigte dazu, über ihren Nasenrücken zu rutschen: „Es ist besser, sie nicht zu befestigen", bemerkte Miss H. mit Einsicht und Humor, „sonst werde ich einen neuen Zweck für meine Handbewegung finden müssen." Es gab keinen Zweifel darüber, daß sie erleichtert war, diesen Tic, der zunächst als sinnloser Bewegungsablauf erschienen war, zu einer sinnvollen Handlung umgedeutet zu haben. Miss H. neigte stets dazu, ihre „unwillkürlichen" Bewegungen zu rationalisieren und ihnen Zielhaftigkeit zu unterstellen. Bloße Impulse konnte sie nicht ertragen, im Gegensatz etwa zu Mrs. Y.

21. Juli: Miss H. zeigt weiterhin eine gleichmäßige und befriedigende Reaktion auf die Therapie: Munterkeit ohne Schlaflosigkeit, gute Stimmung ohne Erregung, ausgezeichnetes Funktionieren des linken Armes und jetzt, mit Hilfe der Physiotherapie, auch die

Fähigkeit, ohne Unterstützung wenige Sekunden zu stehen, wenn auch die spastische Schwäche ihrer Beine unverändert ist.

1. August: „Es ist der beste Monat seit Jahren gewesen", sagt Miss H. bei der Zusammenfassung der Ereignisse im Juli. Zu den anderen erfreulichen Wirkungen gehörte das Ende der okulogyren Krisen, die sie regelmäßig mehr als vierzig Jahre gequält hatten[24]. Obwohl sie unter normalen Umständen eher gleichmütig ist, offenbart Miss H. jetzt das lebhafte Naturell, das ihre Reaktionen in den ersten Jahren nach der Enzephalitis gekennzeichnet hatte.

Im August hielt bei Miss H. die stabile und befriedigende Besserung an, und sie konnte jetzt mit Hilfe der Physiotherpeutin auf ihren Füßen stehen und einige Schritte gehen. Ebenso auffallend wie die neurologische und funktionelle Besserung war die Wandlung, die in Miss H.s Erscheinung und Verhalten eingetreten war. Zwei Monate zuvor hatte man eine mitleiderregende, bewegungslose, apathische, zurückgebliebene Patientin gesehen, mißgestaltet und ungesund aussehend, die in ein anonymes weißes Krankenhausgewand gesteckt worden war. Jetzt war sie in ihrem eigenen Stil hübsch angezogen, rasiert, gepudert, geschminkt und hatte Dauerwellen im Haar. Ihre Korpulenz, ihre Akromegalie und das etwas maskenhafte Gesicht können jetzt angesichts ihres neuen Erscheinungsbildes und ihrer Lebhaftigkeit leicht übersehen werden, besonders wenn man ihrer bewundernswert witzigen und flüssigen Konversation lauscht. Das häßliche Entlein war fast ein Schwan.

1969—1972

Vier Monate nach dem Beginn der L-DOPA-Therapie (September/Oktober 1969) — die Tagesdosis lag inzwischen bei 4 g — begannen respiratorische „Nebenwirkungen" aufzutreten. Als erstes litt Miss H. unter stundenlangen Schluckauf-Anfällen, die morgens um 6.30 Uhr, kurz nach dem Aufwachen, anfingen und anhielten, bis die L-DOPA-Tagesdosis eingenommen war. Drei Wochen später setzten „nervöser" Husten und Räuspern ein, verbunden mit dem ticartigen Gefühl, daß etwas ihre Kehle blockiere oder kratze. Mit diesen neuen Symptomen verschwand der Schluckauf, so als ob das eine durch die anderen „verdrängt" worden sei. Ende November zeigte Miss H. eine Tendenz zum Keuchen und zur Kurzatmigkeit, die ihrerseits das Räuspern und Husten „ablöste". Danach ging Miss H. zu sich steigernden, schweren respiratorischen Krisen über, die denen von Miss D. ähnelten. (Miss H. und Miss D. waren zu dieser Zeit „bevorzugte Feindinnen"; beide waren unglücklich, wenn sie getrennt waren, und verbrachten den größten Teil des Tages damit, einander gegenüber zu sitzen und *mit*einander Krisen zu haben.) Gegen Ende des Jahres wurden Miss H.s Krisen unerträglich: Sie waren nicht nur von beschleunigtem Puls und dem Ansteigen des Blutdrucks begleitet, sondern auch von starker emotionaler Erregtheit, Sprechblockierung und Wiederauftreten von Parkinsonismus und okulogyren Anfällen.

Des weiteren erlebte Miss H. zwanghafte, quasi-halluzinatorische Erinnerungen und Phantasien, die ihr einen eigentümlichen Gesichtsausdruck verliehen und für ihre „Blokkierungen" verantwortlich waren. So „erinnerte" sich Miss H. während ihrer Krisen

plötzlich, daß sie 1952 von einer „Bestie", einem Fahrstuhlführer, sexuell überfallen worden war und als Folge eine Syphilis davongetragen hatte. Ihr „wurde klar", daß jeder aus ihrer Umgebung diese schreckliche Geschichte kannte und daß die ganze Station über ihre „Liederlichkeit" und deren pathologische Folgen flüsterte. Erst zwei Wochen zuvor hatte Miss H. mir gegenüber diese Gedanken geäußert. Als ich sie fragte, ob der Überfall tatsächlich passiert sei, antwortete sie: „Natürlich nicht. Das ist völliger Unsinn. Aber wenn ich eine meiner Krisen habe, werde ich gezwungen, es zu denken."
Ende Dezember folgte eine Krise nach der anderen. Wir sahen uns gezwungen, L-DOPA abzusetzen.

Es verging ein Monat, in dem Miss H. zwar keine Krisen hatte, dafür aber in einen schlimmeren Zustand von Parkinsonismus geriet als vor dem Beginn der L-DOPA-Therapie. Im Februar 1970 sagte sie mir: „Ich glaube, ich bin wieder bereit für L-DOPA. Im letzten Monat habe ich viel nachgedacht und einen Ausweg aus diesem sexuellen Unsinn gefunden. Ich wette mit Ihnen 20 zu 1, daß ich keine Krisen mehr haben werde". So begann ich erneut, ihr L-DOPA zu verschreiben und steigerte die Tagesdosis nach und nach auf 4 g.

Miss H. machte auch jetzt wieder erfreuliche therapeutische Fortschritte, wenn sie auch nicht so auffällig wie beim ersten Mal waren. Bis zum Sommer 1970 setzte sich diese Entwicklung fort, bis sich erneut „Nebenwirkungen" verschiedener Art einstellten. Diesmal nahmen sie nicht die Form von Schluckauf, Husten, Keuchen und anderen respiratorischen Symptomen an, wie Miss H. selbst vorausgesagt hatte, sondern traten als vielfache Tics zutage. Diese hatten eine äußerst bizarre Form, denn Miss H. stieß abwechselnd die Arme in die Luft, als summten Moskitos über ihrem Kopf. Im Juli wurden diese bis zu 300 Mal in der Minute ausgeführt, wobei Miss H. ihre Arme blitzschnell auf- und abbewegte, so schnell, daß man kaum mit dem Auge folgen konnte. (Diese Tics sind im Film *Awakenings* zu sehen.) Andere Tätigkeiten waren zu dieser Zeit unmöglich geworden, und es war Miss H. selbst, die uns bat, L-DOPA wieder abzusetzen.

Im September 1970 sagte Miss H. zu mir: „Zum dritten Mal glücklich! Wenn Sie mir noch einmal L-DOPA geben, verspreche ich, diesmal keine Komplikationen zu machen." Sie hielt dieses Versprechen. In den letzten beiden Jahren bekam sie weiterhin eine Tagesdosis von 4 g. Mit der Zeit waren deutliche, wenn auch nicht spektakuläre therapeutische Reaktionen spürbar. Gelegentlich ist sie übel gelaunt oder hat eine Krise, die allerdings nie gravierend ist. Ihren „Brillen-Manierismus" hat sie *beibehalten*, der ihre Neigung zu Tics oder ihre übermäßig ausgeprägte psychomotorische Erregung absorbiert oder auszudrücken scheint: „Es ist mein Blitzableiter", sagt Miss H., „lassen Sie die Finger davon weg!"

Im allgemeinen lebt Miss H. so normal, wie es ihre Behinderung und ihre Situation zulassen. An Exkursionen und an Kinobesuchen nimmt sie so oft wie möglich teil, ist der Schrecken beim Bingo, weil sie dauernd gewinnt und es niemand mit ihrem Scharfsinn oder ihrem blitzschnellen Denken aufnehmen kann. Ihrer einzigen verbliebenen Schwester ist sie warmherzig ergeben. Die meiste Zeit ist Miss H. allerdings mit Lesen und Schreiben beschäftigt. Sie liest aufmerksam und mit großer Geschwindigkeit, verschlingt regelrecht die Bücher — es sind stets etwas „altmodische“ Werke (gewöhnlich die Dickens’), niemals Zeitgenössisches. Miss H. denkt viel nach, behält ihre Gedanken aber für sich. Sie vertraut sie Band für Band ihren umfangreichen Tagebüchern an.

So hat sie alles in allem ihre Sache gut gemacht — angesichts des Lebens, das sie führt. Trotz der widrigen Umstände hat sie es immer fertiggebracht, eine wirkliche Persönlichkeit zu sein und der Wirklichkeit ohne Verleugnung oder Verrücktheit ins Gesicht zu sehen. Sie bringt eine für mich unergründliche Kraft auf, eine Gesundheit, die stärker ist als die Macht ihrer Krankheit.

8. Lucy K.

1924 wurde Miss K. in New York geboren. Sie — ein Einzelkind — hatte offenbar keine Kinderkrankheiten von Bedeutung, insbesondere keine fiebrigen Erkrankungen oder Anfälle von Lethargie oder Ruhelosigkeit. Im Alter von zwei Jahre entwickelte sie jedoch eine Lähmung sowie eine Divergenz des linken Auges: Dies wurde einem „angeborenen Schielen“ zugeschrieben, obgleich der Anfall sehr plötzlich (im Verlauf von sechs Wochen) aufgetreten war und Miss K. vorher eine normale Augenstellung gehabt hatte. Ihre Mutter beschreibt sie als vorher eifrig und schnell lernendes Kind, das in der frühen Kindheit sehr „artig“ und gehorsam war, aber etwa im Alter von sechs Jahren eine „garstige Gemütsart“ (Widerspenstigkeit, Ungezogenheit, Stehlen, Lügen, Übellaunigkeit usw.) an den Tag legte. Miss K., die eng an ihren Vater gebunden war, zeigte kurz nach seinem Tod (sie war elf Jahre alt) zum ersten Mal deutlich Parkinsonsymptome.

Die ersten physischen Abweichungen wurden an ihrem Gang beobachtet, der allmählich steif und hölzern wurde; er war besonders dann instabil, wenn Miss K. an einer nach unten führenden Treppe stand, die sie schließlich wie getrieben mit unkontrollierbarer Geschwindigkeit hinunterstürzte, wobei sie meist zu Boden fiel. Im Alter von 15 Jahren war ihr Gesicht „ausdruckslos und glatt“ — „wie ein Puppengesicht“. Außer den motorischen Symptomen entwickelte sie eine sich zusehends verschlimmernde emotionale Störung: In der Schule (die sie mit 14 Jahren hatte verlassen müssen), wurde sie unaufmerksam und zänkisch; und sie war auch mehr und mehr wie ein Schmarotzer an ihre Mutter und das Zuhause gebunden. Dies hatte zur Folge, daß Miss K. zurückgezogen lebte, das Interesse an ihren Freundinnen, den Büchern und Hobbies verlor. Mit der Zeit lehnte sie es ab, das Haus zu verlassen; sie wurde allmählich in eine enge und feindselige Vertraulichkeit mit ihrer Mutter hineingezogen — eine Vertraulichkeit, die durch die Anwesenheit des Vaters, anderer Kinder, der Schule, der Freundinnen, irgendwelcher anderer Interessen oder emotionaler Bindungen nicht gestört wurde. Trotz der „Ermutigung“ ihrer Mutter verabredete sie sich nie, sondern behauptete, das andere Geschlecht zu verachten, zu hassen und zu fürchten und bei ihrer Mutter „vollkommen glücklich“ zu sein. Es wurde durch die ausführliche Befragung der Mutter klar, daß diese häusliche Idylle durch häufige, heftige Streitereien gestört wurde, die gleichermaßen von Lucy oder ihrer Mutter angezettelt wurden.

Als Miss K. etwas über zwanzig war, setzte zuerst auf der linken Seite, dann auch auf der rechten Körperseite eine Rigidität ein. Im Alter von 27 Jahren konnte sie nicht mehr gehen, war vielmehr an einen Rollstuhl gefesselt. Trotz der zunehmenden und fast unglaublichen Schwierigkeiten blieb Miss K. zu Hause. Sie war völlig von ihrer Mutter abhängig, die jede Stunde des Tages opferte, um für ihre Tochter zu sorgen. Einmal wurde Miss K. in eine ambulante neurologische Klinik gebracht, wo sie einige Tabletten bekam. Die Ärzte schlugen eine ambulante Behandlung vor; auch wurde eine Operation angeraten. Über den Vorschlag einer Operation war die Mutter so aufgebracht, daß sie die Tabletten wegwarf und Miss K. nie wieder zur Klinik brachte.

Als 1964 eine umfassende Krankenpflege notwendig geworden war, ließ die Mutter Miss K. ins Mount-Carmel-Krankenhaus einweisen. Bei der Aufnahme zeigte sie folgendes Krankheitsbild: schwere Rigidität, Akinese, Augenmuskellähmung und vegetative Störungen; allerdings hatte Miss K. eine relativ junge und gut hörbare Stimme. Durch die Aufnahme wurde bei Miss K. eine vierwöchige, von heftigen Wutanfällen begleitete, gleichsam einen Kriegszustand ausdrückende Krise heraufbeschworen, der unvermittelt ein deutlicher Rückzug und eine Verschlechterung des neurologischen Befunds folgten. Insbesondere hörte Miss K. auf, zu sprechen, selbständig zu essen, sich im Bett zu bewegen oder andere Anzeichen von unabhängiger Tätigkeit zu geben.

Etwa sechs Monate nach der Aufnahme war sie eng mit einem Pfleger auf der Station verbunden, der ihr etwas menschliches Interesse und Freundlichkeit entgegenbrachte. Während der beiden Monate, die dieser Pfleger auf der Station arbeitete, kehrte Miss K.s Stimme zurück, und sie erlangte auch die Fähigkeit wieder, selbständig zu essen, sich im Bett zu drehen usw. Ihr Zustand verschlechterte sich jedoch schlagartig und tiefgreifend, als der Mann die Station verlassen mußte. Sie verblieb nach dem Weggang des Pflegers in einem gravierenden Regressionszustand und war schwer beeinträchtigt.

Zwischen 1965 und 1968 zeigte Miss K. ein Bild extremer Gleichförmigkeit, also einer fast unmenschlichen Monotonie, die durch Momente heftiger „Befreiung" unterbrochen wurde. Ansonsten blieb sie auf unheimliche Weise bewegungslos, hatte eine gespannte, *intensive* Regungslosigkeit, die sich etwas vom Parkinsonismus abhob. Auf dieselbe *gezwungene*, zwanghafte Art war sie völlig sprachlos — aber auch hier waren Unterschiede zur Aphonie des Parkinsonismus zu verzeichnen. Manchmal, wenn sie sich einen Film ansah, wurde sie von einem Anfall von Schrecken oder Vergnügen mitgerissen. Dieser durchbrach dann plötzlich ihre beklemmende Stille und Unbeweglichkeit und führte zu einem lauten hohen Kreischen („eeehhh!"). Gleichzeitig klatschte sie wie ein Kind in die Hände oder führte die Hände zum Gesicht, was wie ein kindlicher Überraschungs-Reflex aussah. Miss K. war auch für ihre Wutanfälle berüchtigt, die unvermittelt, ohne jegliche Warnung ausbrachen. Dann fluchte sie ungehalten in einer besonders sarkastischen und verwirrenden Weise drauflos. Dies machte deutlich, wie genau und raffiniert sie alle um sich herum beobachtete (während sie unbeweglich und für die Welt tot zu sein schien) und wie begabt sie im Spotten und Karikieren war. In diesen Monaten starrte sie böse in die Gegend, fuchtelte mit ihren geballten Fäusten und schlug gelegentlich sehr kräftig um sich. Die unmißverständlich gewalttätige Qualität ihrer Wutanfälle und deren unerwartetes Ausbrechen hatten für ihre Umgebung eine besonders entnervende Wirkung. Die Anfälle von Schrecken oder Vergnügen, Lachen oder Wut dauerten selten länger als etwa eine Minute. Dann verschwanden sie so abrupt, wie sie gekommen waren, und Miss K. kehrte sofort und übergangslos zu der großen Beständigkeit ihres „normalen" Zustandes zurück. Ihr allgemeines Erscheinungsbild während dieser Jahre war pathetisch und grotesk. So war sie schwerfällig und kräftig gebaut, erweckte den Eindruck großer physischer, mühsam zurückgehaltener Stärke. Sie sah (wie die meisten Postenzephalitiker) viel jünger aus, als sie war; man konnte sie leicht für eine Mittzwanzigerin, nicht für eine Vierzigjährige halten. Ihre bizarre Baby-Puppen-Erscheinung wurde noch durch die große Mühe betont, die ihre Mutter täglich auf sich nahm, um sie jeden Tag „herzurichten". Miss K. saß dann steif und bewegungslos in ihrem übergroßen Stuhl in der Halle und sah dann in ihrem verzierten Nachthemd wie ein Kind oder eine Braut aus. Das pechschwarze Haar war unbeholfen geflochten; ihr Gesicht von der Puderschicht kreidebleich (sie litt an permanentem Schwitzen und Seborrhoe). Die Finger ihrer dystonisch verkrüppelten Hände waren an den Knöcheln gekrümmt; dennoch waren sie mit vielen Ringen geschmückt und hatten lange, scharlachrot bemalte Nägel. Miss K.s verdrehte Füße trugen niedliche Pantoffeln. Sie sah aus — ich konnte mich nie entscheiden — wie ein Clown oder eine Geisha oder Miss Haversham oder ein Roboter. Vor allem jedoch wie eine Baby-Puppe, im wahrsten Sinne des Wortes: eine lebende Widerspiegelung der verrückten Einfälle ihrer Mutter.

Wie ich nach und nach erkannte, war nicht nur Miss K.s Erscheinung, sondern auch ein Großteil ihres Krankheitszustands tatsächlich untrennbar mit dem Verhalten ihrer Mutter verbunden. Somit durfte sie nicht allein betrachtet werden.

So war ihr Mutismus zum Teil eine Verweigerung des Sprechens (eine Blockierung, ein Veto oder ein Verbot), welche die Warnungen ihrer paranoiden Mutter widerspiegelten.

„Sag nichts, Lucy", sagte sie jeden Tag, „pscht! Kein Wort! Sie sind hier alle gegen dich! Gib nichts von dir weg — nicht eine Bewegung, nicht ein Wort . . . Es gibt hier niemanden, dem du auch nur ein bißchen trauen kannst." — Diese schrecklichen Warnungen wechselten mit Stunden gewimmerter und rührseliger Babysprache ab: „Lucy, mein Kindchen, meine kleine lebende *Puppe* . . . es gibt niemanden, der dich so liebt wie ich . . . niemand auf der Welt *könnte* dich so lieben wie ich . . . kleine Lucy, für dich habe ich mein Leben gegeben . . ."

Miss K.s Mutter kam schon am frühen Morgen ins Krankenhaus, übernahm dann die Ernährung und die Pflege ihrer Tochter (trotz der Bemühungen des Pflegepersonals und anderer, sie aus dieser tyrannischen Vormachtstellung zu verdrängen) und verließ sie erst spät in der Nacht, wenn die Patientin sicher schlief. Wahrheitsgemäß bekannte sie denn auch, daß sie vollkommen an ihrer Tochter hängen würde, die letzten fünfundzwanzig Jahre „geopfert" hätte, um nach ihr zu sehen und sie zu „beschützen". Es war trotzdem offensichtlich, daß ihre Haltung zutiefst widersprüchlich war, daß sie Haß, Sadismus und Zerstörungswut nicht weniger als maßlose Liebe und Aufopferung einschloß. Dies trat besonders dann zutage, wenn ich zufällig mit Studenten durch die Station ging. Beim Anblick unserer Gruppe packte sie plötzlich ihre Tochter und zwängte sie in eine Sitzposition, indem sie Miss K.s Nacken mit einem boshaften Ruck aufrichtete. Dann winkte sie uns heran und begann ein grausames Aufstacheln: „Lucy, welcher sieht am besten aus?“ fragte sie, „Der dort? Würdest du ihn nicht gern küssen, würdest du ihn nicht gern heiraten?“ In diesem Moment kullerte eine Träne über Lucys Wange, oder sie gab ein heiseres Wutgebrüll von sich.

Anfang 1969 schlug ich die Einnahme von L-DOPA vor; denn ich dachte damals, daß nichts zu verlieren sei. Miss K. war nicht nur aus „Eigensinn“, „Verweigerung“, „Blockierung“, „Negativismus“ usw. stumm und bewegungslos, sondern litt ebenso unter einem ausgeprägten qualvollen Parkinsonismus. Sie zeigte, soweit dies hinter der katatonischen Rigidität entdeckt werden konnte, eine schwere plastische Rigidität des Parkinson-Typs, die linksseitig stärker ausgeprägt war und mit einem leicht auslösbaren Zahnradphänomen einherging. Ihre verkrüppelnden dystonischen Verkürzungen wurden schon erwähnt. Sie waren mit Kälte, Wächsernheit und einer gewissen Schrumpfung von Händen und Füßen verbunden.

Sie hatte heftige Anfälle von „flatterndem“ Tremor auf beiden Seiten und gelegentlich massive Schüttelkrämpfe. Besonders stark ausgeprägt war ihr schier endloser Speichelfluß: ein konstanter Strom von zähem Speichel, der nicht nur die Verwendung eines Lätzchens und dauerndes Abtrocknen erforderte — schon an sich eine Demütigung —, sondern auch durch seine Menge (bis zu 4,5 Liter pro Tag) einen Wasserentzug zu bewirken drohte. Miss K.s Lippen zitterten ständig und verzogen sich bei Erregung zu einem rhythmischen Grimassieren (ihre Mutter bezeichnete es als „Fletschen“), das alle ihre Zähne entblößte.

Ein weiteres Symptom war eine alternierende Exotropie, mit weit schief gestellten Augen, welche, wenn offen, vor Schmerz und Groll zu glänzen schienen (sie wurden für den großen Teil des Tages verborgen durch Tonus-Klonus der Augenlider oder auch anableptische Drehung, welche nur die Sklera exponierte). Nur die Augen waren frei beweglich; sie drückten beredt und bedrückend Lucys Gefühle aus. Diese waren extrem, widersprüchlich und unbeeinflußbar. War Miss K. feindselig und negativistisch eingestellt (was sie während der meisten Zeit zu sein schien), lösten alle Fragen eine „Verweigerung“ aus: Die Bitte, angeschaut zu werden, verursachte Wegsehen; die Aufforderung, die Zunge zu zeigen, verursachte ein Zusammenpressen der Kiefer; das Ersuchen, sie möge sich doch locker bewegen, machte sie verkrampft.

Weitaus seltener zeigte sie einen weichen, unterwürfigen und rührenden Ausdruck — sie „gab sich“ dann offenherzig und mit katatonischer Ruhe jenen, die sie untersuchten. In solchen Zeiten löste schon eine bloße Andeutung unsererseits Gehorsamkeit aus — soweit ihr behinderter Zustand dies zuließ. Dann schien sich sogar ihre Parkinson-Rigidität „aufzulösen“; ihre sonst starren Glieder konnten mit einiger Leichtigkeit bewegt werden. So bildeten Miss K.s Parkinsonismus, Katatonie und ihre psychotische Ambivalenz ein kontinuierliches Spektrum, durch das sie miteinander verschränkt waren.

Anfang 1969 schlug ich zuerst einmal, dann wiederholt eine L-DOPA-Therapie vor. (Mein Enthusiasmus war zu dieser Zeit noch unbegrenzt; ich neigte dazu, die meisten komplexen Situationen zu vereinfachen.) „Lucy ist hilflos! Sie muß geheilt werden“, meinte ich, „nur L-DOPA kann die Rettung bringen.“ Ihre Mutter war allerdings unerbittlich dagegen und äußerte ihre Meinung auch in Anwesenheit der Patientin: „Wie es jetzt ist, geht es Lucy am besten!“ versicherte sie. „Sie wird wachgerüttelt werden, sie wird explodieren, wenn Sie ihr L-DOPA geben.“ Und sie fügte gottesfürchtig hinzu: „Wenn es Gottes Wille ist, daß Lucy stirbt, dann soll sie sterben.“ Miss K. hörte das, sagte aber nichts, sondern drückte mit ihren Augen eine quälende Ambivalenz von Wunsch und Angst, Zustimmung und Weigerung aus.

1969—1972

1969 begann ich, meine Meinung zu revidieren: Ich *sah* bei anderen Patienten öfter ein „Explodieren“ wegen L-DOPA; so war ich dadurch weit weniger bestrebt, es Miss K. aufzudrängen. Ich erwähnte das Medikament nicht mehr, wenn ich sie oder ihre Mutter sah. Als aber mein Enthusiasmus für L-DOPA gerade abzunehmen im Begriffe war, verschlimmerte sich der Zustand von Miss K. Sie wurde in der Beziehung zur Mutter widerspenstiger, trotziger, steif wie ein Brett. Der Kontakt zwischen Mutter und Tochter wurde zu einem Ringkampf, den Miss K. durch ihre Katatonie „gewann“.

Ende 1970 kam ihre Mutter zu mir: „Ich bin erschöpft, ich kann damit nicht mehr fertig werden“, sagte sie. „Lucy bringt mich mit ihrem Haß und ihrer Verdorbenheit um ... Warum haben Sie dieses *verfluchte* L-DOPA jemals erwähnt? Es ist, als ob ein Fluch über uns liege ... Geben Sie ihr das Medikament, und wir werden sehen, was dabei geschieht!“

Ich begann mit einer sehr kleinen Dosis von L-DOPA, die ich allmählich auf 3 g täglich steigerte. Miss K. reagierte mit einem mäßigen Brechreiz sowie einer leichten Verschlechterung des Parkinsonismus und der Katatonie. Sonst geschah nichts — außer daß uns der Eindruck beschlich, *etwas* Bedrohliches stünde bevor. In der vierten Woche der Behandlung reagierte Miss K. — wie ihre Mutter vorausgesagt hatte — mit einer vollständigen „Explosion“. Es geschah unvermittelt und ohne jede Warnung. Eines Morgens kam die sonst eher gelassene Stationsschwester in mein Büro gerannt: „Schnell, Sie müssen schnell mitkommen!“ rief sie aus. „Miss Lucy bewegt sich und redet wie ein Wasserfall ... es fing plötzlich, gerade vor einigen Minuten an!“ Miss K. hatte sich im Bett allein aufrecht gesetzt (was normalerweise unmöglich war), bewegte mit gerötetem Gesicht lebhaft ihre Arme hin und her. Ich lächelte etwas verwirrt und untersuchte sie rasch: nicht eine Spur von Rigidität in Armen oder Beinen; die Akinese war verschwunden, und freie Bewegungen waren möglich, wo keine Kontraktionen vorlagen. Miss K.s Stimme war laut, klar und überaus erregt: „Schaut mich an, schaut mich an! Ich kann wie ein Vogel fliegen!“ Alle Schwestern, die um sie herumstanden, frohlockten, gratulierten ihr und umarmten sie. Nur ihre Mutter sagte überhaupt nichts, sondern drückte mit verzerrtem Gesicht etwas Unergründliches aus. Am Abend, als ich Miss K. allein besuchte (ihre Mutter war nach Hause gegangen und die Schwestern hatten sich beruhigt), nahm ich erneut eine Untersuchung vor, in deren Verlauf ich fragte: „Wollen Sie mir Ihre Hand geben?“ Miss K. antwortete: „Ja, ja, ich will Ihnen meine Hand geben.“

Sie war weiterhin erregt, angeregt, und am nächsten Tag sehr aktiv. Als ich abends die Runde machte, ergriff sie die Initiative: „Dr. Sacks, Sie baten mich um meine Hand“, sagte sie, die Worte in der Erregung überstürzend. „Sie gehört Ihnen! . . . ich möchte, daß Sie mich heiraten und von diesem schrecklichen Ort wegbringen . . . Und versprechen Sie mir, *sie* nie mehr in meine Nähe kommen zu lassen!"

Ich beruhigte sie so gut ich konnte, erklärte ihr, daß ich ausschließlich ihr Arzt und nichts anderes sei, daß ich sie gern hätte und mein Bestes für sie tun wolle — Miss K. aber schenkte mir einen langen, gequälten und wütenden Blick: „In Ordnung", sagte sie, „das war *es* dann. Ich hasse Sie, Sie Laus, Sie Ratte von Verräter, Sie . . ." Erschöpft sank sie zurück und sagte nichts mehr.

Am nächsten Morgen war Miss K. völlig stumm, blockiert und rigide, hatte erneut starken Speichelfluß und schüttelte sich im Tremor. „Was ist geschehen?" fragten die Schwestern. „Es ging ihr so gut. L-DOPA kann nicht dermaßen schnell abklingen." — Als Miss K.s Mutter kam, setzte sie ein Lächeln auf, „Ich wußte, daß es passieren würde!", sagte sie, „Sie haben Lucy zu weit getrieben."

Wir setzten die L-DOPA-Therapie weitere drei Wochen fort, erhöhten die Tagesdosis sogar auf 5 g, aber Kreide hätte dieselbe Wirkung gehabt. Miss K. war explodiert — und hatte sich wieder in sich zurückgezogen, diesmal extrem und unversöhnlich bis zur Unerreichbarkeit, war wieder parkinsonkrank und rigide. Sie hatte sich enthüllt und entblößt — und war zurückgewiesen worden. Das war *es* denn auch — sie konnte nicht mehr. Wir hätten sie mit L-DOPA bombardieren können, sie *hätte nicht reagiert*. Dies ging mir jedenfalls angesichts ihrer Gefühle und Reaktionen durch den Kopf. Von ihr konnte ich nichts erfahren, weil ihre Schweigsamkeit (einschließlich des „motorischen Stillstands") absolut wurde. Als ich das L-DOPA absetzte, zeigte sie keinerlei weitere Reaktion.

In den folgenden Monaten blieb Miss K.s Parkinsonismus weiterhin stark ausgeprägt. Vielleicht hatte sie ein wenig begriffen, was unter der Wirkung von L-DOPA geschehen war. Sie sprach nie wieder mit mir, aber gelegentlich lächelte sie.

Von diesem Zeitpunkt an schien sie weniger spannungsgeladen, weniger einfühlsam, weniger halsstarrig zu sein. Die Heftigkeit ihrer Gefühle hatte nachgelassen. Aber sie wurde trauriger und zurückgezogener (soweit ich das beurteilen konnte). Ich hatte den Eindruck, daß etwas in ihr unwiderruflich zerbrochen war. Es gab keine weiteren Verwünschungen oder Ausbrüche gegen andere mehr. Sie saß jetzt bei Filmen, ohne sie zu beachten oder zu reagieren. Ihre Augen blieben tagsüber fast immer geschlossen — nicht zusammengepreßt, einfach nur geschlossen. Ihr Verhalten war das eines Gespenstes oder eines Leichnams — von jemandem, der genug hatte und mit der Welt fertig war. Im Juli 1972 starb sie plötzlich in aller Stille.

9. Margaret A.

Margaret A. wurde 1908 in New York geboren. Sie war die jüngste Tochter eines armen irischen Einwandererpaares, das häufig keine Arbeit hatte. Es gab in ihren frühen Jahren nichts, was auf eine Retardierung, größere emotionale Störungen oder irgendwelche bedeutsamen Krankheiten hinwies. Sie war eine durchschnittlich begabte Schülerin, die mit

15 Jahren die High School abschloß; sie war auch eine gute Sportlerin. Ihr Gefühlsleben war anscheinend unproblematisch und gleichmäßig.

Im Alter von siebzehn Jahren litt sie an einer akuten Erkrankung mit übermächtiger Schläfrigkeit und Depression. Sie schlief tatsächlich fast zehn Wochen ununterbrochen, obgleich sie geweckt werden konnte, um ernährt zu werden. Danach war sie ein Jahr lethargisch, furchtsam und deprimiert. Diese Krankheit wurde zunächst einem „Schock" zugeschrieben — ihr Vater, dem sie sehr zugetan war, war kurz zuvor gestorben —, später jedoch als *Encephalitis lethargica* erkannt.

In dem auf Lethargie und Depression folgenden Jahr erlebte Miss A. scheinbar eine vollständige Genesung. Sie arbeitete als Sekretärin und Buchhalterin, spielte Tennis, war gesellig und in ihrem großen Freundeskreis sehr beliebt. 1928/29 indessen machten sich die ersten Symptome eines komplexen postenzephalitischen Syndroms bemerkbar.

Zu den ersten Symptomen zählten eine Tendenz zu einem starken Tremor beider Hände, ein verlangsamter Gang, Gleichgewichtsstörungen sowie der Hang zu Schläfrigkeit am Tag und Schlaflosigkeit in der Nacht. Zudem entwickelte sie einen „unersättlichen" Appetit (der zu einer Gewichtszunahme von 45 kg in zwei Jahren führte), litt unter einem unstillbaren Durst und Trinkbedürfnis und hatte die Tendenz zu plötzlichen, kurzzeitigen und zyklisch sich wiederholenden Stimmungshochs und -tiefs, die kaum mit Ereignissen in ihrem Alltagsleben zusammenzuhängen schienen. Nach ihrem dreißigsten Lebensjahr entwickelten sich zwei weitere krampfartige Symptome: schwere okulogyre Krisen, die zehn bis zwölf Stunden dauerten und typischerweise mittwochs auftraten, sowie häufig sich einstellende Zustände des Starrens („Krisen mit fixiertem Blick"), durch die sie plötzlich gehemmt und für einige Minuten in „einer Art Trancezustand" gehalten wurde. Ihre Bulimie und die Umkehrung des Schlafrhythmus waren zwar nach 1932/33 weniger ausgeprägt, die anderen Symptome wurden aber im Verlauf der letzten vierzig Jahre nach und nach gravierender.

Bis 1935 war Miss A. noch imstande, im Büro zu arbeiten. Danach lebte sie, abgesehen von einigen kurzen Krankenhausaufenthalten, bei ihrer Mutter, bis sie 1958 in Mount Carmel aufgenommen wurde. Über ihre früheren Krankenhauserfahrungen spricht Miss A. nur widerwillig. Aus uns vorliegenden Berichten geht hervor, daß sie unter Depressionen, Hypochondrie und Suizid-Gedanken litt. Die Behandlung wurde durch die Tatsache erschwert, daß die Perioden der Depression (trotz der Schwere derselben) jeweils nur einige Tage dauerten und ihnen euphorische Anfälle folgten, in denen die Patientin alle Probleme leugnete. Es war offenbar niemals notwendig gewesen, Elektroschocks anzuwenden oder eine medikamentöse Behandlung mit Anti-Depressiva durchzuführen. Man entließ Miss A. mit der etwas vagen Diagnose „Parkinsonismus mit Psychose" oder „Parkinsonismus mit atypischer Schizophrenie".

Während der zehn Jahre in Mount Carmel hat sich Miss A.s Zustand langsam verschlechtert, obwohl sie weiterhin imstande ist, ohne Unterstützung zu gehen (trotz einer starken Tendenz, zu hasten und gelegentlich zu stürzen), selbständig zu essen, sich fast selbständig anzuziehen und in ihren „guten Zeiten" mit der Maschine zu schreiben. Ihr Durst und der Drang zu trinken blieben weiterhin auffällig: Die tägliche Flüssigkeitsaufnahme lag zwischen 6 und 8 Litern, was zur Folge hatte, daß sie Unmengen an verdünntem Urin ausschied. Miss A. lebt in deutlich erkennbaren Zyklen und anfallartigen Veränderungen der Lebhaftigkeit, der motorischen Aktivität und der Stimmung. Jeden Tag wird sie zwischen 17 und 18.30 Uhr schläfrig und kann ganz plötzlich beim Essen, beim Waschen oder bei anderer Tätigkeit einschlafen. Diese Schläfrigkeit geht mit einem Augenlidkrampf, d. h. einem unbeherrschbaren Schwerwerden der Augenlider und wiederholtem, unwiderstehlichem Schließen der Augen einher. Zwar kann dem einige Minuten widerstanden werden, es führt aber regelmäßig zu kurzem Schlaf. Am frühen Nachmittag, kurz nach 13 Uhr, sind Miss A.s Anfälle von Schläfrigkeit etwas milder. Sie können gelegentlich von fast narkoleptischer Abruptheit sein. Zwischen 14 und 16.30 Uhr erreicht die motorische Aktivität ihren Höhepunkt. Die normalerweise leise und monotone Stimme wird laut und ausdrucksvoll. Miss A.s schleppende Gangart in kleinen Schritten wird von einem ausladenden Schreiten, übertriebenem Schwenken der Arme und dem gleichzeitigen Bewegen der Rumpfmuskeln abgelöst. In den frühen Morgenstunden, etwa zwischen 5 und 8 Uhr, befindet sich die Motorik auf dem Tiefstand. Miss A. ist zwar munter, spricht aber nicht, noch bewegt sie ihre Beine. Schlaflosigkeit und erhöhte motorische Aktivität treten nach 19 Uhr abends auf. Miss A. hat große Mühe, um 21 Uhr wie die anderen Patienten schlafen zu gehen. Selbst wenn sie (gegen 22 Uhr) eingeschlafen ist, bewegt sie sich ungewöhnlich stark, wirft oder dreht sich im Bett hin und her, spricht im Schlaf und geht manchmal Schlafwandeln. Um etwa 1 Uhr morgens lassen diese Aktivitäten nach, und für den Rest der Nacht ist ihr Schlaf ruhig. Morgens ist sie weder müde noch kann sie sich an das Sprechen oder die anderen Aktivitäten während des Schlafs erinnern.

Miss A.s Depressionen und ihre gehobenen Stimmungen haben einen eher stereotypen Charakter. In der Depression fühlt sie sich „schlecht, abstoßend", haßt sich und glaubt, auch von den anderen Patienten gehaßt zu werden. Sie spürt deren Verachtung wegen ihres vergrämten Ausdrucks und des täglich fünfzigmal sich wiederholenden Trinkens am Wasserbehälter. Auch ist sie der Überzeugung, ihr Leben sei wertlos und erbärmlich.

Vor allem wird Miss A. von der Idee gequält, daß sie erblinden werde. Ihre hypochondrischen Ängste vor der Erblindung haben einen zwanghaften Charakter, denn sie wiederholt unzählige Male: „Ich werde blind, ich weiß es, ich werde wirklich blind". In diesen Phasen kann sie durch nichts beruhigt werden.

Wenn sie sich hingegen in einer gehobenen Stimmung befindet, fühlt sie sich „munter wie ein Fisch im Wasser" (eine Lieblings- und oft wiederholte Redensart), sorglos, schmerzfrei („Ich habe keinen Schmerz, kein Leiden in meinem ganzen Körper — ich fühle mich so wohl, mir fehlt überhaupt nichts"); sie ist dann voller Energie, überaus aktiv, gesellig und zum Plaudern aufgelegt. Diese Stimmungs- und Einstellungsschwankungen erfolgen abrupt und führen zu Extremen, die mit irgendwelchen Veränderungen in der Umgebung von Miss A. nicht in Verbindung gebracht werden können.

Sie selbst sagt: „Ich bin oft deprimiert, auch wenn es nichts gibt, worüber man sich beunruhigen müßte, und bin munter wie ein Fisch im Wasser, wenn allerhand Probleme existieren." Zuweilen allerdings kann eine ihrer hypochondrischen Depressionen während einer okulogyren Krise auftreten (wenn sie tatsächlich wegen der extremen Drehung der Augen nicht nach oben blicken kann) und diese sogar überdauern. Mitunter schlägt im Laufe einer Krise die Depression in Euphorie um.

Was Miss A.s *allgemeine physische und neurologische Verfassung* betrifft, die (wie schon erwähnt) im Laufe eines Tages, je nach Stimmung, schwankt, ist folgendes festzuhalten: Die Patientin ist eine eher magere Frau, die bedeutend jünger als eine Einundsechzigjährige wirkt, hat eine fettige und rauhe Haut, aber keine erkennbaren Anzeichen von Akromegalie, Schilddrüsen- oder anderer endokriner Störung. Sie leidet jedoch unter beträchtlichem Speichelfluß, so daß ihr Mund alle paar Minuten gereinigt werden muß. Ihr Gesicht erscheint starr und maskenhaft, wobei der Mund vor allem bei Unaufmerksamkeit und im Schlaf dazu neigt, offen zu stehen. Die Lippen zittern ständig, die Zunge wölbt sich in Hin- und Herbewegungen nach innen. Blinzeln trat selten spontan auf, kann jedoch durch einen Augenliderkrampf hervorgerufen werden. Berührt man Miss A. am Glätzchen (d. h. an der Glabella, der unbehaarten Stelle zwischen den Augenbrauen) oder tauchen plötzlich Reize im Gesichtsfeld auf, schließt sie die Augen. Ist sie schläfrig, treten unaufhörlich Anfälle von Lidkrämpfen mit einer Tendenz zu „Mikrokrisen" ein (erzwungenes Schließen der Augen und Verharren der Augäpfel in einer zum Himmel weisenden Stellung). Miss A.s Stimme ist monoton, ohne Modulation und leise (zuweilen sogar unhörbar). Sie neigt zu hastigem Sprechen, nicht aber zu Palilalie (mehrfaches Wiederholen von Silben und Wörtern). Die Pupillen sind beide klein (2 mm) und reagieren normal. Die Augen sind naß vom übermäßigen Tränenfluß. Die Fähigkeit, in alle Richtungen zu blicken, ist durch ein leichtes Konvergenzdefizit kaum beeinträchtigt.

Eine extreme Starrheit der längsachsigen Muskulatur läßt kaum eine Bewegung im Nackenbereich zu; die Körperglieder sind schwach bis mäßig rigid. Wenn Miss A. aufgeregt, ängstlich oder hilflos ist, reagiert sie mit einem starken Tremor der Arme („Flattern"). Wird sie aufgefordert, die Hände regelmäßig zusammenzupressen, läßt die Bewegung nach zwei bis drei Wiederholungen nach, wird dann schneller, bis sie nach sechs bis acht Mal sich automatisiert, rhythmisch wird und in ein unbeherrschbares Flattern übergeht. Miss A. neigt dazu, beim Stehen und im Gehen eine gebeugte Haltung des Rumpfes einzunehmen; strecken kann sie sich nur für einige Sekunden. Sie steht gewöhnlich langsam und mit Mühe auf, schleppt sich mit gebeugten, starren und bewegungslosen Armen allmählich vorwärts. Vorwärts-, Seitwärts- und Rückwärtsbewegungen können mit extremer Leichtigkeit ausgelöst werden. Sie zeigt eine beträchtliche Tendenz vorwärts zu fallen, besonders wenn sie in einer unbeherrschbaren Festination gefangen ist. Obwohl beim Beginn einer Untersuchung sehr rigid und in der Bewegung sehr verlangsamt, zeigt Miss A. eine bemerkenswerte Fähigkeit, sich durch Übung zu „aktivieren" und zu lösen (ihre funktionellen Zustände vor und nach der Physiotherapie waren auffallend verschieden). Sie konnte auch für wenige Minuten aktiviert werden, selbst in ihren höchst akinetischen Frühmorgens-Perioden, wenn sie zufällig nieste. Wenn sie deprimiert war, verbesserte sich ihre Stimmung *pari passu* mit ihrer motorischen Aktivierung auf dramatische Weise.

Vor Beginn der L-DOPA-Therapie war bei Miss A. übrigens ein Jahr lang keine ausgeprägte okulogyre Krise mehr zu beobachten gewesen. Eine beträchtliche Anzahl von Medikamenten wurde ihr verschrieben, die den Speichelfluß und den Tremor in einem gewissen Ausmaß eindämmten, aber wenig Änderung hinsichtlich ihrer gebeugten Haltung, Bradykinese, Instabilität der Gangart, Hypophonie, Krisen oder Stimmungsumschwünge bewirkt hatten. Sie begann am 7. Mai L-DOPA zu nehmen.

Der Verlauf der L-DOPA-Therapie

Erst als die Tagesdosis auf 2 g erhöht wurde, waren Reaktionen zu beobachten. Am 12. Mai litt Miss A. unter leichter Übelkeit und unter Schwindel. Sie begann, den Mund wie zum Gähnen zu öffnen, obwohl sie nicht wirklich gähnte. Diese Bewegung wurde gelegentlich durch ein Zusammenbeißen der Zähne unterbrochen. Beide Bewegungen beschrieb Miss A. als „automatisch" und „unwillkürlich".

Am 15. Mai (die Dosis war auf 3 g täglich heraufgesetzt worden) zeigte Miss A. auffällige Veränderungen. Ihr Ausdruck wurde wach und interessiert, ihre Zunge beweglicher. Die im Laufe des Tages auftretenden schläfrigen Phasen und die Benommenheit verschwanden. Miss A. konnte sich nun mühelos aufrecht halten, denn die Rigidität war deutlich zurückgegangen. Auch die Häufigkeit der abnormen Mundbewegungen hatte abgenommen. So befand sich Margaret A. zum ersten Mal in einem Zustand voller Energie und Wohlbefinden.

Am 17. Mai (die Tagesdosis betrug 4 g) gingen Rigidität und Akinese noch weiter zurück, so daß eine Vielflalt alltäglicher Verrichtungen nun möglich wurde, z. B. das An- und Ausziehen, das vordem nur mit Unterstützung durch andere Personen vollzogen werden konnte. Zudem vermochte Miss A. jetzt, sich ohne Zögern zu erheben und, ihre Arme schwenkend, durch die Station zu gehen. Ihr Gesicht war beweglich; sie lächelte gern. Die Augen blieben den ganzen Tag weit geöffnet und erschienen sehr „glänzend". Allerdings wurde mit der Erhöhung der Dosis das häufige Öffnen und Schließen des Mundes wieder auffällig.

Am 19. Mai (die Dosis lag immer noch bei 4 g) begann Miss A., einige beunruhigende Reaktionen auf das Medikament zu entwickeln. Sie fühlte sich jetzt extrem schwach und konnte zwei Nächte hintereinander nicht schlafen. Ihre Pupillen waren geweitet (5 mm), reagierten aber noch normal. Miss A., deren Beine ruhelos gewesen waren, hatte nun den Drang, sie ständig zu kreuzen und wieder nebeneinander zu legen, mit den Füßen zu klopfen und generell umherzugehen. Sogar im Bett verspürte sie das Bedürfnis, ihre Physiotherapieübungen immer wieder auszuführen. Die inzwischen auffällig gewordenen Mundbewegungen waren Ausdruck einer paranoiden Angst — daß die anderen Patienten und die Schwestern sie „beobachteten", über sie lachten usw. Angesichts dieser übermäßigen Erregung — Akathisie, Beunruhigung, Schlaflosigkeit — wurde die Tagesdosis auf 3 g reduziert.

Mehrere Tage lang (vom 19. bis zum 25. Mai) verbesserten sich daraufhin die Haltung, die Gangart und die Stimme; Rigidität und Akinese verschwanden, ohne daß die bei höherer Dosis aufgetretene Erregung beobachtet wurde. Wir hatten die Hoffnung, daß die Besserung stabilisiert worden war.

Am 26. Mai indessen traten erneut ungewöhnliche Manifestationen der Erregung auf. Miss A. hatte dauernd Durst und Heißhunger, fühlte sich gezwungen, fast ununterbrochen am Wasserbehälter zu trinken. Ihr Appetit und ihre Gier erinnerten sie an das, was sie schon einmal in den frühen dreißiger Jahren erlebt hatte. Ihre Stimme wurde exaltiert. „Innerlich" verspürte sie „ein wundervolles Gefühl des Fliegens und des Schwebens"; sie wurde sehr gesellig, redete ununterbrochen, fand Gründe, die Treppe auf und ab zu rennen (sie „erledigte Botengänge") und wollte sogar mit den Schwestern tanzen. Mich strahlte sie an und meinte, sie sei sicher, meine „Starpatientin" sein zu müssen. Neben anderen Tätigkeiten füllte sie täglich zwölf Seiten ihres Tagebuches mit glücklichen, bewegten und zum Teil erotischen Erinnerungen. Ihr Schlaf wurde wieder weniger, war gestört; Miss A. warf sich jede Nacht hin und her, wenn die Wirkung ihres Nachtsedativums abgeklungen war. Zu dieser Zeit beobachteten wir auch ein neues Symptom — ein ziemlich plötzliches Gefühl von „Enttäuschung" oder von „Im-Stich-gelassen-Sein", verbunden mit Schwäche und Schläfrigkeit; es trat jeweils zweieinhalb bis drei Stunden nach der Einnahme von L-DOPA auf.

Am folgenden Tag (27. Mai) entfaltete Miss A. eine noch größere Aktivität und fühlte sich getrieben, die Physiotherapie-Übungen hundertfach zu wiederholen: „Ich hatte einen solchen Aktivitäts-*Sturm*, daß es mich erschreckte", klagte sie. „Ich *konnte nicht* still halten." Eine weitere, an diesem Tage beobachtete Besonderheit waren plötzlich auftretende ticartige Bewegungen: blitzschnelle Impulse, jedes Ohr zu berühren, die Nase zu kratzen usw.

Zwei Tage später (trotz Reduzierung der Tagesdosis auf 2 g L-DOPA) wurde die Akathisie noch deutlicher: Miss A. fühlte sich „gezwungen" (so ihr Ausdruck), ihre Arme und Beine fortlaufend zu bewegen, mit den Füßen zu scharren, mit den Fingern zu trommeln, Objekte aufzuheben und sofort wieder hinzulegen, sich zu kratzen (trotz des Gefühls, daß es nichts zu kratzen gab) und ihre Hände schlagartig und schnell an ihre Nase oder ihre Ohren zu führen. Sie sagte über diese ticartigen Bewegungen: „Ich weiß nicht, warum ich sie mache; es gibt eigentlich keinen Grund dafür, aber ich *muß* sie eben machen." Am 29. Mai wurden auch erstmalig palilalische Wiederholungen von Redewendungen und Sätzen beobachtet, wenn sie auch selten auftraten. Ihr Sprechen war überstürzt und hastig (tachyphemisch). Miss A. litt weiterhin unter Schlaflosigkeit, die kaum auf Chloral oder Barbiturate ansprach. Die Träume waren extrem lebhaft, gingen leicht in Alpträume über. Obwohl sie weiterhin aufgeregt war, stellten wir bei Miss A. eine Affektlabilität fest, durch die ihre Stimmung von stürmischer Hypomanie zu Furchtsamkeit und agitierter Depression umschlagen konnte. An die Stelle des gelegentlichen Öffnens des Mundes trat der unwiderstehliche Antrieb, die Zähne zusammenzubeißen. Durst und Hunger blieben weiterhin unmäßig, und Miss A., die normalerweise empfindlich und zurückhaltend in ihren Tischmanieren war, fühlte den Drang, ihr Essen mit Gewalt zu zerhacken und in den Mund zu stopfen. Ihre Wasseraufnahme stieg auf 22 bis 26 Liter täglich. Tests auf *Diabetes insipidus* fielen negativ aus, so daß das Trinken viel eher als Zwang oder Manie zu deuten war.

Mit einer weiteren Reduktion der Dosis auf 1,5 g täglich blieb Miss A. eine weitere Woche lang relativ stabil: euphorisch (aber nicht exaltiert), mit ungestörtem Schlaf (ohne Sedierung), sehr aktiv, gesellig und redselig. In dieser Zeit wurde Akathisie nur dann beobachtet, wenn Miss A. gezwungen war, still zu sitzen (etwa bei Mahlzeiten). Nach ihren eigenen Worten fühlten sich ihre „Muskeln ungeduldig" an; sie werde gezwungen, unter dem Tisch mit ihren Füßen zu treten und zu scharren.

Während der zweiten Juniwoche nahm ihre Tendenz zur Festination zu. Ihr Gehen war zwar ganz stabil, besaß aber das Merkmal der drängenden Übereilung, wenn sie auf ein Hindernis stieß oder um eine Ecke gehen mußte. Vor diese Aufgabe gestellt, reagierte sie meist mit hastigem Vorwärtsdrängen und erlitt dabei einen ihrer vielen Stürze. Miss A.s

Stimmung war weiterhin gehoben, ihre Haltung aber durch zunehmende Ungeduld und Forderungen gekennzeichnet. Kam man einer dieser Forderungen nicht augenblicklich nach, stampfte sie mit ihren Füßen. Ihr Gefühl von „Enttäuschung" drei Stunden nach der Einnahme von L-DOPA trat nun unvermittelt ein und war stärker geworden. So schien sie innerhalb von zwei oder drei Minuten, eben noch von kraftvoller lärmender Geschäftigkeit, in eine fast sprachlose Akinese und intensive Schläfrigkeit zu fallen. Angesichts dieser Situation entschieden wir, ihr eine geringere Dosis in kürzeren Intervallen zu geben.

Am 13. Juni (einem äußerst heißen und schwülen Tag) wurde Miss A.s emotionale Erregung manisch. In ihrem unbeherrschbaren Tanz- und Singdrang bewegte sie sich unaufhörlich, auch dann, als ich sie zu untersuchen versuchte. Ihre Gedanken und ihr Sprechen waren überstürzt und exaltiert: „Oh, Dr. Sacks", rief sie atemlos aus, „ich bin so glücklich, so wahnsinnig glücklich. Ich fühle mich so gut, so voller Energie. Kribbelig, als wenn mein Blut Champagner wäre. Innerlich sprudle und sprudle und sprudle ich! Tanzen Sie mit mir! Nein? Gut, dann werde ich für sie singen", und sie singt: „Oh, what a beautiful morning, oh, what a beautiful day" (mit gelegentlichen palilalischen Wiederholungen).

Außer diesem manischen Druck scheint noch ein beachtliches Element motorischer, bulimischer und anderer Triebe vorhanden zu sein. Miss A. kann nicht still sitzen, tanzt und stolziert quer durch den Raum, scharrt mit den Füßen, kreuzt ihre Beine und legt sie wieder nebeneinander, rülpst plötzlich, bringt ihre Kleidung in Ordnung, streichelt ihr Haar, rülpst wieder, klatscht in die Hände, faßt sich an die Nase, rülpst ein drittes Mal, übermäßig und ohne Entschuldigung. Erhitzt und gerötet sieht sie aus, hat geweitete Pupillen und ein auf 120 Pulsschläge pro Minute beschleunigtes Herzjagen. Ihre Nahrungsaufnahme zeigt unersättliche Gier und Hast: Sie reißt wie ein Tier an ihrem Essen, grunzt vor Erregung und stopft es sich in ihren Mund. Wenn sie damit fertig ist, nagt sie unbeherrschbar und gierig in einem fort an ihren Fingern. Als ich sie einmal beim Essen beobachtete, sah ich, wie ihre Zunge aus dem Mund herausschoß, während sie den Bissen zu ihren Lippen führte. Ich hatte den Eindruck, die Zunge sei durch die Nahrung *gelockt* worden und daß das Essen ein wollüstiges Vergnügen wachrief.

Auch andere Automatismen und Drangzustände waren während dieses Höhepunkts der Erregtheit zu sehen: die Neigung zu einem geräuschvollen Spitzen der Lippen („Schnauzkrampf"), Sauggeräusche von sich zu geben und — höchst überraschend — Milch aus einer Untertasse zu *lecken*: Die Zungenbewegung war dabei erstaunlich schnell und geschickt, doch eindeutig nicht unter der Kontrolle des Willens. Miss A. nannte diese Bewegung „automatisch": „sie scheint auf natürliche Weise zu mir zu kommen." (Siehe auch den Fall Maria G., S. 140—144.)

Am Nachmittag des 13. wurden Erregtheit und Herzjagen noch extremer, und Miss A. rief aus: „Ich fühle mich voller Energie wie eine Rakete. Ich werde starten, starten, starten . . ." Es wurde entschieden, sie zu beruhigen. Zu unserer Überraschung wurde Miss A. schon durch eine winzige Dosis (10 mg) von parenteralem Thorazin innerhalb einer Stunde beruhigt; sie fiel in einen erschöpften, schläfrigen, fast akinetischen Zustand. Danach wurde die L-DOPA-Dosis auf 1 g täglich reduziert.

Am Tag darauf war Miss A. erneut apathisch, traurig, etwas rigide und akinetisch.

Darüber hinaus trat eine mehrere Stunden andauernde okulogyre Krise ein, ihre erste seit über einem Jahr. Während dieser Krise saß Miss A. absolut bewegungslos. Später beschrieb sie ihren Zustand so: „Ich verspürte keinen Bewegungsantrieb. Ich glaube nicht, daß ich mich hätte bewegen können ... Ich mußte mich auf das Stück Himmel konzentrieren, das ich wie gebannt ansah — es füllte mein Bewußtsein aus, ich konnte an nichts anderes denken. Und ich fürchtete mich, fürchtete mich zu Tode, wie immer in diesen Zuständen, obwohl ich wußte, daß es nichts gab, wovor ich mich zu fürchten brauchte."

Nach der Krise wurde L-DOPA zwei Tage lang abgesetzt. Während dieser zwei Tage befand sich Miss A. in einem Zustand, der schlimmer war als derjenige vor Beginn der L-DOPA-Therapie. Sie war starr, kaum fähig, zu sprechen oder sich zu bewegen, und tief deprimiert. Auch war der Zungentremor erneut zu beobachten. Ein kurzer Versuch mit Haloperidol (0,5 mg Haldol) führte bloß zur Verschlimmerung dieser Symptome. Am 18. Juni wurde Miss A. daher auf eine geringe L-DOPA-Dosis von 750 mg täglich gesetzt.

In der folgenden Woche stellten sich Sprechen und motorische Kraft wieder zufriedenstellend ein, waren aber diesmal mit einigen beunruhigenden neuen Symptomen gekoppelt. Miss A.s Gesichtsausdruck wurde ein wenig leer und verwirrt, obwohl sie zu keiner Zeit desorientiert oder sich ihrer Umgebung nicht bewußt war. Sie machte einen bemerkenswerten Versuch, zu sprechen, schaffte allerdings nur ein Flüstern, das im Charakter verschieden war von der Hypophonie aus der Zeit vor der L-DOPA-Behandlung. Sie teilte uns flüsternd mit, daß sie das Gefühl einer „gewissen Kraft", einer Art von Hemmung habe, die lautes Sprechen verhindere, obwohl Miss A. imstande war, zu uns ohne Zögern zu flüstern. Während dieser Phase bestimmte eine andere Mundbewegung ihr Erscheinungsbild: erzwungenes Spitzen der Lippen, Herausstrecken der Zunge und gelegentliches Schnalzen. Am alarmierendsten war aber die Tendenz zur Festination, die zehn Tage zuvor aufgetreten war und sich langsam, ungeachtet der Dosierung von L-DOPA und unabhängig von anderen Symptomen, zu einer erschreckend paroxysmalen Form verschlimmerte. Hastete Miss A. vorher nur, wenn sie einem Hindernis begegnete, entwickelte sie jetzt plötzlich den Drang zu rennen. Sie wurde dann in einem Anfall mit kleinen, stampfenden Schritten vorwärts getrieben, die mit schrillem Kreischen, ticartigen Bewegungen der Arme und einem erschrockenen Gesichtsausdruck einhergingen. Dieser wilden Flucht folgte nach einigen Schritten die Unfähigkeit, die Füße zu heben, so daß Miss A. unvermeidlich auf's Gesicht fiel. Zuweilen nahmen diese krampfartigen Anfälle eine so akute Form an, daß sie sich gedrängt fühlte, nach vorne zu fallen, während sie gleichzeitig (in ihren eigenen Worten) „an der Stelle verwurzelt" blieb. Es wurde daher notwendig, sie zu begleiten, um ihr Gehen zu mäßigen und sie vor dem Hinfallen zu bewahren. Es wurde zugleich offenbar, daß keine Schwierigkeiten entstanden, wenn Miss A. langsam und ruhig gehen *konnte* (oder zumindest davon überzeugt war, daß sie langsam und ruhig zu gehen fähig war). Sobald sie jedoch hastete (oder zu einer bestimmten Gangart gedrängt wurde), entwickelte sich plötzlich ein Widerstand, so daß sie wie angewurzelt stehenblieb. Dieses Phänomen schien mit den Sprechproblemen verwandt zu sein: Der Versuch eines lauten Ausrufs rief unmittelbar Widerstand hervor und „blockierte" Miss A. Ein ruhiges Flüstern hingegen konnte ohne Probleme „durchkommen".

Es war klar, daß diese krampfartigen Anfälle, welcher Natur sie auch waren, eine Gefahr darstellten, und daß sich eine gewisse funktionelle Instabilität (oder eine Reihe von Instabilitäten) entwickelt hatte, die nunmehr, trotz der kaum nennenswerten Dosis von L-DOPA fortbestand. Mit Bedauern, aber zugleich auch mit dem Bewußtsein der Notwendigkeit, ersetzten wir alle Medikamente durch Placebos. Die Sprechblockierung und die Panikanfälle hielten zunächst mit geringerer Intensität für weitere vierundvierzig Tage an, ließen dann aber nach. Miss A.s Rigidität, Bradykinese und anderen Symptome kehrten zu dem Niveau zurück, auf dem sie vor der L-DOPA-Behandlung gewesen waren. Gegen Ende Juli wurde daher wieder mit der Verabreichung einer kleinen Dosis von L-DOPA begonnen (750 mg täglich). Miss A. scheint jetzt (drei Wochen danach) eine stabile, wenn auch begrenzte Besserung zu genießen (in bezug auf Gehen, Sprache, Gleichgewicht usw.). Die früher aufgetretenen nachteiligen Anfallssymptome als Folge der Einnahme von L-DOPA sind nicht mehr zu beobachten.

1969—1972

Im Mai 1969 erlebte Miss A. ihren Höhepunkt, ihren Zenit, ihre „Sternstunde". Die letzten drei Jahre waren von ihrem Abstieg und Sturz gekennzeichnet, denn im Juni 1969 begann sie, vom Wege abzukommen (wie eine Weltraumrakete, mit der sie sich verglich). Ihre Spaltung oder ihr Schisma nahm ständig zu. Wenn diese Probleme L-DOPA zuzuschreiben sind (d. h. der besonderen Reaktion dieser so erregbaren, so spaltbaren Person auf L-DOPA), warum setzten wir das Medikament nicht ab? *Wir konnten es nicht.* Wie bei Maria G., Hester Y. und anderen Patienten, wurde Miss A. in bedenklicher Weise von der fortgesetzten Einnahme von L-DOPA abhängig. 1970 zum Beispiel führte das Absetzen von L-DOPA für nur einen Tag nicht wie früher zu Parkinsonsymptomen oder zu einer Depression, sondern unmittelbar zu Stupor oder Koma.

So waren wir gezwungen, die L-DOPA-Therapie weiterzuführen. Miss A. selbst war sich des Dilemmas bewußt: „Es treibt mich in den Wahnsinn, aber ich werde sterben, wenn Sie damit aufhören", sagte sie.

Tatsächlich hatte sie fast jede Möglichkeit eines „goldenen Mittelweges" verloren. Für sie gab es so gut wie nichts zwischen Koma und unruhigem Wachsein, Parkinsonismus und Wahnsinn, Depression und Manie usw. Ihre Reaktionen sind extrem geworden, abrupt, treten nach dem Alles-oder-Nichts-Prinzip auf — sie werden wie ein Ping-Pong-Ball zwischen den Polen des Verhaltens hin und her geworfen. Beide Pole können sich aber auch gleichzeitig manifestieren. Miss A. behauptet dann — innerhalb von zwei oder drei Minuten —, daß sie sich wundervoll und schrecklich fühle, ausgezeichnet sieht und blind ist, sich nicht bewegen und nicht aufhören kann, sich zu bewegen usw.

Ihr Wille schwankt fortwährend oder ist gelähmt. Sie wünscht, was sie fürchtet, und fürchtet, was sie wünscht. Sie liebt, was sie haßt, und haßt, was sie liebt. Auf diesem Weg wird sie getrieben: durch die extremen Widersprüche und die unmöglichen Entscheidungen, da es im Grunde keine Wahl mehr gibt.

In ihrer erregten Stimmung und den unauflösbaren Widersprüchlichkeiten ist Miss A. in ein Dutzend Miss A.s gespalten: Sie ist die Trinkende, die von Tics befallene, die

Stampfende, die Kreischende, die Schwankende, die Gaffende, die Schlafende, die Wünschende, die Furchtsame, die Liebende, die Hassende usw. Alle kämpfen miteinander, um Miss A.s Verhalten „in Besitz zu nehmen". Ihre wirklichen Interessen wurden durch absurde Stereotypien verdrängt, immer mehr zermalmt durch die Mühle ihres Daseins. So bleibt sie zumeist auf ein „Repertoire" einiger Dutzend Gedanken und Antriebe reduziert, ist in Ausdruck und Form zunehmend fixiert und wiederholt sich zwanghaft wieder und immer wieder. Die *ursprüngliche* Miss A. — so gewinnend und gescheit — wurde durch einen Schwarm von rohen, degenerierten Unter-Ich überrannt. So entstand eine schizophrenieartige Spaltung ihres einstmals ganzheitlichen Selbst.

Es gibt aber noch einige Dinge, welche ihr früher ungebrochenes Selbst wieder zum Vorschein bringen oder daran erinnern können.

Durch die Musik kann sich Miss A. beruhigen, sich ablenken und eine — wenn auch nur flüchtige — Harmonie mit sich selbst finden. Wenn sie im Garten sitzt, wirkt die Natur wie die Musik. Vor allem blüht Miss A. durch die einzigartige Beziehung zu einem Menschen auf, der noch eine ungeteilt hohe Meinung von ihr besitzt und uneingeschränkt Gefühle für sie bewahrt hat. Sie hat eine jüngere Lieblingsschwester, die zwar weit von Mount Carmel wohnt, aber einmal im Monat nach New York kommt, um Miss A. zu besuchen. Diese Schwester nimmt sie jeweils für einen Tag mit: in eine Oper, ins Theater oder zu einem guten Essen in der Stadt. Miss A. strahlt, wenn sie von diesen Exkursionen zurückkehrt und beschreibt mit Gefühl und Witz jedes Detail. Dann ist nichts „Schizophrenes" in ihren Gedanken und ihrem Verhalten, sondern eine Wiederkehr der Ganzheit und der Sinnhaftigkeit der Welt zu beobachten. — „Ich kann nicht verstehen", sagte ihre Schwester einmal zu mir, „warum Margaret als verrückt oder gebrochen oder wunderlich angesehen wird. Wir hatten zusammen einen wunderbaren Tag ‚in der Stadt'. Sie war Feuer und Flamme, an allem und jedermann interessiert — sprudelte vor Leben und Freude ... Sie war ungezwungen und entspannt — keine Spur von dem Drängen und Trinken, um das Sie so viel Aufhebens machen ... Sie redete und lachte so, wie sie es in den alten Tagen zu tun pflegte. Sie wurde in Ihrem Irrenhaus verrückt, weil sie vom Leben ausgeschlossen ist."

10. Miron V.

Miron V. wurde 1908 in New York geboren und erkrankte 1918 an einer schweren Grippe, hatte dabei aber keine Symptome, die zu dieser Zeit als enzephalitisch erkannt wurden. Nach Besuch der High School begann er als Schuster zu arbeiten; mit 30 Jahren besaß er seine eigene Schuhwerkstatt, hatte geheiratet und war Vater eines Sohnes.

1947 zeigte Mr. V. die ersten, mit Ruhelosigkeit, Impulsivität, Tics und Manierismen verbundenen Anzeichen eines Parkinsonsyndroms sowie eine Tendenz zu Perioden des Starrens und der „Trance" — ein unverwechselbares postenzephalitisches Syndrom[25]. Bis 1952 konnte er jedoch noch als Schuster arbeiten, und bis 1955 zu Hause leben, bis dann die zunehmende Behinderung seine Einweisung in eine Klinik erforderlich machte. Unmittelbar nach der Aufnahme in Mount Carmel entwickelte Mr. V. eine sogenannte „Einweisungspsychose" — eine ausgeprägte Paranoia mit halluzinatorischen Vorstellungen von Kastration, Erniedrigung, Verlassenheit, Rache, Groll und machtloser Wut. (Solche „Einweisungspsychosen" sind nicht ungewöhnlich, wenn Patienten gegen ihren Willen in die Obhut einer Einrichtung gegeben werden, die, wie Mount Carmel, eine Endstation ist. Ich habe solche Psychosen bei Dutzenden von Patienten erlebt.) Mit dem Abklingen seiner akuten Psychose geriet er zehn Tage später in einen Zustand verschlimmerten Parkinsonismus und in eine Katatonie, die ihn praktisch sprach- und bewegungslos machte[26]. Dieser Zustand blieb unverändert bestehen, bis Mr. V. L-DOPA erhielt.

Dieser für Parkinsonismus typische Katatoniezustand wurde von einer Mischung aus Gleichgültigkeit, Negativismus und Indifferenz begleitet. Um seine Ehefrau zu zitieren: „Etwas ist mit Miron geschehen, als er zu arbeiten aufhörte, und dann, als er von zu Hause wegging und ins Krankenhaus kam. Er war gewöhnlich solch ein warmherziger Mann ... Er liebte seine Arbeit mehr als alles andere auf der Welt. Und dann veränderte er sich ... Schließlich haßte er uns, alles und jeden. Und vielleicht haßte er sogar sich selbst." Mr. V.s Unfreundlichkeit und Feindseligkeit waren für seine Familie Grund zu großer Beunruhigung; sie „reagierte" darauf (kurz nach seiner Einweisung) mit Besuchsverweigerung und schloß damit den *Circulus vitiosus* der neurotischen Reaktion.

Während der folgenden vierzehn Jahre blieb Mr. V.s Zustand im wesentlichen unverändert, wenngleich er eine extreme Seborrhoe und übermäßigen Speichelfluß entwickelte. Zwischen 1966 und 1969 sah ich ihn regelmäßig und war jedes Mal von seiner fast absoluten Unbeweglichkeit beeindruckt: Er konnte fünfzehn Stunden lang ohne das geringste Anzeichen einer spontanen Bewegung auf einem Stuhl sitzen. Gelegentlich hatte er aber Tics und Pulsionen (Bewegungsstöße) — plötzliche „Grußbewegungs"-Tics mit einer Hand, plötzliches Räuspern oder „kichernde" Geräusche. — Diese standen in krassem Gegensatz zum Gesamtbild der vollständigen Unbeweglichkeit und des Schweigens. Obwohl ihm das Sprechen so schwer fiel, konnte Mr. V. doch einige Wörter wie in einem Staccato hervorbringen — genug, um seine Intelligenz, Verbitterung und Hoffnungslosigkeit anzudeuten und um erkennen zu lassen, daß er sich des Geschehens um ihn herum in apathischer Weise bewußt war. Ohne Hilfe konnte er sich weder erheben noch laufen. Als ich ihn fragte, ob er L-DOPA versuchen wolle, sagte er: „Ist mir egal ... Das hängt von Ihnen ab."

Mr. V.s Reaktion auf L-DOPA im Juli 1969 hatte die gleiche unerwartete und fast magische Qualität, die bei so vielen anderen schwer erkrankten postenzephalitischen Patienten beobachtet wurde. Im Verlauf eines einzigen Tages wurden Dynamik und Struktur von Bewegung und Sprechen fast vollständig wiederhergestellt. Er zeigte auch Gefühle des Erstaunens und der Freude, wenngleich diese immer noch durch seinen üblichen Argwohn, seine Kälte und Befangenheit getrübt wurden. Innerhalb von zwei Wochen war Mr. V.s Zustand in das andere Extrem umgeschlagen: Er war nun impulsiv und hyperaktiv, hypomanisch, provozierend, frech und liebevoll — alles zeugte von Geschwindigkeit, Kühnheit und Wollust. Seine vorher seltenen Tics traten häufiger auf, so daß er zwei- bis dreihundertmal in der Stunde seine Brille „zurechtrückte" oder sich räusperte.

Die nächsten neun Monate waren Mr. V.s Reaktionen extrem, unberechenbar und widersprüchlich. Er wurde zwischen Zuständen totaler Unbeweglichkeit und gefährlich hyperaktiven, impulsiven Zuständen abrupt hin und her gerissen. Wegen seiner ungestümen Tollheiten während der hyperaktiven Zustände erlitt er zahllose Stürze und drei Hüftfrakturen[27]. Seine Einstellungen waren gemischt, und doch bekundete er während dieser schwierigen Monate auch ein wachsendes Interesse an den ihn umgebenden Menschen; seine Feindseligkeit und Zurückgezogenheit ließen nach; eine gewisse Zuneigung für Frau und Sohn entwickelte sich, die nach zwölfjähriger Pause ihn wieder besuchen kamen. Auf der Station machte sich Mr. V. sehr nützlich (er ging geschickt mit seinen Händen um) und drückte sein Verlangen nach Arbeit aus.

Der wirkliche Umschwung aber fand statt, als wir im Mai 1970 in unserer geschützten Werkstatt für Mr. V. eine Schusterbank besorgten. Als man ihm diese vorführte, war er erstaunt und freute sich, ohne den geringsten Argwohn oder Befangenheit zu zeigen. Seine alten Fertigkeiten kehrten ebenso wie seine Lust und Liebe zu seiner Arbeit mit erstaunlicher Schnelligkeit zurück. Er begann, Flick- und Reparaturarbeiten für immer mehr Patienten auszuführen und handwerkliches Können und Liebe bei der Herstellung neuer Schuhe zu demonstrieren. Mit der Rückkehr zur Schusterbank und der *Beziehung* zu seiner Arbeit wurden Mr. V.s Reaktionen auf L-DOPA besser und stabiler: Er hatte nicht länger gefährlich impulsive „Hochs“ noch „Tiefs“ (Depression, Katatonie). Er wurde weit umgänglicher und ansprechbarer, gewann einen großen Teil seiner verlorenen Selbstachtung zurück: „Ich fühle mich wieder wie ein Mann“, sagte er mir einmal. „Ich fühle, daß ich nützlich bin und einen Platz in der Welt habe . . . Ohne das kann ein Mann nicht leben.“

Seit dem Sommer 1970 geht es Mr. V. außerordentlich gut — wunderbar, wenn man die Schwere und Hoffnungslosigkeit seines ursprünglichen Zustandes und die zuerst beobachteten extremen und unberechenbaren Reaktionen auf L-DOPA bedenkt. Man kann zwar nicht sagen, daß seine Sprache und Bewegungsabläufe „normal“ seien — sie zeigen noch immer ein beträchtliches Maß an Abruptheit und Starrheit — aber sie sind angemessen und kontrollierbar. Und sie gestatten ihm, täglich an seinem Schusterleisten zu arbeiten, in der Umgebung des Hospitals spazierenzugehen, sich einigermaßen problemlos zu unterhalten und nach Hause zu fahren, um gelegentlich ein Wochenende mit seiner Frau zu verbringen. Von den etwa vierzig postenzephalitischen Patienten in Mount Carmel, die vor der L-DOPA-Behandlung unter extrem schweren Syndromen Parkinson-typischer Katatonie litten, ist es Mr. V. mit Abstand am besten ergangen. Er ist der *einzige* unter ihnen gewesen, der die ständige Verabreichung von L-DOPA ohne Unterbrechung tolerieren und nach dem unsicheren Start eine solche Stabilität entwickeln konnte.

11. Gertie C.

Mrs. C. wurde 1908 als jüngste Tochter einer harmonischen und stark zusammenhaltenden Familie geboren. Sie verlebte eine glückliche Kindheit ohne bedeutsame neurotische Probleme oder Beschwerden, fand leicht Freunde, kam gut in der Schule voran und arbeitete bis zu ihrer Hochzeit mit 25 Jahren als Stenotypistin. Sie lebte weiterhin in anscheinend bester Gesundheit, nahm ausgelassen am gesellschaftlichen Leben teil und sorgte für ihren Mann und ihre drei Kinder. Kurz nach ihrem 38. Geburtstag entwickelte sie jedoch ein heftiges Zittern beider Hände, das anfänglich dem New Yorker Winter zugeschrieben, einige Wochen später aber als Parkinsonismus-Symptom erkannt wurde. In den folgenden sechs Wochen verschlimmerte sich ihre Krankheit unerbittlich und schnell: Tremor, Rigidität, Akinese, stoßartige Bewegungen, extrem starke Schweißbildung, vermehrter Speichelfluß und Seborrhoe prägten das Krankheitsbild. Mit vierzig Jahren war Mrs. C. völlig unbeweglich und praktisch sprechunfähig geworden. Ihr Tremor und ihre Rigidität konnten durch atropinähnliche Medikamente etwas gemindert werden, nicht jedoch ihre behindernde Akinese und Aphonie, die durch diese Medikamente nicht beeinflußt wurden. Trotz großer Schwierigkeiten und der Beschäftigung einer Pflegehilfe für Mrs. C. rund um die Uhr behielt ihre treu ergebene Familie sie für weitere zehn Jahre (bis 1962) zu Hause.

Als ich Mrs. C. das erste Mal sah, stellte ich fest, daß sie dystonische Kontrakturen aller Extremitäten entwickelt hatte und ihre ganze Muskulatur extrem starr war. Nur mit großer Anstrengung konnte sie gerade noch flüstern; es war jedoch klar, daß sie allem, was man ihr sagte, vollständig zu folgen vermochte. Sie schien nicht im mindesten träge, gleichgültig oder unempfindlich zu sein (wie Mrs. B.), sondern vermittelte eher den Eindruck einer intensiven inneren Aktivität, die reglos und in sich selbst eingeschlossen war. Ihre Augen schienen friedlich zu leuchten, so als ob sie ein schönes Bild oder eine Landschaft betrachteten. Mrs. C. wirkte wie *hingerissen*.

Im Juni 1969 begann ich mit der L-DOPA-Behandlung, auf die Gertie C. mit einer bemerkenswerten Sensibilität reagierte. Bei einer Tagesdosis von nur 1 g begann sich eine auffällige Wiederherstellung ihrer Stimme und aller Bewegung zu vollziehen sowie eine gleichermaßen auffällige Verringerung der Rigidität und des übermäßigen Speichelflusses. Mit einer weiteren Dosissteigerung auf 1,5 g pro Tag wurde Mrs. C.s Stimme in Stärke und Timbre fast normal und gewann beinahe alle Intonations- und Modulationsfähigkeiten zurück. Gertie C. war nunmehr stark genug, um selbständig zu essen und die Seiten eines Buches umzublättern, obgleich sich diese Handlungen infolge irreversibler Kontraktionen in den Händen schwierig gestalteten. Ihre Stimmung war ruhig, glücklich und ausgeglichen, ohne eine Spur von Angst oder emotionaler Überspanntheit aufzuweisen. Während dieses friedlichen Zeitraumes konnte Mrs. C. zum ersten Male nach fast zwanzig Jahren mühelos reden, und sie berichtete mir ausführlich über den Zustand, in dem sie sich so lange befunden hatte.

Es war, so erklärte sie, ein Zustand „großer innerer Ruhe" und „Fügsamkeit" gewesen; ihre Aufmerksamkeit pflegte für Stunden bei Objekten oder Gedanken zu verweilen, die gerade ins Bewußtseinsfeld gerieten. Sie fühlte sich dann vollständig „vertieft" und in ihren Haltungen, Wahrnehmungen und Gedanken „gefangen". „Mein Geist war wie ein stiller Teich, der sich selbst widerspiegelt", sagte sie. Stunden, Tage und sogar Wochen konnte sie auf diese Weise zubringen, indem sie ruhige Szenen aus ihrer Kindheit erneut durchlebte — in der Sonne lag, auf einer Wiese döste oder sich als Kind in einem Bach in der Nähe ihres Elternhauses treiben ließ. Diese idyllischen Augenblicke konnten allem Anschein nach durch die Ruhe und Konzentration ihres Gedankens unbegrenzt erweitert werden. Mrs. C. fügte hinzu, daß sie schon immer eine lebhafte Phantasie gehabt hatte und sich Dinge klar auszumalen vermochte; daß die Lebhaftigkeit der Vorstellung jedoch durch die reglose

Anspannung (als Folge ihres Parkinsonismus) noch erhöht wurde. Zudem hob sie hervor, daß ihr Gefühl für Zeit und Dauer sich während der letzten zwanzig Jahre grundsätzlich gewandelt hatte. Sie war sich zwar der Ereignisse und des Datums bewußt, hatte aber *kein Gefühl dafür, das sich Dinge zutragen*, sondern eher das Empfinden, die Zeit sei zu einem Stillstand gekommen und jeder Augenblick ihrer Existenz sei eine Wiederholung seiner selbst.

Vier Wochen nach Beginn der L-DOPA-Behandlung wurden ihre Reaktionen schlechter, denn nach jeder Einnahme verspürte sie Keuch- und Schluckimpulse sowie ein Zurückfallen in den Parkinsonismus und die Aphonie. Da ich ahnte, daß Mrs. C. sich auf pathologische Verhaltensweisen zubewegte, beschloß ich, einige Tage L-DOPA nicht zu verabreichen. Dies hatte zur Folge, daß Mrs. C. sofort in einen schweren Parkinsonismus zurückfiel; dazu kamen noch eine tiefe Depression und krampfhafte Schläfrigkeit, die nicht zum ursprünglichen Krankheitsbild gehörten.

Bei Wiederaufnahme der L-DOPA-Behandlung Ende Juli war es uns nicht möglich, die im vorangegangenen Monat beobachtete wundervolle Reaktion erneut hervorzurufen. In dem Bemühen um Wiederherstellung dieser Wirkung fügten wir der Tagesdosis von 1 g L-DOPA eine geringe Menge von Amantadin (100 mg) hinzu — eine Maßnahme, die sich bei einer Reihe anderer Patienten als vorteilhaft erwiesen hatte. Der Effekt dieses Zusatzes war für Mrs. C. jedoch absolut katastrophal. Innerhalb von drei Stunden nach Einnahme der ersten Amantadin-Kapsel wurde sie heftig erregt und begann, wie im Delirium zu halluzinieren. Sie schrie laut: „Autos kommen auf mich zu und überfahren mich! Sie überfahren mich!“ Ihre Stimme schwoll zu einem Schrei des Entsetzens an, und sie umklammerte plötzlich meinen Arm. Ihr erschienen auch Gesichter, die „wie Masken plötzlich hervortreten und zurückweichen“ — nach ihr schnappten, sie verhöhnten, angrinsten und anschrien. Gelegentlich lächelte Mrs. C. verzückt und rief: „Schauen Sie, was für ein schöner Baum, so schön!“, und dabei traten Tränen der Freude in ihre Augen. Insgesamt betrachtet war dieser Zustand aber der einer wilden, furchterregenden halluzinatorischen Paranoia mit multiplen winzigen optischen und akustischen Halluzinationen. Er wurde von einem heftigen rhythmischen Hin- und Herwerfen des Kopfes und rhythmischem Hervorstoßen der Zunge, Schreien und ticartigen Augenbewegungen begleitet. Diese Halluzinationen und Bewegungen traten am schlimmsten auf, wenn Mrs. C. allein gelassen oder der Raum verdunkelt wurde; die Anwesenheit einer vertrauten und freundlichen Person, oder die Tatsache, daß jemand mit ihr sprach oder ihre Hände hielt, vermochten es hingegen, sie von Erscheinungen und Bewegungen zu befreien und für einige Sekunden oder Minuten wieder sie selbst werden zu lassen. Obwohl bei Eintreten dieses Zustandes L-DOPA und Amantadin sofort abgesetzt wurden, blieb er aus eigener Kraft noch länger als drei Wochen bestehen, während dieser Zeit vermochten nur die stärksten Dosierungen von Sedativa oder Tranquilizern Mrs. C.s Erregung zu dämpfen. Im September brach ihr Delirium plötzlich ab und ließ sie erschöpft und betäubt, aber denkfähig zurück. Durch Gespräche mit ihr und durch Beobachtung zeigte sich, daß sie keinerlei bewußte Erinnerung an den außergewöhnlichen Zustand behielt, der sie in den vergangenen drei Wochen beherrscht hatte.

Anfang Oktober versuchten wir sehr vorsichtig, Mrs. C. erneut mit L-DOPA zu behandeln; diesmal gaben wir ihr eine Tagesdosis von nur 0,25 Gramm. Dies bewirkte umgehend ein beträchtliches Wiedereinsetzen ihrer Stimme und ihrer Kraft, rief aber auch eine neue Störung hervor, nämlich eine Tendenz zu plötzlichen ticähnlichen Stößen und Schlägen in die Luft, so als ob sie Fliegen oder Mücken vertreiben wollte. Nach zehn Tagen kehrte Mrs. C. zu ihrem halluzinatorischen Delirium zurück; allerdings hörten ihre Tics auf, was nahelegte, daß letztere als „Blitzableiter" gedient haben könnten, indem sie die Erregung auf relativ harmlose Weise abführten. L-DOPA wurde daraufhin sofort wieder abgesetzt. Die Erregung ging jedoch nicht zurück. Es wurde erforderlich, Mrs. C.s Bett mit seitlichen Schutzgittern zu versehen und eine Krankenschwester zur ständigen Betreuung einzusetzen, um sie vor Unfällen zu schützen. In der Nacht des 10. Oktober, als die Schwester den Raum für einen Moment verlassen hatte, stieß Mrs. C. aber einen Schrei des Entsetzens aus, kletterte über die seitlichen Schutzgitter, fiel schwer zu Boden und brach sich beide Hüften und das Becken.

Die folgenden Monate waren für Mrs. C. eine Zeit großer physischer und seelischer Qual: Aufgrund der zugezogenen Verletzungen litt sie unter großen Schmerzen. Wegen der langen Bettlägerigkeit hatte sich eine offene Druckstelle gebildet, die mehrmals am Tag sondiert und gesäubert werden mußte. Mrs. C. verlor 18 kg an Gewicht; ihre dystonische Rigidität und Kontraktionen verschlimmerten sich; und schließlich plagten sie schlimme Halluzinationen, die trotz des Absetzens von L-DOPA ohne die geringste Abschwächung länger als *fünf Monate* anhielten. Im Sommer 1970 hatte Mrs. C. das Schwerste überstanden. Ihre Wunde heilte, die Rigidität und Dystonie waren weniger ausgeprägt und, was das Wichtigste war, das halluzinatorische Delirium war am Abklingen.

Als ihre Intervalle von Klarheit immer größer wurden, brachte Mrs. C. eine gewisse Sehnsucht zum Ausdruck: „Nun verschwinden sie alle," sagte sie, „die kleinen Leute und *Dinge*, die mir Gesellschaft leisten. Ich werde wieder mein altes schlichtes Selbst haben." Dies sollte jedoch nicht sein. Am Tage, an dem ihr Delirium endgültig verschwand, hatte sie ein merkwürdiges Erlebnis. Sie lag im Bett, als sie schlagartig ein unheimliches Gefühl beschlich — das Empfinden, daß gleich etwas Außergewöhnliches geschehen werde. Wie unter Zwang schaute sie aus dem Fenster und sah dort zu ihrem Erstaunen einen maskierten Mann, der die Feuerleiter hinaufkletterte. Auf ihrer Höhe angekommen, schwang er einen Stock und stieß ihn in ihre Richtung, was Mrs. C. mit Entsetzen erfüllte. Daraufhin setzte er ein „teuflisches Grinsen" auf und zog sich über die Feuerleiter nach unten zurück — *wobei er die Feuerleiter mit sich nahm*. Es war dieses Detail, das ihr klar machte, eine „Vision" gehabt und dabei nicht nur einen Mann, sondern dazu noch eine Feuerleiter halluziniert zu haben. Als mir Mrs. C. diesen Vorfall am nächsten Tag schilderte, bebte sie von Kopf bis Fuß, ließ aber gleichzeitig in ihrem Benehmen und in ihrer Wortwahl ein unmißverständliches Vergnügen durchblicken. Am nächsten Abend erschien der maskierte Mann auf der Feuerleiter erneut, kam diesmal näher und schwang seinen Stock auf eine nicht nur bedrohliche, sondern auch auf schamlos zweideutige Weise. Am dritten Tag beschloß Mrs. C., es mit mir „auszufechten": „Sie können es mir nicht verübeln," sagte sie, „ich hatte während der letzten zwanzig Jahre überhaupt nichts, und bin auch nicht im Begriffe, *jetzt* etwas zu bekommen, wissen Sie . . . Sie würden doch gewiß einer frustrierten alten Dame wie mir nicht eine freundliche Halluzination verbieten!" Ich erwiderte, daß unter den gegebenen Umständen ihre Halluzinationen, wenn sie angenehm und kontrollierbar blieben, eher eine gute Idee wären. Nach diesem Gespräch verlor sich die paranoide Qualität völlig und die halluzinatorischen Begegnungen wurden freundschaftlich und liebevoll. Mrs. C. entwickelte Humor, Taktgefühl und Selbstkontrolle, erlaubte sich eine Halluzination nie vor zwanzig Uhr und beschränkte sie auf dreißig oder höchstens vierzig Minuten. Blieben ihre Verwandten zu lang auf Besuch, so erklärte sie freundlich, aber bestimmt, daß sie in wenigen Minuten „Herrenbesuch von außerhalb" erwarte und glaube, daß er es übelnehmen könnte, wenn sie ihn draußen warten ließe.

Mrs. C. ist am Leben, und es geht ihr so gut, wie es in Anbetracht der Schwere ihrer Krankheit möglich ist. Der äußerst friedliche Ausdruck ist in ihre Augen zurückgekehrt, und sie scheint ihre Fähigkeit der zeitlosen Meditation über Szenen und Augenblicke der Kindheit wiedererlangt zu haben. Die einzige Veränderung im Vergleich zu den Tagen vor der L-DOPA-Behandlung besteht darin, daß sie jetzt Liebe, Zuwendung und unsichtbare Geschenke von einem halluzinierten Gentleman erhält, der sie getreulich jeden Abend besucht.

12. Martha N.

Miss N. wurde 1908 in New York als einzige Tochter strenggläubiger irischer Katholiken geboren. 1918 starb sie fast an der Grippe, litt aber nicht unter irgendwelchen eindeutig enzephalitischen Symptomen. Nach Abschluß der High School begann sie, bei einer Telefongesellschaft zu arbeiten; war zu dieser Zeit eine dreifach gekrönte „Schönheitskönigin" und eine begehrte Partnerin für Veranstaltungen und Rendezvous. Mit einundzwanzig Jahren erkrankte sie an Parkinsonismus, der einen solchen Tremor verursachte, daß sie noch im gleichen Jahr ihre Arbeit aufgeben mußte. Gleichzeitig begannen nächtliches Sprechen und Schlafwandeln aufzutreten. Nach diesem anfänglichen Symptomausbruch veränderte sich die Krankheit 22 Jahre lang kaum. Sie lebte bei ihren Eltern zu Hause, konnte spazierengehen, Freunde besuchen, Golf spielen und alle Haushalts- und Einkaufspflichten erfüllen.

Mit dem Tod ihrer Eltern im Jahr 1951 verschlimmerte sich Miss N.s Krankheit abrupt; insbesondere stellten sich Rigidität und Dystonie ein, so daß sie innerhalb von zwei Jahren durch Verlust des Stand- und Gehvermögens schwer behindert wurde. Dazu gesellten sich noch Beschwerden der Sprech- und Schluckfähigkeit. Dieser jähe Verfall ihres Zustands führte 1954 zu ihrer Unterbringung im Krankenhaus. Kaum war Miss N. dort untergebracht, schien ihre Krankheit erneut zu einem Stillstand zu kommen, wenngleich die Dystonie zu Mißbildungen führte.

Zwischen 1966 und 1969 sah ich Martha N. häufig und fand in ihr eine kluge, charmante Frau und eine angenehme Gesprächspartnerin. Zu dieser Zeit hatte sie unveränderliche dystonische Rigidität beider Beine, einen Schiefhals, eine sehr leise Stimme, und litt unter extremem Speichelfluß. Im Vergleich zu vielen anderen postenzephalitischen Patienten war sie gesellig und im Kontakt angenehm. Einundfünfzig Wochen im Jahr lebte Miss N. bemerkenswert „beieinander" und geistig gesund, in der zweiundfünfzigsten Woche aber hatte sie eine „Oster-Psychose“. Diese trat in Gestalt verstärkter Rigidität, verminderter Bewegungs-, Sprech- und Schluckfähigkeit, mittelschwerer Depression, Heiserkeit der Stimme und manchmal als Okulogyrie auf. Am Karfreitag glaubte sie dann, im Sterben zu liegen, und verlangte mit kaum hörbarem Flüstern nach einem Priester, der die Sterbe-Sakramente erteilen sollte. Wenn dies geschehen war, sank sie in eine reg- und sprachlose „Ohnmacht“, die bis Ostersonntag andauerte. An diesem Tag pflegte sie recht plötzlich mit dem Gefühl der Wiedergeburt zu sich zu kommen. Ihre Stimme, Bewegungen und all ihre Fähigkeiten waren für zwei oder drei Wochen nach dieser jährlichen Wiedergeburt deutlich besser als sonst, und die Verringerung ihres Parkinsonismus und anderer Beschwerden während dieser Zeit war sehr bemerkenswert.

Miss N.s Behandlung mit L-DOPA begann im Juni 1969. Ihre erste Reaktion bestand in einem heftigen Einsaugen der Zunge, so daß das Sprechen verhindert wurde und sie ständig Gefahr lief, die Zunge zu verschlucken. In Anbetracht dieser Tatsache wurde L-DOPA (2 g pro Tag) abgesetzt. Mitte Juli wurde ihr erneut L-DOPA verabreicht; diesmal traten weder Störungen im Zungenbereich noch Würgereaktionen auf — im Gegenteil, ihr Gesamtzustand verbesserte sich auffallend. Ihre Stimme wurde lauter, der Speichelfluß hörte praktisch auf, und die Arme verloren fast ihre Rigidität und Akinesie. In der Tat war Miss N. bis auf die irreversiblen Kontraktionen der Füße und des Nackens wieder „normal“. Dieser außerordentliche Therapieerfolg trat mit bemerkenswerter Plötzlichkeit innerhalb nur einer Stunde ein und wurde durch die geringe Tagesdosis von 750 mg L-DOPA in Gang gebracht.

Er hielt bis zum 4. August an, einem Tag nach meiner eigenen Abreise nach London. An diesem Tag wurde Miss N. extrem erregt, ängstlich und depressiv; in ihren Gliedern alternierten starker Tremor und Rigidität, sie hatte einen starren und leichenartigen Gesichtsausdruck und forderte für ihren bevorstehenden Tod die letzte Ölung. Wieder wurde das L-DOPA abgesetzt; nach 24 Stunden war sie in ihrem früheren Zustand (vor der L-DOPA-Behandlung). Bei meiner Rückkehr bat sie mich noch einmal, sie mit L-DOPA zu behandeln. „Es war nicht das Medikament, das mich umgeworfen hat,“ sagte sie. „Es war Ihre Abreise. Ich war mir nicht sicher, ob Sie jemals wiederkämen. Ich hatte solche Angst und glaubte, ich würde sterben.“

Im September gab ich ihr zum dritten Male L-DOPA. *Diesmal* unterschieden sich ihre Reaktionen stark von denen der ersten beiden Male. Sie klagte über hastiges Atmen, Schwierigkeiten beim Zurückhalten des Atems und hatte die ersten Zeichen respiratorischer Krisen. In beiden Armen entwickelte sie schnelle „Grußbewegungs“-Tics, wobei ihre Arme drei- oder viermal in der Minute vom Schoß zum Gesicht fuhren. Zudem war eine Palilalie zu beobachten. Ihr Verhalten war zu diesem Zeitpunkt dem ihrer Zimmergenossin so bemerkenswert ähnlich, daß ich mich fragte, ob eine die andere automatisch „nachahmte“. Mitte September ticte Miss N. mit der Regelmäßigkeit eines Uhrwerkes, sechzigmal in der Minute und sechzig Minuten in der Stunde, wobei sie ständig in palilalischer Wiederholung die folgenden, vor Jahren gelernten Verse hersagte:

Ich glaub', es sprach in jedem Tick,
Ich bin so krank, so krank, so krank.

Oh Tod, komm schnell, komm schnell, komm schnell!
Komm schnell, komm schnell, komm schnell, komm schnell!

Da sie sich dabei selbst verausgabte und ihre Mitpatienten zur Raserei trieb, hielt ich es für angebracht, L-DOPA erneut abzusetzen.

Miss N. reagierte mit einem schweren „Rückschlag“: Sie wurde starr, akinetisch, zitterte, verlor die Stimme und hatte derartige Beschwerden beim Schlucken, daß wir sie künstlich ernähren mußten. Diese „Entzugserscheinung“ hielt den ganzen September über an und ließ in ihrer Schwere nicht nach.

Im Oktober begann ich die L-DOPA-Behandlung zum vierten Male, und auch diesmal ging es Miss N. einige Wochen lang gut, wenngleich sie leichter erregbar als gewöhnlich war und im Zustand der Erregung ein Wiederaufflackern ihrer Tics und Palilalie auftrat. Das Pflegepersonal beobachtete, daß ihre Tics insbesondere dann auftraten, wenn ich in ihrer Nähe war. Miss N. wußte, daß mich Tics faszinieren und meine Aufmerksamkeit und mein Interesse stets auf sich lenken.

Im Dezember, als besonders grimmiges Wetter herrschte, geriet Miss N. erneut in einen todesähnlichen Stupor, vergleichbar mit dem vom August (und dem zur Osterzeit erfahrenen). Diesmal vermochte weder meine Gegenwart noch irgendeine Handlung meinerseits ihren Zustand zu verändern. Sie lag bewegungslos in ihrem Bett, als sei sie schon eine Leiche. Nach drei Tagen setzte ich das L-DOPA ab, aber dies schien überhaupt keinen Unterschied auszumachen. Miss N. lebte weitere zehn Tage im Stupor und benötigte während dieser Zeit ständig Pflege und künstliche Ernährung. Am ersten Weihnachtstag trat zum erstenmal nach mehr als zwei Monaten die Sonne hervor und strahlte. Man brachte Miss N. in ihrem Sessel auf die Veranda. Nur fünf Minuten später „kam sie plötzlich zu sich“, war innerhalb weniger Minuten wieder sie selbst. Ihre Beschreibung dieses Vorganges war eindrucksvoll und bewegend: „Ich sah die Sonne,“ sagte sie. „Ich sah die Menschen überall um mich herum, die lebten und sich bewegten. Mir wurde klar, daß ich weder tot noch in der Hölle war, und fühlte, wie sich in mir das Leben regte. Ich spürte, wie etwas in mir wie eine Muschel zerbrach. Und plötzlich konnte ich mich wieder bewegen und sprechen.“

Wir gaben Miss N. drei Monate, um sich von diesen Erlebnissen zu erholen und ihr physiologisches und psychologisches Gleichgewicht wieder zu finden. Auf ihre Bitte hin begannen wir im März 1970 zum fünften Male mit einer L-DOPA-Behandlung. Wie früher ergab sich auch diesmal eine befriedigende Verringerung des Parkinsonismus und anderer Symptome für die Dauer von etwa drei Wochen. Dann fing Miss N. an, jeden Abend eigenartige Halluzinationen zu haben, die im wesentlichen dieselbe Form annahmen. Zuerst stellte sich ein Gefühl von *Unheimlichkeit* ein: Es werde sogleich etwas Sonderbares geschehen, das sich schon einmal in einem Traum oder einem vergangenen Leben ereignet habe — ihr kommendes Erlebnis werde eine Rückkehr in die Vergangenheit sein. In diesem eigenartigen Zustand sah Miss N. zwei bärtige Männer den Raum betreten. Sie schritten gemächlich zum Fenster und entzündeten dort eine altmodische Laterne, die sie dann hin- und herschwangen („wie ein Weihrauchgefäß“). Miss N. fühlte, daß dieses schwingende Licht ihre Aufmerksamkeit fesseln oder sie „verzaubern“ sollte, und spürte eine immense Versuchung, auf dieses Licht zu starren. Dann wandte sie den Kopf heftig ab und sagte: „Weg da, weg da, ihr Teufel, ihr Teufel!“ Es war diese plötzliche heftige Kopfdrehung und der Ausruf, die die Aufmerksamkeit von Miss N.s Zimmergenossin erregten und ihr klar machten, daß sie „komische Erlebnisse“ hatte. Ihre fragwürdigen Besucher, die beiden Männer, kamen dann ans Kopfende ihres Bettes, zogen ein Stück Verbandgaze aus ihren Taschen und fuchtelten damit vor Miss N.s Augen im Kreise herum. Sie fühlte, wie sie zurückschreckte, ohnmächtig wurde und nicht wußte, ob die Bewegungen der ungebetenen Gäste ein Unglück oder ein Segen für sie bedeuteten. Beide Männer beugten sich schließlich über sie und küßten sie, wobei sie mit ihren Barthaaren die Wangen streiften. Sie verließen feierlich den Raum. Bei ihrem Weggang empfand Miss N. ein starkes Gefühl von Bedauern *und* von Erleichterung. Der Eindruck der „Fremdartigkeit“ löste sich auf, und Miss N. war wieder ganz sie selbst. Diese Episoden dauerten in der Regel zehn oder zwölf Minuten; sie begannen jeden Abend Punkt acht Uhr. Als ich Miss N. fragte, ob sie ihre „Besucher“ für Gestalten aus der Wirklichkeit hielte, sagte sie: „Ja und nein. Nicht so wie Sie, Dr. Sacks, die Schwestern oder dieser Ort. Aber aus einer anderen Art von Realität, so, als kämen sie aus einer anderen Welt.“ Später sagte sie: „Zuerst glaubte ich, es seien die Geister von Patienten, die in diesem Raum gestorben sind. Dann wurde mir klar, daß sie übernatürlich waren. Ich konnte nie entscheiden, ob sie aus dem Himmel oder aus der Hölle kämen ... es ist komisch — normalerweise bin ich nicht abergläubisch, glaube nicht an Geister oder Gespenster, aber wenn mich die Stimmung überfällt, *muß* ich daran glauben.“

Da der *status quo* zwei Wochen lang aufrechterhalten wurde, d. h. die Erscheinungen um acht Uhr abends kamen und um 8.10 Uhr gingen, fuhren wir mit der L-DOPA-Behandlung fort, zumal es offensichtlich war, daß Miss N. begonnen hatte, den regulären Besuchen ein beträchtliches Maß an Vergnügen abzugewinnen. Jeden Abend machte sie sich nämlich sorgfältig zurecht. Im Laufe der sechsten Woche der Behandlung nahmen die Visionen allerdings eine ernsthaftere und ominöse Gestalt an: Den zwei Männern gesellte sich ein dritter, vierter, fünfter, sechster hinzu, bis der ganze Raum voll von bärtigen Männern war, die übernatürliche Gesten ausführten. Auch blieben sie über ihre Zeit hinaus da und setzten ihre schweigenden, finsteren, kreisförmigen Bewegungen bis 9, 10 oder 11 Uhr nachts fort. In dieser Phase stimmte Miss N. einer Absetzung von L-DOPA zu. Ihre Halluzinationen traten dann noch drei Wochen auf und verschwanden dann plötzlich und ausgesprochen abrupt — eines Abends unterließ es Miss N., sich nach dem Abendessen zurecht zu machen und sagte, als wir den Grund wissen wollten: „Heute abend wird es keine Gesellschaft geben.“ Und in der Tat, ihre „Gesellschaft“ kehrte nie mehr wieder.

Wir gaben Miss N. den Rest des Frühlings und den ganzen Sommer Zeit, ihr Gleichgewicht wiederzufinden; erst im Oktober 1970 begannen wir eine Behandlung mit Amantadin (einem dem L-DOPA ähnlichen Medikament). Auch hier trat eine anfängliche Verbesserung von Stimme, Bewegung, Rigidität usw. auf. Nach drei Wochen klagte Miss N. jedoch über *Pruritus vulvae*. Wir schickten sie zu einem Gynäkologen, der aber nichts finden konnte. Ihr Pruritus wurde schließlich zu einem Kribbeln — einem Gefühl, als ob Ameisen in ihr herumkrabbelten. Als Miss N. dieses Symptom beschrieb, erschauderte sie zwar, stellte aber zugleich ein unverkennbares Vergnügen zur Schau. Aus den Ameisen wurden am Ende winzige, ameisengroße Männer, die ihre Vagina hochkrochen und in sie einzudringen versuchten. An diesem Punkt zeigte Miss N. heftige Erregtheit; sie flehte uns an, sowohl den Überfall zu unterbrechen als auch das Medikament abzusetzen. So setzten wir das Amantadin ab, der halluzinatorische Angriff hielt noch mehr als sechs Wochen an, bis er plötzlich, ohne Ankündigung oder allmähliches „Verblassen", verschwand.

Somit manifestierten sich bei Miss N. während ihrer fünf Behandlungen mit L-DOPA und der zusätzlichen Behandlung mit Amantadin bemerkenswert unterschiedliche Reaktionen. Es war klar, daß die Wirkungen der Medikamente in gewisser Weise unvorhersagbar waren, insofern, als sie eine Vielzahl von Verhaltensweisen auslösen können: Liegt erstmal ein bestimmtes Verhalten vor — sei es therapeutisch, katatonisch, halluzinatorisch, durch Tics, Palilalie oder Ameisenkribbeln gekennzeichnet — dann folgen die nächsten Reaktionen diesem Muster oder „Vorbild". Auffallend war, daß diese Reaktionen eine geringe physiologische Konstanz aufwiesen, dagegen eine deutliche dramatische Einheitlichkeit, wenn sie einmal eingesetzt hatten. In Anbetracht ihrer so merkwürdig zusammengesetzten, aber letztlich unkontrollierbaren Reaktionen gaben wir Miss N. kein L-DOPA oder Amantadin mehr. Inzwischen ist sie zu ihrem angenehmen, lässigen, gutgelaunten und prosaischen Selbst zurückgekehrt, hat sogar ihre „Oster-Psychose" in den Jahren 1971 und 1972 „übersprungen" — zum erstenmal in den letzten zwanzig Jahren. Sie sagt: „Ich habe so viele Visionen und andere Dinge gehabt, daß es mir für's ganze Leben reicht."

13. Ida T.

Mrs. T. wurde 1901 in einem Dorf in Polen geboren. Sie verbrachte eine ruhige Kindheit, vermählte sich mit sechzehn und wurde mit siebzehn Jahren Mutter. Als sie 19 Jahre alt war, wurde ihr Leben von einer zweifachen Tragödie getroffen: dem Tod ihres jungen Ehemannes und dem plötzlichen Einsetzen von Ungeduld, Reizbarkeit, Unruhe, gesteigertem Appetit und heftigem Temperament — einer gewaltigen Wandlung ihres bisherigen Charakters. Die wachsende Gewalttätigkeit und der steigende Appetit der schwergewichtigen Mrs. T. lösten großen Alarm in ihrer friedliebenden und armen Familie aus, die sich die Frage stellte, ob der Teufel in sie gefahren sei. In ihrem 21. Lebensjahr, sie hatte inzwischen ihr Gewicht verdreifacht und terrorisierte das ganze Dorf, tauchten neue Symptome auf: zunehmende Steifheit und Trägheit der Bewegung und andere Anzeichen eines Parkinsonismus, die sie zwar *zügelten*, nicht aber ihre Gewaltimpulse hemmten. In dieser kritischen Phase holte die Familie ärztlichen Rat ein und beschloß, ihre jetzt tomatenförmige Tochter zu den sagenumwobenen Ärzten der Neuen Welt zu schicken, die sicherlich wüßten, wie Ida T. zu behandeln sei.

Am Ende der vier Monate dauernden Reise in die Neue Welt war die „Dicke Bertha" (wie sie ihre Mitreisenden zu rufen pflegten) völlig bewegungslos, stumm und steif wie ein Brett. Bei ihrer Ankunft wurde sie sofort in das neueröffnete „Heim für körperlich Behinderte und Sterbende" gebracht. Die nächsten achtundvierzig Jahre lebte Mrs. T. (oder die „Dicke Bertha", wie nun auch das Krankenhauspersonal sie nannte) weiter in einem Zustand des Parkinsonismus, lag steif, stumm, bewegungslos und vor sich hin starrend in ihrem speziell verstärkten Bett-Katafalk, betreut durch einen Stab von vergleichsweise winzigen Krankenschwestern. Sie erhielt keinerlei Nachricht von ihrer Familie, die offensichtlich beschlossen hatte, sie „fallenzulassen" und ihre „verwaiste" kleine Tochter in Obhut zu geben. Bei seltenen Gelegenheiten, wenn Mrs. T. Schmerzen hatte oder frustriert war, explodierte sie und plapperte wütend wie ein rasendes Maschinengewehr vor sich hin. Immer noch hatte sie einen unersättlichen Appetit, zu dem sich bald eine unersättliche Analität gesellte: Ihre einzigen Forderungen betrafen Darmspülungen und Speisen. Sie war jedoch sensibel für die Aufmerksamkeit und die Freundlichkeit, die andere ihr entgegenbrachten, lächelte gelegentlich die Schwestern an oder küßte sie schmatzend in einer Weise, die so explosiv wie ihre Begierden und Wutanfälle war. In der Tat mochten alle Schwestern die „Dicke Bertha" gern und sorgten in aufopferungsvoller Weise für deren leibliches Wohlbefinden. Ohne diese liebevolle und eifrige Fürsorge hätte Mrs. T. nie die zwanziger Jahre überlebt.

Als ich Ida T. zum ersten Mal traf, sah ich eine Frau mit der Körperform einer Robbe, die 180 kg wog, völlig kahlköpfig und talgbedeckt war. Ihr Hinterkopf, der sich durch das fünfzig Jahre lange Liegen auf dem Rücken verformt hatte, war völlig flach. Der ganze Körper war unveränderlich starr; er wies verkrüppelnde dystonisch-dystrophische, flossenartige Mißbildungen an Händen und Füßen auf. (Diese flossenartigen Extremitäten, verbunden mit dem gigantischen, öligen, stromlinienförmigen Rumpf vermittelten oft den seltsamen Eindruck eines übergroßen Langstreckenschwimmers, der auf wundersame Weise mitten in der Bewegung „erstarrt" war.) Ihre Augen zwinkerten ebensowenig wie die eines Basilisken, waren genauso hart und starr. Mrs. T. bewegte sich überhaupt nicht, hatte einen kaum wahrnehmbaren Atem. Meine Gegenwart und Fragen mißfielen ihr sehr, und sie beantwortete sie mit Grunzen, Stöhnen oder ausgestoßenen einsilbigen Lauten. Zusammen mit Miss K. war sie das grauenvollste und zugleich das mitleiderregendste menschliche Wesen, das ich gesehen habe.

Der oben beschriebene Zustand hielt die nächsten drei Jahre an, bis ich Ida T. in unsere postenzephalitische „Gemeinde" brachte und mit der L-DOPA-Behandlung begann. Ich muß gestehen, daß sie diese ablehnte, als ich sie um ihre Einwilligung bat, und ich daraufhin das Medikament heimlich mit dem Essen verabreichen ließ. Ich handelte erst nach langem inneren Konflikt, entschied mich aber schließlich doch unter dem Einfluß der Schwestern, die sie so lange betreut hatten, für dieses Vorgehen. Die Schwestern fühlten, daß sich unter dem grauenvollen Äußeren der „Dicken Bertha" „eine reizende Person" verborgen hielt, die sich danach sehnte, ins Tageslicht zu treten. Ida T. hatte keine Familie oder Freunde, die für sie hätten entscheiden können.

Die Wirkungen von L-DOPA waren ungewöhnlich auffallend und setzten plötzlich ein (die Tagesdosis betrug 4 g). Die eisige Starrheit ihres Körpers „barst" auf einmal und schmolz dahin. Mrs. T. war zu fließenden Bewegungen wieder fähig, ihre Stimme wurde lauter und gelöster und verlor viel von ihrer Mischung aus Hervorsprudeln und Stottern. Ich wurde von einer erstaunten und aufgeregten Stationsschwester gerufen und fand bei meiner Ankunft Mrs. T. lächelnd, gestikulierend und den Schwestern tausend Dinge erzählend vor. Zu mir sagte sie: „Wunderbar, wunderbar! Ich komme innerlich in Bewegung — dieses Zeug ist ein *groys mitsveh* [großes Wunder] . . . Gott sei Dank waren Sie so vernünftig, es mir einzuflößen!" Zur Feier ihres „Erwachens" verkündete sie mit gewaltiger Stimme, zu jeder Mahlzeit einen Liter Schokoladeneis zu wollen und morgens und abends „ein großes Olivenölklistier — aber wirklich groß!" In den nächsten drei Wochen redete sie viel mit sich selbst in Jiddisch oder in gutturalem Englisch mit starkem jiddisch-polnischen Einschlag, kicherte und gluckste vor sich hin. Sämtliche Gespräche drehten sich um das Dorf, in dem sie als Kind aufgewachsen war. Zu dieser Zeit fand sie auch Gefallen daran, mit dem fröhlichen Baß eines Seemannes alte jiddische Volkslieder und Balladen zu singen — zum Ärger oder zur Belustigung aller in ihrer Nähe befindlichen Personen. Dornröschen war anscheinend erwacht, wenn auch bislang auf völlig regressive und nostalgische Weise. Die einzigen Dinge, die für sie Bedeutsamkeit hatten, waren ihr Mund, ihr Dickdarm und ihre Vergangenheit. Eine Beziehung zur *Gegenwart* mußte sie erst noch zulassen.

In dieser Zeit gab ich Mrs. T. ein kleines symbolträchtiges Geschenk: einen fleischigen Kaktus mit einer häßlichen und doch irgendwie anmutigen, stachligen Knolle. Von dieser Pflanze war sie sogleich entzückt, widmete sich ihrer Pflege voller Hingabe, achtete auf sie und konnte stundenlang davor sitzen und sie anschauen. Ich hatte den Eindruck, daß dies nicht nur ihr erstes Eigentum, sondern auch die erste *Beziehung* in ihrem 48jährigen Leben im Mount Carmel Hospital darstellte.

Im Herbst 1969 begann Mrs. T., eine Physiotherapeutin *als Person* anzusehen und zu schätzen. Diese Physiotherapeutin arbeitete bei uns, badete und massierte täglich Ida T.s Hände, entwarf spezielle Geräte für sie, die sie mit einem Klemmgriff halten konnte. Ich glaube, daß Mrs. T. bis dahin nicht zwischen den sie versorgenden Schwestern unterschieden oder differenziert hatte, sondern sie als identisch betrachtet und behandelt hatte — etwa so, wie eine Termitenkönigin mit ihren winzigen Arbeitern umgeht. Befand sich Mrs. T. nicht bei ihrer geliebten Pflanze oder Physiotherapeutin, war sie immer noch unerbittlich feindselig, gierig, argwöhnisch, stur, ablehnend, kämpferisch, querulant und vorwurfsvoll. Die Pflanze und die Physiotherapeutin jedoch brachten ihre besten Seiten ans Licht.

Das bewegendste Ereignis aber fand Ende 1970 statt, als unser Sozialarbeiter nach fast dreijähriger intensiver Nachforschung die langverlorene Tochter ausfindig machte. Diese Tochter war schon in den dreißiger Jahren in die USA gekommen, hatte aber nie versucht, ihre Mutter aufzufinden, da die restliche Familie sie für tot erklärt hatte. Die Wiedervereinigung war keine einfache Sache — sie war ein wortloses Abtasten und Anstarren auf beiden Seiten, doch zumindest ein Anfang. Es folgten Monate voller Mißverständnisse, Zornausbrüche, Schweigen und Streitereien, aber irgendwie hatte sich Mitte 1971 eine tiefe Beziehung zwischen Mutter und Tochter entwickelt, und jede begrüßte die andere mit uneingeschränkter Freude. In der dazwischenliegenden Zeit war zu beobachten, wie Mrs. T. von Woche zu Woche menschlicher wurde und aus ihrem Abgrund von Regression, Verzweiflung und Unwirklichkeit emporstieg. Diese eine glückliche Beziehung war die Spur, die ihr den Weg aus dem Labyrinth des Irrsinns wies und die sie aus den Tiefen der „Nicht-Existenz" holte.

Im letzten Jahr gab es, bedingt durch die fortlaufende Einnahme von L-DOPA, einige Komplikationen — eine partielle Wiederkehr der Rigidität, des Stotterns usw. In Anbetracht der Umstände jedoch geht es Mrs. T. noch ausgezeichnet, wenn man bedenkt, daß sie achtundvierzig Jahre lang „tot" gewesen war.

14. Frank G.

Mr. G. wurde 1910 geboren, kam in der Schule einigermaßen gut mit und schien bis zum Alter von dreizehn Jahren in jeder Hinsicht normal zu sein. Dann jedoch erkrankte er an *Encephalitis lethargica* und verbrachte neun Wochen in einem Zustand tiefen Stupors, war völlig hilflos und mußte künstlich ernährt werden. Nachdem er sich davon erholt hatte, schielte er mit dem rechten Auge (nach außen) und hatte noch andere Anzeichen einer Lähmung des dritten Hirnnervs (*N. oculomotorius*). Auch schien er „im Kopf nicht richtig" zu sein, „irgendwie komisch" und „nicht mehr er selbst". Man hielt ihn für geistig gestört, nahm ihn von der Schule und ließ ihn in einer Fabrik arbeiten, die Kartons aus Wellpappe herstellte. Für die nächsten zwanzig Jahre war Mr. G.s Leben beispielhaft eintönig. Er kam jeden Morgen auf die Minute genau in die Fabrik, arbeitete mit einer unverändert gleichmäßigen Geschwindigkeit, ging jeden Abend um fünf Uhr nach Hause, aß zu Abend, saß mit seinen Eltern zusammen, ging um zehn ins Bett und stand morgens um sechs wieder auf. Während dieser zwanzig Jahre war sein Verhalten so unscheinbar, daß es als konventionell bis stereotyp bezeichnet werden muß. Er grüßte jeden Tag dieselben Leute mit denselben Worten, machte eine Bemerkung zum Wetter und verfiel danach in Schweigen; las täglich die Schlagzeilen und einige Untertitel in der Zeitung; er hatte überhaupt weder Hobbies noch Freunde, noch soziale oder sexuelle Beziehungen. Wie ein Roboter bewegte er sich auf seinem langweiligen, geradlinigen, leblosen Kurs — wie Millionen „ambulant behandelter chronischer Schizophrener" in den Straßen der USA. Zwei- oder dreimal im Jahr jedoch pflegte er plötzlich in heftige Wut zu geraten und dabei stets einen älteren Mann anzugreifen, den er verdächtigte, ihn angestarrt und zu verführen versucht zu haben.

In seinem 35. Lebensjahr waren Mr. G.s Bewegungen und Sprechen so langsam geworden, daß er seine Arbeitsleistung nicht mehr erfüllen konnte. Er wurde als Siebenunddreißigjähriger entlassen — und reihte sich in die halbe Million arbeitsloser Parkinsonkranker ein. An diesem Vorfall „zerbrach" Mr. G., wurde erregt, depressiv und konnte nicht mehr schlafen. Die Eintönigkeit seines Lebens war zerstört worden; er wanderte nunmehr ungekämmt und schmutzig durch die Straßen, fluchte oder murmelte ab und zu vor sich hin. In diesem Zustand wurde Mr. G. in eine staatliche psychiatrische Anstalt eingewiesen, wo er schrittweise ein bißchen seines früheren Gleichmuts und der früheren ruhigen Monotonie zurückgewann. 1950 wurde er in das Mount Carmel Hospital verlegt.

Während seines zwanzigjährigen Aufenthalts in Mount Carmel wurde seine physische und psychische Verfassung nach und nach schlimmer, und zwar in verschiedener Hinsicht: Obwohl er physisch durchaus noch in der Lage war, für sich zu sorgen, auf dem Hospitalgelände herumzuspazieren oder auf die Straße hinauszugehen, lebte er immer zurückgezogener; im Laufe der Jahre reduzierten sich seine Handlungsmöglichkeiten zusehends. Er entwickelte zwar eine Vielzahl fester Rituale und Routinehandlungen, aber keine wirklichen Beziehungen zu irgendwem oder irgend etwas. Mit der Zeit verfiel Mr. G. leicht ins Starren und halluzinierte jeden Tag für mehrere Stunden, behielt aber diese halluzinatorischen Erlebnisse für sich und trennte sie deutlich von seinem Verhalten und seinen Handlungen. Die bereits erwähnten Panik- und Wutanfälle wurden etwas häufiger und traten nun gewöhnlich zwei- bis dreimal im Monat auf; immer waren sie mit dem Gefühl verbunden, mißachtet oder in verführerischer Weise bedrängt zu werden.

1969, noch vor der L-DOPA-Behandlung, litt Mr. G. unter einem grobschlägigen Tremor beider Arme, einer partiellen Rigidität und Beugung des Nackens, ausgeprägtem Speichelfluß sowie einer bilateralen Ptosis (Oberlidlähmung), durch die seine Augenlider herunterhingen und die Augen fast verdeckten. Seine Stellreflexe waren erheblich beeinträchtigt; die Arme wiesen leichte Akinesie, jedoch keine Rigidität auf. Etwas unter den mir bekannten postenzephalitischen Patienten Unübliches fiel auf: Es gab bei Mr. G. Anzeichen für eine zweiseitige Störung im Bereich der oberen motorischen Zentren, einer leichten geistigen Stumpfheit und einer gewissen „Schrullenhaftigkeit". Wir beobachteten noch einen „Summ-Tic" — ein melodisches Geräusch („mmm . . . mmm . . . mmm . . ."), das bei jedem Ausatmen zu hören war.

Im Mai 1969 erhielt Mr. G. zum erstenmal L-DOPA, wobei die Dosis schrittweise auf 2 g pro Tag erhöht wurde. In den ersten drei Wochen zeigten sich sowohl eine Steigerung seines Tremors und eine Beschleunigung beim Gehen als auch zeitweilige, plötzlich einsetzende schüttelkrampfartige Zuckungen und Spasmen. Der Summ-Tic verstärkte sich, und Mr. G. entwickelte die Neigung, im Schlaf zu husten, zu stöhnen und zu brummen.

Nach einem Monat verschwanden diese Symptome. Mr. G. kehrte zu seinem ursprünglichen Zustand zurück. Trotz weiterer Einnahme von 2 g L-DOPA traten während der folgenden drei Monate *keine* Reaktionen auf. Im Oktober allerdings beobachtete ich bei Mr. G. heftige Bewegungen der Zunge, bei denen er diese zwölf- bis fünfzehnmal in der Minute soweit wie möglich herausstreckte. Als wir deshalb nach zwei Tagen vorschlugen, L-DOPA abzusetzen, sagte Mr. G.: „Tun Sie das nicht — es wird von selbst aufhören." Eine Stunde später verschwanden die Zungenbewegungen in der Tat und traten nicht wieder auf. Während der folgenden sechs Monate fiel Mr. G. wieder in seinen alten Zustand zurück, bis ihn im März 1970 eine neue Reaktionswelle mitriß. Er wurde reizbar und empfindlich; hatte ständig das Gefühl, daß seine rechte Wange juckte, die er dann spontan und wiederholt in ticähnlicher Weise so heftig kratzte, bis sie blutete. Die Libido hatte sich gesteigert. Mr. G. verbrachte viele Stunden damit, zu onanieren oder sich auf dem Flur zu entblößen. In dieser sorgenvollen und beunruhigenden Phase wurde Mr. G.s Summ-Tic zu einem Refrain einer palilalischen Verbigeration der Phrase „bleib cool": Im Laufe eines Tages murmelte er hundert-, wenn nicht tausendmal „bleib cool, bleib cool, bleib cool . . .".

Im Mai 1970 waren Mr. G.s Entblößungen und Angriffe auf andere Patienten so häufig geworden, daß die Verwaltung des Hospitals drohte, ihn in eine staatliche Einrichtung zu verlegen — eine Drohung, die ihn mit Entsetzen und machtloser Wut erfüllte. Einen Tag nach dieser Warnung erlitt Mr. G. eine okulogyre Krise und geriet in einen katatonen Zustand; es war die erste Krise dieser Art in seinem Leben: Seine Augen starrten aufwärts, der Nacken war außergewöhnlich heftig gekrümmt, und der Rest des Körpers zeigte eine statuenhafte Unbeweglichkeit und kataleptische Flexibilität. Er verschloß sich jedem Kontakt; zudem war er offensichtlich auch unfähig zu schlucken. Diese Krise oder dieser Stupor hielt ohne Unterbrechung zehn Tage lang an, in denen Mr. G. künstlich ernährt und versorgt werden mußte. Als er endlich „zu sich kam", schien er ein anderer Mann zu sein — so, als ob er die Niederlage erkannt hätte und innerlich gebrochen sei. All seine Triebkräfte, das Jucken, die Tics, die erotischen und aggressiven Erregungen waren verschwunden; er bewegte sich jetzt wie ein Schlafwandler oder wie ein Mensch, der träumt. Er war höflich, angenehm, konnte sich orientieren, aber sein ganzes Wesen schien in einer Art „Schlaf" oder „Ohnmacht" gefangen zu sein. Er vermittelte den unheimlichen Eindruck eines Menschen, der nicht mehr von dieser Welt ist. Er wirkte fast wie leiblos oder immateriell — wie ein Geist oder ein Gespenst.

Im August 1971 starb er im Schlaf. Die genaue Todesursache konnte nicht festgestellt werden.

15. Maria G.

Miss G. wurde 1919 auf einem sizilianischen Bauernhof geboren, war die jüngere Tochter strenger und liebevoller, jedoch neurotischer katholischer Italiener. Als Kind wirkte sie intelligent und kam in der Schule gut voran, obwohl sie als zu lebhaft und irgendwie „sonderbar" galt: In abergläubischer Weise nahm man an, sie gehöre zu den Menschen, die bald sterben würden. Mit acht Jahren hatte sie einen fürchterlichen Alptraum, der anscheinend die ganze Nacht dauerte: Sie träumte, sie sei verrückt geworden und in die Hölle gefahren. Dies war der Beginn eines monatelangen Deliriums mit Fieber, Halluzinationen und sonderbaren Körperbewegungen; es war eine Zeit, in der sie kaum schlief und nicht beruhigt werden konnte. Als das akute Delirium nachließ, wurde deutlich, daß in ihrem Charakter eine tiefgreifende Veränderung stattgefunden hatte. Maria G. war extrem ruhelos und heftig geworden, konnte leicht in Wut versetzt werden, war laut, unverschämt und ständig „in Schwierigkeiten". Dieses Verhalten war für ihre gottesfürchtigen Eltern außerordentlich schockierend und löste bei ihnen Haß, Drohungen und Bestrafungsgelüste aus. Als ihre Mutter mir vierzig Jahre später von all dem erzählte, sagte sie: „Es war eine Strafe des Himmels, weil sie so schlecht war. Maria war ein ungezogenes, ungehorsames, scheußliches Kind, das die Krankheit verdiente — und alles, was passiert, hat sie verdient!"

Als Miss G. zwölf Jahre alt war, beeinträchtigten eine progressive Steifheit und Langsamkeit ihr Verhalten, und mit fünfzehn Jahren litt sie schließlich unter schwerem Parkinsonismus. Die nächsten dreißig Jahre hielten ihre Eltern, die inzwischen in die Vereinigten Staaten gekommen waren, ihre Tochter in einem Hinterzimmer versteckt, wo niemand sie sehen konnte. Hier lag sie bäuchlings auf einem Teppich, in den sie manchmal biß, oder an dem sie wütend herumkaute. Man warf ihr das Essen hin wie einem Tier. Jeden Sonntag wurde ein Priester zu ihr gebracht ohne Ausnahme.

In Anbetracht des zunehmenden Alters ihrer Eltern und einer Herzerkrankung, die ihrer Mutter zu schaffen machte, wurde Miss G. 1967 im Mount Carmel Hospital aufgenommen. Zu dieser Zeit war sie extrem von Parkinsonismus und Katatonie betroffen: sie schielte nach außen und litt unter internuklearer Lähmung, übermäßig starker und zähflüssiger Speichelabsonderung, schwerer Rigidität und Akinesie, gelegentlich heftigem grobschlägigen Tremor in der rechten Hand, ständigem Schließen und krampfhaftem Zucken der Augenlider sowie einer so großen Beeinträchtigung der Stellreflexe, daß sie vornübergebeugt mit dem Kopf auf dem Boden saß. Ihre Stimme war sehr weich, aber impulsiv und kaum verständlich. Miss G. wirkte recht klug und konnte bald alle Personen ihrer Umgebung erkennen. Zweimal monatlich hatte sie eine okulogyre Krise und bei seltenen Gelegenheiten einen äußerst heftigen Wutanfall. Dann konnte sie sich plötzlich erheben und herumlaufen, schreien und mit großer Kraft zuschlagen; die meiste Zeit jedoch war sie völlig bewegungslos. Dies war ihr Zustand, bevor sie L-DOPA bekam.

Ich begann mit der L-DOPA-Behandlung am 18. Juni 1969. Miss G.s Reaktion, die bei einer Tagesdosis von 1,2 g einsetzte, war extrem schnell, dramatisch und erfolgte innerhalb einiger Stunden. Sie spürte eine plötzliche Welle von Energie und Kraft und eine völlige Beseitigung der Rigidität. Auf einmal konnte sie den Flur entlanglaufen; auch gelang es ihr, sich ihrer Tendenz, sich vornüberzubeugen, erfolgreich entgegenzusetzen. Ihre Stimme wurde laut und klar, wenngleich überstürzt; Miss G. sprach in kurzen Sätzen oder Satzteilen. Der Speichelfluß verschwand fast ganz. Ihre Stimmung wurde freudig, in die sich ein Hauch von Begeisterung mischte. Ihre Eltern wurden von der Veränderung benachrichtigt und besuchten ihre Tochter sofort — der erste derartige Besuch während der zwei Jahre in Mount Carmel. Der Vater umarmte sie mit großer Dankbarkeit und Freude, und die Mutter rief aus: „Ein Wunder des Himmels ... ein völlig neuer Mensch!" Es folgte eine einzige wundervolle Woche, in der Miss G. auf jede nur denkbare Weise gewandelt war. Ihre Mutter hatte ihr zur Feier der „Wiedergeburt" einen Schrank voller Kleider gekauft. Zurechtgeputzt in ihrem Staat, ausgeglichen und geschminkt, sah Miss G. hübsch und viel jünger aus, als sie war: Die Schwestern nannten sie jetzt „die sizilianische Überraschung".

In der ersten Juliwoche traten allerdings verschiedene Probleme auf. Miss G.s Hochstimmung schlug in Gewalt und Besessenheit um. Sie begann zu fühlen, daß man sie „verführte" und „aufzog", und glaubte, daß Patienten und das Personal miteinander konspirierten, um sie „fertigzumachen". Diese Gefühle versetzten sie in Wut, Angst und Aufwühlung. Der flüchtigste Blick genügte, damit sie schrie oder mit etwas warf, das gerade zur Hand war. Ständig fragte sie mich, wie Kinder geboren werden und ob Sex „natürlich" sei oder mit dem Tod bestraft werde. Sie sorgte sich maßlos um die Gesundheit ihrer Mutter und rief regelmäßig zu Hause an. Die Fragen, die sie stellte, waren immer die gleichen: „Fühlst du dich wohl, Mutter? Du wirst doch nicht sterben?" Und nach jedem dieser Gespräche weinte sie und bebte am ganzen Körper. Mitte

Juli hatten sich die Tage zu einer Berg-und-Tal-Fahrt des Daseins entwickelt — fünf Wutanfälle am Tag, von Erschöpfung und Reue gefolgt. Miss G. war während dieser Ausbrüche ausgesprochen grauenhaft, brüllte mit großer Kraft wie ein zorniger Gorilla und fegte den Flur hinunter, wobei sie jeden schlug, der in ihre Nähe kam. War niemand da, schlug sie gegen die Wände. Gegen Ende eines jeden Ausbruchs knallte sie ihren Kopf gegen die Wand und schrie: „Tötet mich, tötet mich! Ich bin schlecht. Ich *muß* sterben!" Winzige Dosen Thorazin (Largactil) — nur 5 mg — „brachen" diese Wutanfälle binnen weniger Minuten, warfen aber Miss G. in einen schweren Parkinsonismus und einen katatonen und nahezu stuporösen Zustand zurück.

Am 16. Juli reduzierte ich die Tagesdosis von 1,2 g auf 1 g L-DOPA. Sofort setzte eine Wirkung wie nach einer übermäßigen Dosis Thorazin ein. Miss G. verfiel in einen Parkinson-stuporösen Stillstand. Vier Tage hielt dieser beeinträchtigende, depressive Zustand an, der viel schlimmer als derjenige vor der L-DOPA-Behandlung war, so daß mich Miss G. wiederholt anflehte, die Dosis zu erhöhen. Am 20. Juli begann ich damit, indem ich ihr jeden Tag um 0,1 g mehr verabreichte — eine minimale Steigerung. Dies verursachte bei Miss G. den schlimmsten Wutanfall, den wir je gesehen hatten. Sie brach in eine mörderisch-katatonische Wut aus — mit Zähnefletschen, Schreien, Knurren, Heulen, Krallen, Kratzen, Schmettern und Schleudern. Sie stierte und starrte wie ein Tier, wie ein großes Raubtier, das zum Töten ansetzt. Auch zeigte sie ein heftiges Ausstoßen der Zunge sowie einen ununterbrochen anhaltenden „Schnauzkrampf". Da sie offenbar nicht sprechen konnte, gab ich ihr Papier und Bleistift, die sie jedoch in den Mund steckte und in Stücke zerkaute. Nach fünfundzwanzig Stunden pausenloser Raserei, die weder durch Absetzen von L-DOPA noch durch Injektionen geschwächt werden konnte, kollabierte Miss G. schließlich in einen erschöpften, bewegungslosen Schlaf. Sie lag zusammengerollt wie ein Kleinkind mit dem Daumen im Mund im Bett. Da ich spürte, daß sie einige Wochen der „Abkühlung" brauchte, und ich selbst für einen Monat New York verließ, setzte ich mit der L-DOPA-Behandlung bis zu meiner Rückkehr im September aus.

Bei meiner Rückkehr war Miss G. immer noch in ihrem Parkinson-katatonisch-depressiven Zustand, nach wie vor in einem physiologischen „Schwarzen Loch". Ihre Situation, die schlimmer war als vor der Behandlung, machte eine fast ununterbrochene pflegerische Betreuung erforderlich. Ohne L-DOPA schien Miss G. jetzt kaum noch am Leben zu sein; aber ich befürchtete, daß sie erneut unkontrollierbar gewalttätig würde, wenn ich ihr das Medikament wieder verabreichte. Eine Wahl zwischen diesen unverträglichen Alternativen schien unmöglich. Das einzige, was ich tun konnte, war, einen Zustand zwischen den Extremen herzustellen und zu hoffen, daß dies anhalten würde. Also griff ich ein weiteres Mal zu L-DOPA, benutzte diesmal so geringe Dosen, daß wir die Kapseln selbst herstellen mußten. 100 mg pro Tag bewirkten nichts; auch 150 mg, 200 mg und 250 mg lösten keine Reaktion aus; bei 300 mg „*explodierte*" Miss G. plötzlich und wurde eine „Super-Nova", wie wir es aus der Vergangenheit schon kannten.

Diesmal ging ihre Explosion tiefer als vorher und ließ sie in Verhaltensfragmente zerfallen. In den folgenden zwei Monaten verlor ihr Verhalten jegliche Einheitlichkeit, die es zuvor besessen hatte, und zerbrach in unzählige „Verhaltensbruchstücke"; jedes davon war perfekt strukturiert und — äußerst regressiv — wie ein schizophrener Prozeß, nur tiefer und stärker als irgendeiner, den ich beobachtet hatte. Ich fühlte, daß wir eine „Büchse der Pandora“ geöffnet oder ein Nest ontologischer Schlangen freigelegt hatten. Und doch war es nicht möglich, L-DOPA abzusetzen oder die Dosis um ein geringes zu reduzieren, da Miss G. sofort mit Koma, gestörter Atmung und Anzeichen von Sauerstoffmangel reagierte. Ich versuchte es zweimal — beide Male hätte das Experiment tödlich ausgehen können. Maria G. war irgendein Stadium zwischen Tod und Wahnsinn einfach fremd geworden; sie hatte die *Möglichkeit* eines Mittelweges in dem Moment verloren, als sie übermäßig auf L-DOPA ansprach.

In diesen beiden Monaten wurde sie sehr empfindlich und pflegte sowohl ihr Essen als auch ihr Eigentum mit beiden Händen zu schützen, wobei sie ängstlich und verärgert nach „Dieben“ Ausschau hielt. Sie entwickelte einen nicht zu befriedigenden Drang zum Hamstern und umgab sich mit einer Vielzahl verschiedener Objekte: zerrissene Papiere, angebissene Bonbons, Stifte und Früchte, den Inhalt ihrer Handtasche, Brotstücke und gelegentlich sogar Exkremente — alles in ihren Sessel und ihr Bett zusammengetragen. Sie hatte blitzschnelle Tics und einen höchst unruhigen Blick (ihre Augen huschten mit außerordentlicher Geschwindigkeit umher). Häufig wurde ihr Blick durch das eine oder andere zufällige Objekt „gefangen“ oder magisch angezogen; besonders Fliegen fesselten ihre Aufmerksamkeit. War ihr Blick „gefangen“, mußte sie mit ihrem ganzen Körper eine gewaltsame Anstrengung unternehmen, ihn „freizulassen“. Ständig war sie durch Gegenstände aus ihrer Umgebung „verhext“ und gezwungen, sie zu beobachten, zu berühren, zu belecken; und manchmal konnte sie diesen Verlockungen durch eine „Blockierung“ entgehen. Sie hatte unstillbaren Hunger, unkontrollierbare Gier und nach dem Essen den unwiderstehlichen Drang, den Teller abzulecken und ihre Finger und das Eßbesteck in ihren noch kauenden Mund zu stecken. Wenn sie trank, streckte sie ihre Zunge kräftig oder *schleckte* mit unglaublicher, katzenähnlicher Geschwindigkeit.

Wiederholt beschwerte sich Miss G. darüber, daß sie schmutzig und beschämend aussehe. Sie zupfte und bürstete dann ständig an sich herum, wobei sich ihre Hände getrennt voneinander bewegten, so, als ob jede für sich kontrolliert werde. Gelegentlich bürstete sie auch die Leute in ihrer Umgebung oder zupfte an ihnen herum. Manchmal empfand sie die ganze Welt wie einen Stachel oder eine Meute, die quälende, schikanierende Schläge austeilt. In solchen Augenblicken verkroch sie sich in ihren Sessel, bedeckte ihr Gesicht oder legte sich in der Haltung eines Embryos auf den Boden. Immer mehr lebte sie in ihrer eigenen Welt, wo sie mit ihren Erscheinungen kämpfte oder sich ihnen ergab. Täglich wurde sie narzistischer und regressiver und neigte immer weniger dazu, auf irgend etwas in ihrer Umgebung zu reagieren. Sie entwickelte zahllose merkwürdige Gewohnheiten und Manierismen, von denen einige so eigenartig waren, daß jeder Interpretationsversuch scheiterte. Andere hingegen waren eindeutige Zeichen von Selbstzerstörung: Miss G. biß und trat, würgte und kratzte sich, legte ihren Kopf in eine unsichtbare Schlinge oder seitlich auf ein unsichtbares Schafott — Pantomimen und Beschwörungen von Gewalt und Tod. Nur abends verringerten sich ihre Qualen; Ruhe breitete sich in dieser verwirrten Frau aus. Dann kehrte sie zu einer Korbflechtarbeit zurück, die sie seit mehreren Monaten beschäftigte und die als einziges von ihren fanatischen Zerstörungen ausgenommen war. Ich sah Miss G. das letzte Mal am Abend des 21. Dezember ruhig im Bett sitzen und ihren Korb flechten. Man fand sie tot und kalt am nächsten Morgen. Ihre erstarrten Arme hielten den geliebten Korb umklammert.

16. Rachel I.

Nach einem Anfall von *Encephalitis lethargica* entwickelte Mrs. I. eine progressiv verlaufende Parkinsonsche Behinderung, die sie 1964 zu starker Rigidität und Dystonie von Rumpf und Extremitäten geführt und sie völlig unbeweglich gemacht hatte. Merkwürdigerweise war ihre Sprache von dem sonst beeinträchtigenden Parkinsonismus kaum berührt; ihr Sprechen ließ durchblicken, daß sie ihre Intelligenz, ihr Gedächtnis und ihr Temperament beibehalten hatte, obwohl sie so lange zur Unbeweglichkeit gezwungen worden war. Zweimal im Monat, gewöhnlich an Sonntagen, veränderte sich ihr Zustand durch sonderbare Attacken, bei denen sie von Wellen nicht lokalisierbarer Qual und Angst erfaßt wurde. Sie war wie gezwungen, mit lauter und anhaltender Stimme zu schreien. Diese Attacken, die ziemlich plötzlich begannen und endeten und die seit über zwanzig Jahren auftraten, hatten sich nie nachweislich mit irgendeiner physischen Krankheit in Verbindung bringen lassen. Deshalb hielt man sie für *Krisen* oder „thalamische Attacken" einer seltenen Art. Sie zeugten von einem Potential für affektive und katatonische Erregung, das sonst unauffällig oder versteckt war.

Gegen Ende 1967 begann Mrs. I. einen leichten, senilen Schwund des Kurzzeitgedächtnisses zu zeigen, obwohl ihre intellektuelle Struktur weiterhin intakt blieb und in ihrer Qualität über dem Durchschnitt lag. Ich hatte ihr mehrmals die Behandlung mit L-DOPA vorgeschlagen, aber sie war hinsichtlich seiner Verwendung sehr ängstlich und sagte: „Nein, ich werde es nicht ausprobieren — es wird mich in Stücke zerreißen." Im September 1970 änderte sie ihre Meinung und sagte: „Ich glaube, in diesem Stadium habe ich nichts mehr zu verlieren." Ihre Reaktion auf L-DOPA war von Anfang an katastrophal. Zehn Tage nach Beginn der Behandlung und bei einer Dosis von 1 g täglich „explodierte" Mrs. I. *tatsächlich* — ohne den geringsten therapeutischen Effekt zu zeigen und ohne jegliche Vorwarnung. Sie wurde enorm erregt, halluzinierte wie im Delirium: Sie sah winzige Figuren und Gesichter, hörte Stimmen, die plötzlich überall im Raum entstanden und dann verschwanden. Es stellte sich eine unkontrollierbare Echolalie ein; Mrs. I. wiederholte alles, was man ihr sagte, mit schrill kreischender Stimme hundert- oder tausendmal. Von Halluzinationen verfolgt und unaufhörlich damit beschäftigt, äußere Reize echoartig zu wiederholen, machte Mrs. I. den Eindruck eines leeren, unbewohnten, geistererfüllten Hauses, so als wäre *sie selbst* durch Echos und Geister „vertrieben" worden. Trotz sofortigen Absetzens von L-DOPA und der Verabreichung von Sedativa und Tranquilizern (bis zur zulässigen Höchstgrenze) erwies es sich als unmöglich, diese ungeheure Erregung zu unterbinden. Sie hielt unvermindert an, fast vierundzwanzig Stunden am Tag, und Mrs. I. fand keine Ruhe, außer in kurzzeitigem, durch Erschöpfung ausgelöstem Stupor. Während dieser Zeit zeigte sie einen deutlichen Rückgang ihrer intellektuellen Fähigkeiten, war sichtlich immer weniger in der Lage, ihr bekannte Personen wiederzuerkennen und komplexe Halluzinationen zu gestalten. Man konnte sich des Eindrucks nicht erwehren, daß sie sich infolge der ununterbrochenen Intensität ihrer zerebralen Erregung innerlich „verzehrte". In der vierten Woche klang plötzlich die Erregung ab und wurde von einem komatösen Zustand abgelöst. Für einen Monat benötigte sie ständige Pflege, künstliche Ernährung usw. Als Mrs. I. aus ihrem Koma erwachte, hatte sie die Fähigkeit verloren, irgendwen oder irgend etwas wiederzuerkennen, konnte nur noch Geräusche von sich geben und zeigte keine erkennbaren Anzeichen einer geistigen „Anwesenheit" überhaupt. Ihr Intellekt schien zerstört, als ob er sich seiner Struktur enthoben habe. Rachel I. erinnerte an eine völlig demente Person. Sie verblieb weitere sieben Wochen in diesem geistlosen und funktional subkortikalen Zustand, bis sie an einer Lungenentzündung starb.

17. Aaron E.[28]

Mr. E. wurde 1907 geboren — der ältere von Zwillingsbrüdern. Seine Eltern waren einige Jahre zuvor in die USA emigriert und hatten zur Zeit seiner Geburt ein florierendes Delikatessengeschäft in einem typischen Viertel von Brooklyn. Das Leben Aarons bestand aus Arbeit, Ernsthaftigkeit und strebsamem Weiterkommen; er trug Zeitungen aus und hatte als Junge und Jugendlicher ein halbes Dutzend Jobs. Seine Schulbildung ergänzte er durch Abendunterricht, das Anhören von öffentlichen Vorträgen und lange, in der öffentlichen Bibliothek von Brooklyn verbrachte Lesestunden. Mit 23 Jahren hatte sich Mr. E. emporgearbeitet, als Buchhalter etabliert; er war in der Lage, zu heiraten und eine Hypothek aufzunehmen.

In den folgenden 30 Jahren verfügte Mr. E. über außergewöhnliche Energien und einen großen Unternehmungsgeist; so konnte er eine 6-Mann-Firma gründen. Während dieser Jahre erfreute er sich hervorragender Gesundheit und war keinen Tag wegen Krankheit oder „Unpäßlichkeit" der Arbeit ferngeblieben. Er war Freimaurer, gehörte zum Vorstand der örtlichen Synagoge, war Vizepräsident der örtlichen Schulbehörde und engagierte sich bei zahlreichen öffentlichen Angelegenheiten. Jeden Donnerstag ging er ins Theater. Er hatte einen großen Freundeskreis und zahlreiche Geschäftsfreunde. Sonntags spielte er Golf und unternahm jeden Sommer eine Campingreise mit seiner Frau und seinen fünf Kindern in die Adirondack Berge. Kurz: Er war der Inbegriff des „self-made-man" und des amerikanischen Erfolgs.

Im Nachhinein ist anzunehmen, daß sich das erste Symptom der Parkinsonschen Krankheit während seiner Ausflüge in die Berge manifestiert hat: in Situationen ungewöhnlicher Anstrengung oder übermäßigen Stresses. Auf sie reagierte Mr. E. gelegentlich mit ungewöhnlicher Ungeduld, Ruhelosigkeit und übertrieben heftigen Bewegungen. Er wurde auch sehr müde und hatte große Mühe, wieder „in Gang zu kommen", sobald er es sich einmal im Sessel „bequem gemacht" hatte. Falls dies Parkinsonsymptome waren, sind sie jedoch damals nicht erkannt worden; erst 1962, als Mr. E. 55 Jahre alt war, entwickelten sich der unverkennbare Parkinsonsche Tremor der Hände und eine zunehmende Rigidität der Arme und des Rückens, die beträchtlich durch Artane und ähnliche Medikamente gelindert wurden. Mr. E. wehrte sie mit seiner üblichen Energie ab und fuhr bis 1965 fort, seiner Arbeit nachzugehen, das Gesellschaftsleben nicht zu vernachlässigen und regelmäßig Golf zu spielen.

1965 aber hatte Mr. E. das Gefühl, daß alles allmählich zu viel für ihn wurde; ein Gefühl, das sich im Zeitraum eines Jahres stärker entwickelte und das er immer wieder zu unterdrücken versuchte. Als es endlich zutage trat, geschah das plötzlich und explosiv: Ohne Vorwarnung und ohne seine übliche Bedächtigkeit gab Mr. E. seine Arbeit auf, kündigte seine Stellung in der Synagoge und in der Schulbehörde, reduzierte seine sonstigen Aktivitäten und Verpflichtungen auf ein Mindestmaß. Er „entsagte" seinem bisherigen aktiven Leben, zog sich aus dem gesellschaftlichen Leben zurück, verbrachte nun den größten Teil seiner Zeit zu Hause, las Zeitungen, sah fern und beschäftigte sich im Garten hinter seinem Haus. Er verfolgte zwar noch die Börsenberichte und blieb mit seinem Makler in Kontakt; im Laufe der Monate zunehmend weniger, bis er diese Beschäftigungen im Jahre 1966 ganz aufgab. Da er vorzeitig in den Ruhestand getreten und nicht mehr der Hauptverdiener der Familie war, verlor er zu Hause seinen Status als *Pater familias* und Herr des Hauses — einen Status, den er teilweise von sich aus aufgegeben hatte, so daß alle wichtigen Entscheidungen von seiner Frau bzw. seinen Söhnen gefällt wurden. Er fing an, Anzeichen von Depression, Angst, Abhängigkeit, Passivität, Selbstmitleid und Klagsucht zu zeigen — eine unvorstellbare Situation für alle, die ihn wenige Jahre zuvor noch als aktiven, andere Menschen anspornenden und fähigen Mann gekannt hatten. Sein Statusverlust und die Einbuße der Autonomie sowie die Parkinsonschen Symptome schienen miteinander in Wechselwirkung zu stehen und sich gegenseitig zu verstärken. Somit hatte er sich bis 1967 nicht nur völlig zum Invaliden entwickelt, sondern auch die Persönlichkeit und die Eigenschaften eines solchen angenommen.

Mr. E. wurde wegen seines ernsten Zustandes, seiner Depression und Abhängigkeit im Sommer 1967 in das Mount Carmel Hospital als Privatpatient aufgenommen. Im Nu verschlechterte sich sein Zustand. Mr. E. betrachtete seinen Aufenthalt im Krankenhaus nicht als „Neuanfang" oder als eine „Form der Therapie", wie die Familie und die Krankenhausbroschüre es ihm nahelegten, sondern als ein „Abschieben" und als ein Zeichen dafür, daß für ihn „alles vorbei" sei. Als ich ihn zum erstenmal traf, bot er das Bild eines schwer erkrankten Parkinsonpatienten, das unter keinen Umständen mit einem postenzephalitischen Zustand verwechselt werden konnte. Spontan sprach oder bewegte er sich sehr wenig, obwohl er, wenn er angesprochen wurde, auflebte und mit einem Anflug seiner früheren Lebhaftigkeit sprach. Ohne Hilfe konnte er weder vom Stuhl aufstehen noch zu gehen anfangen oder Gehbewegungen allein fortsetzen; auch zeigte er eine starke Neigung zum „Erstarren", zu Festination und zu unkontrollierbaren Bewegungsimpulsen. Er war dünn, hager, sah älter aus, als er in Wirklichkeit war. Seine Haltung war gebeugt und gleichgültig; sein Gesicht machte unter der Parkinsonschen Maske einen hoffnungslosen Ausdruck. Alle Gliedmaßen waren von mäßiger Rigidität betroffen; bei Belastung oder Müdigkeit zitterten Mr. E.s Hände stark. Er wirkte wie ein Mensch, der sowohl schwer invalide als auch im Geiste gebrochen ist; ich konnte kaum glauben, daß er noch vor zwei Jahren ein Leben voller Energie und Abwechslung geführt hatte. Er verharrte in diesem schwer angeschlagenen und „verlorenen" Zustand, bis ihm L-DOPA gegeben wurde.

Die Behandlung mit L-DOPA wurde im März 1969 begonnen. Nach und nach erhöhte ich die Tagesdosis auf 4 g — innerhalb von drei Wochen *anscheinend* ohne jede Wirkung. Nur durch Zufall entdeckte ich, daß Mr. E. doch auf L-DOPA reagierte: Als ich zu einer unüblichen Zeit an seinem Zimmer vorbeikam, vernahm ich gleichmäßige Schritte. Ich ging hinein und sah, daß Mr. E., der seit 1966 an den Rollstuhl gefesselt war, in seinem Zimmer auf und ab ging, dabei die Arme schwang, eine aufrechte Körperhaltung hatte und wie noch nie strahlte. Als ich ihn darauf ansprach, antwortete er verlegen: „Ja! Vor drei Tagen merkte ich, wie das L-DOPA zu wirken anfing — es war wie eine Welle von Energie und Kraft, die mich durchflutete. Ich bemerkte, daß ich alleine aufstehen und gehen, alles, was ich brauchte, auch allein machen konnte. Aber ich hatte Angst, daß Sie erkennen, wie gut es mir geht, und mich deswegen aus dem Krankenhaus entlassen würden ... Sehen Sie, ich habe mich so daran gewöhnt, von anderen abhängig zu sein und mich versorgen zu lassen, daß ich kein Selbstvertrauen mehr habe ... ich glaube, ich muß diese Angewohnheit wieder verlernen ... Sie müssen mir Zeit dafür lassen, wissen Sie." Ich versicherte Mr. E., daß ich Verständnis für seine Lage hätte und ihn in keiner Weise zur Eile drängen würde.

Die vorgeschriebene Dosis von L-DOPA (5,5 g pro Tag) wurde nach weiteren zwei Wochen erreicht und bewirkte eine „Normalisierung" in jeder Hinsicht. Mr. E. redete und ging mit vollkommener Leichtigkeit, konnte alles machen, was er wollte. Keinerlei Parkinsonismus-Symptome waren an ihm mehr zu erkennen. Er hatte aber immer noch große Angst davor, sein so eingeengtes Leben wieder auszuweiten, und machte deshalb weitaus weniger, als wozu er in der Lage gewesen wäre. Es dauerte einen Monat, bis Mr. E. den Mut aufbrachte, sein Zimmer zu verlassen und ohne Scheu im Krankenhaus herumzugehen; weitere 4 Monate, bis er sich aus dem Krankenhaus heraustraute, um einmal ums Viereck zu gehen und die Welt „draußen" zu betrachten. Schließlich vergingen noch neun Monate, bis er sich genügend wohl und zuversichtlich fühlte, um nach Hause zurückzukehren und seinen früheren Lebensstil wieder aufzunehmen. Während dieser Monate sah er wie das blühende Leben aus. Er hatte zugenommen, seine Hautfarbe war gesund, und er sah nicht mehr älter aus, als er in Wirklichkeit war. Einige Tage haben gereicht, um die Parkinsonsymptome zu beseitigen; neun Monate brauchte es, bis Mr. E. Invalidität, Angst und Pessimismus überwunden hatte.

Als er Mount Carmel verließ, um nach Hause zurückzugehen, herrschte eine bewegende und triumphale Atmosphäre. Das halbe Krankenhaus erschien zu seiner Verabschiedung; die *New York Times* brachte sogar ein Bild von ihm, denn in den letzten 50 Jahren hatte kein Parkinsonpatient Mount Carmel je wieder verlassen können, um nach Hause zurückzukehren. Es folgten drei angenehme und ausgefüllte Monate, in denen Mr. E., der weiterhin täglich 5 g L-DOPA erhielt, ein ziemlich aktives häusliches und gesellschaftliches Leben führte. Er sah Freunde und Nachbarn wieder, von denen er sich 1965 abgewandt hatte, machte ein wenig Gartenarbeit, spielte sonntags Golf und besprach sogar wieder die Börsenlage mit seinem Makler. Während dieser Zeit schien er zunehmend zuversichtlicher und ruhiger zu werden.

Im 13. Monat der L-DOPA-Therapie tauchten jedoch einige Probleme auf, die seine körperlichen Bewegungen und emotionalen Reaktionen betrafen. Es entwickelten sich plötzliche flackernde Bewegungen (Chorea), die besonders stark im Mund- und Gesichtsbereich auftraten und dazu neigten, von einer Muskelgruppe zur anderen hinüberzuspringen[29]. Die Bewegungen wurden ziemlich abrupt und übereilt; Mr. E. begann, beim Reden viel mit den Armen und dem Körper zu gestikulieren (früher hatte er sich einen solchen Übermut nicht geleistet). Er wurde ungeduldig, ruhelos, reizbar, streitsüchtig; entwickelte eine anmaßende und einschüchternde Art, unter der sich Argwohn und Angst verborgen hielten. Kurz: Er manifestierte eine von L-DOPA verursachte progressive psychomotorische Erregung. Zu dieser Zeit tendierte Mr. E. dazu, alle seine Symptome herunterzuspielen: „Das ist nichts", pflegte er zu sagen, „nicht der Rede wert. Wenn sie mir nichts aus machen, warum sollten andere sich darum scheren?" In der Tat, die choreaartige und drängende Natur seines Verhaltens war an und für sich nicht wirklich krankhaft; er wurde nicht an der Ausführung seiner Vorhaben gehindert. Sein Zustand war anderen Menschen weitaus offenkundiger als ihm, und bei weitem seinem früheren Parkinsonschen, depressiven Zustand vorzuziehen. Durch Reduzierung der Dosis konnten diese Körperbewegungen nur teilweise verringert werden. Ich fand heraus, daß die beste Dosis bei 4 g pro Tag lag; 4,5 g pro Tag lösten zu viele choreaartige Symptome aus, 3,5 g bewirkten Anzeichen eines Rückfalls zum Parkinsonismus. Mr. E. hatte also angefangen, sich wie ein Seiltänzer auf dem hochgespannten Seil „Normalsein" zu bewegen — links und rechts vom Seil befanden sich die Abgründe der „Nebenwirkungen".

Im 16. Monat der Behandlung mit L-DOPA begann Mr. E. spontane Rückfälle zum Parkinsonismus zu entwickeln; Müdigkeit und Depressionen waren zunächst selten und von kurzer Dauer. Innerhalb von zwei Wochen nach ihrem ersten Auftreten wurden diese Schwankungen jedoch abrupt, ausgeprägt und häufig. Mr. E. begann, sich mehrmals am Tag zwischen getriebenen, erregbaren Choreazuständen und Zuständen intensiver Erschöpfung mit Parkinsonsymptomen zu bewegen. Schließlich hörten die erregten Choreazustände auf; Mr. E. war in einem ununterbrochenen und untragbar schweren Parkinsonismus gefangen — *wesentlich* intensiver als vor der L-DOPA-Behandlung. Versuche, seinen Zustand durch Erhöhung der L-DOPA-Dosis zu ändern, d. h. durch die empfohlene Behandlungsart, fruchteten nichts. Mr. E. wurde bewegungslos, fast sprachlos, sabbernd und extrem rigide nach Mount Carmel zurückgebracht. Seine Rückkehr in diesem Zustand war nicht nur für ihn selbst extrem erniedrigend, sondern löste eine Welle der Bestürzung unter den anderen 70 mit L-DOPA behandelten Parkinsonismus-Patienten aus. Sie hatten die triumphale Entlassung von Mr. E. erlebt und sahen nun seine tragische Rückkehr. Häufig konnte ich Bemerkungen hören wie: „Er war der Star-Patient — er kam weiter als alle anderen. Wenn *er* schon in solche Schwierigkeiten gerät, was wird dann erst aus *uns* werden?"

Sofort setzte ich bei Mr. E. das L-DOPA ab — ein Entzug, der große Schwäche, Mattigkeit, eine apathische Depression sowie eine gewaltige Verschlimmerung des Parkinsonschen Tremors verursachte. Dieses akute „Entzugssyndrom“ ließ nach zwei Wochen etwas nach Mr. E. schien zu seinem alten Zustand (vor der L-DOPA-Behandlung) zurückzukehren, wurde scheinbar wieder stabil. In der Hoffnung auf eine Wiederholung der ersten positiven Reaktion leitete ich deshalb eine Behandlung mit L-DOPA wieder ein. Diese Hoffnung erfüllte sich allerdings nicht. Mr. E. erwies sich nunmehr dem Medikament gegenüber als ungewöhnlich pathologisch empfindlich, so daß er bei einer Dosis von 1,5 g am Tag sofort wieder Chorea entwickelte. Er war dem gleichen Zyklus wie schon früher ausgeliefert, der in einer extrem parkinsonartigen Akinese gipfelte. Es wurde daher notwendig, das L-DOPA einmal mehr abzusetzen. Ich beschloß, zwei Monate verstreichen zu lassen in der zuversichtlichen Erwartung, Mr. E. werde die ursprüngliche Reaktionsfähigkeit zurückgewinnen. Im Oktober 1970 setzte ich ihn zum drittenmal auf L-DOPA, wobei ich die kleinstmöglichen Dosen verabreichte und sie nur äußerst langsam erhöhte. Diesmal offenbarte Mr. E. eine noch stärkere Empfindlichkeit dem Medikament gegenüber: Er erlitt heftige Choreaanfälle bei einer Dosis von nicht mehr als 250 mg pro Tag, weniger als ein Zwanzigstel seiner ursprünglichen Dosis. Zum dritten Male mußte L-DOPA abgesetzt werden. Ich beschloß daher, 6 Monate verstreichen zu lassen, ehe ein neuer Versuch gestartet würde.

Während dieser Monate verfiel Mr. E. in einen merkwürdigen Zustand, der mit keinem seiner früheren zu vergleichen war. Mit offenen, aber eigenartig leeren Augen saß er bewegungslos im Rollstuhl auf dem Flur; ihm schienen sowohl seine Umwelt als auch sein eigenes persönliches Schicksal völlig gleichgültig zu sein. Wenn ich ihn nach seinem Befinden befragte, antwortete er ausdruckslos: „Comme çi, comme ça“ oder „Es muß halt gehen“. Seiner Umgebung schenkte er keinerlei aktive Aufmerksamkeit, obwohl er die Geschehnisse um sich herum auf eine mechanische Art registrierte. Mühevoll habe ich versucht, irgendein Gefühl in ihm hervorzurufen — ohne Erfolg. „Ich habe keine Gefühle — ich bin innerlich völlig abgestorben“, sagte er. In dieser Zeit sah Mr. E. leblos aus, wie ein Gespenst oder ein wandelnder Geist. Er erweckte nicht mehr den Eindruck eines lebenden Anwesenden, sondern wurde zu einer bloßen Körperhülle in einem Rollstuhl. Daher versuchte ich ein viertes Mal — inzwischen war es März 1971 — ihn auf L-DOPA zu setzen. Diesmal zeigte Mr. E. nicht die Spur einer Reaktion. Hatte er vor sechs Monaten noch so heftig auf 250 mg pro Tag angesprochen, reagierte er jetzt auch auf 5000 mg pro Tag nicht mehr. Er sagte: „Ich wußte, daß das passieren würde — ich bin innerlich völlig ausgebrannt. Egal, was Sie tun, es wird sich nichts daran ändern.“ Ich begann, unsicher zu werden und mich zu fragen, ob er nicht vielleicht Recht hatte und wir seine Fähigkeit, auf L-DOPA oder irgend etwas anderes zu reagieren, tatsächlich zerstört hatten.

Im Sommer 1971 fing Mr. E. plötzlich an, sich *lebendiger* zu fühlen und besser auszusehen, obwohl er seit dem Frühling weder L-DOPA noch andere Medikamente bekommen hatte. Auch kehrten Reaktionen und Gefühle, die in den letzten neun Monaten völlig gefehlt hatten, wieder zurück. Im Oktober 1971 leitete ich die fünfte L-DOPA-Behandlung ein, und diesmal waren seine Reaktionen alles in allem positiv, obgleich sie in etwas abgeschwächter Form auftraten. Sie sind also mit der wunderbaren Wirkung des Medikaments im Jahre 1969 nur entfernt vergleichbar. Mr. E. könnte auch jetzt nicht für „normal" gehalten werden. Er leidet unter Choreaanfällen, Parkinsonismus-Symptomen, Depressionen, gelegentlicher Festination sowie unter einem neuen Symptom (dystonische Spasmen im Nacken). Trotz dieser Probleme sind Bewegungsfähigkeit und Stimmung insgesamt wesentlich besser als vor der L-DOPA-Therapie. Mr. E. kann sich inzwischen im Krankenhaus „frei" bewegen, sich selbst versorgen (jedenfalls die meiste Zeit) und etwa einmal im Monat ein Wochenende zu Hause verbringen. Er liest Zeitungen, beteiligt sich am Krankenhausklatsch und nimmt großes Interesse an seiner ganzen Umgebung. Obwohl sein Leben eingeschränkt und monoton ist, was leider für viele Patienten von Einrichtungen wie Mount Carmel gilt, scheint er während der letzten zehn Monate sein wahres, nützliches Gleichgewicht erlangt zu haben; und vielleicht wird er es auch in Zukunft halten können.

18. George W.

Mr. W. wurde 1913 in der Bronx geboren. Mit 14 Jahren verließ er die Schule und arbeitete an der Seite seines Vaters im Familienunternehmen, einer Wäscherei. Als er Anfang zwanzig war, heiratete er und führte neben der täglichen Plackerei in der Wäscherei ein ausgefülltes Familienleben und pflegte ausgiebig soziale Kontakte.

In seinem 50. Lebensjahr bemerkte Mr. W., daß seine rechte Hand bei Übermüdung oder starker Erregung zu zittern anfing — ein Symptom, das zunächst von seinem Arzt als „nervöser Tremor" abgetan wurde. Zwei Jahre später traten Schwierigkeiten auf, wenn die Hand schnelle oder feinmotorische Bewegungen ausführte. Mr. W. beobachtete auch, daß seine Handschrift kleiner wurde. Schließlich bildete sich eine Steifheit der ganzen rechten Körperseite aus.

Diese und andere Symptome entwickelten sich so langsam, daß Mr. W., als ich ihn acht Jahre nach Auftreten der ersten Anzeichen eines Tremors als Privatpatient untersuchte, noch immer ganztägig in der Wäscherei arbeitete, selber Auto fuhr, mehrere Häuserblocks weit gehen und sich in jeder Hinsicht allein versorgen konnte. Allerdings wies er eine beträchtliche Rigidität und Akinese der rechten Seite auf, beim Gehen pendelte der rechte Arm nicht, das rechte Bein hatte die Tendenz, nachgezogen zu werden. Seine Stimme war so gut wie normal, sein Gesicht jedoch wirkte mäßig maskiert. Die einzige von der Krankheit erzwungene Änderung bestand darin, daß Mr. W. lernen mußte, mit der linken Hand zu schreiben — zum Glück war er immer ambidexter („zweihändig") gewesen. Obwohl keine Anzeichen für Parkinsonismus auf der linken Körperhälfte sichtbar waren, hatte ich den Eindruck, daß der linke Arm ein wenig hyperaktiv war. Mr. W. schien ziemlich viel mit ihm zu gestikulieren und zeigte eine ticartige oder manieristische Tendenz, alle paar Minuten seine Brille zurechtzurücken.

Mr. W. hatte zwar seit 1965 Artane und ähnliche Medikamente als nützlich empfunden, war aber über die Anwendung von L-DOPA, als er mich 1970 das erste Mal konsultierte, geteilter Meinung. „Ich habe gehört, daß es ein wundervolles Mittel sein soll", sagte er. „In den Zeitungen nennen sie es dauernd eine ‚Wunderdroge'. Ich habe mich oft mit meiner Frau darüber unterhalten, ob ich es nehmen soll, aber wir können uns dazu nicht entschließen. Ich kann immer noch voll arbeiten und sonst fast alles tun, was ich will, auch wenn es von Jahr zu Jahr schwieriger wird. Vielleicht halte ich noch ein paar Jahre durch . . . Natürlich wäre es wunderbar, wenn ich meine rechte Seite wieder voll nutzen könnte. Aber dann gibt es diese ganzen „Nebenwirkungen', von denen ich dauernd höre."

Die Sache eilte nicht, so daß Mr. W. und ich eine Entscheidung über die Behandlung mit L-DOPA auf den Sommer 1971 vertagten. Nachdem er auf die Einnahme von Amantadin im April und Mai hervorragend angesprochen hatte, einigten wir uns darauf, einen Versuch mit L-DOPA zu wagen. Die erste Reaktion von Mr. W. war ziemlich ungewöhnlich: Seine linke, bisher „normale" Körperhälfte entwickelte einen manifesten Parkinsonismus. Diese negative Reaktion löste sich jedoch nach wenigen Tagen auf und wurde durch eine bemerkenswerte Lockerung und Erhöhung der Beweglichkeit der rechten Seite abgelöst — so ausgeprägt, daß Mr. W. in der dritten Woche der Behandlung in jeder Hinsicht absolut normal wirkte und sich dementsprechend fühlte. In der vierten Woche (er bekam zu dieser Zeit 3,5 g L-DOPA pro Tag) tauchten eine ihn belastende Ruhelosigkeit und Heftigkeit auf; letztere trieb ihn an, zu schnell zu gehen: „Ich habe irgendwie Angst vor diesem ganzen *Antrieb*", sagte er. „Ich beeile mich so sehr, daß ich eigentlich laufe; ich habe Angst, einen Herzanfall oder sonstwas zu erleiden. Ich muß mich dauernd ermahnen, langsamer zu gehen." Gleichzeitig entwickelte er Chorea, litt unter Grimassenschneiden, Atemunregelmäßigkeiten, Stottern und — jeweils gegen Mittag — unter Erschöpfungs- und Rigiditätsphasen. Angesichts dieser Störungen besprachen wir die Möglichkeit, das L-DOPA abzusetzen. Aber Mr. W. sagte: „Lassen Sie uns noch ein wenig warten — vielleicht werden sich die Dinge beruhigen, und ich kann mich an das Zeug gewöhnen."

Genau das ereignete sich auch. Mr. W. hat sich an L-DOPA „angepaßt". Innerhalb eines Monats verschwanden seine „Nebenerscheinungen" (bei gleichbleibender Dosis), und er kehrte zu einem Zustand völligen oder scheinbar völligen „Normalseins" zurück, der gegenwärtig — Jahre danach — noch anhält. Die Sache hat allerdings einen Haken, dessen sich Mr. W. und jene Personen, die ihn heute kennen, bewußt sind. Im September 1972 bekam ich einen Brief von ihm, in dem er schrieb: „Ich bin jetzt seit 15 Monaten auf L-DOPA gesetzt. Es ist ein erstaunlicher Stoff, doch es gibt da ein ‚Aber' . . . Im günstigsten Falle fühle ich mich völlig normal und kann alles machen, was ich will. In diesen Zeiten würde niemand erkennen, daß mit mir etwas nicht in Ordnung ist . . . Ich bin jedoch überempfindlich geworden, und sobald ich mich überanstrenge oder zu sehr aufrege, mir Sorgen mache oder müde werde, sind die Nebenwirkungen sofort wieder da. Schon dann, wenn jemand nur über ‚Nebenerscheinungen' spricht oder ich an sie denke. Bevor ich L-DOPA nahm, litt ich die ganze Zeit an Parkinsonismus. Es änderte sich nicht viel. Jetzt bin ich in Ordnung. Ich bin *vollkommen* in Ordnung, wenn alles glatt läuft, aber ich fühle mich wie auf einem Hochseil, oder wie eine Stecknadel, die versucht, auf der Spitze zu balancieren[30]. Wenn Sie mich fragen würden, ob L-DOPA gut oder schlecht für mich ist, würde ich antworten: ‚beides'. Es hat eine wunderbare Wirkung, doch es gibt ein höllisches ‚Aber' . . ."

19. Cecil M.[31]

Cecil M. wurde 1905 in London geboren. Während der großen Epidemie erkrankte er an *Encephalitis lethargica*, schien sich aber völlig davon erholt zu haben, bis 20 Jahre später (1940) erste Anzeichen von Parkinsonismus und andere Symptome auftraten. Das erste Symptom war Megaphonie — die Neigung, die Stimme zu heben und zu brüllen —; Grunzen und der Drang, die Zähne aufeinanderzubeißen und mit ihnen zu knirschen, folgten. Wenige Monate später verschwanden diese Beschwerden; an ihre Stelle trat ein Parkinsonsyndrom, das mit Gleichgewichtsstörungen, häufigem Rückwärtsfallen, Festination, „Erstarren" und vorwiegend linksseitiger Rigidität und Tremor einherging. Bis 1942 hatte sich das klinische Bild stabilisiert; es zeigte auch die nächsten 25 Jahre keine Veränderung. Mr. M., ein intelligenter und umsichtiger Mann, lebte trotz seiner Symptome normal weiter: Er fuhr nach wie vor täglich mit dem Auto zur Arbeit, führte ein aktives Familien- und Gesellschaftsleben und behielt seine vielen Interessen, Hobbys und körperlichen Aktivitäten bei; insbesondere Schwimmen, das er besonders liebte und das einen wesentlich flüssigeren und harmonischeren Bewegungsablauf als das Gehen zuließ.

Mr. M. wurde 1970 auf L-DOPA gesetzt. Seine ersten Reaktionen lassen sich am besten mit seinen eigenen Worten beschreiben: „In der ersten Phase schien es mir ein neues Leben geschenkt zu haben. Ich fühlte mich heiter und verjüngt. Die Steifheit des linken Armes und Beines verschwand. Ich konnte den linken Arm zum Rasieren und auch zum Maschinenschreiben benutzen, mich mit Leichtigkeit niederbeugen, um meine Schuhe zu binden. Natürlich konnte ich problemlos gehen und mich am Herumlaufen erfreuen, etwas, das mich früher noch mit Schrecken erfüllt hatte. Schließlich ist der Tremor im linken Arm fast verschwunden."

Am 16. Tag der L-DOPA-Behandlung, als Mr. M. seine neugefundene Beweglichkeit und Energie genoß, fing er an, an einem erneuten Auftreten der „Maulklemme" bzw. *Kiefersperre* zu leiden, die ihn schon 1940 kurz befallen hatte. In der darauffolgenden Woche wurde die Kiefersperre intensiv und anhaltend, so daß Mr. M. seinen Mund weder zum Sprechen noch zum Essen öffnen konnte. Im gleichen Zeitraum erlebte er eine Rückkehr und sogar eine Verschlimmerung seines Parkinsonismus mit „Erstarren", Rigidität und Tremor. Er äußerte daraufhin den Wunsch, L-DOPA nicht mehr einnehmen zu müssen. Jeden weiteren Versuch mit L-DOPA hat er seitdem abgelehnt. Er meint: „Ich leide an diesem Zustand seit mehr als 40 Jahren und habe inzwischen gelernt, damit zu leben. Ich weiß genau, woran ich bin, was ich tun kann und was nicht. Die Dinge ändern sich nicht von einem Tag auf den anderen — jedenfalls taten sie es nicht, bis ich L-DOPA bekam. Seine Wirkung war zunächst sehr angenehm, bis sich herausstellte, daß es mehr Umstände verursachte, als es wert ist. Ich kann ohne weiteres auf L-DOPA verzichten, komme auch so gut aus — warum sollte ich es nochmal probieren?"

20. Leonhard L.

Leonard L. begegnete ich zum ersten Male im Frühling 1966. Damals war er in seinem 46. Lebensjahr, völlig sprechunfähig und nicht in der Lage, Willkürbewegungen auszuführen (bis auf winzige Bewegungen der rechten Hand, die mit Hilfe einer kleinen Buchstabiertafel Mitteilungen „schreiben" konnte — das war seit 15 Jahren seine einzige Kommunikationsmöglichkeit gewesen und sollte es weiterhin bleiben, bis Mr. L. im Frühling 1969 L-DOPA bekam). Trotz des unglaublichen Grades an Unbeweglichkeit und der körperlichen Beeinträchtigung war Mr. L. ein eifriger Leser (eine andere Person besorgte das Umblättern der Seiten), er war der Bibliothekar des Krankenhauses und der Verfasser zahlreicher, brillanter Buchbesprechungen, die jeden Monat in der Krankenhauszeitung erschienen. Von der ersten Begegnung an war mir klar, und dieser Eindruck verstärkte sich bei jedem weiteren Zusammentreffen, daß ich es mit einem Menschen von ungewöhnlicher Intelligenz, Kultur und Bildung zu tun hatte. Mr. L. konnte sich an fast alles genau erinnern, das er gelesen, gedacht oder erlebt hatte. Nicht zuletzt besaß er eine Leidenschaft für Selbstbeobachtung und den Drang, Dingen auf den Grund zu gehen, wie ich es bei keinem anderen Patienten beobachtet habe. Durch diese Kombination eines überaus gravierenden Krankheitsbildes und einer äußerst wachen Intelligenz wurde Mr. L. zu einem „Idealpatienten". In den sechseinhalb Jahren unserer Bekanntschaft habe ich von ihm mehr über Parkinsonismus, postenzephalitische Erkrankung, menschliches Leiden und die menschliche Natur gelernt als von allen anderen Patienten zusammen. Sein Fall würde eigentlich ein eigenes Buch verdienen. So muß ich mich hier auf einen dürftigen und unzureichenden Umriß seines Zustandes vor, während und nach der L-DOPA-Behandlung beschränken.

Das Bild, das Mr. L. im Jahre 1966 geboten hatte, veränderte sich nach seiner Aufnahme ins Krankenhaus nicht. Er wirkte auch wie so viele andere „mumifizierte" postenzephalitische Patienten wesentlich jünger, als er es eigentlich war. Er besaß das faltenlose Gesicht eines Mannes in den Zwanzigern. Sein Nacken, der Rumpf und die Gliedmaßen wiesen eine extreme Rigidität, die Hände, nicht größer als die eines Kindes, eine merkliche dystrophische Veränderung auf. Das Gesicht war maskenhaft, doch wenn es in ein Lächeln ausbrach, hielt dieses für Minuten oder Stunden an — wie das Lächeln der Cheshire-Katze. Mr. L. war völlig stumm, außer wenn er ungewöhnlich aufgeregt war. Dann konnte er mit beträchtlicher Stimmgewalt schreien oder Brüllen. Er litt an zahlreichen „kleinen Krisen": Die Augäpfel drehten sich nach oben, Bewegungen konnten vorübergehend nicht stattfinden. Reaktionen blieben aus. Diese Krisen dauerten nur wenige Sekunden, traten aber zu Dutzenden oder Hunderten am Tag auf. Seine Augenbewegungen beim Lesen oder Betrachten seiner Umgebung waren schnell und sicher; sie waren der einzige äußere Hinweis auf die wache und aufmerksame Intelligenz, die in seinem bewegungslosen Körper gefangen war.

Bei der ersten Begegnung mit Leonard L. fragte ich ihn: „Wie fühlt man sich, wenn es einem so geht wie Ihnen? Womit würden Sie sich vergleichen?" Er buchstabierte die folgende Antwort: „Im Käfig. Beraubt. Wie Rilkes ‚Panther'."[32] Dann ließ er seine Augen über die Station gleiten und „sagte": „Dies ist ein menschlicher Zoo." Immer wieder versuchte er, die Natur seines Wesens und seiner Erfahrung mit seinen eindringlichen Beschreibungen, phantasievollen Metaphern oder seinem großen Schatz an poetischen Bildern zu vermitteln. Einmal tippte er: „Es gibt eine schreckliche Anwesenheit und eine fürchterliche Abwesenheit. Die Anwesenheit ist eine Mischung aus ständigem Gezänk, Antreiben und Druck, man wird ständig eingeschränkt und angehalten — ich nenne es oft ‚Stachelstock und Halfter'. Die Abwesenheit ist eine grauenvolle Einsamkeit, Kälte und ein Zurückweichen — mehr als Sie sich vorstellen können, Dr. Sacks; viel schlimmer, als es sich jemand, der diesen Zustand nicht kennt, ausmalen kann; eine bodenlose Dunkelheit und Unwirklichkeit." Mr. L. liebte es, Stellen aus Dante oder T. S. Eliot zu tippen oder stimmlos in einer Art Selbstgespräch vor sich her zu sagen, und mit besonderer Vorliebe dies:

„Steig tiefer herab, steig herab
In die Welt ewiger Einsamkeit,
Welt nicht Welt, doch das, was Welt nicht ist,
Innere Dunkelheit, Beraubung
Und Zerstörung aller Eigenheit,
Zerstückelung der sinnlichen Welt,
Ohnmacht der Welt des Geistes . . ."

„Zu anderen Zeiten", tippte Mr. L. gelegentlich, „gibt es nichts von diesem Gefühl des Antreibens oder aktiven Wegnehmens, sondern eine Art umfassender Ruhe, ein Nichts, was keinesfalls unangenehm ist. Auf der einen Seite ist es ein Aufschub der Tortur, auf der anderen so etwas wie der Tod. Dann habe ich das Gefühl, von meiner Krankheit kastriert und von den Sehnsüchten anderer Menschen befreit worden zu sein." Und war er in einer *solchen* Stimmung, dachte er an Abélard. Er tippte oder murmelte: „Dir legt das Schicksal mit Güte die kühle Aufhebung von Freud und Leid auf. Dein Leben ist die Totenstille der Unbeweglichkeit. Kein Puls bringt Aufruhr, kein Blut brennt. Still wie die See, wo Winde wehen oder Geister behend die Wellen treiben." Mr. L. beschrieb auch Zustände der Wahrnehmung und des Daseins, zu denen er sowohl im Wachsein wie auch im Traum häufig neigte — Zustände, die ich an anderer Stelle als „dynamische" und „kinematisch-mosaikartige Erscheinung" bezeichnet habe[33]. Mein Wissen über solche bei postenzephalitischen Patienten auftretenden Zustände stammt vor allem von Mr. L., der sich so gut ausdrücken konnte, von anderen Patienten (insbesondere Hester Y., S. 81—94, oder von solchen, deren Krankheitsgeschichten hier nicht wiedergegeben sind, die nicht die Leidenschaft und Fähigkeit von Mr. L. besaßen, um solche Beschreibungen zu verfassen.

Nur allmählich konnte ich mir in den folgenden Jahren ein getreues Bild von der Entwicklung des Geisteszustandes und des Wesens von Mr. L. machen — er und seine ihm treu ergebene Mutter, die auch ständig in seiner Nähe war, halfen mir dabei. Seit seinen ersten Lebensjahren war Leonard frühreif gewesen und hatte zurückgezogen gelebt. Diese Eigenschaften verstärkten sich mit dem Tod des Vaters (Leonard war damals sechs Jahre alt). Mit zehn Jahren pflegte er oft zu sagen: „Ich möchte mein Leben mit Lesen und Schreiben verbringen, möchte mich in Bücher vergraben. Man kann zu Menschen überhaupt kein Vertrauen haben." In der Tat beschäftigte sich Leonard L.

in seiner frühen Jugend intensiv mit Büchern, hatte wenige oder gar keine Freunde und übte keine der für sein Alter üblichen sexuellen, sozialen oder sonstigen Aktivitäten aus. Im Alter von 15 Jahren begann seine rechte Hand steif, blaß und verkümmert zu werden; diese Symptome — die ersten Anzeichen seiner postenzephalitischen Erkrankung — wurden von ihm als Strafe für Masturbation und blasphemische Gedanken interpretiert. Er murmelte oft die Worte des 137. Psalms — „Jerusalem, wollte ich deiner vergessen, soll verdorren meine Rechte“ und „Und wenn dich deine rechte Hand zur Sünde reizt, so haue sie ab und wirf sie von dir“ — vor sich hin. Seine Mutter bestärkte ihn in seinen krankhaften Phantasien, denn auch sie sah seine Krankheit als Strafe für eine Sünde an (s. auch Maria G., S. 140—144). Trotz der langsam fortschreitenden Verschlimmerung seiner Krankheit konnte er in Harvard studieren und sein Diplomstudium mit Auszeichnung abschließen. Er hatte fast zu Ende promoviert, als seine Erkrankung so schwer wurde, daß sie das Studium und andere Aktivitäten völlig zum Erliegen brachte. Nach dem Verlassen der Universität verbrachte er drei Jahre Zuhause, bis er im Alter von dreißig Jahren fast völlig versteinert ins Mount Carmel Hospital aufgenommen wurde. Schon bald nach seiner Aufnahme wurde ihm die Krankenhausbibliothek unterstellt. Außer Lesen konnte Mr. L. fast nichts tun — und er *tat* kaum etwas anderes. So hatte sich auf schreckliche Weise sein Wunsch aus der Kindheit erfüllt: Er war in Bücher vergraben.

In den Jahren vor der L-DOPA-Behandlung unterhielt ich mich oft mit Leonard L. Es waren Unterhaltungen, die notwendigerweise etwas einseitig und oberflächlich waren, da er meine Fragen nur unter Schmerz und mit Hilfe der Buchstabiertafel beantworten konnte. So blieben die Antworten zwangsläufig kurz, telegrammartig und zuweilen geheimnisvoll. Wenn ich ihn fragte, wie es ihm ginge, tippte er meist „demütig“, konnte aber auch andeuten, daß er eine große Gewalt und Macht spürte, die in ihm „eingeschlossen“ war und die er nur im Traum erlebte. „Ich habe keinen Ausgang“, waren dann seine Worte. „Ich bin in mir selbst gefangen. Dieser stupide Körper ist ein Gefängnis mit Fenstern, aber ohne Türen.“ Obwohl er gewöhnlich sich, seine Krankheit und die Welt auf unterschiedliche Weise haßte, besaß er auch eine große und seltene Liebensfähigkeit. Das zeigte sich besonders in der Wahl seiner Lektüre und den Buchbesprechungen, die eine vitale, humorvolle und an Rabelais erinnernde Weltlust besaßen. Manchmal zeigte sie sich in seinen Selbstschilderungen, wenn er buchstabierte „Ich bin, was ich bin — ein Teil der Welt. Meine Krankheit und Mißbildung sind ein Teil der Welt, sie sind schön, wie ein Zwerg oder eine Kröte es sind. Es ist mein Schicksal, eine Art Groteskes zu sein.“

Zwischen Mr. L. und seiner Mutter, die regelmäßig ins Krankenhaus kam, um ihren Sohn zehn Stunden am Tag zu versorgen, eine Fürsorge, die auch die intimsten physischen Bedürfnisse einschloß, gab es eine intensive, wechselseitige Abhängigkeitsbeziehung. Wenn seine Mutter die Windeln oder das Lätzchen wechselte, konnte man auf seinem Gesicht eine Zufriedenheit wie bei einem Baby sehen, der ein Gefühl impotenten Zorns wegen seines degradierten, infantilisierten und abhängigen Zustands beigemischt war. Ähnlich zeigte und drückte seine Mutter ein Gefühl aus, das sowohl Freude an ihrer beschützenden, liebevollen Mutterrolle als auch extremen Verdruß über die Art und

Weise einschloß, in der ihr Leben dem hilflosen Sohn, dem erwachsenen „Parasiten“ „geopfert“ wurde (vgl. die Beziehung zwischen Lucy K. und ihrer Mutter). Beide, Mutter und Sohn, äußerten Ungewißheit und eine geteilte Meinung über die Anwendung von L-DOPA; sie hatten zwar beide darüber gelesen, aber noch nie die Wirkung des Medikaments beobachten können. Mr. L. war der erste Patient von Mount Carmel, den ich auf L-DOPA setzte.

Der Verlauf der L-DOPA-Behandlung

Die L-DOPA-Behandlung wurde Anfang März 1969 begonnen, die Dosis stufenweise auf 5 g pro Tag erhöht. Zwei Wochen lang war keine Wirkung zu verzeichnen, dann fand aber eine plötzliche „Verwandlung“ statt. Die Rigidität aller Glieder verschwand, und Mr. L. fühlte sich von zunehmender Energie und Kraft erfüllt. Er erlangte die Fähigkeit wieder, mit der Hand oder Maschine zu schreiben, vom Stuhl aufzustehen, mit etwas Hilfe zu gehen und mit lauter und klarer Stimme zu sprechen — alles Dinge, zu denen er seit seinem 25. Lebensjahr nicht mehr in der Lage gewesen war. In der zweiten Märzhälfte erfreute sich Mr. L. einer Beweglichkeit, einer Gesundheit und eines Glücks, wie er es seit 30 Jahren nicht mehr erlebt hatte. Alles um ihn herum erfüllte ihn mit Freude: Er war wie jemand, der aus einem Alptraum oder einer schweren Erkrankung erwacht, aus einem Kerker oder Gefängnis befreit worden war; wie einer, der plötzlich von dem Gefühl für die Schönheit seiner Umgebung berauscht ist. Während dieser zwei Wochen war Mr. L. trunken von der Realität — von Empfindungen, Gefühlen und Beziehungen, die jahrzehntelang entweder von ihm abgeschnitten oder verquer gewesen waren. Er liebte es jetzt, in den Garten des Krankenhauses zu gehen und genoß es, die Blumen und Blätter mit erstauntem Entzücken zu berühren oder sie an seine Lippen zu drücken. Plötzlich wünschte er, sich in das Nachtleben von New York zu stürzen, das er seit 20 Jahren nicht mehr gesehen hatte bzw. nicht hatte sehen wollen (obwohl die Stadt nicht weit von Mount Carmel entfernt war). Nach der Rückkehr von solchen nächtlichen Autofahrten war er fast atemlos vor Freude, so, als ob New York ein Juwel oder das Neue Jerusalem sei. Jetzt las er in Dantes *Paradies* mit Tränen der Freude — in den letzten 20 Jahren war er nicht weiter als bis zur *Hölle* oder zum *Purgatorium* gekommen. „Ich fühle mich gerettet“, sagte er, „auferstanden, wiedergeboren. Ich habe ein Gefühl von Gesundheit, das der Gnade gleichkommt . . . Ich fühle mich wie ein Verliebter, habe die Schranken niedergeworfen, die mich von der Liebe trennten.“ Seine vorherrschenden Gefühle zu dieser Zeit waren die der Freiheit, Offenheit und des Austauschs mit der Welt, eines lyrischen Verständnisses einer wirklichen Welt, die sich ihm plötzlich offenbarte und nicht durch Phantasie entstellt war; er genoß mit Freude sich und die Welt. „Mein ganzes Leben war ich hungrig und voller Verlangen“, so Mr. L., „und nun bin ich gestillt. Befriedigt. Ich will nichts mehr.“ Er erlebte das Verschwinden von Feindseligkeit, Angst, Spannungen und Bösartigkeit; an ihre Stelle traten Empfindungen der Entspannung, der Harmonie und Sicherheit, der Freundschaft und Verbundenheit mit allem und jedem, etwas, das er noch nie vorher erfahren hatte, „nicht einmal vor dem Parkinsonismus“, wie er als erster einräumte. Das Tagebuch, das er in dieser Zeit zu führen anfing, war voll von Ausdrücken des

Erstaunens und der Dankbarkeit. Er schrieb auf jeder Seite „*Exaltavit humiles*" und andere Ausrufe wie „*Dafür* hat sich mein Leben der Krankheit gelohnt", „L-DOPA ist ein *gesegnetes* Medikament, es hat mir die Chance zum Leben zurückgegeben, mich offener werden lassen, wo ich vorher verschlossen war", und: „Wenn jeder sich so gut fühlte wie ich mich, würde niemand an Streitereien oder Krieg, ans Herrschen oder Besitzen denken. Alle erfreuten sich einfach an sich selbst und aneinander. Sie würden erkennen, daß der Himmel genau hier auf Erden ist."

Im April deuteten sich erstmals Schwierigkeiten an. Das überschäumende Gefühl von Gesundheit und Energie, von „Gnade", wie Mr. L. sich ausdrückte, wurde *zu* übermäßig und fing an, eine übertriebene, manische und großsüchtige Form anzunehmen. Zur gleichen Zeit traten zum ersten Mal eine Vielzahl eigenartiger Bewegungen und anderer Erscheinungen auf. Sein Gefühl der Harmonie, Leichtigkeit und müheloser Beherrschung wurde durch ein Gefühl des *Zu-Viel*, der Kraft, des Drucks und des „Zerrissen-Seins" — pathologisches „Getrieben-Werden" und Spaltung der Persönlichkeit — ersetzt; diese Veränderung wurde, für alle sichtbar, von Tag zu Tag tiefgehender. Mr. L. wechselte jetzt von seinem Gefühl der Entzückung an der existierenden Wirklichkeit zu einem bedingungslosen Gefühl der Bestimmung und des Schicksals über: Er fing an, sich als Messias oder Sohn Gottes zu begreifen, „sah", daß die Welt von zahlreichen Teufeln verunreinigt wurde und daß er — Leonard L. — „berufen" war, mit ihnen zu kämpfen. So schrieb er in sein Tagebuch: „Ich bin auferstanden und dabei, gen Himmel ZU FAHREN. AUS der ASCHE der NIEDERLAGE zum RUHM der GRÖSSE. *Jetzt* muß ich in die WELT HINAUSGEHEN und mit ihr REDEN." Er fing an, Ansprachen an Gruppen von Patienten in den Korridoren des Krankenhauses zu halten, sowie eine Flut von Briefen an Zeitungen, Kongreßabgeordnete und das Weiße Haus[34] zu richten; er flehte uns an, eine Art Bekehrungs- und Vortragsreise für ihn zu organisieren, damit er sich überall in den Vereinigten Staaten zeigen und das L-DOPA-Evangelium verkünden könne.

Während er im April noch ein wunderbares Gefühl der Leichtigkeit und Befriedigung gehabt hatte, wurde er jetzt angespannt, unzufrieden und zunehmend von schmerzlichen, unerfüllten Sehnsüchten und Neigungen erfüllt. Sein Verlangen verwandelte sich in unstillbare Leidenschaft und Gier, und er stieg zu Höhen des Begehrens und der Phantasie auf, die keine Realität zu erfüllen vermochte — am wenigsten die grimmige „Gefängniswirklichkeit" einer durchreglementierten Anstalt, eines Asyls für die Gebrechlichen und Sterbenden,[35] oder, wie er es selber vor drei Jahren formuliert hatte, eines menschlichen Zoos. Das intensivste und am meisten verteilte Verlangen war sexueller Natur, gepaart mit einer Gier nach Macht und Besitz. Nicht mehr durch einfaches und unschuldiges Küssen von Blumen befriedigt, wollte Mr. L. jetzt alle Schwestern der Station berühren und küssen. Zunächst wurde er bei seinen Versuchen mit Lächeln, Witz und Humor, später aber mit zunehmender Schärfe und Zorn abgewiesen. Sehr schnell, im Mai bereits, wurden die Beziehungen gespannt, denn Mr. L. wechselte von einer sanften Verliebtheit zu einer zornigen und unerfüllten Erotomanie über. Anfang Mai bat er mich, es so einzurichten, daß einige Schwestern und Hilfsschwestern ihm nachts „zu Diensten" seien, und schlug als Alternative vor, einen Bordellservice einzurichten, um die Bedürfnisse und Nöte der L-DOPA-Patienten zu befriedigen[36].

Bis Mitte Mai war Mr. L. durch und durch „geladen"; in seinen eigenen Worten: „geladen und überladen" mit einem Überschuß, einem großen *Druck* libidinöser und aggressiver Gefühle, mit einer Sucht und Gier, die viele Formen annahm. In seinen Phantasien, Notizheften und Träumen war sein Selbstbild nicht mehr das demütige, milde, melancholische, sondern das eines stämmigen Höhlenmenschen mit einer mächtigen Keule und einem unwiderstehlichen Phallus; ein dionysischer Gott voller Männlichkeit und Macht, oder eine wilde, wundersame, rasende Manns-Bestie, die königliche, künstlerische und genitale Allmacht in sich vereinte. „Mit L-DOPA im Blut", schrieb er zu der Zeit, „gibt es nichts auf der Welt, was ich nicht tun kann, wenn ich wollte. L-DOPA ist Macht und unwiderstehliche Kraft. L-DOPA ist üppige, sich selbst genießende Macht. L-DOPA gab mir die Energie, nach der ich lechzte. Ich habe die letzten dreißig Jahre auf L-DOPA gewartet." Unter dem libidinösen Antrieb fing er zu dieser Zeit an, zu masturbieren — ungestüm, ungehemmt und kaum verheimlicht —, stundenlang jeden Tag. Manchmal nahm seine Gier andere Formen an — Hunger und Durst, Lecken und Schlecken, Beißen und Kauen und an seiner Zunge saugen, all das erregte ihn und bereitete ihm so etwas wie sexuelle Lust. (Vgl. auch Margaret A., Rolando P., Maria G. u. a.)

Gleichzeitig mit diesem Aufwallen einer allgemeinen Erregung durchlebte Mr. L. unzählige „Erwachen" und spezielle Erregungszustände — sonderbare Formen von Ansporn und Drang, Wiederholung, Zwang, Antrieb und Perseveration. Er fing an, sehr schnell zu sprechen und Wörter und Wendungen wieder und wieder herzusagen (Palilalie). Ständig fixierte er verschiedene Objekte mit seinen Augen und war unfähig, seinen Blick freiwillig abzuwenden. Er verspürte den Drang, zu schnaufen oder in die Hände zu klatschen, und wenn er einmal mit dem einen oder anderen angefangen hatte, konnte er nicht mehr aufhören und fuhr darin mit wachsender Vehemenz und Geschwindigkeit fort, bis eine Art Festklemmen oder Erstarren einsetzte: Diese rasenden Crescendos — ein katatones Äquivalent zur Parkinsonschen Hast und Festination — ergaben eine „Welle der Erregung, gerade wie ein Orgasmus". In der zweiten Maihälfte wurde das Lesen wegen unkontrollierbarer Hast und Perseveration schwierig: Sobald er zu lesen anfing, bewegte sich sein Blick schneller und schneller, ohne auf Sinn oder Syntax zu achten, und aus Unfähigkeit, mit diesem eiligen Lesen aufzuhören, mußte Mr. L. das Buch nach jedem Satz oder Absatz gewaltsam zuschlagen, um seinen Sinn aufzunehmen, bevor er weiterhastete. Zu dieser Zeit traten Tics auf, die täglich zahlreicher wurden: plötzliche Impulse und Augentics, Grimassieren, Glucksen und blitzschnelles Kratzen. Verwirrt und durch diese zunehmende Raserei und Fragmentierung zersetzt, machte er seinen letzten Kontrollversuch und beschloß (Anfang Juni) eine Tat höchster Konsequenz und Katharsis — das Schreiben einer Autobiographie: „Es wird mich wieder zusammenbringen", sagte er, „es wird die Teufel vertreiben. Es wird alles ins volle Tageslicht rücken."

Mit seinen geschrumpften, dystrophischen Zeigefingern schrieb Mr. L. während der ersten drei Juniwochen auf der Maschine eine Autobiographie mit einem Umfang von 50000 Wörtern. Er schrieb fast pausenlos, 12 bis 15 Stunden täglich, und *während* er schrieb, war er tatsächlich „beisammen" und frei von Tics und Verwirrungen; sobald er die Schreibmaschine verließ, gewann die rasende, triebhafte, von Tics begleitete Palilalie sofort wieder die Oberhand. Die Autobiographie von Mr. L. ist ein bemerkenswertes und in seiner

Art einmaliges Dokument. Stil und Inhalt spiegeln die Konflikte klar wider, die damals in ihm tobten. Meistens befleißigt er sich eines außerordentlichen Humors, der Objektivität und leidenschaftlicher Genauigkeit. Er gibt eindringliche und bewegende Beschreibungen seiner frühen Jahre, seiner fortschreitenden Krankheit, der eigenen Reaktionen und seiner Mitpatienten auf die Krankheit, seiner Reaktionen auf L-DOPA, seiner Gefühle der Droge, mir und anderen Menschen gegenüber. Das Dokument ist *auch* gespickt mit Wellen und Fluten sexueller Phantasie, Witzen, Pseudoerinnerungen usw., die sich dann und wann einstellten und ihn zeitweise überwältigten. Während dieses Schreibens fühlte Mr. L. die wiederkehrende Empfindung von Kraft und Freiheit sowie das Bedürfnis nach absolutem Alleinsein und Konzentration. Er sagte damals zu seiner Mutter: „Warum gehst du nicht für eine Woche oder einen Monat fort, vielleicht nach Florida — du brauchst Ruhe. Ich bin jetzt unabhängig, ich brauche dich nicht mehr so sehr. Ich kann alles, was ich möchte, selber machen." Seine Mutter wurde durch solche Äußerungen sehr verstört. Nun zeigte sich, wie sehr *sie* durch ihre symbiotische Beziehung zu ihrem Sohn in Abhängigkeit geraten war. Sie erregte sich sehr und kam in dieser Zeit öfter zu mir und anderen Personen. Sie behauptete, daß wir ihr ihren Sohn „geraubt" hätten und daß sie nicht gehen könnte, bevor er ihr „wiedergegeben" werde: „Ich kann Len nicht ertragen, so wie er im Moment ist", sagte sie, „die Art, in der er so aktiv und entschlußfreudig ist. Er hat mich verstoßen. Er denkt nur an sich selbst. Ich muß gebraucht werden — das ist mein Hauptbedürfnis. Len war mein Baby in den letzten dreißig Jahren, und ihr habt ihn mir weggenommen mit eurem verdammten El-Dopey."[37]

In der letzten Juniwoche und im Juli fiel Mr. L. wieder in den Zustand gewaltsamer Raserei und Zerrissenheit zurück. Dieser Zustand geriet nun völlig außer Kontrolle und rief letzte physiologische Schutzmechanismen hervor, die selbst höchst einschneidend und beeinträchtigend waren.

Seine sexuellen und aggressiven Phantasien nahmen nun halluzinatorische Formen an. Er hatte häufig wollüstige und dämonische Visionen sowie erotische Träume, ferner jede Nacht Alpdrücken.

Zunächst kontrollierte Mr. L. seine Halluzinationen auf geschickte Art, indem er sie auf den leeren Bildschirm seines Fernsehers oder auf ein Bild gegenüber seinem Bett beschränkte. Letztere — ein altes Bild einer Wildweststadt — wurde „lebendig", wenn Mr. L. es ansah, Cowboys auf Pferden galoppierten durch die Straßen, und wollüstige Huren kamen aus den Bars heraus. Der Fernsehbildschirm war „reserviert" zur Erzeugung grinsender und schief blickender dämonischer Gesichter. Später im Juli brach diese „kontrollierte" Halluzinose zusammen (welche einige Ähnlichkeit zu der von Martha N. und Gertie C. hatte), und seine Halluzinationen sprangen aus dem Bild und dem Bildschirm heraus und verteilten sich unwiderstehlich auf seinen ganzen Geist und sein Dasein[38].

Tics, Palilalie und Raserei intensivierten sich. Seine Sprache wurde durch plötzliche Einfügungen, Gedankensprünge, wiederholte Wortspiele, Getöse oder Reimerei unterbrochen. Er begann, Formen motorischer und gedanklicher „Blockade" zu erleben, ähnlich denen von Rose R. und Margaret A. Dann rief er plötzlich aus: „Dr. Sacks! Dr. Sacks!! Ich möchte . . .", aber er konnte nicht beenden, was er sagen wollte; dieselbe Blockierung manifestierte sich in seinen Briefen an mich mit einem heftigen, exklamatorischen Anfang (gewöhnlich mein Name, gefolgt von zwei oder drei Wörtern, die in einem solchen Brief wie ohnmächtig 23mal wiederholt wurden), dem Unterbrechungen und Blockierungen folgten. Beim Gehen und Ausführen von Bewegungen traten solche Blockierungen auch auf, die ihn mitten im motorischen Fluß festhielten: Er schien dann gegen eine unsichtbare Wand gerannt zu sein.

In diesen Zeitraum fielen auch das Einsetzen und Fortschreiten von schneller Erschöpfung und von Umkehrungen der Reaktionen — ein Auf-und-Ab- oder Yo-Yo-Verhalten, das demjenigen von Hester Y., Margaret A., Maria G., Rolando P. und anderen unserer am schwersten betroffenen Patienten sehr ähnlich war. So schwankte Mr. L. innerhalb von Minuten (und da die Veränderungen fortschritten, bald innerhalb von Sekunden) von einem ausgeprägt wachen und erregten Status in einen der tiefen Erschöpfung, die mit einem schweren Ausbruch parkinsonscher und katatoner Immobilität und Rigidität einherging. Diese Schwingungen (zwischen agitierter, manischer, ticbegleiteter Akathisie und erschöpfter, depressiver, parkinsonscher Akinese) fanden mit ständig wachsender Häufigkeit und Plötzlichkeit statt — zuerst im Zusammenhang des Zeitpunkts der Verabreichung von L-DOPA (womit sie in gewissem Maß durch diesen Zeitpunkt und die Dosierung noch kontrollierbar waren). Dann aber erfolgten sie „spontan", ohne Beziehung zu Dosierung oder Verabreichungszeitpunkt. Damals wurde seine tägliche Gesamtdosis von L-DOPA von 5 g auf 0,75 g reduziert, wobei nicht die geringste Änderung des Reaktionsmusters zu beobachten war. Wir folgten auch der Empfehlung von Dr. Cotzias, L-DOPA in kleinen häufigen Dosierungen zu verabreichen. Wir versuchten sogar, ihn auf stündliche Medikation zu setzen; aber auch das bewirkte keinen Unterschied in seinen schnellen und starken Schwankungen. Sein ganzes Verhalten bestand in Alles-oder-nichts-Reaktionen. Der „Mittelweg" von Gesundheit, Stimmungen, Harmonie, Mäßigkeit war damals versperrt. Mr. L. war in pathologische Auswüchse jeder Art vollständig „zerlegt" (s. Anhang). Wir konnten über die relative Bedeutung der Determinanten dieser katastrophalen Reaktionen nur rätseln: die Möglichkeit der Akkumulation von L-DOPA in seinem Körper, ein „funktionaler" Ausbruch (wodurch eine Form der Erregung zur nächsten führte), die Unausweichlichkeit der Erschöpfung oder „Abstürze" bei solcher Anstrengung, das Fehlen einer wirklichen Beschäftigung oder einer effektiven Katharsis bei Abschluß seines Buches, die sich verschlechternde Beziehung zwischen ihm und dem Pflegepersonal oder die implizite (wenn nicht explizite) Forderung seiner Mutter an ihn, krank und abhängig zu sein, sowie ihre Mißbilligung oder ihr „Veto" gegen jede Verbesserung gingen uns durch den Kopf. Es schien wahrscheinlich, daß *alle* diese Faktoren — so gut wie andere, die wir nicht formulieren konnten — eine gewisse Rolle beim Auslösen seiner Reaktionen spielten.

Die Schlußszene dieses so gemischten Sommers bildeten die Mißbilligung von Mr. L.s rasender Libido durch die Station, die Drohungen und Verurteilung, die er auf sich zog, und endlich auch seine grausame Einweisung in eine „Strafzelle" — ein kleines Dreibettzimmer mit zwei sterbenden und dahinsiechenden Terminalfällen. Seines Zimmers, seines Besitzes, seiner Identität und der Zugehörigkeit zu unserer postenzephalitischen Gemeinschaft beraubt, zu den physischen und moralischen Tiefen des Krankenhauses gesunken, verfiel Mr. L. in suizidale Depression und in eine höllische Psychose[39].

Während dieser schrecklichen Zeit (Ende Juli) wurde Mr. L. von Vorstellungen von

Folter, Tod und Kastration besessen. Er glaubte, daß der Raum ein Netzwerk von Fangleinen wäre, daß in seinem Leib Seile wären, die versuchten, ihn zu erdrosseln, und daß vor seinem Zimmer ein Galgen für seine bevorstehende und verdiente Exekution wegen „Sünde" aufgestellt worden sei. Er fühlte, daß er aufplatzen und daß die Welt untergehen würde. Er verletzte zweimal seinen Penis; einmal versuchte er, sich zu ersticken, indem er seinen Kopf ins Kissen vergrub.

Gegen Ende Juli setzten wir das L-DOPA ab. Seine Psychosen und Tics hielten aus eigener Kraft noch 3 Tage an und hörten dann plötzlich auf. Mr. L. fiel im August in seinen ursprünglichen, bewegungslosen Zustand zurück.

Im August bewegte oder sprach er fast nicht — er war inzwischen in sein früheres Zimmer zurückverlegt worden —, sondern reflektierte lang über die vorangegangenen Wochen. Im September hat er sich mir gegenüber wieder „geöffnet" und tippte seine Gedanken erneut auf die Buchstabentafel. „Dieser Sommer war groß und außerordentlich", sagte er, „aber was da passiert ist, wird nicht wieder geschehen. Ich dachte, ich könnte ein Leben und einen Platz für mich schaffen. Ich habe versagt, und nun bin ich zufrieden damit, zu sein wie ich bin; ein *wenig* besser vielleicht als das, aber mehr nicht."

Auf seine Bitte hin habe ich ihn im September 1969 wieder mit L-DOPA behandelt. Er reagierte jetzt mit außerordentlicher Empfindlichkeit — eine starke Reaktion trat schon auf eine Gesamtdosis von 50 mg pro Tag ein, während er früher 5000 mg täglich brauchte. Seine Reaktion war jetzt völlig pathologisch. Er zeigte nicht die Spur einer therapeutischen Reaktion, nur Tics, Spannung und Gedankenblockierung. „Nun ja", sagte er hinterher, „ich habe es Ihnen gesagt, Sie werden so etwas wie den April-Vorfall nie wieder sehen."

In den letzten drei Jahren habe ich anstelle von L-DOPA wiederholt Amantadin zu verabreichen versucht, ein Medikament mit ähnlichen, aber milderen Wirkungen als L-DOPA. Ich habe ihm insgesamt elfmal Amantadin verabreicht. Seine Reaktion darauf war anfangs recht günstig, obwohl die Intensität der L-DOPA-Wirkung fehlte. Unter der Wirkung von Amantadin war Mr. L., ohne daß allzuviele „Nebenwirkungen" aufgetreten wären, im Herbst 1969 fast zehn Wochen lang in der Lage, zu sprechen und sich mit einiger Leichtigkeit zu bewegen. Gegen Jahresende wurden seine Reaktionen auf Amantadin allerdings zunehmend pathologisch, die therapeutische Wirkung wurde durch eine Rückkehr zu Parkinsonismus und „Blockierung" einerseits, eine Zunahme von Tics und Ruhelosigkeit andererseits vereitelt. Mit jeder weiteren Anwendung von Amantadin wurden die therapeutischen Wirkungen schwächer und kurzlebiger, die pathologischen Wirkungen dagegen ausgeprägter. Beim elften und letzten Versuch mit Amantadin im März 1972 war Mr. L.s Reaktion nur noch pathologisch. Er sagte damals: „Dies ist das Ende des Weges. Ich *hatte* mit Drogen zu tun gehabt. Jetzt gibt es nichts mehr, was sie mit mir anstellen können."

Seit diesem letzten, vergeblichen Versuch mit Amantadin hat Mr. L. seine „Kühle" und Gemütsruhe wiedergefunden. Er hat offenbar seine Hoffnungen und seinen Kummer, die gewaltsamen Erwartungs- und Bedrohungsgefühle besiegt, die ihm die Medikamente mehr als drei Jahre lang aufgezwungen hatten. Er hat die ganze gemischte Erfahrung schließlich verarbeiten können und sich mit Hilfe seiner Intelligenz und Stärke mit ihr abgefunden. „Zuerst, Dr. Sacks", sagte er kürzlich, „dachte ich, L-DOPA sei die wundervollste Sache der Welt, und ich pries Sie dafür, daß Sie mir das Lebenselixier gaben. Dann, als alles schlimm wurde, hielt ich es für die schlechteste Sache der Welt, ein tödliches Gift, eine Droge, die einen in die Abgründe der Hölle versetzt; und ich verfluchte Sie, weil sie es mir gaben. Ich schwankte zwischen Furcht und Hoffnung, Haß und Liebe, und in meinen Gefühlen war ich schrecklich durcheinander . . . Jetzt akzeptiere ich die ganze Situation. Es war wundervoll, schrecklich, dramatisch und komisch. Das Ende ist — *traurig*. Das ist alles, was dazu zu sagen ist. Man lasse mich am besten allein — keine Medikamente mehr. Ich habe viel gelernt in den letzten drei Jahren. Ich habe Schranken durchbrochen, auf die ich mein Leben lang gestoßen bin. Jetzt werde ich ich selber bleiben, und Sie können ihr L-DOPA behalten."

Reflexionen

Die Ängste vor Leiden, Krankheit und Tod, davor, uns selbst und die Welt zu verlieren, sind die elementarsten und intensivsten, die wir kennen; ebenso verhält es sich mit unseren Träumen von Genesung und Wiedergeburt, davon, auf wunderbare Weise wieder zu uns selbst und zur Welt zurückzufinden.

Unser Gefühl, daß *irgend etwas nicht stimmt*, daß wir krank sind oder Fehler begehen, von Versehrtheit befallen und nicht länger wir selbst sind, ist ein elementarer und intuitiv erfaßbarer Teil unseres Selbst. Genau so ist es auch mit dem Gefühl des *Zu-Sich-Kommens* oder Erwachens, des Zur-Besinnung-Findens oder der Genesung, der Rückkehr zum eigenen Ich und zur Welt; dem Gefühl, gesund, unversehrt, quicklebendig zu sein und zur Welt zu gehören.

Kaum weniger grundlegend sind unsere *Verirrungen* des Daseins. Unter bestimmten Bedingungen schafften wir uns unsere eigene Krankheit. Wir ersinnen und konstruieren zahllose Leiden, ganze Welten von Krankheiten, die uns beschützen oder zerstören können. In den Worten John Donnes[1]: Wie die Welt „Schlangen, Vipern, bösartige und giftige Kreaturen, Würmer und Raupen erzeugt, die die sie erschaffende Welt verschlingen ... so erzeugt diese Welt, unser Selbst, durch die Erzeugung von Krankheiten, derartige Geschöpfe in uns; giftige und ansteckende Krankheiten, sich selbst ernährende und verzehrende Krankheiten, die aus vielen anderen bestehen ... Oh elender Überfluß, oh armseliger Reichtum!" Und wie wir Krankheiten zulassen, können wir uns auch mit ihnen ins Einvernehmen setzen, sie stillschweigend dulden, gierig umfassen und unseren eigenen Ruin aushecken — aus einer schrecklichen, Körper und Geist schlagenden Schuld heraus: „... wir erdulden nicht nur, sondern handeln auch in unserer Ruine. Wir stehen nicht nur in einem in sich zusammenbrechenden Haus, sondern bringen es auch über uns zum Einsturz. Nicht nur wird ein Urteil an uns vollstreckt ..., sondern wir vollstrecken auch das Urteil ... und sind die Urteilsvollstrecker unserer selbst ..." (John Donne[2])

Aus dem gleichen Grund können wir unseren eigenen Krankheiten widerstehen und sie bekämpfen — indem wir nicht nur die Heilmittel anwenden, welche Ärzte und andere bereitstellen, sondern eigene Hilfsquellen und Stärken nutzen, die uns angeboren sind oder die wir erworben haben. Wir würden ohne diese so tiefen und weitreichenden Kräfte der Gesundheit niemals überleben, die zu den größten und stärksten gehören, die wir besitzen. Wir wissen jedoch mehr über die von der Krankheit eingesetzten Kunstgriffe als über die uns eigenen Kräfte der Gesundheit. So vertrat bereits Sir Thomas Browne die Auffassung, daß die höchste aller Künste darin bestehe, unsere Neigungen zu bändigen, und daß der Widerstreit der Neigungen in uns selbst ausgetragen werde — doch Vulkans Kunst könne dabei nichts ausrichten, da der Kampf zwischen den Widersachern in uns durch die „inneren Milizen" geführt würde.

Dies sind die Begriffe, in denen wir Gesundheit und Krankheit erleben, und die wir üblicherweise benutzen, wenn wir von ihnen sprechen. Weder erfordern noch gestatten sie eine Definition. Sie werden sofort verstanden, widersetzen sich einer Erklärung; sind gleichzeitig genau, intuitiv, offenkundig, mysteriös, nicht reduzierbar und undefinierbar. Es sind *metaphysische* Begriffe — die Termini, die wir zur Beschreibung unvorstellbarer Dinge gebrauchen. Sie sind im umgangssprachlichen, poetischen und philosophischen Diskurs beheimatet. Sie sind unentbehrlich auch im medizinischen Diskurs, der die anderen Formen umschließt. „Wie geht es Ihnen?", „Wie steht's?" sind metaphysische Fragen, ungeheuer einfach und zugleich sehr komplex.

Dieses Buch beschäftigt sich mit den Fragen „Wie geht es Ihnen?" und „Wie steht's?" — insoweit sie sich auf bestimmte Patienten in einer außergewöhnlichen Situation beziehen. Es gibt zahlreiche zulässige Antworten auf diese Fragen: „Prächtig!", „So la-la", „Schrecklich!", „Es ist auszuhalten", „Bin nicht mehr ich selbst" und so weiter; beschwörende Gesten oder einfaches Zeigen, wie es einem geht, wie die Dinge stehen, ohne Verwendung von Gesten oder Wörtern. All dies wird intuitiv verstanden. Es *veranschaulicht* den Zustand des Patienten. Es ist jedoch nicht zulässig, diese metaphysischen Fragen mit einer Liste von „Daten" oder Messungen zu beantworten, die die physiologischen Befunde eines Menschen (seine Blutzusammensetzung, seinen Harn usw.) betreffen. Tausend solcher Daten können nicht annähernd die eine wesentliche Frage beantworten. Sie sind irrelevant und zudem recht grob im Vergleich zur Feinheit der Sinne und Intuitionen: „Puls, Urin, Schweiß, sie haben alle den Schwur des Schweigens geschworen und machen kein Anzeichen einer gefährlichen Krankheit sichtbar . . . Und doch . . . fühle ich, daß die Krankheit unmerklich obsiegt." (John Donne[3]) Der Dialog über die Befindlichkeit einer Person kann nur in menschlichen, vertrauten Begriffen geführt werden; nur dann, wenn es eine direkte und menschliche Begegnung gibt, d. h. eine „Ich-Du-Beziehung" zwischen den Ärzten und den Patienten.

Hinsichtlich des Gegenstands des Diskurses ist damit die Situation im Vergleich zur Logik, Mathematik, Mechanik, Statistik usw. grundlegend anders. Dort sind die Bezugsgrößen — Quantität, Raum, Dauer, Klasse, Funktion u. a. m. — klar umrissen und überschaubar. Sie gestatten somit eine genaue Definition, Aufzählung, Bewertung und Messung. Überdies hat man zu ihnen eine grundsätzlich andere Einstellung: Man ist nicht länger ein Mensch, der mit ungeteilter Aufmerksamkeit auf seine eigene Ganzheit gerichtet ist — vielmehr entpersonalisiert man sich selbst und das Untersuchungsobjekt, wodurch beide zu einem „Es" gemacht werden[4]. An dieser Stelle ist die Hauptfrage aufzuwerfen: Was geschieht eigentlich mit diesem „Es" zu einer bestimmten Zeit und an einem bestimmten Ort? Die Antwort wird in zeitlichen, örtlichen und quantitativen Kategorien formuliert: Die Welt wird auf Punkte reduziert.

Beide Diskurstypen sind in sich geschlossen, können einander weder einbeziehen noch ausschließen. Sie sind komplementär; beide sind für das Begreifen der Welt unerläßlich.

So schreibt Leibniz über den Vergleich zwischen metaphysischer und mechanistischer Denkweise: „Ich finde . . ., daß man manche Wirkungen der Natur in doppelter Weise beweisen kann, und zwar durch die Betrachtung der Wirkursache und außerdem durch die Betrachtung der Zweckursache, indem man sich z. B. des göttlichen Beschlusses bedient, seine Wirkungen stets auf den einfachsten und bestimmtesten Wegen hervorzubringen . . . Beides ist gut, beides kann von Nutzen sein, nicht nur, um die Kunstfertigkeit des großen Meisters zu bewundern, sondern auch, um manches Nützliche in Physik und Medizin zu entdecken. Und die Autoren, die diesen verschiedenen Wegen folgen, sollten einander nicht schlecht machen." (Leibniz 1958, S. 53—55)

Leibniz betont jedoch den Vorrang der Metaphysik. Obwohl die Naturvorgänge niemals im Widerspruch zu den Prinzipien der Mechanik stehen, sind sie nur im Lichte metaphysischer Betrachtung sinnvoll und verständlich. Oder anders: Die Welt der Mechanik steht im Dienste des Schöpfungsplans[5].

Würde man dies wirklich begreifen, gäbe es keine Schwierigkeiten. Die Torheit beginnt, wenn wir versuchen, metaphysische Begriffe und Objekte auf mechanische zu „reduzieren": Welten auf Systeme, Besonderheiten auf Kategorien, Eindrücke auf Analysen und Realitäten auf Abstraktionen. Dies ist die Tollheit der letzten drei Jahrhunderte, der so viele von uns als Individuen ausgeliefert sind und die uns alle in Versuchung bringt. Es ist der Ansatz Newtons, Lockes und Descartes', auf je eigene Weise in Medizin, Biologie, Politik, Industrie usw. popularisiert, der Menschen als Maschinen auffaßt, als Automaten, mechanische Puppen, leere Tafeln, Formeln, Ziffern, Systeme und Reflexe. Es ist insbesondere diese Sichtweise, die große Teile der bisherigen und gegenwärtigen medizinischen Literatur unfruchtbar, unlesbar, unmenschlich und unwirklich gemacht hat.

Es gibt nichts Lebendes, das nicht individuell ist: Unsere Gesundheit, unsere Krankheiten, unsere Reaktionen sind *unser* — nicht weniger als unser Geist oder unsere Gesichter es sind. Unsere Gesundheit, Krankheiten und Reaktionen können deshalb nicht *in vitro*, d. h. nicht allein aus sich heraus begriffen, sondern nur in Bezug auf *uns* verstanden werden; als Ausdruck unserer Natur, unseres Lebens, unseres *Daseins*. Die moderne Medizin jedoch ignoriert unsere Existenz, indem sie uns auf identische Kopien reduziert, die auf feste „Reize" in starrer Weise reagieren, oder indem sie unsere Krankheiten als ausschließlich fremdbestimmt und schlecht betrachtet, ohne organische Beziehung zur kranken Person. Das therapeutische Korrelat einer solchen Auffassung ist natürlich die Vorstellung, daß die Krankheit mit allen zur Verfügung stehenden Mitteln *bekämpft* werden muß und der Angriff völlig straffrei unternommen werden kann, so daß man an die kranke *Person* nicht zu denken braucht. Diese Sichtweise prägt zunehmend das Gesamtbild der Medizin; sie ist so mystisch und manichäisch wie sie mechanistisch und unmenschlich ist, und umso schädlicher, als sie nicht explizit in die Realität umgesetzt, eingestanden und zugegeben wird. Da die Auffassung, daß Krankheitsauslöser und therapeutische Mittel eigenständige Dinge sind, oft Pasteur zugeschrieben wird, ist es ratsam, sich seiner Worte auf dem Sterbebett zu erinnern: Claude Bernard hatte recht — das Pathogene zählt nicht, das *terrain* ist alles. Krankheiten haben einen eigenen Charakter, sind aber auch an dem unseren beteiligt, genau so, wie wir mit dem unseren an dem der Welt teilhaben. Der Charakter ist monadisch oder mikrokosmisch, d. h. eine Welt innerhalb von Welten, die wiederum Teil anderer Welten sind, und so fort — und alle zusammen sind Ausdruck der *einen* Welt. Krankheit, Mensch und Welt können nicht getrennt als eigenständige Dinge betrachtet werden. Ein angemessener Begriff oder die adäquate Charakterisierung eines Menschen (Adams zum Beispiel, um auf Leibniz zurückzukommen) umfaßt alles; was ihm geschah, ihn betraf, und worauf er Einfluß nahm. Die Begriffe einer solchen Charakterisierung würden das Zufällige mit dem Notwendigen verknüpfen und so die fortwährende Möglichkeit der Existenz „alternativer Adams" erlauben. Leibniz' Ideal ist somit eine perfekt konstruierte Geschichte, Enthüllung oder Biographie — eine ideale Kombination von Wissenschaft und Kunst[6].

Die vollendetsten Beispiele einer solchen Biographie (oder Pathologie) unserer Zeit sind die einzigartigen Fallstudien Freuds. In ihnen zeigt er deutlich, daß die Entwicklung und das Wesen der Neurosen und ihre Therapie *ausschließlich* durch eine biographische Methode erfaßt werden kann.

Die Geschichte der Neurologie hat nichts, oder fast nichts dieser Art zu bieten[7]. Es ist so, als ob eine absolute und kategorische Unterscheidung zwischen dem Wesen neurotischer und dem neurologischer Erkrankung gemacht worden sei, wobei letztere lediglich als Ansammlung von „Symptomen" ohne inneren Bezug oder Zusammenhang gesehen wird. In gewissem Sinne hat alles Natürliche und Konkrete eine Geschichte und ein Leben: Hat Faraday in seiner „Geschichte einer Kerze" nicht ein reizendes Beispiel dafür geliefert? Warum sollten Krankheiten Ausnahmen davon sein? Und warum gerade solch außergewöhnliche wie Parkinsonismus und postenzephalitische „Syndrome", die eine offensichtliche (wenn auch allgemein unbeachtete) Analogie zu neurotischen Erkrankungen aufweisen? Wenn jemals eine Krankheit und ihre „Heilung" nach dramatischer und biographischer Darstellung verlangten, dann sind es der Parkinsonismus und das L-DOPA. Wenn wir einen „kurzen Abriß" über die menschliche Verfassung suchen — einen Überblick über eine langwierige Krankheit, über Leiden und Traurigkeit, ein plötzlich vollständiges, fast übernatürliches Erwachen und, leider auch, über Verwirrungen und Komplikationen, die mit dieser Heilung einhergehen — so gibt es nichts besseres als die Fallgeschichten dieser Patienten.

An Veröffentlichungen zu diesem Thema mangelt es nicht. Seit Dr. Cotzias' bahnbrechendem Bericht gab es eine Flut von Abhandlungen, Artikeln, Überblicken, Rezensionen, Leitartikeln, Konferenzberichten usw., ganz zu schweigen von den überschwenglichen Annoncen und Zeitungsartikeln. Ich glaube aber, daß ihnen das Wesentliche fehlt. Man grübelt über einer ganzen Bibliothek von Abhandlungen, die im „objektiven", stillosen „Stil *de rigueur*" der Neurologie abgefaßt sind. Es schwirrt einem der Kopf vor lauter Fakten, Zahlen, Listen, Tabellen, Bestandsaufnahmen, Berechnungen, Ratings, Quotienten, Indizes, Statistiken, Formeln, Diagrammen und was es dergleichen noch alles gibt. Alles ist kalkuliert, aufgerechnet, bilanziert und bewiesen, auf eine Weise, die das Herz von Thomas Gradgrind erfreut hätte. Und nirgendwo findet man Farbe, Wirklichkeit oder Wärme; nirgendwo einen Eindruck oder eine Vorstellung davon, wie es *ist*, unter Parkinsonismus zu leiden, L-DOPA zu erhalten und völlig verändert zu werden. Wenn jemals ein Gegenstand einer nicht-mechanistischen Darstellung bedurfte, so ist es dieser. Aber man sucht in jenen Abhandlungen vergeblich nach Leben. Sie sind die häßlichsten

Beispiele einer Fließband-Medizin: Alles Menschliche, alles Lebende ist zerstampft, pulverisiert, atomisiert, in Quanten zerlegt oder auf andere Weise verarbeitet.

Und doch ist dieses Thema eines der bezauberndsten, dramatisch, tragisch und komisch wie kein anderes. Als ich zum ersten Mal die Auswirkungen von L-DOPA beobachtete, empfand ich Erstaunen, Verwunderung und fast Ehrfurcht. Jeder neue Tag versetzte mich in Staunen, enthüllte weitere Phänomene, Neues, Sonderbares, Welten einer Existenz, von deren Möglichkeit ich nie geträumt hatte — ich fühlte mich wie ein aus einem Elendsviertel nach Afrika oder Peru versetztes Kind.

Dieses Gefühl, daß es Welten in Welten gibt, der Eindruck von einer Landschaft, die sich vor den Augen immer weiter ausbreitet und die weit über meine Sicht oder Phantasie hinausreicht, hat mich nie verlassen, seit ich 1966 erstmals postenzephalitische Patienten traf und ihnen 1969 L-DOPA zu verabreichen begann. Es ist eine sehr gemischte Landschaft; teilweise vertraut, teilweise unheimlich, mit sonnigen Höhen, bodenlosen Abgründen, Vulkanen, Geysiren, Auen und Sümpfen — eine Landschaft wie der Yellowstone-Park, archaisch, vormenschlich, fast prähistorisch, die das Gefühl vermittelt, von gewaltigen Kräften umbrodelt zu sein. Freud bezeichnete die Neurose einmal als mit einer prähistorischen Landschaft aus der Kreidezeit vergleichbar; dieses Bild trifft eher noch auf die postenzephalitische Erkrankung zu, die den Menschen anscheinend zum dunklen, verborgenen Kern des Lebens führt. Wittgenstein hat einmal gesagt, daß ein Buch — so wie die Welt — einen Gegenstand durch *Beispiele* umschreiben könne — alles weitere sei überflüssig. Ganz in diesem Sinne war es meine vorrangige Absicht, in diesem Buch Beispiele vorzustellen.

Bisher sind wir gedanklich *mit* unseren Patienten gereist, sind mit ihnen allen Spuren ihres Lebensweges, dem Krankheitsverlauf und ihren Reaktionen auf L-DOPA gefolgt. Jetzt können wir diese Route verlassen, uns von Vergangenem und gegenwärtigem Geschehen zurückziehen, um genauer bestimmte *Aspekte* der Landschaft, Reaktionsmuster von besonderer Bedeutung in Augenschein zu nehmen.

Wir brauchen uns nicht weiter umzusehen, nicht über, unter oder hinter die Dinge zu schauen, die wir schon gesehen haben. Wir brauchen keinen „Ursachen", Theorien oder Erklärungen nachzujagen — Dingen, die *außerhalb* unserer Beobachtungen liegen: „Das Höchste wäre: zu begreifen, daß alles Factische schon Theorie ist. . . . Man suche nur nichts hinter den Phänomenen: sie selbst sind die Lehre."[8] Wir brauchen nicht über den Beweis unserer Sinne hinauszugehen, bedürfen jedoch einen dem Gegenstand angemessenen Ansatz und eine entsprechende Sprache. Mit den Begriffen der gegenwärtigen Neurologie können wir zum Beispiel nicht das ausdrücken, was mit den Patienten geschieht. Es geht dabei ja nicht nur um eine Handvoll „Symptome", sondern auch um eine *Person* und ihre sich verändernde Beziehung zur Welt. Außerdem muß die von uns benötigte Sprache sowohl spezifisch als auch allgemein sein, indem sie sowohl den Bezug zum Patienten und seinem Wesen als auch den zur Welt und *ihrem* Wesen miteinander kombiniert. Solche Begriffe — persönlich und universal, konkret und metaphorisch, einfach und tiefgründig — sind die der Metaphysik oder der allgemeinen Umgangssprache. Es sind dies natürlich Ausdrücke wie „Gesundheit" und „Krankheit" — die einfachsten und tiefgründigsten, die wir kennen. Unsere Aufgabe ist es — im Kontext der Reaktionen der Patienten auf

L-DOPA —, die Bedeutung dieser Begriffe zu erforschen, oberflächliche Definitionen und Dichotomien zu vermeiden und den geheimen Kern jedes Begriffes zu *erfühlen* (über den Rahmen von Formulierungen hinaus).

Die quantitativen Sozialstatistiken der vorliegenden Studien über L-DOPA sind eigentlich Beispiele für Benthams utilitaristische Maxime vom „großen Glück für die größte Zahl" — oder für F. Y. Edgeworths „Hedonistisches Kalkül". Die Kürze und der Nutzen einer solchen statistischen Herangehensweise sind sofort erkennbar, nicht hingegen die Grenzen und Grausamkeiten, die verdeckt und implizit bleiben und erst explizit formuliert werden müßten. Der utilitaristische Ansatz ist den Besonderheiten und Allgemeinheiten fremd, seine Begriffe verbergen notwendigerweise beides; er gewährt uns keinerlei Einblick in das generelle Verhaltensmuster oder in die Art und Weise, wie sich diese bei bestimmten Patienten manifestieren. Ja, der Utilitarismus setzt sich dem sogar ausdrücklich entgegen.

Wenn wir aus unserer Arbeit *neue* Erkenntnisse gewinnen wollen, müssen wir unsere Aufmerksamkeit auf die Formen und Beziehungen aller Phänomene, auf den Grund und die Struktur von „Gesundheit" und „Krankheit" richten. Wir brauchen weitgefaßte Begriffe für komplexe Zustände (Welten), müssen uns deshalb an Leibniz und nicht an Bentham halten, um die richtige Sichtweise zu gewinnen. Das Leibnizsche „Optimum" — die Gesundheit — ist kein numerischer Quotient, sondern eine Anspielung auf die größte Vollkommenheit einer Beziehung, die in der Vielfalt aller möglichen Welten möglich ist. In diesem Sinne weichen Krankheiten vom Optimum ab, weil ihre Organisation, ihr Muster, verarmt und rigide sind (wenngleich sie über erschreckende Kräfte verfügen). Die Gesundheit ist unermeßlich und grenzenlos, ein Widerhall des Reichtums der Welt, die Krankheit hingegen begrenzend und einschränkend, bestrebt, die Welt auf sich selbst zu reduzieren.

Gesundheit und Krankheit sind lebendig, dynamisch, mit Kräften, Eigenschaften und einem eigenen „Willen" ausgestattet. Ihre Seinsweisen bilden einen Gegensatz: Sie stoßen in ständiger Feindschaft aufeinander — sind unsere „inneren Milizen" (in den Worten Sir Thomas Brownes). Wie die Auseinandersetzung ausgehen wird, kann genau so wenig vorbestimmt oder vorausgesagt werden wie das Ergebnis eines Schachspiels oder Turniers. Es gibt zwar feste Regeln, doch die Strategie ist variabel — und man kann lernen, seinen Widersacher, die Krankheit, auszuspielen. Fehlt es uns an Gesundheit, kriegen wir es mit Fürsorge, Kontrolle, List, Geschick und Glück wieder hin.

Gesundheit, Krankheit und Fürsorge sind die einzigen und elementaren Begriffe für unsere Diskussion. Wenn wir Patienten L-DOPA geben, sehen wir zuerst ein Auftauchen aus der Krankheit — ein *Erwachen*; dann ein Zurücksinken und eine Zunahme von Problemen und Leiden — die *Heimsuchung*; schließlich entwickelt der Patient (vielleicht) eine Art „Verständnis" für seine Probleme und erreicht ein Gleichgewicht — das können wir als *Anpassung* bezeichnen. Mit dieser Begriffssequenz (Erwachen — Heimsuchung — Anpassung) lassen sich die Wirkungen von L-DOPA am besten diskutieren[9].

Erwachen

Fast jeder „echte“ Parkinsonkranke zeigt, wenn er L-DOPA erhält, eine Art von „Erwachen“. Das gilt auch für alle, außer drei (Robert O., Frank G., Rachel I.) in diesem Buch beschriebenen, und für alle bis auf zwanzig der insgesamt 200 Parkinsonpatienten, denen ich dieses Medikament verabreicht habe[10]. Im allgemeinen, wenn auch nicht immer, erfolgt das Erwachen bei den schwersten Fällen am stärksten und schnellsten, kann bei Patienten wie Hester Y. auch unmittelbar erfolgen. Bei einfachen Parkinsonkranken kann sich das Erwachen über Tage hinziehen, obwohl der Zenit in der Regel innerhalb von etwa zwei Wochen erreicht wird. Wie unsere Fallstudien gezeigt haben, setzt das Erwachen von Postenzephalitikern häufig schneller ein und verläuft dramatischer. Im allgemeinen reagieren sie sensibler auf L-DOPA und können mit einem Fünftel oder weniger der für einfache Parkinsonpatienten benötigten Dosis „geweckt“ werden.

Ein „gewöhnlicher“ Patient kann hinsichtlich seines Verhaltens, abgesehen von einem leichten, kurz auftretenden Parkinsonismus, bei bester Gesundheit sein; für ihn besteht deshalb das Erwachen oder Genesen hauptsächlich in einer Reduzierung oder vermutlichen Aufhebung des Parkinsonismus. Es *gibt* zwar auch bei solchen Patienten andere Aspekte des Erwachens, doch lassen sich diese sehr viel leichter bei schwer und chronisch geschädigten postenzephalitischen Patienten beobachten, die zusätzlich zu ihrem Parkinsonismus unter einer beträchtlichen Anzahl von anderen Behinderungen leiden. Wie wir gesehen haben, können sich bei diesen Patienten nachhaltige Funktionsminderungen nicht nur aufgrund ihres Parkinsonismus, sondern auch infolge zahlloser *anderer* Probleme zeigen — Torsionskrämpfe, Athetose, Chorea, Tics, Katatonie, Depression, Apathie, Torpor usw. Solche Patienten genesen nicht nur von einer Krankheit, sondern von einer Vielzahl von Krankheiten, und das in extrem kurzer Zeit. Alle Arten von Störungen, von denen man üblicherweise nicht annimmt, daß sie etwas mit einem Dopamin-Substrat zu tun haben oder durch L-DOPA beeinflußbar sind, können trotzdem zusammen mit dem Parkinsonismus verschwinden. Kurz: solche Patienten erleben fast so etwas wie eine *totale* Rückkehr zur Gesundheit; eine Genesung, die über alles hinausgeht, was man auf Grundlage unseres Wissens über Anwendung und Wirkungen von L-DOPA bzw. auf Grundlage unserer Kenntnisse der Physiologie des Gehirns vermuten würde. Daß es tatsächlich solche Fälle simultan-unmittelbaren Erwachens gibt, ist nicht nur therapeutisch von Bedeutung, sondern auch von großer Tragweite für die Physiologie und Epistemologie.

Es gibt bestimmte Gefühle, die bei einem Erwachen ohne Ausnahme in der gleichen Weise erlebt werden und die Patienten in den Metaphern beschreiben, die auch Beobachter verwenden. Die plötzliche Befreiung von Parkinsonismus, Katatonie, Spannungen, Torsionen usw. wird als eine Deflation (Luftentweichen) oder ein Abschwellen, als Befreiung von einem inneren Druck erlebt; Patienten vergleichen dies oft mit dem Entweichen von Darmwinden, Rülpsen oder dem Entleeren der Blase. Und genauso sieht es für den Beobachter aus: Steifheit, Krampf oder Anschwellung verschwinden — der Kranke ist plötzlich „entspannt“ und frei. Patienten, die den „Druck“ oder die „Stärke“ ihres Parkinsonismus beschreiben, sprechen eindeutig nicht in physikalischen, sondern in ontologischen oder metaphysischen Begriffen, die ihrem Erleben entsprechen. Ausdrücke wie

„Druck“ oder „Stärke“ deuten die *Struktur* der Krankheit an, und vermitteln eine leise Ahnung von der Natur des ontologischen oder „inneren“ Raumes dieses Patienten und von uns allen.

Dieses Zu-sich-Kommen, diese Einsicht oder „Wiedergeburt“ ist ein äußerst dramatisches und bewegendes Ereignis, vor allem für einen Patienten, der ein reiches und erfülltes Selbst besaß und seines Selbst durch die Krankheit über Jahre oder Jahrzehnte hinweg „*beraubt*“ wurde (z. B. Hester Y.). Es führt uns außerdem mit wunderbarer Klarheit die dynamische Beziehung zwischen Krankheit und Gesundheit, zwischen einem „unechten“ und dem echten Selbst vor Augen, zwischen einer Welt der Krankheit und der besten aller möglichen Welten. Die automatische Wiederkehr von Gesundheit und echtem Selbst, *pari passu* mit dem Verschwinden der Krankheit, zeigt, daß Krankheit nicht eigenständig, sondern in parasitärer Weise sich von Gesundheit, Leben und Wirklichkeit speist: Ein ontologischer, schänderischer Geist, der weiterlebt, sich von der Substanz des echten Selbst ernährt und (nach Binswanger) das „Da-Sein verzehrt“. Wir werden der dynamischen und unerbittlichen Natur unserer „inneren Milizen“ gewahr; begreifen, wie entgegengesetzte Formen des Seins darum kämpfen, uns zu besitzen, und sich gegenseitig zu verdrängen versuchen, um sich selbst zu verewigen.

Diese Wechselwirkung zwischen Gesundheit und Krankheit ist sogar in Abwesenheit von L-DOPA erkennbar. Man kann in der Praxis immer wieder sehen, wie Parkinsonismus plötzlich dann ausbricht, wenn ein Mensch krank, erschöpft, depressiv usw. ist oder unter Schock steht. Ebenso deutlich wird aber auch sichtbar, wie die Krankheit mit wiedererstarkter Kraft und einer „unverwüstlichen“ Gesundheit wieder „verschwindet“. Es muß uns erstaunen, daß eine Rückkehr zur Gesundheit oder Besinnung bei diesen Patienten nach einem halben Jahrhundert schwerster Krankheit *möglich* ist, — daß das Potential für Gesundheit und Selbst *überleben* konnte, nachdem ein großer Teil des Lebens und der Persönlichkeitsstruktur des Menschen verlorengegangen waren und er so lange fast ausschließlich in der Krankheit versunken gelebt hatte. Auch dieser Aspekt ist sowohl therapeutisch als auch theoretisch von größter Bedeutung[11].

Um das *Wesen* des Erwachens und des Zustands danach — der Gesundheit — verstehen zu können, müssen wir von den üblicherweise verwendeten physiologischen und neurologischen Begriffen absehen und die Begriffe beachten, die die Patienten selbst benutzen. Wenn ein Patient nur eine phantastische, hieroglyphenartige oder surrealistische Kommunikation zuläßt, so ist *dies* die Form, in der die Kommunikation zu erfolgen hat. Ein Dialog ist ein Dialog, unabhängig davon, wie er erfolgt; und früher oder später, zumindest meiner Erfahrung nach, lassen Widerstände, Verwirrungen und Wahnvorstellungen nach, und man steht dem Patienten selbst, seiner vorher verborgenen zentralen Identität gegenüber, dem DU, das man in einen wirklichen Dialog verwickeln kann. Die gegenwärtig üblichen neurologischen und neurophysiologischen Begriffe beziehen sich auf Veränderungen des Energieniveaus und der Energieverteilung im Gehirn. Auch wir müssen energetische und ökonomische Konzepte verwenden, tun dies aber grundsätzlich anders, als es allgemein erfolgt.

In der klassischen Neurologie stehen sich zwei Richtungen gegenüber — einerseits die einer ganzheitlichen Auffassung, andererseits die der strikten Lokalisation. Die Vertreter der erstgenannten Richtung sprechen von der „Gesamtenergie“ des Gehirns, als handelte es sich um etwas Einheitliches, Undifferenziertes und Quantifizierbares. Sie sprechen ferner von Erregung und Aktivierung, von erhöhter Tätigkeit in einem Aktivationssystem, — also von einer Steigerung, die grundsätzlich durch die Erfassung der Gesamtzahl der systemeigenen Impulse gemessen werden kann. In idiomatische Ausdrücke gefaßt, heißt das, daß Patienten durch L-DOPA „erregt“ oder „eingeschaltet“ werden. Die Grenze und, näher besehen, die Inhaltslosigkeit derartiger Ausdrücke liegt darin beschlossen, daß letztere bloß quantitativ sind, d. h. sich auf Größen ohne Berücksichtigung der zu messenden Eigenschaften beziehen. In Wirklichkeit gibt es allerdings keine eigenschaftslosen Größen. Obgleich Patienten davon sprechen, mehr „Schwung“, mehr „Energie“, mehr „Elan“ und dergleichen zu verspüren, so unterscheiden sie dennoch deutlich zwischen den Eigenschaften des Gesund- bzw. Krankseins. Das klingt in den Worten eines Patienten, der durch L-DOPA erweckt wurde, so: „Früher war ich *galvanisiert*, jetzt bin ich aber *belebt*.“

Die Vertreter der Lokalisationstheorie dagegen stellen sich ein Mosaik unterschiedlicher „Zentren“ oder „Systeme“ vor, denen eine jeweils andere Energie eignet. Die Energie ist ihrer Meinung nach auf zahllose „Pakete“ verteilt, die auf geheimnisvolle Weise miteinander korrelieren. Somit ließen sich bei L-DOPA-Patienten ein „Vigilanz-Maß“, ein „Mobilitäts-Maß“, ein „Gefühls-Maß“ usw. angeben und die zwischen den verschiedenen Werten bestehenden Korrelationskoeffizienten errechnen. Diese Auffassung stimmt jedoch weder mit der Erfahrung der Patienten noch mit derjenigen eines teilnehmenden, seine Patienten gefühlsmäßig begleitenden Beobachters überein. *Niemand* ist sich nämlich der „Gefühlsgeladenheit“ der Patienten als einer von der „Wachsamkeit“ losgelösten Entität bewußt. Bewußt ist man sich der Tatsache, daß man sich „aktiv“, „aufmerksam“, „wach“ fühlt; und bewußt ist man sich auch des ganzheitlichen, indes immer wieder wandelnden Charakters seiner Aufmerksamkeit. Diese Einheit in isolierte Bestandteile aufzuspalten, wäre ein erkenntnistheoretischer Verstoß ersten Ranges, der auf eine Blindheit gegenüber den Gefühlen der Patienten schließen ließe.

Das Erwachen besteht aus einer Veränderung des Bewußtseins, einer der gesamten Beziehung zum eigenen Selbst und zur Welt. Alle postenzephalitischen Patienten (alle *Patienten*) leiden auf individuelle Weise und in individuellem Maße unter Störungen und Verzerrungen der Aufmerksamkeit: Einerseits fühlen sie sich von der Welt abgeschnitten oder zurückgezogen, auf der anderen Seite aber versunken in oder *gefesselt* von ihrer Krankheit. Diese pathologische Innengewandtheit der Aufmerksamkeit ist besonders bei kataleptischen Formen der Krankheit zu erkennen und wurde ausgezeichnet von einem kataleptischen Patienten veranschaulicht, der einmal zu mir sagte: „Meine Haltung ist stets mit sich selbst im Einklang, bekräftigt sich ständig selbst und legt sich pausenlos selbst nahe. Ich werde durch das ‚Verhalten‘ der Haltung völlig vereinnahmt.“

Erwachen ist im Grunde genommen die Umkehrung davon: Der Patient hört auf, die Gegenwart von Krankheit und die Abwesenheit der Welt zu fühlen, sondern spürt statt dessen die Abwesenheit seiner Krankheit und die volle Anwesenheit der Welt. Er wird mit D. H. Lawrences Worten „ein Mensch in seiner Ganzheit“.

Damit *wendet* sich der erwachte Patient der Welt zu und wird nicht länger von seiner

Krankheit in Anspruch genommen oder beherrscht. Er begegnet der Welt mit einer eifrigen und enthusiastischen Aufmerksamkeit, einem liebevollen, freudigen und naiven Interesse; und dies um so mehr, da er so lange von ihr abgeschnitten oder „schlafend“ gelebt hatte. Die Welt wird wieder wundervoll lebendig. Der Patient findet Interessantes, Staunenswertes und Spaß um sich herum und fühlt sich wie ein Kind oder ein aus dem Gefängnis Entlassener — er verliebt sich in die Wirklichkeit.

Das gesamte Dasein und Verhalten des mit der Welt und sich selbst wiedervereinten Patienten wandelt sich nun. Wo er sich vorher unwohl fühlte, unbehaglich, abnorm und angespannt, fühlt er sich jetzt wohl und eins mit der Welt. Alle Aspekte seines Seins, seine Bewegungen, Wahrnehmungen, Gedanken und Gefühle legen Zeugnis des Erwachens ab. Der Strom des Seins, nicht länger gehemmt oder vereist, fließt nun mit müheloser, ungezwungener Leichtigkeit: Da ist nicht länger das innere Gefühl von „ça ne marche pas“ oder innerer Sperre[12]. Da ist statt dessen eine starke Empfindung von Weite und der Freiheit des Seins. Die durch die Krankheit hervorgerufenen Unwegsamkeiten und Ungewißheiten verschwinden und werden von Stabilität, Kraft und Wohlbefinden abgelöst.

Diese durch individuelle Veranlagung und Neigung verschieden getönten Gefühle werden von jedem Patienten, der durch Einnahme von L-DOPA vollständig „aufwachte“, mehr oder weniger intensiv erlebt. Sie demonstrieren uns die ganze Fülle — den Zenit des Daseins (der von den meisten ‚gesunden‘ Menschen so selten erlebt wird) — und zeigen uns, was wir gewußt und fast vergessen, was wir alle einmal hatten und dann verloren haben.

Dieses Gefühl der Rückkehr zu etwas Ursprünglichem, zur größten und einfachsten Sache der Welt, wurde mir in höchst anschaulicher Weise durch meinen Patienten Leonard L. vermittelt. „Es ist ein ganz süßes Gefühl“, sagte er (während seines eigenen so kurzen Erwachens), „so süß„ leicht und friedlich. Ich bin für jeden Augenblick dankbar, so zufrieden, als ob ich endlich nach einer langen schweren Reise zu Hause wäre. Fühle mich genauso warm und friedlich wie eine Katze am Ofen.“ Und genauso *sah* er in diesem Augenblick auch *aus*[13]:

...
Wie eine Katze schlafend im Sessel
in Ruhe, in Frieden
und eins mit dem Herrn des Hauses, mit der Herrin
heimisch, heimisch im Hause der Lebenden,
schlafend am Herd, und gähnend vorm Feuer.

Schlafend am Herd der lebendigen Welt
gähnend zu Hause vorm Feuer des Lebens
die Gegenwart Gottes erahnend
wie eine große Beruhigung
eine tiefe Ruhe im Herzen
eine Gegenwart
wie die des Herrn, der an der Tafel sitzt,
in seinem eigenen und größeren Sein
im Hause des Lebens.

Heimsuchung

Fast jeder mit L-DOPA behandelte Patient erlebt für einen gewissen Zeitraum eine herrliche, ungetrübte Genesung. Früher oder später aber wird auch er auf die eine oder andere Weise in Schwierigkeiten und Probleme gestürzt. Einige Patienten haben nach Monaten positiver Reaktionen nur leichte Beschwerden; andere erleben nur für Tage eine Besserung — nicht mehr als ein Augenblick im Vergleich zur Dauer eines Lebens —, bevor sie wieder in die Tiefen ihres Elends zurückgestoßen werden.

Es ist nicht möglich, feste Angaben darüber zu machen, bei welchen Patienten zuerst die größten Schwierigkeiten auftreten; und es kann auch keine gültige Voraussage über den Zeitpunkt des Auftretens und die Art und Weise dieser Probleme getroffen werden. Es ist aber berechtigt, zu sagen, daß Patienten, die am schwersten erkrankt waren — unabhängig davon, ob ihre Probleme neurologischer, emotionaler, sozio-ökonomischer oder sonstiger Art waren —, dazu *tendieren* (unter ansonsten gleichbleibenden Bedingungen), unter Einfluß von L-DOPA die größten Komplikationen zu entwickeln.

Eine so allgemeine Aussage muß natürlich ergänzt und präzisiert werden. Im großen und ganzen können einfache Parkinson-Patienten — angeblich bilden sie die Mehrheit der an Parkinsonismus erkrankten Personen — die längsten Phasen ungetrübter Besserung und die geringsten „Nebenwirkungen" erwarten; Patienten mit postenzephalitischem Parkinsonismus neigen sehr viel stärker zu frühen und drastischen, negativen Reaktionen. Es gibt jedoch Ausnahmen, und zwar bedeutsame Ausnahmen, für jede „Regel" dieser Art (s. Anm. 9, S. 235). Die Unberechenbarkeit individueller Reaktionen (die durch die üblicherweise gewählte statistische Darstellung verdeckt wird) deutet an, wie zahlreich und komplex die Determinanten einer Reaktion, wie viele davon *latent (der Möglichkeit nach)* sein müssen, deren Stärke und Schwäche, weil man sie nicht sehen kann, auch nicht zu erkennen ist. Es gibt jedoch eine Gruppe von Patienten, die fast unvermeidbar durch L-DOPA in eine Katastrophe gestoßen werden: solche mit einer zusätzlich vorhandenen Demenz. Von allen Patienten reagieren sie am empfindlichsten auf L-DOPA; und nicht nur darauf, sondern auf jede Art von Belastung. Die Geschichte von Rachel I. zeigt beispielhaft die besonderen Gefahren, die mit der Verabreichung von L-DOPA bei solchen Kranken verbunden sind.

Es gab die weitverbreitete, ja universelle Tendenz, all diese Schwierigkeiten der Kategorie „Nebenwirkung" zuzuordnen — der Begriff wirkt gleichzeitig entlastend und beruhigend. Manchmal wird er ohne spezielle Bedeutung aus purer Bequemlichkeit verwendet; häufiger aber, dem Beispiel von Cotzias und einer weithin akzeptierten medizinischen Praxis folgend, benutzt man ihn, um den wichtigen Unterschied zu erwünschten oder erwarteten Wirkungen zu bezeichnen — einen Unterschied, der es gestattet, die unerwarteten Wirkungen zu verdrängen, wenn man es wünscht. Nichts ist angenehmer als eine solche Annahme, und nichts erfordert so sehr eine unparteiische Prüfung. Dies wird von aufmerksamen Patienten sehr gut und oft besser wahrgenommen, als von den sie behandelnden Ärzten. Eine dieser Patienten, Lillian T., die jetzt in Mount Carmel lebt, sagte, als sie das neunte Mal zwecks „Behandlung von Nebenwirkungen" — ein heftiges Hin-und-Her-Werfen des Kopfes — in ein großes New Yorker Hospital eingewiesen wurde, zu ihrem Arzt: „Dies sind *meine* Kopfbewegungen. Sie sind ebensowenig eine ‚Nebenwirkung' wie mein Kopf selbst eine ist. Sie werden sie nicht beseitigen können, es sei denn, Sie schlagen mir den Kopf ab!"

Der Begriff „Nebenwirkung" ist fragwürdig und meines Erachtens aus praktischen, physiologischen und philosophischen Gründen unhaltbar. Erstens wurde die große Mehrheit der Symptome, die heute als „Nebenwirkung" bezeichnet werden, vor nicht langer Zeit noch als typische Reaktionen „normaler", mit L-DOPA behandelter Tiere beobachtet; in dieser Situation gab es keine therapeutischen Vermutungen, Absichten oder Hoffnungen; es wurde überhaupt nicht an eine solche kategorische Unterscheidung gedacht. Zweitens verdeckt ein solcher Ausdruck die aktuelle Struktur und Wechselwirkung von „Nebenwirkungen" und unterbindet somit jegliches Studium derselben. Die enorme Anzahl und Komplexität dieser Wirkungen ist zwar für Patienten eine Pein, gleichzeitig jedoch höchst lehrreich, wenn wir mehr über das Wesen der Krankheit und über das menschliche Dasein erfahren wollen. Diese Möglichkeit bietet sich nicht mehr, wenn wir uns mit dem Begriff „Nebenwirkung" einfach abfinden. Drittens, in diesem Zusammenhang (oder auch im technologischen, ökonomischen oder einem anderen Zusammenhang) von „Nebenwirkungen" zu sprechen, bedeutet, die Welt in beliebige Teile zu zerlegen und die Realität eines organisierten *Plenums* zu negieren.

Die therapeutische Schlußfolgerung von alldem ist, daß wir uns (und unsere Patienten) vielleicht trügerischen Hoffnungen und der Suche nach Beseitigung von „Nebenwirkungen" hingeben, während gleichzeitig unserer Aufmerksamkeit die realen Möglichkeiten, wie diese Wirkungen modifiziert oder erträglicher gemacht werden *können*, entgehen. Niemand hat sich so scharfsinnig über den Gegensatz zwischen der Nutzlosigkeit, der Beseitigung von „Nebenwirkungen" und der Notwendigkeit zur umfassenden Betrachtung des tatsächlichen Geschehens geäußert wie der metaphysische Dichter Donne auf seinem Krankenbett: „Weder ist unsere Arbeit beendet, wenn wir ein Unkraut abgehauen haben, das zu sprießen begann; weder haben wir damit einen heftigen und gefährlichen Anfall einer Krankheit geheilt, die geschwind ein zerstörerisches Werk angerichtet hätte; noch ist unsere Arbeit beendet, wenn wir das Unkraut von der Wurzel gründlich befreit, und so die besondere Krankheit behoben haben. Denn der ganze Boden ist krank. Im Körper sitzt die Neigung zum Kranksein, aus dem ohne Anzeichen von Unordnung Krankheiten wachsen. Wir sind zur Fronarbeit auf diesem Hof, zum Studium der ganzen Zusammensetzung und des ganzen Aufbaus unseres Körpers gezwungen."[14]

So geraten denn auch alle Patienten während der L-DOPA-Therapie in Schwierigkeiten — in *grundsätzliche Schwierigkeiten*: Sie entfalten dabei noch einmal ihren „Hang zu Krankheiten", der in unzähligen Formen sprießen und blühen kann. Wir müssen uns fragen, warum dies so ist. Hat es irgendetwas mit dem L-DOPA *per se* zu tun? Ist es die Widerspiegelung der individuellen Reaktionsfähigkeit eines jeden Patienten — einer universellen Reaktionsfähigkeit, die alle Organismen haben, wenn sie fortgesetzter Stimulierung oder anhaltendem Streß ausgesetzt sind? Ist es abhängig von den Erwartungen und Motiven der Patienten, der Ärzte und anderer, zu dieser Zeit wichtiger Personen? Sind der allgemeine Lebensstil und die Lebensumstände von Bedeutung? All diese Fragen beziehen sich auf Aspekte der Wirklichkeit; sie müssen gestellt und wenn möglich untersucht werden. Sie überschneiden und verschränken sich, um die ganze Fülle des Daseins von Patienten zu gestalten.

Bei Donne finden wir eine Vielfalt von Wörtern, die sich auf das Wesen von Krankheit beziehen: „Veranlagung", „Neigung", „Hang", „Eigenschaft", „Verfassung" usw. Dieser Sprachreichtum unterscheidet und vereint zwei Aspekte der Krankheit: ihre *Struktur* und ihre *Strategie*. Freud erinnert uns wiederholt daran, daß wir zwischen *Krankheitsneigung* und dem *Krankheitsbedürfnis* streng unterscheiden müssen: Es ist eine Sache, z. B. migräneanfällig zu sein, und eine andere, sich einen Anfall als Vorwand für das Nichteinhalten einer unangenehmen Verabredung zu wünschen. Schopenhauers These besagt, daß sich uns die Welt unter zwei Aspekten präsentiert — als Wille und Vorstellung — und daß diese zwei Aspekte stets getrennt und doch vereint sind; daß sie einander vollständig umfassen und bedingen. Aussagen nur im Sinne jeweils eines Aspektes zu treffen bedeutet, sich einem destruktiven Dualismus und der Unmöglichkeit auszusetzen, eine sinnvolle Welt zu konstituieren. Dies zeigt sich beispielhaft in der Unzulänglichkeit solcher Aussagen wie „Aus purer Bosheit ging es ihm schlecht mit L-DOPA" oder „L-DOPA bekam ihm nicht, weil er zuviel (oder zuwenig) Dopamin im Gehirn hatte". Eine Widerspenstigkeit oder Boshaftigkeit mag wohl vorhanden gewesen sein, ebenso wie eine Dopamin-Veränderung; beide Aspekte sind bedeutsam, entscheidend, beide tragen zum Zustand des Patienten bei. Aber weder die eine noch die andere Betrachtungsweise allein liefert uns ein adäquates Bild oder die Möglichkeit eines adäquaten Bildes von der Gesamtsituation. Vielleicht war der Widerstand des Patienten die Zweckursache und der Dopaminspiegel die auslösende Ursache. Beide Betrachtungs- und Denkweisen sind (wie Leibniz uns in Erinnerung ruft) nützlich; beide *müssen miteinander verbunden werden*. Aber wie sollen wir die „Zweckursache" mit der „auslösenden Ursache", den Willen mit der Sache, das Motiv mit dem Molekül vereinen, wenn sie so weit voneinander entfernt und völlig verschieden scheinen? Aus dem Dickicht von Mechanismus und Vitalismus werden wir, wie immer, auch hier durch gesunden Menschenverstand, Umgangssprache und Metaphysik geführt: Durch Begriffe, die in ihrer zweifachen Bedeutung Struktur und Zweck zusammenbringen, und durch Ausdrücke wie „Plan" und „Muster" sowie die zahllosen beispielhaften Erläuterungen solcher Wörter, die die Umgangssprache uns bietet und die wir als Wissenschaftler so oft zurückweisen und ignorieren.

Für eine kurze Zeit genießt der L-DOPA-Patient eine Vollkommenheit des Daseins, eine Leichtigkeit von Bewegung, Gefühl und Denken, eine innere und äußere Harmonie. Dann beginnen sein glücklicher Zustand und seine Welt spröde zu werden, ihm zu entgleiten, zusammenzubrechen und zu zerbröckeln. Der Kranke schlüpft aus seinem glücklichen Zustand und bewegt sich der Perversion und dem Verfall zu[15]. Wir müssen uns derartiger Wörter bedienen, die in diesem Zusammenhang unerwartet erscheinen mögen, wenn wir zu einem dynamischen Verständnis der Entwicklung solcher Auflösungen, Abweichungen und Perversionen, Verkörperungen von Untergang und Krankheit kommen sollen oder wollen. Was wir nicht nur in der Medizin dringend brauchen, ist eine Anatomie des Elends, eine Epistemologie der Krankheit, die in der Tradition Burtons, Schopenhauers, Freuds u. a. steht, und die deren Betrachtungsweise auf alle anderen (monadischen) „Ebenen" ausdehnt. Man muß z. B. erkennen, daß Galens *Circulus vitiosus* ein Allgemeinbegriff der Pathologie ist; und daß dies gleichermaßen für die Begriffe „Maßlosigkeit", „Extravaganz" und für alle Begriffe gilt, die Abweichungen vom Wohlbefinden, von der Harmonie und der Natürlichkeit von Gesundheit bezeichnen. So fragt sich Donne bei einem Rückfall in die Krankheit ständig, was warum mißlang, ob es vermeidbar gewesen wäre usw. Er wird durch unerbittliche Stadien des Krankheitserlebens zum allgemeinen Begriff der „Krankheit" und „Krankheitsanfälligkeit" geführt.

Das erste Symptom einer wiederkehrenden Krankheit, eines „Scheiterns", besteht in dem *Gefühl*, daß irgendetwas nicht stimmt. Dieser so einleuchtende Punkt kann nicht genug betont werden. Der Patient erlebt nicht eine exakt formulierte und ordentlich tabellierte Liste von Symptomen, sondern ein intuitives, unverwechselbares Gefühl, daß „irgendetwas los ist". Man kann nicht erwarten, daß er genau Bescheid weiß, was nicht in Ordnung ist, denn es ist das undefinierbare Gefühl einer „Unstimmigkeit", das ihm und uns die *allgemeine* Beschaffenheit seines Unwohlseins anzeigt. Dieses Gefühl ist sozusagen sein erster flüchtiger Blick auf eine *unstimmige Welt*[16] und besitzt einen vorankündigenden, in seiner Art präzisen Charakter: Was immer erlebt wird, kündigt an, was in der Zukunft erlebt werden wird oder es werden kann: die Expansion und Evolution eines schon anwesenden Charakters. So schreibt Donne beim Erleben des ersten „Krankheitsgrollens": „Sobald ich den ersten Anschlag der Krankheit verspüre, fühle ich den Sieg."[17]

Unwohlsein und Unstimmigkeit sind im allgemeinsten Sinne ihrer Bedeutung Zeichen und Quelle der wiederkehrenden Krankheit. Die Formen und Abwandlungen der Unstimmigkeit sind unendlich vielfältig und nie bei zwei Patienten gleich. Individualität ist, wie anderen Dingen auch, der Krankheit inhärent. Das bedeutet, daß Krankheiten „perverse" individuelle Schöpfungen sind — Welten, Wurzelwelten, einfacher und stärker als die Welt der Gesundheit.

Allen Krankheits-Welten sind das Gefühl von Druck, Zwang und Gewalt und der Verlust einer wirklichen Bewegungsfreiheit, Unabhängigkeit, Ruhe, Stabilität und unerschöpflicher Bereitschaft gemein. Nicht anders verhält es sich mit Verkrampfungen, Verzerrungen und krankhaften Auswüchsen: der Entwicklung pathologischer Rigidität und pathologischer Hartnäckigkeit.

Bei Patienten mit einfachem Parkinsonismus lassen sich die ersten „Nebenwirkungen" von L-DOPA am leichtesten in der Bewegungs- und Handlungsausführung erkennen: In einer bestimmten Hast, Lebhaftigkeit und Übereilung, in der Übertriebenheit von Kraft und Umfang der Bewegungen („Synkinese") und in der Herausbildung verschiedener „unwillkürlicher" (choreatischer, athetotischer, dystonischer usw.) Bewegungen. Aus verschiedenen Gründen sind „Temperamentsausbrüche" bei postenzephalitischen Patienten besonders auffällig; deshalb verweisen sie vielleicht klarer auf die allgemeine Form der Krankheit. Man erkennt dies deutlich bei Patienten wie Rolando P., Margaret A., Leonard L. u. a., findet es aber auch bei Patienten mit einfachem Parkinsonismus wie Aaron E.

Paradoxer- und trügerischerweise erscheinen solche Übertreibungen zuerst als Ausbrüche von Gesundheit, als ungeheures, übermäßiges, unbändiges Wohlbefinden: Patienten wie Leonard L. geraten nur langsam, fast unmerklich, vom höchsten Wohlbefinden in pathologische Euphorien und verhängnisvolle Ekstasen. Sie „heben vom Boden ab", übertreiben, über alle vernünftigen Grenzen hinaus, und säen dabei die Keime für ihre nachfolgenden Zusammenbrüche: Maßlosigkeit ist in der Tat *bereits* ein erstes Anzeichen für eine Krise und deutet auf das Vorhandensein eines nicht zu befriedigenden Bedürfnisses hin. Dieser Maßlosigkeit liegen Mangel und Unzufriedenheit zugrunde: Ein irgendwo vorhandenes „Nicht-genug-Sein“ oder „-Haben“ führt zu Gier und zu einem „Zuviel-Sein“, zu einer Unersättlichkeit und Habgier, die *nicht* gestillt werden *können*[18].

Wenn wir fragen, wo Mangel, Unzufriedenheit und Habgier angesiedelt sind, müssen wir erkennen, daß dies überall, in der Fülle des Daseins, der Fall sein kann: in den Molekülen, den Motiven oder den Beziehungen zur Welt. Unbefriedigte Bedürfnisse und unstillbare Gier bestimmen letztlich die Haltung aller L-DOPA-Patienten. Diese Beobachtung führt uns zu einer unumgänglichen ökonomischen Schlußfolgerung: daß nämlich irgendwo eine Lücke, eine unüberwindbare Kluft in der Situation eines jeden Patienten gefunden werden kann. Solch eine Kluft kann von beliebiger Art sein — ein chemischer oder struktureller Hiatus im Mittelhirn, eine Verletzung oder Leere im emotionalen Bereich oder eine an den Limbo erinnernde Isolierung in der Beziehung zur Welt. Was auch immer es ist, es gibt eine Kluft, die nicht übersprungen *und danach auch überwunden bleiben* kann — allemal nicht durch die Wirkung von L-DOPA allein. Ein Spalt tut sich zwischen Angebot und Nachfrage, Bedürfnis und Kapazität auf, und es vollzieht sich eine innere Spaltung, so daß man gleichzeitig an Übersättigung und Not leidet — „. . . der einen Hälfte fehlt es an Nahrung, der anderen am Magen“, um an die Metapher Donnes[19], mit der er über seine Krankheit spricht, zu erinnern.

Wir sehen an den Reaktionen auf die fortgesetzte Behandlung mit L-DOPA (falls wir es nicht schon früher bemerkt haben), daß die Patienten außer ihrem Bedürfnis nach L-DOPA (oder Hirn-Dopamin) noch andere Bedürfnisse haben, und daß von einem bestimmten Punkt oder Zeitraum an nicht ausschließlich eine *Substanz* — wie „wunderbar“ sie auch immer sein mag — diese anderen Bedürfnisse kompensieren, erfüllen oder verdrängen kann. Den Patienten mangelt es nicht nur an Fleisch, sondern auch an Magen: Was geschieht, wenn wir einen Menschen, dem ein Stück Magen fehlt, überfüttern? Diese Erwägungen werden üblicherweise übergangen; Ärzte bestehen darauf, daß Patienten auf unbestimmte Zeit mit L-DOPA „behandelt“ werden können, in einem perfekten Gleichgewicht von „Angebot“ und „Nachfrage“. Es stimmt, *anfangs* kann man sie mit L-DOPA „titrieren“, so wie man verdorrte Felder bewässern oder ein Notstandsgebiet mit Geld sanieren kann. Doch früher oder später treten Schwierigkeiten auf, und zwar deshalb, weil es sich in erster Linie um ein *komplexes* Leiden handelt und nicht um das Fehlen oder Versiegen einer Substanz, sondern um einen Defekt oder um eine Störung der Organisation des Gehirns oder eines anderen Funktionszentrums.

Diese Gefahr, dieses Dilemma wurde von Kinnier Wilson vor vierzig Jahren (s. S. 41) recht klar erkannt: Er sagt im wesentlichen, daß wir gerade den pathologischen Zellen die fehlende Nahrung zuführen können, daß es aber darüber hinaus nutzlos und gefährlich ist, wenn wir die erschöpften und degenerierenden Zellen der Patienten „aufzupeitschen“ versuchen. Gleichgültig, ob wir versuchen, Zellen über ihre Kapazität hinaus vollzustopfen, oder ob die Zellen selbst eine hemmungslose „Gier“ zeigen und „versuchen“, sich über ihre Kapazität hinaus zu assimilieren oder zu funktionieren — das

Endergebnis wird dasselbe sein. Zudem ist eine statische Metapher — wie die, einen Menschen vollzustopfen, dem der halbe Magen fehlt — zur Beschreibung der tatsächlichen Vorgänge nicht geeignet; das Bild vom „Aufpeitschen" degenerierter und erschlaffter Zellen, von ihrem beschleunigten Zusammenbruch unter dem Streß verdeutlicht die möglichen Konsequenzen von L-DOPA um einiges besser. Denn bei jedem Patienten sehen wir, daß seine Toleranz gegenüber dem Medikament immer geringer, sein Bedürfnis danach aber immer größer wird. Kurz: daß er sich im Teufelskreis der „Abhängigkeit" verfängt und ihm nicht mehr entkommt.

Wir wollen nun die einzelnen Schritte dieses Geschehens aufzeigen, die aufeinanderfolgenden Haltungen der Patienten während der verlorenen, durch sie nicht abzubrechenden Partie. Der Patient wird überreizt, überempfindlich, übererregt — maßlos. Aber dem liegt ein wachsendes Bedürfnis oder Defizit zugrunde. Der Patient ist sozusagen bestrebt, durch illegale Mittel das zu gewinnen, was er mit legalen Mitteln nicht länger erlangt. Oder, um unsere ökonomische Metapher wieder aufzunehmen: Er „verdient seinen Unterhalt" nicht mehr, sein Vermögen und seine Reserven schrumpfen dahin und er lebt auf Pump, von geborgter Zeit und geborgtem Geld. Während er den Schein wahrt, erschöpfen sich die Rücklagen, verliert er seine Erwerbsfähigkeit, und der Tag der Abrechnung rückt immer näher: der Jüngste Tag, der Tag der großen Rückzahlung. Zwar erlebt er einen vorübergehenden „wirtschaftlichen Aufschwung", aber früher oder später muß der „Bankrott" eintreten.

Das Bild eines Höhepunktes, der einmal erreicht und danach nicht wieder erlebbar ist, ist uns im Zusammenhang mit Alkohol, Opium, Stimulanzien und anderen „abhängigkeitserzeugenden" Drogen nur zu vertraut. De Quincey schreibt: Das Bild eines Höhepunktes, der einmal erreicht und danach nicht wieder erlebbar ist, ist uns im Zusammenhang mit Alkohol, Opium, Aufputschmitteln und anderen „abhängigkeitserzeugenden" Drogen nur zu vertraut. De Quincey hat dazu ausgeführt, daß die Bewegung stets einem Bogen folge: Der Trinker erhebt sich zu einem Gipfel und fällt dann Stufe um Stufe herab; nur in der Bewegung nach oben wird der Höhepunkt erreicht, der danach nicht mehr erneuert zu werden vermag.

Unsere Patienten streben den Gipfeln der Maßlosigkeit zu, wobei sie aktiver, erregter, ungeduldiger, zunehmend ruheloser, choreatischer, akathisischer werden, stärker von Tics, Impulsen und Gelüsten getrieben, hektischer und glühender auflodernde Manien, Leidenschaften und Begierden zeigen, in größte Unersättlichkeiten, Gefühlsaufwallungen und Rasereien geraten ... bis endlich der Zusammenbruch kommt[20].

Form und Tempo des „Zusammenbrechens" sind dabei von Patient zu Patient verschieden. Viele der stabileren, glücklicheren haben eher das Gefühl eines sanften Absinkens und Nachlassens, als das eines plötzlichen gewaltsamen Zusammenbruchs. Aber gleichgültig, in welcher Form und in welchem Tempo dies geschieht, es gibt den Abstieg von den gefährlichen Höhen der Pathologie — einen Abstieg, der gleichzeitig schützt und zerstört[21]. Patienten kehren nicht zur Erde zurück, wie ein undichter Ballon auf den Boden sinkt. Sie stürzen vielmehr in die unterirdischen Tiefen der Erschöpfung und Depression (oder in deren Äquivalente im Parkinsonismus).

Bei Parkinsonpatienten (z. B. Aaron E.) können diese Zusammenbrüche ein Jahr oder länger ausbleiben und weniger gravierend sein, wenn sie dann *tatsächlich* auftreten. Die „akinetischen Schübe" (wie die Zusammenbrüche gewöhnlich genannt werden) sind anfangs noch meist kurz, leicht und setzen zwei oder drei Stunden nach jeder Dosis von L-DOPA ein. Allmählich aber werden sie schwerer und länger; ihr Beginn und Ende treten abrupter auf, wobei sie in der Regel in keiner Beziehung zum Zeitpunkt der Einnahme von L-DOPA mehr stehen. Die Charakteristika dieser Zustände sind mannigfaltiger und komplexer, als es gewöhnlich in der Literatur beschrieben wird: Zu ihnen gehören: Mattigkeit, Erschöpfung, Schläfrigkeit, Torpor, Depression, neurotische Spannung und — vor allem — der Wiederausbruch eines inzwischen gravierenden Parkinsonismus selbst. Solche Zustände variieren von schwach unangenehm und behindernd bis intensiv quälend und stark behindernd; bei Aaron E. z. B. waren sie weit einschränkender und unangenehmer als sein ursprünglicher Zustand vor der L-DOPA-Behandlung, vor allem deshalb, weil sie mit solcher Plötzlichkeit und Unvorhersehbarkeit auftraten.

Bei postenzephalitischen Patienten vollziehen sich diese Zusammenbrüche häufig viel heftiger und können innerhalb von Sekunden und Dutzende Male am Tag auftreten (wie z. B. bei Hester Y.). Ihre Komplexität und Schwere sind äußerst lehrreich und zeigen uns deutlich, was in solchen Augenblicken geschieht. Man erkennt an den Reaktionen solcher Patienten, daß man es nicht mit einer bloßen Erschöpfung, einem bloßen Nachlassen der Reaktion zu tun hat — eine Annahme, die so ziemlich allgemein gemacht wird und als Grundlage für eine optimistische, therapeutische „Titrierung" des Medikaments dient. Zweifellos ist in diesen Reaktionsschwankungen ein Element von Erschöpfung enthalten, aber die Plötzlichkeit ihres Auftretens, ihre Stärke und Komplexität zeigen uns, daß andere Wandlungen — grundsätzlich verschiedener Natur — *ebenfalls* eine Rolle spielen. So beobachteten wir bei Leonard L., Rolando P., Hester Y. u. a. sich unmittelbar vollziehende Wechsel von stark explosiven, „expandierten" Zuständen zu enorm verengten, „implodierten" Zuständen, oder, in der von Leonard L. angeregten astronomischen Darstellung, von „Super-Nova"-Zuständen zu Zuständen von „Schwarzen Löchern", und wieder zurück. Die zwei von uns beobachteten Zustände — welche verschiedentlich als „Hochs" und „Tiefs" bezeichnet worden sind — weisen eine exakte formale Strukturanalogie auf. Sie repräsentieren verschiedene Phasen oder Wandlungen, veranschaulichen uns und unseren Patienten somit die entgegengesetzten „Pole" eines ontologischen Kontinuums.

Diese zutiefst pathologischen Zustände scheinen uns zu äußerst merkwürdigen Vorstellungen eines „inneren Raumes" zu verleiten — und solche Bilder, das muß betont werden, fallen phantasiebegabten Patienten spontan ein. So verglich sich Leonard L., als er auf äußerst quälende Weise in sich zurückgezogen lebte, mit einer Fliege, die in einer Fliegenfalle gefangen war.

Die Zustände während eines „Tiefs" spiegeln keine einfachen und sozusagen „normalen" Erschöpfungen mit den ihnen eigenen Schutz- und Stärkungsmechanismen wider. Sie können auch nicht adäquat als „Schutzhemmungen" (nach Pavlov) oder als schützender „Ausgleich" (nach Goldstein) begriffen werden. Sie sind viel weniger harmlos als diese, da sie aus einem totalen *Rückzug* oder aus Rückschlägen und Umkehrungen der Reaktion bestehen, die den Patienten auf einer fast unkontrollierbaren Flugbahn von Pol zu Pol ihres Daseins oder „Raumes" schleudern[22]. Das Pendant jeder Maßlosigkeit ist eine „Gegen-Maßlosigkeit", d. h. ein Zustand der Zurückhaltung. Patienten können zwischen diesen Extremen wie in einem spannungsfreien Raum hin und her geworfen werden: Ihre Ausfälle und Abschweifungen scheinen sich dann nach einem furchterregenden positiven Feedback oder einer „Gegen-Kontrolle" zu steigern und die „Zwischenzustände" (Kontrollzustände) sich immer mehr der Nullgrenze zu nähern. Sind solche ontologische Schwankungen oder Echos erst einmal aufgetreten, werden die Möglichkeiten einer „Normalisierung" kleiner und kleiner und „Zwischenzustände" immer seltener registriert. Fast alle meine Patienten, die sich in einer solchen Situation befanden, benutzen zur Beschreibung ihres Gefühls das Bild eines Seiltänzers. Das ist fast wörtlich zu nehmen, denn sie sind wirklich zu Daseins-Seiltänzern über dem Abgrund der Krankheit geworden; oder — um eine verwandte Metapher zu verwenden — sie suchen inmitten totaler Maßlosigkeit einen dahinschwindenden Ruhepunkt. So läßt sich Leonard L.s gequälter Wunsch verstehen: „Wenn ich doch nur das Auge meines Wirbelsturms finden könnte!"

Mit dem Fortbestehen derartiger Zustände, die trotz des Absetzens von L-DOPA manchmal anhalten (vgl. z. B. Rachel I.), können weitere Spaltungen oder Zersetzungen beobachtet werden, die darin bestehen, daß sich die Maßlosigkeiten in Facetten oder Aspekte aufteilen, und zwar in streng getrennte „Äquivalente" des Daseins. Hester Y. z. B. war diesem „kristallartigen" Zersplittern ausgesetzt und konnte es besonders genau beschreiben. Diese weitere Spaltung führt zu einem ontologischen Delirium, bei dem das Verhalten in unzählige Facetten zerlegt ist, wobei plötzliche Sprünge zwischen diesen Facetten ausgeführt werden. Die Betrachtung dieser funkelnden, überschäumenden Delirien, der Bewegungserscheinungen und kinematischen „Stillstände", mit denen die Delirien einhergehen können (vgl. Hester Y.), führt uns zu einem Aspekt des „inneren Raumes", der noch merkwürdiger und schwerer vorstellbar ist als die bisher betrachteten gewölbten Räume. Die Bewegungserscheinungen zeigen uns einen dimensionslosen „Raum" an, in dem es eine Aufeinanderfolge ohne Ausdehnung, Augenblicke ohne Zeit und Wechsel ohne Übergang gibt. Kurz: die Welt der Quantenmechanik.

Diese Betrachtungen schildern meiner Meinung nach die *generelle* Form oder das *allgemeine* Muster von Reaktionen auf L-DOPA. Sie haben die allgemeinen Grundlagen physiologischer Energie und Ökonomie nicht verlassen, sondern auf knappste Weise verschiedene energetisch-ökonomische Positionen oder Phasen des Geisteszustandes und ihre Wechselbeziehungen umrissen — ein Thema, das im Prinzip für eine präzise mathematische Abhandlung geeignet wäre.

Die Verabreichung von L-DOPA ist eine *allgemeine* Therapie, die man den Reaktionen oder der Verfassung des Gehirns anzupassen versucht. Aus theoretischen Gründen ist zu vermuten (und es erweist sich in der Praxis), daß es immer weniger gelingen kann, Dosierungsniveau und Gehirnzustand aufeinander abzustimmen. Das Dosierungsniveau hat nämlich nur eine einzige Dimension: Wir können es steigern oder senken — sonst nichts (veränderte Zeitabstände zwischen den Verabreichungen können hierunter auch subsumiert werden), während die Reaktionen im Gehirn und das Verhalten in vielen, linear nicht mehr erfaßbaren oder bestimmbaren Dimensionen sprießen. Darauf zu bestehen oder zu vermuten, daß Reaktionen immer durch das Dosierungsniveau „titrierbar" sind, hieße, das Gehirn als eine Art Barometer darzustellen und seine wirkliche Komplexität zu reduzieren. Wie Needham bemerkte, läßt sich eine biologische Struktur nie auf eine physikochemische reduzieren, weil nichts je auf irgendetwas reduzierbar ist. Und man stellt tatsächlich fest, daß, sind Patienten erst einmal in komplexe Zustände von Gestörtsein und Turbulenzen geraten, ihre Reaktionen auf L-DOPA außerordentlich schwierig vorauszusagen sind — wenn sie nicht als überhaupt unvorhersagbar anzusehen sind. Haben z. B. akinetische Schübe eingesetzt, kann ihr Ausprägungsgrad manchmal durch Erhöhung, manchmal durch Reduzierung der L-DOPA-Dosis, und manchmal weder durch das eine noch durch das andere modifiziert werden — je nachdem. Zwei, zehn oder fünzig Variablen, die voneinander abhängig und komplex verbunden sind, spielen dabei die ausschlaggebende Rolle. Jevons pflegte diese komplexen ökonomischen Situationen mit dem Wetter zu vergleichen: Das Hirn-Wetter oder das ontologische Wetter dieser Patienten ist sehr wechselhaft, voller Empfindlichkeiten und Veränderungen. So ist es für eine Itemanalyse nicht geeignet, sondern muß als ein Ganzes gesehen werden — als *Karte*.

Die Annahme, daß solch eine meteorologische Situation durch die Anwendung bestimmter Formeln und vereinfachter Gesetze „beherrscht" oder je nach Belieben verändert werden kann, würde bedeuten, in der Welt der Realität Blindekuh zu spielen, ein Alchemist oder Astrologe, ein Lieferant von „Geheimnissen", oder — um es in Anspielung auf Huxley zu sagen — ein im biologischen Vakuum summendes mathematisches Monstrum zu sein. Das therapeutische Spiel kann so nicht gespielt werden, was immer wir auch wünschen mögen. Aber es kann — in dem Maße, in dem es überhaupt spielbar ist — „nach Gehör" gespielt werden, d. h. mit intuitivem Verstehen des wirklichen Geschehens. Man muß alle Annahmen, Dogmen und Regeln fallenlassen, weil sie lediglich in eine Sackgasse oder ins Verderben führen. Man darf nicht länger alle Patienten als Blaupausen betrachten, sondern muß jedem einzelnen individuelle Aufmerksamkeit schenken — Aufmerksamkeit hinsichtlich *seines* Befindens, *seiner* individuellen Reaktionen und Neigungen. Auf diese Weise kann man, mit dem Patienten als Gleichgestelltem, als Mitforscher, und nicht als Marionette, bessere therapeutische Wege und Taktiken finden, die den Anforderungen angepaßt werden. Da kein allseits annehmbarer Handlungsspielraum mit klaren Koordinaten besteht, ist das intuitive Empfinden der einzige verläßliche Kompaß. In diesem Empfinden kann der Patient sehr wohl den Arzt übertreffen.

Zur Vermeidung unnötiger Mißverständnisse und Probleme muß ich nochmals betonen, daß die in diesem Buch beschriebenen Patienten weder eine „angemessene Stichprobe" der Parkinson-Population darstellen noch es sein sollen. Die Tatsache, daß viele unserer Patienten in extrem ernste, vielschichtige und hartnäckige Schwierigkeiten gerieten, ist ein Merkmal *ihrer* Situation, die in fast jeder Hinsicht schlimmer ist als die ihrer nicht hospitalisierten Parkinson-Brüder und -Schwestern. Ihre Reaktionen auf L-DOPA sind fast ausschließlich hyperbolisch und extrem: Diese Patienten erleben das intensivste Erwachen und danach die intensivsten Heimsuchungen. In quantitativer Hinsicht übertreffen die Reaktionen an Größe bei weitem jene, die wahrscheinlich bei der großen Mehrheit der Parkinsonpatienten zu beobachten sind. Aber die Qualität ihrer Reaktionen ist die gleiche und wirft ein Licht auf die Reaktionsfähigkeit und das Wesen *aller* Parkinsonpatienten — und *aller* menschlichen Wesen.

Wir entdecken, daß ihre Reaktionen auf L-DOPA noch andere allgemeine Eigenschaften aufweisen, die mit den bisher verwendeten energetischen und ökonomischen Begriffen nicht verstehbar sind. Es ist notwendig, aber niemals zureichend, diese Reaktionen als „Hochs", „Tiefs", „Unmäßigkeiten", „Erschöpfungen", „Rückzüge", „Zerfallsprozesse", „Spaltungen" usw. zu bezeichnen, da die Reaktionen gleichermaßen eine *persönliche* Qualität besitzen, die in dramatischen oder theatralischen Begriffen ausgedrückt werden muß. Der Mensch tritt mit seinen Reaktionen wie auf einer Bühne auf — in einer ständigen Selbstenthüllung und der Epiphanie seiner selbst gleich. Stets spielt er die eigene Person im Theater seines Selbst[23].

Ganze Erinnerungsdramen werden in Gang gesetzt, längst vergangene Szenen ins Gedächtnis zurückgerufen, neu inszeniert — mit einer Unvermitteltheit, die den Lauf der Zeit auslöscht. Vergangene und zukünftige Szenen werden ins Leben gerufen — Vorahnungen und Vorstellungen von dem, was einst hätte sein können, was immer noch im Hinblick auf einen denkbaren Konflikt zu einem beliebigen Zeitpunkt eintreten kann. L-DOPA dient in dieser Hinsicht als eine Art außergewöhnliche und persönliche Zeitmaschine, die jedem Patienten Vergangenheit und mögliche Zukunft, *sein* vergangenes und *sein* zukünftiges Leben ins greifbare Jetzt rückt. Diese Welten ziehen wie Erscheinungen an ihm vorbei — außergewöhnlich realistisch — und doch nicht wirklich, in diesem Punkt vielleicht mit Geistern vergleichbar. Das Gegenwärtige, Zukünftige und Wirkliche vermischen sich in diesem unheimlichen, aber herrlichen Zusammentreffen, dieser Vielfalt des Seins, die wir nur als „*Ekstase*" bezeichnen können (am deutlichsten sichtbar bei der schwärmerischen Martha N.). Rose R. erwachte in *ihrem* Jahr 1926, und nicht im Jahr 1926 irgendeiner anderen Person; Frances D. wurde in *ihre* längst vergangenen respiratorischen Idiosynkrasien zurückversetzt; Miriam H. erlebte während ihrer Krise die (halluzinatorische) Wiederholung eines „Zwischenfalles" *ihrer* Vergangenheit, und nicht einen Zwischenfall aus der Vergangenheit irgendeiner anderen Person; Magda B. sah in Halluzinationen *ihren* Ehemann, erlebte seine Gegenwart, seine Abwesenheit und seine Untreue *ihr* gegenüber. Wie absurd, solche Phänomene als „Nebenwirkungen" zu bezeichnen! Oder anzunehmen, daß sie ohne Bezug zur Erfahrung, zur Persönlichkeit und zur vollständigen „Ausstattung" eines jeden Patienten verstanden werden können[24]. Weder können wir das Wesen solcher Reaktionen ohne Berücksichtigung des Wesens eines jeden Patienten begreifen, noch das Wesen eines jeden Patienten ohne Bezug zur Welt: So werden wir dazu gebracht, einzusehen (was früher jeder wußte), daß der Charakter der Natur im Grunde ein dramatischer ist („die ganze Welt ist eine Bühne") und sich selbst bei allen möglichen Gelegenheiten wie eine göttliche Erscheinung präsentiert. Obgleich die Welt theatralisch sein mag, so sollte doch jeder er selbst sein, denn die Dinge können ihr Wesen nicht verleugnen noch entgegen ihrer Zusammensetzung sein oder nicht sein — wie der metaphysische Arzt, Sir Thomas Browne, uns vor drei Jahrhunderten so deutlich ermahnte. Es ist wahr, daß der Mensch eine Anzahl von „Naturen" hat, die in ihrer Gesamtheit seine ganze mögliche Natur begründen — ein Problem, das von Leibniz in seinem bekannten Beispiel der „möglichen Adams" erörtert wurde. Und auch das tritt in den Reaktionen auf L-DOPA sehr klar zu Tage: Martha N. zeigte, als sie zu fünf verschiedenen Zeitpunkten L-DOPA erhielt, bei jeder der Gelegenheiten andere Reaktionsmuster; alle diese Reaktionen beinhalteten eigene dramatische Einheiten[25] — sie repräsentierten einen Zweig oder einen Strauß „alternativer Marthas", wobei jedoch eine herausragend, am meisten gegenwärtig, am wirklichsten existierte: und das war — wie sie wußte — das *echte* Martha-Selbst. Im Fall der schwer schizophrenen Maria G. gestaltete sich die Situation nach Einnahme von L-DOPA komplexer und tragischer. Denn Maria G.s *echtes Selbst* zeigte sich nur für die Dauer weniger Tage, bevor es zerfiel oder durch ausschwärmende „kleine Ichs" — stark verkleinerte, pathologische Verkörperungen ihrer selbst — ersetzt wurde[26]. Dies bringt uns zu einem tiefgreifenden und inhaltsreicheren Konzept des „Erwachens", das nicht nur das erste durch L-DOPA bewirkte Erwachen, sondern alle darauffolgenden möglichen Erwachen umfaßt. Die „Nebenwirkungen" von L-DOPA müssen als ein Heranziehen der möglichen Naturen, ein Hervorbringen des gesamten latenten Repertoires des Daseins, betrachtet werden. Wir sehen eine Aktualisierung oder ein Ausstoßen von Naturen, die ruhten, *in posse* „schliefen" und die vielleicht am besten *in posse* gelassen worden wären. Das Problem der „Nebenwirkungen" ist nicht nur physikalischer, sondern auch metaphysischer Art: Die Frage, inwieweit man, wenn eine Welt heraufbeschworen wird, mit den dazu heraufbeschworenen Welten zurechtkommt, und die Frage nach Kräften und Ressourcen dieser verschiedenen Welten. Diese endlose Gleichung, die in jedem Moment das gesamte Dasein eines Patienten repräsentiert, kann nicht auf eine Angelegenheit von Systemen oder auf eine Kommensurabilität von „Reiz" und „Reaktion" reduziert werden: Wir sind genötigt, von ganzen Naturen, von Welten zu sprechen, und nach Leibniz von ihrer Kompossobilität.

Somit sind wir also wieder bei unserer quälenden Frage: „Warum?" angelangt. Warum stürzten so viele unserer Patienten, nachdem es ihnen anfangs gut ging, in alle möglichen Schwierigkeiten und gerieten immer mehr in einen schlimmeren Zustand? Sie trugen zweifellos die *Möglichkeiten* hervorragender Gesundheit in sich: Die am schwersten erkrankten Patienten waren in der Lage, für eine gewisse Zeit wohlauf zu sein. Danach „verloren" sie aber offenbar diese Möglichkeit und konnten sie nicht mehr wiedererlangen (so war es zumindest bei allen Parkinson-Patienten, die ich gesehen habe). Die Vorstellung, eine Möglichkeit auf diese Weise zu „verlieren", ist jedoch aus theoretischen und praktischen Gründen schwer zu begreifen: Warum zum Beispiel sollte ein Patient, der die Chance eines „Erwachens" trotz fünfzig Jahren schwerster Krankheit gewahrt hat, sie in wenigen Tagen nach Einnahme von L-DOPA „verlieren"? Man muß berücksichtigen, daß die Möglichkeiten eines dauerhaften Wohlbefindens aktiv ausgeschaltet oder verhindert wurden, weil die Patienten in anderen Welten und der Gesamtheit ihrer inneren und äußeren Beziehungen *nicht mehr bestehen konnten*. Kurz: daß ihre physiologischen oder sozialen Verhältnisse sich nicht mit einer Aufrechterhaltung der Gesundheit vertrugen, den Zustand von Wohlbefinden verhinderten oder verdrängten, so daß die Patienten wieder in die Krankheit zurückgestoßen wurden.

Einmal begonnen, kann sich der Abstieg in die Krankheit allein fortsetzen, führt unverzüglich zu zahllosen Teufelskreisen, positiven Feedbacks, Kettenreaktionen — eine erste Belastung verursacht andere Belastungen, einem Zusammenbruch folgen weitere, eine Perversion ruft andere hervor . . . — und all das vollzieht sich mit der Dynamik und Genialität, die den Kern der Krankheit bildet: „Krankheiten beraten sich, und verschwören sich, um sich zu vervielfachen, vereinen sich miteinander, so daß die eine die Stärke der anderen mehrt . . ."[27] In dieser Spirale des Verderbens vereinigen sich das Bedürfnis nach Krankheit und die Empfänglichkeit für Krankheit, die eine gemeinsame Perversion vereint und die einen pathologischen *Drang* darstellen. Das Bedürfnis muß notwendigerweise ein wichtiger Faktor im Leben einiger unserer am schwersten behinderten und regredierten Patienten sein, deren Krankheit den Hauptteil ihres Lebens ausmacht. Die plötzliche Beseitigung des Übels läßt bei ihnen ein plötzliches existentielles Vakuum, ein *Loch* zurück, das schnell mit wirklichem Leben und Aktivitäten gefüllt werden muß, ehe das Pathologische wieder wirksam wird. Der heimtückischste Feind des Genesungswillens, das perverse Bedürfnis nach Krankheit — sowohl bei den Patienten als auch manchmal bei ihnen nahestehenden Personen — muß als eine Hauptdeterminante für die Verursachung eines Rückfalles gelten. So meinte Freud, daß jede Therapie wirkungslos bleibt, wenn immer die Krankheit einen Vorteil schafft, für den in der Wirklichkeit kein Ersatz mehr zu finden ist. Es ist sicher so, daß die Kompensationen der Krankheit und die der „externen" Realität nur ein *Teil* des Problems sein können; sie sind aber ein Teil, den wir gut zu studieren und manchmal zu verändern in der Lage sind.

Solche Erwägungen lassen sich kaum vermeiden, zum Beispiel in bezug auf Lucy K., Leonard L. und Rose R. Lucy K. hatte den größten Teil ihres Lebens in einem Zustand symbiotischer und parasitärer Abhängigkeit von ihrer Mutter verbracht, die ihre am meisten benötigte Person und gleichzeitig die am meisten geliebte und gehaßte war. Genauso verhielt es sich umgekehrt: Lucy's Krankheit und Abhängigkeit machten den wichtigsten Teil des Lebens ihrer Mutter aus. Kaum war Lucy unter dem Einfluß von L-DOPA erwacht, wandte sie sich mit dem Wunsch zu heiraten an mich, einem Wunsch, der für sie eine Errettung und Distanzierung von ihrer Mutter bedeutete. Als ich auf die Unmöglichkeit dieses Vorhabens verwies, fiel sie innerhalb von wenigen Stunden in die Abgründe ihrer Krankheit zurück. Leonard L. hatte eine ähnliche, wenn auch etwas schwächer ausgeprägte pathologische Beziehung zu *seiner* Mutter; und sie selbst, wie wir gesehen haben, brach zusammen, als er genas. Leonard erkannte nur allzu deutlich, daß das Wohlbefinden seiner Mutter mit seinem eigenen Wohlbefinden unvereinbar war; auch er erlitt kurz darauf einen Rückfall. Der vielleicht traurigste Fall ist der von Rose R., deren freudiges Erwachen sie in die Welt von 1926 führte — und die feststellen mußte, daß „1926" nicht mehr existierte. Die Welt von 1969, in der sie sich wiederfand, vertrug sich nicht mit der Welt von 1926, und so kehrte Rose R. in ihr „1926" zurück. In diesen drei Fällen war die Gesamtsituation unaufhebbar pathologisch: Die Bedürfnisse dieser Patienten konnten neben der Realität nicht bestehen. Bei anderen Patienten, am deutlichsten bei Miron V., trat schließlich eine wesentlich glücklichere Situation ein, nachdem die „Nebenwirkungen" von L-DOPA durch Freundlichkeit und gute Beziehungen, durch die Errichtung bisher fehlender zentraler Sicherheiten, weitgehend reduziert wurden.

So kommen wir schließlich zu dem uns einzig möglichen Schluß: Daß es Patienten unter dem Einfluß von L-DOPA immer so gut gehen wird, wie es ihre gesamten Umstände gestatten; daß eine Veränderung der chemischen Verhältnisse eine Voraussetzung für eine andere Veränderung sein kann, aber als solche nicht ausreichend ist. Die Nachteile von L-DOPA sind so klar wie die Vorteile, und wenn wir hoffen, das eine zu verringern und das andere zu erhöhen, müssen wir *über* L-DOPA, über rein chemische Betrachtungen *hinaus*gehen und uns mit dem *Individuum* und seinem In-der-Welt-Sein befassen.

Anpassung

Es ist für viele Neurologen und Patienten typisch, daß sie Unnachgiebigkeit mit Stärke verwechseln und sich wie Kanuten dem vorrückenden Meer von Schwierigkeiten entgegenstemmen, sich seinem Vormarsch mit ihrer Willensstärke *widersetzen*, oder wie Podsnaps das Meer von Schwierigkeiten, das sich rings um sie erhebt, *leugnen*: „Ich will nichts davon wissen, möchte nicht darüber reden und erkenne es nicht an!" Weder Widerstand noch Leugnung sind hier von irgendeinem Nutzen: Man ergreift die Waffen, indem man lernt, ein Meer von Schwierigkeiten zu überwinden oder zu befahren, d. h. indem man ein Seemann auf den Meeren des eigenen Selbst wird. „Heimsuchung" behandelte Leiden und Sturm; Anpassung befaßt sich damit, wie man bei einem Sturm navigiert.

Die erlebten Schwierigkeiten sind nicht gewöhnlicher Natur, sowenig wie die verwendeten Waffen keine gewöhnlichen sind: es sind eben die der „inneren Milizen" (vgl. oben, S. 168). Die während der Heimsuchung durch L-DOPA nützlichen Waffen sind jene, die wir alle in unserem Leben benutzen: geheime Kräfte und Reserven, deren bloße Existenz ungeahnt ist; gesunder Menschenverstand, Vorausschau, Vorsicht und Fürsorge; spezielle Wachsamkeit und Tricks zur Bekämpfung spezieller Gefahren; das Eingehen normaler Beziehungen jeglicher Art; und, natürlich, die Hinnahme dessen, was akzeptiert werden muß. Ein großer Teil der Heimsuchungen von Patienten (und ihrer Ärzte) entsteht durch unrealistische Versuche, das Mögliche zu übertreffen, die Grenzen zu leugnen und das Unmögliche anzustreben: Anpassung ist mühseliger und weniger erhaben, und besteht in Wirklichkeit aus einer gewissenhaften Exploration des gesamten Bereichs des Realistischen und des Möglichen.

Alle Vorgänge, die beteiligt sind, wenn man mit sich und der Welt ins Reine kommt, faßt Claude Bernard in seinem grundlegenden Begriff der „*Homöostase*" zusammen. Dies ist im wesentlichen ein Leibnizscher Begriff, wie Bernard selbst hervorhob: Homöostase bedeutet, daß unter bestimmten Umständen das mögliche (oder das mit bestimmten Umständen veträgliche) Optimum erreicht, kurz: daß „aus den Dingen das beste gemacht" wird. Wir müssen homöostatische Gleichgewichtsbildungen auf allen Ebenen des Lebens anerkennen, von den molekularen und zellulären bis hin zu sozialen und kulturellen, die alle miteinander verflochten sind.

Die intensivsten und allgemeinsten Formen von Homöostase laufen „automatisch", d. h. unterhalb der Ebene bewußter Kontrolle ab. Solche Aktivitäten treten bei allen Streß ausgesetzten Organismen auf und erfassen eine Tiefe und Komplexität, von denen wir viel zu wenig wissen. Unsere größten und geheimnisvollsten Kräfte werden aus diesen Schichten hervorgebracht. Einige der in diesem Buch beschriebenen Patienten — Rose R., Rolando P., Leonard L. usw. — waren nie in der Lage, eine „befriedigende" Anpassung zu erzielen, will sagen, auf befriedigende Weise mit der Krankheit zu leben; sie waren entweder gezwungen, L-DOPA überhaupt nicht mehr einzunehmen oder einen sehr unglücklichen *modus vivendi* zu akzeptieren. Andere Patienten — und vielleicht die Mehrheit „gewöhnlicher" auf L-DOPA gesetzter Parkinson-Patienten — erreichen letztlich eine zufriedenstellende Anpassung ... Alle solche Patienten erleben jedoch ein allmähliches Nachlassen der Wirksamkeit von L-DOPA, was schließlich zu einer Art Plateau führt. Dies beinhaltet sowohl einen Gewinn als auch einen Verlust: Ein ziemlich stabiles und befriedigendes Niveau *ohne* das Drama vollständigen „Erwachens" oder irgendwelcher „Nebenwirkungen". Solche Patienten sind nicht länger sehr gesund oder sehr krank; ihr „Erwachen" und ihre „Heimsuchungen" gehören der Vergangenheit an. Sie sind inzwischen in relativ ruhiges Wasser gelangt, in einen Zustand, der trotzdem als viel „besser" im Vergleich zu ihrem vor der L-DOPA-Behandlung gezeigten bezeichnet werden kann. Unsere erste Geschichte von Frances D. mag dies veranschaulichen.

Mir ist kein einfacher Weg, kein Komplex von Kriterien bekannt, der eine Vorhersage darüber ermöglicht, ob eine befriedigende Anpassung dieser Art auftreten wird. Die Schwere der ursprünglichen Parkinsonschen oder postenzephalitischen Erkrankung ist sicherlich kein guter Index. So habe ich gesehen, wie Patienten mit recht leichten Parkinsonschen Beschwerden schwer zu behandelnde „Nebenwirkungen" erlebten, von denen sie sich nie wieder befreien konnten; und auf der anderen Seite sieht man Patienten wie Magda B., denen es trotz der zerstörerischen Schwere der ursprünglichen Erkrankung gut geht und die in diesem Zustand bleiben.

Dies zeigte, daß *andere* Teile des Gehirns (oder des Organismus) die Kräfte und Potenzen einer stabilen Homöostase bestimmen oder mitbestimmen müssen. Es ist z. B. klar, daß die funktionale Integrität der Großhirnrinde eine solche Voraussetzung darstellt, denn die Anpassung ist in der Regel bei Verletzung des Kortex erschwert.

Doch ich denke, daß selbst die Basisprozesse die Bandbreite und den Umfang der Anpassung nicht erklären können. Man muß die Möglichkeit eines fast unbegrenzten Repertoires funktioneller Umstrukturierungen und Anpassungen jeglicher Art einräumen, von zellulären, chemischen und hormonellen Ebenen bis hin zur Struktur des Selbst — dem „Genesungswillen". Man sieht nicht nur im Zusammenhang mit L-DOPA und Parkinsonismus, sondern auch bei Krebs, Tuberkulose, Neurose — bei *allen* Krankheiten — immer wieder bemerkenswerte, unvermutete und „unerklärliche" Besserungen, manchmal gerade dann, wenn alles verloren zu sein scheint. Man muß erstaunt und begeistert einräumen, daß solche Dinge geschehen, und daß sie auch L-DOPA-Patienten widerfahren können. *Warum* sie geschehen, und *was* wirklich geschieht, sind Fragen, die zu beantworten noch nicht in unserer Macht steht; denn Gesundheit reicht tiefer als jede beliebige Krankheit.

Begeben wir uns auf die Ebene der Anpassungen, die teilweise dem Bewußtsein und zum Teil bewußter Kontrolle zugänglich sind, so finden wir das gleiche, was wir schon in jedem Stadium unserer Diskussion fanden: Daß nämlich die „Privatsphäre", die Sphäre individueller Handlungen und Gefühle überall mit der „öffentlichen" Sphäre, mit der menschlichen und dinglichen Umwelt vermischt ist. Wir können individuelle Anstrengungen nicht wirklich von sozialen trennen, da diese das In-der-Welt-Sein des Patienten fördern (oder behindern). Die therapeutischen Anstrengungen des Patienten sind von der Kooperation der Welt abhängig, und andere Therapiemaßnahmen von des Patienten Zustimmung oder Kooperationsbereitschaft. Um das Mögliche zu verwirklichen, muß es eine Zusammenarbeit geben.

Ärzte sprechen oft von „präventiven", „Vorsichts-" oder „stützenden" Maßnahmen, als ob sich diese *im Wesen* prinzipiell von den „radikalen" unterscheiden würden. Diese Unterscheidung kann nicht länger aufrechterhalten werden, wenn wir sie genauer betrachten: Die therapeutischen Maßnahmen, auf die wir jetzt eingehen wollen, sind nicht weniger radikal als die Einnahme von L-DOPA und sind somit eine *wesentliche* Ergänzung desselben. So wie das zentrale Konzept von Krankheit das des Unwohlseins ist, so ist das *Wohlsein* das der Therapie: Alles, was das Wohlsein des Patienten fördert, reduziert seine pathologischen Potenzen und unterstützt die größtmögliche Anpassung.

Alle Patienten, die weiterhin L-DOPA erhalten, zeigen eine Verminderung der Toleranz, werden besonders ruhebedürftig und besonders intolerant gegenüber Belastungen oder Unruhe. Das Bedürfnis nach Erholung wird besonders wichtig, egal, ob es nur in der Form von Nachtschlaf, „Nickerchen", „Dinge leichter nehmen" oder „Entspannung" erfüllt wird. Man sieht bei den auf L-DOPA gesetzten Patienten unweigerlich ein Wiederaufleben von „Nebenwirkungen", wenn sie weniger Erholung oder Schlaf haben, als sie brauchen. Man beobachtet dies sogar bei nicht-stationären Parkinson-Patienten, die im günstigsten Fall keine Spur einer Störung zeigen (wie George W.). Was eine „angemessene Erholung" bedeutet, kann nur für jeden einzelnen Patienten entschieden werden und die „normalen" Bedürfnisse beträchtlich überschreiten. Ich betreue eine Reihe von Patienten, die sich einer ausgezeichneten Gesundheit erfreuen, wenn sie täglich zwölf Stunden schlafen, und die unter schwer zu behandelnden „Nebenwirkungen" leiden, wenn sie sich weniger ausruhen können. Ich glaube, daß das spezielle Bedürfnis nach zusätzlichem Schlaf, Erholung oder Stärkung, das diese gebrechlichen, sich abmühenden, konvaleszierenden und sich anpassenden Patienten haben, sowohl in metaphysischen als auch in physikalischen Begriffen interpretiert werden muß. In Lawrences[28] Worten:

> Und findet Ruhe meine Seele in der Nacht
> und Schlaf, und Sinken in Vergessen,
> erwacht sie dann dem Morgen blütengleich,
> hat Gott mich berührt, und neu erschaffen
> . . .

Die Intoleranz gegenüber Formen der Belastung ist ebenso auffällig, unabhängig davon, ob die Belastung durch Fieber oder Schmerz, Behinderung, Frustration, Furcht oder Ärger hervorgerufen wird. Diese eigentümliche Intoleranz gegenüber allen Arten des Streß sieht man wiederholt bei Patienten, die mit L-DOPA „fast normal" erscheinen[29]. Aber neben „Entspannung" beinhaltet das Leben auch „*Action*"; man kann sich in einem Lehnsessel nur so lange wohlfühlen, bis der Impuls, sich zu bewegen, gebieterische Form annimmt. Und das Unwohlsein wird extrem, wenn man sich gerade *dann* nicht bewegen kann. Bewegungsbehinderungen sind ein Hauptsymptom bei diesen Patienten, und die dadurch verursachte Qual kann leicht eine Vielfalt anderer Symptome hervorrufen. Um diesen Teufelskreis von Qual und Störung zu durchbrechen, braucht man verschiedene

Tricks, die das Ausführen einer Bewegung erleichtern. Die Benutzung solcher Kunstgriffe ist ein unerläßliches Attribut der L-DOPA-Behandlung und gestattet Anpassungen von entscheidender Wichtigkeit.

Nur einige solcher Kunstgriffe und Anpassungen können hier erwähnt werden. Einer davon ist die Verwendung der „Selbststeuerung" und des Tempoangebens, was von Frances D. und anderen Patienten mit großem Erfolg praktiziert wird[30]. Eine Variante davon ist die Verwendung externer Steuerung und Suggestion da, wo eine Selbststeuerung nicht möglich ist — eine für alle Parkinsonpatienten höchst wichtige Angelegenheit. Auch die therapeutische Kraft von Musik ist sehr bemerkenswert und kann eine auf andere Weise nicht erzielbare Bewegungserleichterung gestatten. Das Design der Möbel und die Innenausstattung sind ebenso für eine unbehinderte Bewegung bedeutsam, mechanische Schwierigkeiten müssen beseitigt werden, weil sie für L-DOPA-Patienten eine kritische Gefahr darstellen können. Auf diese und ähnliche Weisen werden die Wirkungen von L-DOPA durch das Ausmaß, in dem eine gegenseitige Anpassung zwischen dem Patienten und seiner Umgebung erzielt werden kann, bestimmt oder mitbestimmt.

Auf diesem und auf tausend anderen Wegen werden einige Parkinson- und L-DOPA-Patienten scharfsinnige und sachkundige Navigatoren, die sich selbst durch ein Meer von Schwierigkeiten lotsen; Schwierigkeiten, die weniger erfahrene Patienten auf der Stelle zum Scheitern bringen würden. Der Umfang, in dem solche Kniffe und Tricks erlernt und angewandt werden können, ist unter anderem vom Erfindungsgeist und der Findigkeit der einzelnen Patienten abhängig, von ihrer Einstellung und der sie umgebender Personen sowie von den Gelegenheiten zum Studieren des In-der-Welt-Seins. Im allgemeinen scheinen postenzephalitische Patienten in dieser Hinsicht weit listiger und pfiffiger zu sein als „gewöhnliche" Parkinson-Patienten. Sie haben in der Regel (sogar vor dem Erscheinen von L-DOPA) Dekaden von Erfahrungen im eigenen stürmischen Meer erlebt, haben ihre Tricks und Einsichten mühsam erworben: unbesungene, postenzephalitische Helden, die vom Schicksal auf ihre eigene Odyssee geschickt werden[31].

„Umfassende" Anpassung, Erholung, Fürsorge, Einfallsreichtum — dies alles ist für den L-DOPA-Patienten von grundlegender Bedeutung. Aber wichtiger als alles und vielleicht eine Voraussetzung für alles andere ist die Schaffung geeigneter Beziehungen zur Welt, und insbesondere zu anderen oder *einem* anderen Menschen; denn es sind die zwischenmenschlichen Beziehungen, die die Möglichkeit eines angemessenen In-der-Welt-Seins in sich bergen. Den Reichtum der Anwesenheit der Welt zu spüren, hängt davon ab, inwieweit man als Person den Reichtum einer *anderen* erleben kann. Realität wird uns nur über die Realität von Menschen vermittelt; und nur durch die Unwirklichkeit von Nicht-Personen wieder genommen. Unser Gefühl von Realität, Vertrauen, Sicherheit ist entscheidend von einer zwischenmenschlichen Beziehung abhängig. Eine *einzelne* gute Beziehung *ist* ein Rettungsanker in der Not, ein Leitstern und Kompaß im Ozean des Leidens: Und wir sehen, immer wieder, in den Lebensgeschichten dieser Patienten, wie eine einzelne Beziehung sie aus der Not befreien kann. Verwandtschaft ist heilend; der eine ist des anderen Arzt. Wie Browne meinte, ein treuer Freund ist der Arzt des Lebens. Die Welt ist das Hospital, in dem die Heilungen vorgenommen werden.

Die Hauptsache besteht darin, sich in der Welt *heimisch* zu fühlen, im *tiefsten* Inneren zu wissen, daß man im Heim der Welt zuhause ist. Die wesentliche Funktion solcher Krankenhäuser wie Mount Carmel, die mehrere Millionen der Weltbevölkerung beherbergen, ist, daß sie Patienten, die ihr ursprüngliches Zuhause verloren haben, *Gastfreundschaft*, das Gefühl eines Zuhause vermitteln sollten. In dem Maße, in dem Mount Carmel als *Heim* agiert, hat es weitgehenden therapeutischen Einfluß auf alle seine Patienten. In dem Maße jedoch, in dem es als *Institution* wirkt, beraubt es sie ihres Gefühls für die Realität und eine Heimstätte, und treibt sie in das falsche Zuhause, in den Ersatz von Regression und Krankheit. Das gilt in gleicher Weise für L-DOPA mit den begleitenden phantastischen, „wunderbaren" Erwartungen, mit dem falschen Versprechen eines falschen Heimes in einer Droge. Heimsuchungen jeglicher Art hatten im Herbst des Jahres 1969 bei unseren Patienten ein Maximum erreicht; zu einem Zeitpunkt, wo sich der Charakter des Hospitals wandelte, zwischenmenschliche Beziehungen jeder Art aufs Äußerste gespannt oder geschwächt waren (einschließlich meine eigenen Beziehungen zu unseren Patienten) und neurotische Erwartungen und Ängste ein unbegrenztes Ausmaß erreichten. In dieser Phase wurden Patienten, die vorher Anpassungen erzielt hatten, sich *tatsächlich* einigermaßen mit sich selbst und der Welt wohlfühlten, ihrer Anpassungen beraubt und weitgehend verunsichert: sozial, physiologisch und in anderer nur möglichen Weise.

Viele dieser Patienten haben sich jetzt *wieder* beruhigt, sich *neu* angepaßt und sind gute Beziehungen *wieder* eingegangen; dadurch geht es ihnen mit L-DOPA weitaus besser. Besonders deutlich sieht man dies im Fall von Miron V., als er erneut zu arbeiten begann und seinen Platz in der Welt wieder einnahm. Und es zeigt sich in rührendster Weise bei Magda B., Hester Y. und Ida T., die ihre Kinder und die Liebe ihrer Familien wiederfanden. Man sieht es bei *allen* Patienten, soweit sie in der Lage sind, sich selbst und die Welt zu lieben.

Man begegnet jener wundervollen und fundamentalen, metaphysischen Wahrheit, die von Poeten, Ärzten und Metaphysikern seit Ewigkeiten verkündet worden ist — von Leibniz, Donne, Dante und Freud: Daß Eros der älteste und mächtigste unter den Göttern ist; daß Liebe das *alpha* und *omega* des Daseins *ist*; und daß Heilen alles in allem eine Sache der Liebe bleibt.

Und so kommen wir zum Ende unserer Erzählung. Ich habe diese Patienten fast sieben Jahre lang begleitet — einen beträchtlichen Teil ihres und meines Lebens. Diese Jahre erschienen wie ein einziger langer Tag: Eine lange Nacht der Krankheit, ein Erwachen am Morgen, ein heller Mittag des Leidens und jetzt ein langer Abend der Erholung. Die Patienten haben eine merkwürdige Art von Odyssee hinter sich, die sie durch die tiefsten und finstersten Ozeane des Daseins geführt hat; und wenn sie auch nicht einen letzten sicheren Hafen erreichten, so erkämpften sich doch einige von ihnen den Weg zu einem soliden, durch Felsen geschützten Ithaka, einer Insel (ein Zuhause) inmitten der sie umgebenden Gefahren.

Ohne eigenes Wollen oder Verschulden ist es diesen Patienten auferlegt, die Tiefen, die letzten Möglichkeiten des menschlichen Daseins und Leidens zu ergründen. Ihre ungewollten Kreuzigungen sind nicht umsonst gewesen, wenn sie anderen Menschen Hilfe oder Erleuchtung bringen, uns zu einem tieferen Verständnis des Wesens von Leiden, Fürsorge und Heilung verhalfen. Dieses Gefühl eines wahrhaften und edlen Märtyrertums ist den Patienten selbst nicht fremd — so schrieb Leonard L., für alle sprechend, am Ende seiner Autobiographie: „Ich bin eine Kerze und werde verzehrt, damit ihr lernen könnt. Neue Dinge werden im Licht meiner Leiden gesehen werden."

Was wir *tatsächlich* sehen, alles in allem, ist die völlige Unzulänglichkeit mechanistischer Medizin und einer mechanistischen Weltanschauung. Diese Patienten sind lebende Widerlegungen eines mechanistischen, so wie sie lebende Beispiele eines biologischen Denkens sind. Sie zeigen uns, daß die Natur überall wirklich und lebendig ist, und daß unser Denken über sie genauso sein muß. Die lebendige Phantasie der Natur selbst, die Phantasie, der wir in unserer Veranschaulichung gerecht werden müssen, drückt sich in der Krankheit, Gesundheit und den Reaktionen der Patienten aus. Sie mahnen uns an unsere „Überentwicklung" mechanischen Könnens und erinnern gleichzeitig daran, daß es uns an biologischer Intelligenz, Intuition und Bewußtheit fehlt, daß es vor allem dieses ist, was wir zurückgewinnen müssen — nicht nur in der Medizin, sondern in der gesamten Wissenschaft.

Während der Jahre, die ich meine Patienten kannte, und vor allem während der Zeit mit L-DOPA, haben sie eine Breite und Tiefe an Erfahrungen durchlebt, die der Mehrheit der Menschen weder gewährt, noch von ihr begehrt wird. Bei Anwendung oberflächlicher Kriterien scheinen nun viele der Kranken den Kreis geschlossen zu haben und zum Ausgangspunkt, zu ihrer Startposition, zurückgekehrt zu sein. In Wirklichkeit ist dies keinesfalls so.

Sie mögen noch, oder wieder, in bestimmten Augenblicken schwer unter Parkinsonismus leiden, aber sie sind nicht mehr die Menschen, die sie einmal waren. Sie haben in einer seltenen Einzigartigkeit eine Tiefe, Fülle, einen Reichtum, eine Bewußtheit ihrer selbst und der Natur der Dinge erworben, was nur durch Erfahrung und Leiden möglich geworden ist. Ich habe versucht, soweit wie es einem anderen Menschen, einem Arzt möglich ist, in ihre Erfahrungen und Gefühle einzudringen oder sie zu teilen, um mit ihnen zusammen ein größeres Wissen zu erlangen. Und wenn für sie gilt, daß sie heute andere Menschen als früher sind, gilt das auch für mich: ich bin nicht länger der Mensch, der ich einst war. Wir sind zwar älter und ausgemergelter, aber auch ruhiger und klüger geworden.

Das im Sommer 1969 blitzartig erfolgte Erwachen mit Hilfe von L-DOPA tauchte auf und verschwand wieder; etwas ähnliches konnten wir nie wieder beobachten. Es gab jedoch etwas anderes, das im Kielwasser dieses Aufblitzens folgte — ein langsameres, intensiveres, schöpferisches Erwachen, das sich stufenweise vollzogen und die Patienten eingebettet hat in ein Gefühl, ein Licht, einen Sinn und eine Kraft, die nicht *pharmakologisch*, trügerisch, falsch oder überzogen sind. Sie ruhen wieder im Schoße ihrer Ursachen, um erneut Browne anzuführen. Sie erforschen wieder die Ursachen ihres Daseins, verwurzeln sich erneut im Boden der Realität und kehren wieder auf den ursprünglichen Erdboden, den Heimat-Boden zurück, von dem sie durch ihre Krankheit so lange getrennt waren. In ihnen und mit ihnen fühlte ich, daß dies die Heimkehr war. Ihre Erfahrungen haben mich geführt und werden auch einige meiner Leser auf dieser endlosen Reise in die Heimat leiten: „. . . bei seiner Ankunft in Waldzell [empfand er] eine Heimat- und

Wiedersehensfreude wie noch nie; ihm wollte scheinen, dies Waldzell sei . . . inzwischen noch hübscher und interessanter geworden, oder als habe er neue Augen und gesteigertes Sehvermögen mitgebracht . . . ‚Mir ist', sagte er zu seinem Freund Tegularius . . ., ‚mir ist, als habe ich alle die Jahre hier im Schlafe hingebracht, glücklich zwar, aber wie ohne Bewußtsein, und als sei ich jetzt erwacht und sähe alles scharf und klar, als Wirklichkeit bestätigt'."[32]

Epilog

Einleitung

Es sind jetzt zehn Jahre vergangen, seit ich die Fallgeschichten dieses Buches abschloß, in denen ich weiter mit unserer noch überlebenden, aber immer kleiner werdenden Patientengruppe gearbeitet und die Reaktionen auf L-DOPA beobachtet habe. Ständig werde ich von Menschen mit den unterschiedlichsten Fragen angesprochen. Die Hauptfragen aber, die jeder stellt, lauten: „Diese außergewöhnlichen Patienten von Ihnen — leben sie noch? Wie denken Sie nach all den Jahren über das L-DOPA? Sehen Sie die Dinge noch so wie damals, als Sie das Buch zum ersten Mal publizierten?"

Zu der Zeit, als die erste Auflage meines Buches erschien, waren sieben der zwanzig Patienten, deren Fälle ich dargestellt habe, schon tot. Von den verbliebenen dreizehn Patienten — deren weiteren Weg ich schildern werde — starben weitere zehn (eine, Martha N., im Oktober 1981, nachdem ich gerade ihre „Fallgeschichte" geschrieben hatte: so hatte ich bei ihr, wie bei Rolando P. in der ersten Ausgabe, ein ziemlich melancholisches Ende hinzuzufügen). Somit sind jetzt (Februar 1982) von den ursprünglich zwanzig Patienten nur noch drei am Leben — Hester Y., Miriam H., Gertie C. —, diese aber sind voller Energie und Lebensfreude.

Die zwanzig Patienten, deren Fallgeschichten ich im Detail dargestellt habe, bildeten nur eine Stichprobe aus einer viel größeren Zahl: einige davon wurden in den Fußnoten kurz erwähnt — Seymour L., Francis M., Lillian T., Lillien W., Maurice P., Edith T., Rosalie B., Ed M., Sam G. usw. Doch die Zahl derer, von denen ich gar nichts berichtet habe, ist weit größer. Außer den drei „Überlebenden" leben in Mount Carmel von der ursprünglichen Postenzephalitiker-Population noch dreißig weitere Patienten, von denen die meisten in den 20er und 30er Jahren aufgenommen worden waren. Außerdem wies ich in den letzten 15 Jahren — vor allem seit dem Erscheinen der ersten Ausgabe meines Buches — weitere zwanzig Patienten mit einer postenzephalitischen Erkrankung in Mount Carmel ein. So haben wir jetzt, 65 Jahre nach dem Ausbruch der Epidemie, noch über fünfzig Überlebende in Mount Carmel, von denen die meisten L-DOPA brauchen und damit unterstützt werden.

Zusätzlich zu dieser zentralen „Kolonie" in Mount Carmel betreue ich noch weitere dreißig postenzephalitische Patienten, von denen einige in anderen Heimen und Einrichtungen, manche (wie Cecil M.) auch zu Hause leben. Ich weiß von keinem anderen

Arzt, der so viele Jahre nach der „Schlafkrankheit" mehr als 80 postenzephalitische Patienten unter ständiger Betreuung und Beobachtung hat, noch von einem, der die Wirkung von L-DOPA über einen so langen Zeitraum verfolgt hat. Ich bin der letzte Zeuge (so wie die Patienten die letzten Zeugen sind) einer einzigartigen Situation — eines fünf Jahrzehnte dauernden „Schlafs", dem mehr als zwölf Jahre des „Erwachens" gefolgt sind.

Im allgemeinen bin ich — trotz der unvermeidlichen, traurigen Tribute, die an Alter, chronische Krankheit und Tod zu entrichten waren — optimistischer als zu dem Zeitpunkt, als ich das Buch zu schreiben begann. Denn es gibt eine beachtliche Anzahl von Patienten, denen es, nach den Wechselfällen der ersten Jahre mit L-DOPA, sehr gut ging — und *noch gut geht.* Diese Patienten sind *endgültig* erwacht und erfreuen sich jetzt einer Lebensqualität, die unmöglich und undenkbar war, bevor das L-DOPA zur Verfügung stand. Einige dieser Patienten (Hester Y., Miriam H., Gertie C.) sind unter denen, deren Geschichten ich jetzt erzählen werde; doch darüber hinaus sind mir *Dutzende* solcher Patienten bekannt, die sich inzwischen mehr als zehn Jahre eines angenehmen, wachen Lebens erfreut haben und hoffen dürfen, das noch für den Rest ihres Lebens tun zu können. Ich wünschte, ich könnte all diese anderen, oft sehr glücklichen Geschichten erzählen, aber ich muß es bei diesem beiläufigen allgemeinen Hinweis und einigen kurzen Andeutungen, etwa in einer Anmerkung (z. B. über Ed M. in Anmerkung 36, S. 242), belassen.

Allgemein gesagt, reagieren postenzephalitische Patienten gerade mit den gravierendsten Symptomen letztlich besser auf L-DOPA als Patienten mit „gewöhnlichem" Parkinsonismus (s. Anmerkung 9, S. 235). Dafür gibt es eine Reihe von Gründen. Unsere postenzephalitischen Patienten waren 1969, als mit der L-DOPA-Behandlung begonnen wurde, im großen ganzen *jünger* als die „gewöhnlichen" Parkinsonpatienten. Außerdem — eine paradoxe Überlegung! — haben sie dadurch, daß sie schon so lange Zeit krank waren, soviel Erfahrung und Verständnis für den Verlauf der Erkrankung und die Wege ihrer Bekämpfung erworben, daß sie bessere Kämpfer, also *willensstärker* sind als „gewöhnliche" Parkinsonpatienten. Schließlich ist der gewöhnliche Parkinsonismus immer progredient, während die postenzephalitischen Syndrome oft wesentlich stationärer sind. Wenn ein postenzephalitischer Patient auf L-DOPA eingestellt werden kann, besteht die Möglichkeit, daß er für den Rest seines Lebens auf einem Niveau bleibt. Diese allgemeinen Überlegungen werden in den folgenden Krankengeschichten noch veranschaulicht werden.

Um von diesen Vorbemerkungen zu den grundsätzlicheren Überlegungen, wie sie in den „Reflexionen" (S. 163—191) angestellt wurden, überzugehen: Insgesamt halte ich an dem fest, was ich in der ersten Auflage meines Buches ausgeführt habe. Meine Orientierung hat sich alles in allem nicht verändert. Doch habe ich mich inzwischen bemüht — und mitunter ist es mir auch gelungen —, andere, sowohl einfachere wie auch umfassendere Formulierungen zu finden. Solche Formulierungen, so theoretisch sie sein mögen, gründen sich immer auf Erfahrung und werden an dieser erprobt — denn die Erfahrung ist der einzige Prüfstein des Wirklichkeitsgehalts von Aussagen. Die alltägliche klinische Praxis macht theoretische, wenn nicht sogar „philosophische" Sichtweisen erforderlich; sie lenkt einen auf genau jene Sichtweisen hin, deren man bedarf. Daß die Medizin besser als jede Philosophie eine derartige „philosophische" Sichtweise vermittelt, war für mich eine erfreuliche Entdeckung. Merkwürdig ist es allerdings, daß dies nicht allgemein anerkannt wird. Wohl als einziger Philosoph führte Nietzsche das Philosophieren auf „eine Auslegung des Leibes und ein *Mißverständnis des Leibes*" zurück und strebte deshalb dem Ideal des „philosophischen Arztes" nach (vgl. Nietzsche 1973, S. 16—17).

Solange die Medizin vor allem im Verteilen von Medikamenten besteht, werden Intelligenz und Denken des Arztes nur selten herausgefordert. Er ist dann kaum mehr als ein Arzneiverschreiber. Wäre das L-DOPA die vollkommene Arznei, oder würde nun irgendein „einwandfreies und reines" Medikament angeboten, das die Probleme der Patienten für immer löst, dann träte niemals „eine Situation" ein, die das Reflektieren auslöste. Genau in dem Umfang, in dem das L-DOPA nur *begrenzt* wirkt und in dem alle verfügbaren chemischen Einwirkungen und medizinischen Verordnungen begrenzt effektiv sind, kehren die einzigartigen Störungen des postenzephalitischen Syndroms wieder, samt den kaum weniger bemerkenswerten, medikamentös bewirkten Störungen. Daraus ergibt sich letztlich die Notwendigkeit neuer Formen des Verständnisses und der Behandlung, die *neben* der medikamentösen Therapie und *neben* all dem, was üblicherweise „Medizin" genannt wird, ihr Recht haben.

Wir brauchen als Ergänzung zur konventionellen Medizin eine andere Medizin, die auf dem umfassenden Verständnis sowohl des Organismus wie auch des Lebens basiert. Dieses Bedürfnis macht sich besonders deutlich bemerkbar, wenn wir uns mit neurologischen (und neuro-psychologischen) Patienten und deren Problemen beschäftigen. Der radikale Neuerer auf diesem Gebiet war der berühmte Aleksandr R. Lurija. Allein die außergewöhnlichen Patienten, mit denen wir uns beschäftigt haben, werfen Probleme auf, mit denen selbst Lurija niemals konfrontiert wurde. Diese Probleme wurden theoretisch wie auch praktisch durch einen bescheidenen, berühmten und höchst aktiven Mann, Dr. Purdon Martin, aufgeworfen. Er veröffentlichte ein wichtiges und lesenswertes Buch, das auf seinen jahrelangen, minutiösen Beobachtungen postenzephalitischer Patienten im Highlands Hospital basiert (Purdon Martin 1967). Er versteht diese Patienten wie kaum ein anderer. Sein Verständnis beruht auf einer genauen und sich ständig ergänzenden Beobachtung von Patienten, auf einer selbstlosen Zuneigung zu ihnen und auf einem gründlichen physiologischen Wissen. Seine Einsichten sind zum einen von theoretischer, zum anderen von buchstäblich „lebensrettender" Wichtigkeit. Er beschreibt, wie sonst bewegungsunfähige Patienten durch verschiedene Methoden in die Lage versetzt werden, sich wieder bewegen zu können; mitunter durch sanftes Wiegen, manchmal dadurch, daß ihnen ein Gegenstand zum Halten gegeben wird, oder dadurch — und das ist das Faszinierende —, daß ihr Verhalten durch eine Art äußeren Regulator (z. B. durch diagonal auf den Fußboden gemalte Linien) gesteuert wird.

Solch ein Heilverfahren dringt bis zur Wurzel der Krankheit vor, weil es physiologisch ist und auf subtile Weise und unmittelbar an der *Funktion* ansetzt, weil es eher *aktiv* als passiv ist. Man hat es nicht mit einem Kranken zu tun, der passiv empfängt, sondern einem Handelnden, der seine Heilung selbst herbeiführt. Dieses Verfahren ist durchgreifend und zweckmäßig, weil es sich mit allgemeinen *Prozeduren* beschäftigt, die jeder Patient erlernen und zu seinem Nutzen anwenden kann. Es ist eine aktive und auf Zusammenarbeit abzielende Therapie, die den Patienten und seinen Arzt durch gegenseitiges Lernen,

Lehren, Kommunizieren und Verstehen verbindet. Auf solche Weise muß bei diesen Patienten die Anwendung von L-DOPA oder eines anderen konventionellen und rein empirischen Mittels durch eine allgemein anwendbare und rationale Heilmethode ergänzt werden — die Heilmethode von Lurija und Purdon Martin.

Genau wie Lurija ist Purdon Martin bemüht, *Algorithmen*, d. h. allgemeine Prinzipien neurologischer Störungen zu finden. Solche Algorithmen sind unerläßlich — und doch reichen sie nicht aus. Ich bin nicht der Meinung, daß man irgendwelche Super-Super-Algorithmen von immer größerer Mächtigkeit braucht. Was man braucht, und was die Patienten brauchen, ist viel einfacher als jeder Algorithmus. Denn kein Algorithmus versetzt irgendeinen Patienten in die Lage, sich zu bewegen und Funktionsausfälle zu überwinden. Was also ist dieses Rätselhafte, das jede Methode bzw. Prozedur übersteigt und sich *wesentlich* von einem Algorithmus oder einer Strategie unterscheidet? Es ist die Kunst.

Novalis führte aus, daß jede Krankheit ein musikalisches Problem — die Heilung eine *musikalische Auflösung* sei. Man findet diese Idee buchstäblich und erstaunlicherweise bei Patienten mit Parkinsonismus und postenzephalitischen Syndromen bestätigt: Es gibt Patienten, die unfähig sind, einen einzigen Schritt zu gehen, aber mit vollendeter Leichtigkeit und Anmut tanzen können. Und es gibt Patienten, die kein Wort auszusprechen vermögen, jedoch mühelos *singen* und dabei in die Musik das richtige Maß und die Vielfalt der Intonation, das ganze Gefühl, das erforderlich ist, legen. Man entdeckt Patienten mit verkrampfter oder zittriger oder ruckartiger Mikroschrift, die — ganz plötzlich — „hineinkommen" in das, was sie tun, und dann ganz mit ihrer gewohnten Geschmeidigkeit und in ihrem Stil schreiben und genau das wiedererlangen, was Lurija die „kinetische Melodie" des Schreibens genannt hat. Man sieht — die Patienten und ich waren davon immer wieder überrascht —, wie Kranke, die unfähig sind, eine einzelne Bewegung auszuführen, einen Ball problemlos fangen und zurückwerfen können, mit Genauigkeit und in ihrem eigenen *Stil.*

In diesem Bereich wird auch das bedeutsame Phänomen der Wirkung anderer Menschen auf den Parkinsonkranken sichtbar. Viele Parkinsonkranke können *selbständig* nicht gehen. Entweder sie erstarren, unterbrechen den Bewegungsfluß oder hasten unkontrolliert davon. Aber sie können mühelos gehen, sobald jemand *bei ihnen* ist. Es braucht keine körperliche Berührung stattzufinden; oft genügt nämlich schon der visuelle Kontakt. Man hat bereits viel über „Berührungsreflexe" geschrieben. Es steht allerdings fest, daß diese allein nicht genügen, oder anders: daß sie keine zureichende Erklärung für das beobachtete Phänomen bilden.

Die Patientin, die so gut über Musik sprechen konnte (s. Anmerkung 5, S. 231—232), wurde von gravierenden Lokomotionsbehinderungen geplagt. Sobald jemand sie begleitete, ging sie mühelos. Die von ihr dafür vorgeschlagene Erklärung ist aufschlußreich: „Wenn Sie mit mir gehen, fühle ich in mir Ihre Kraft zum Gehen. Ich nehme teil an der Stärke und Freiheit, die Sie besitzen. Ich habe teil an Ihrer Kraft, Ihrer Wahrnehmung, Ihren Gefühlen, Ihrem Leben. Ohne es zu wissen, machen Sie mir ein großes Geschenk." Diese Patientin hob die Ähnlichkeit dieser Erfahrung mit dem Empfinden von Musik hervor: „Ich nehme teil an anderen Menschen, wie ich an der Musik teilnehme. Ob es andere Menschen mit ihren eigenen, natürlichen Bewegungen sind oder die Bewegungen der Musik, immer teilt sich mir dieses Gefühl der lebendigen Bewegung mit — nicht nur der Bewegung, sondern auch des Lebens." Die Patientin beschreibt mit Bestimmtheit etwas Transzendentes, das sich nicht in „Berührungsreflexen" erschöpft. Wir sehen also, daß die Berührung *tatsächlich* musikalisch — wie umgekehrt das Musikalische eine wirkliche Berührung ist. Man muß „berührt" werden, bevor man sich bewegen kann. Diese Patientin, gleichgültig, ob sie von anderen Menschen oder der Musik spricht, berichtet genau davon: vom geheimnisvollen „Berührtwerden", vom Kontakt zweier Existenzen. Um es in einem Wort zu sagen: Sie beschreibt den *Gemeinschaftssinn*.

Es kann sein, daß dies alles übertrieben poetisch klingt. Allein, die *Tatsache* des Erwachens ist leicht nachzuweisen, nicht nur klinisch, sondern auch physiologisch. Ich habe einige EEGs aufgenommen und gleichzeitig Videoaufnahmen gemacht, die das Erwachen und die regulierenden Kräfte der Kunst beeindruckend belegen. Ich besitze einen faszinierenden Videofilm von einem Patienten (Ed M.), der auf der einen Körperseite akinetisch, auf der anderen überaktiviert ist. Bei Verabreichung irgendeiner Arznei, die den Zustand der einen Hälfte verbessert, verschlimmert sie den der anderen Hälfte. Die auf dem Videoband festgehaltenen Ereignisse korrespondieren mit dem asymmetrischen EEG. Dieser Mann ist ein ausgezeichneter Pianist und Organist, und in dem Moment, in dem er zu spielen beginnt, verliert seine linke Hälfte ihre Akinese und seine rechte ihre Tics und die Chorea. Nun ergänzen sich beide zu einer vollkommenen Einheit. Zugleich verschwindet die grobe Asymmetrie des EEG, die der Symmetrie und Normalität weicht. Sobald er zu spielen aufhört oder sobald seine innere Musik verklingt, treten sowohl seine klinischen Symptome als auch seine Auffälligkeiten im EEG schlagartig erneut zutage (s. Anhang).

Ich beeile mich hinzuzufügen, daß bei diesem Patienten (wie übrigens auch bei anderen Patienten) diese seltsame und geheimnisvolle Magie nicht immer zur Wirkung gelangt. Schon diese Tatsache hebt diese Magie von einem allgemeinen Algorithmus oder von einer Droge ab, die immer *wirkt*, da sie dies auf mechanischem Wege tut. Warum „wirken" Kunst oder menschliche Interaktion nur gelegentlich? Dazu hat E. M. Forester einige bedenkenswerte Gedanken geäußert. Er meinte, daß die Künste keine Arznei seien; vielmehr wirken sie bei ihrer Einnahme nicht automatisch. Etwas so Geheimnisvolles und Kapriziöses wie ein kreativer Impuls müsse erst freigesetzt werden, bevor er seine Wirkung entfalten könne.

Es gibt keinen Zweifel an der *Existenz* dieser Phänomene — aber welche Wirklichkeit bringen sie denn zur Erscheinung? Gehören sie dem Bereich der Naturwissenschaften an? Kann eine Wissenschaft diese Phänomene, die so unabweisbar und zugleich so schwer faßbar sind, tatsächlich *begreifen*? Man spricht oft vom „wissenschaftlichen Blick", denn in jedem wissenschaftlichen Begriffsgebäude ist etwas Visuelles und Strukturelles mitgegeben. Hier beschäftigen wir uns jedoch indessen mit dem *Ohr* — gewissermaßen mit dem Musikalischen, Tonalen, das zum Handeln gehört und nicht zur Struktur. Kann das Auge der Wissenschaft den eigentlichen Charakter der Musik *empfinden*, nämlich diese einzigartige Kraft, Menschen zu beseelen? Sogar Kant scheint dies (vielleicht widerstrebend) so gesehen zu haben, als er von der Musik als der „belebenden Kunst" sprach. Was kann von der Musik aus der Warte der Wissenschaft oder des reflektierten Denkens gesagt werden? Das, was Leibniz formulierte: Daß die Musik nichts anderes als unbewußte Arithmetik sei. Die Musik ist die Erquickung der Seele, wenn diese, ohne es zu wissen, rechnet. Und genau so ist es. Nur sagt es nichts über den Sinn der Musik, deren Bewegung und deren Fähigkeit aus, etwas zu beseelen: So erfahren wir nichts darüber, was das Leben *in* der Musik ist, die belebt.

Im Ausspruch von Leibniz ist eine tiefgründige Wahrheit enthalten: Die Musik *enthält* unbewußtes Rechnen. Wir erleben das deutlich, wenn wir zu schwimmen oder zu gehen beginnen. Zuerst überlegen wir uns jeden Schritt oder zählen jeden Zug, und dann — das geschieht oft plötzlich und unmerklich — haben wir das richtige „Gefühl"; dann gehen oder schwimmen wir im richtigen Tempo, nach dem inneren musikalischen Takt, und lassen das bewußte Zählen sein. Wir haben, unbeabsichtigt, den Sprung vom Metronom zur Musik getan.

Leibniz wollte wohl sagen, daß Musik *nichts anderes ist als* ein unwissentliches Zählen: ein innerer Schrittmacher oder ein Metronom. Solche inneren Schrittmacher oder Metronome existieren tatsächlich, nur sind sie beim Parkinsonismus in der Tat oft defekt. Eben das meinte eine Parkinsonkranke, als sie sagte, sie sei „entmusikalisiert".

Der Parkinsonpatient hat tatsächlich und ganz fundamental das innere Gefühl für Geschwindigkeit und Maß verloren. Deshalb die unmäßigen Beschleunigungen und Verzögerungen, die Übertreibungen und die Untertreibungen. Er verirrt sich in Raum und Zeit, er ist jedes inneren Maßes beraubt. Oder er geht mit seinen Metriken kapriziös um, verzerrt sie nach Belieben. Ich bezeichnete dies früher als „relativistisches Delirium". Letztlich ist aber auch der Parkinsonpatient auf Maßstäbe angewiesen. Und genau bei der Wiederherstellung dieser Maßstäbe können der Algorithmus und die Kunst, Anleitungen und Handlungen behilflich sein. Aber was meinen wir, wenn wir von „Maßstab" und besonders vom *Sinn* für den Maßstab sprechen? Denn es ist der *Sinn* für den Maßstab, der dem Parkinsonpatienten abhanden gekommen ist — und gerade ihn muß er wiedererlangen. Ein Maßstab im physikalischen Sinne ist eine durch eine willkürliche Vereinbarung festgesetzte Konstante, wie z. B. ein Lineal oder eine Uhr. Wir können vom Parkinsonpatienten sagen, daß seine inneren Lineale und Uhren alle verzerrt sind — wie auf dem Bild von Salvador Dali, das eine Vielzahl von Uhren darstellt, die unterschiedlich schnell gehen und verschiedene Zeiten anzeigen — vielleicht eine Metapher für den Parkinsonismus (vielleicht jenen Parkinsonismus, den Dali selbst zu erfahren begann). Mag sein, daß Purdon Martin jene Maßstäbe und Uhren anbietet, die das zertrümmerte, verworrene metrische Chaos des Parkinsonschen Seelenlebens aufheben[1]. Jedoch kann kein Maßstab funktionieren, wenn er nicht individuell „geeicht" ist. Die Körperhaltung spiegelt die Schwerkraft und andere physikalische und physiologische Kräfte, die in einem Individuum wirken, wider. Sie ist Resultante und Ausdruck dieser Kräfte — allerdings ein *ganz persönlicher* Ausdruck, nicht nur eine mechanische oder mathematische Resultante. Jede Körperhaltung ist einmalig und individuell, und zugleich mechanisch und rational. Sie ist sowohl ein „Ich" als auch ein „Es". Jede Haltung und jede Handlung sind von Gefühlen und Anmut getragen[2]. Gerade diese Anmut fehlt beim Parkinsonismus: Natürlichkeit und Anmut in Körperhaltung und Handlungsweisen sind beeinträchtigt und gestört. Die reglosen, unpersönlichen ich-losen Zustände des Parkinsonkranken zu beheben, das ist der Zweck der „Daseins"-Therapie: Nicht unterweisen, sondern kunstvoll inspirieren, um auf diese Weise die Trägheit zu überwinden, um so das Individuelle, Lebendige zu erwecken.

Es ist die Aufgabe der Medikation, der Chirurgie oder physiologischer Prozeduren, den Mechanismus, der bei diesen Patienten aus den Fugen geraten ist, zu korrigieren. Das Ziel der wissenschaftlichen Medizin ist, das „Es" wieder herzustellen. Aber es ist die Aufgabe der Kunst, des engen persönlichen Umgangs und der lebensnahen Medizin, den latenten Willen, den schlafenden Verstand, das „Ich" zu erwecken, dessen regulierende Kräfte herauszufordern, so daß es die Lenkung erneut ausüben kann. Der Lenker ist nämlich nicht ein Maßstab, nicht eine Uhr, sondern das persönliche „Ich" selbst. So sind die beiden Formen der Medizin zur Synthese zu bringen, damit sie verschränkt wie Leib und Geist, gemeinsam zu wirken vermögen.

Was daran so grundlegend ist, läßt sich kaum ausdrücken. In gewisser Weise ist es unmöglich, eine Parkinson-Persönlichkeit zu sein, weil sich das „Ich" nicht „parkinsonisieren" läßt. Nur die subkortikale Tätigkeit, das, was Pavlov als die blinde Gewalt des Subkortex bezeichnet hat, kann „parkinsonisiert" werden. Aber das ist nicht das „Ich", sondern das „Es". Dennoch kann das „Ich" durch das „Es" unterjocht werden. Das ist das Qualvolle des Zustandes, den der Parkinsonpatient erlebt und verabscheut, den er jedoch nicht direkt zu bekämpfen in der Lage ist. Dies drückte Gaubius rund einhundert Jahre vor Parkinson aus, als er über das Hasten (*Scelotyrbe festinans*) schrieb: „Es gibt Fälle, bei denen die Muskeln, stumpfsinnig durch Willensimpulse gereizt, plötzlich mit ungebetener Behendigkeit und einem nicht zu unterdrückenden Antrieb dem unwilligen Geist davonlaufen." Es ist klar, daß Gaubius hier dem Begriff „Willen" zwei gegensätzliche Bedeutungen unterlegt: Er meint einerseits den Willen des „Es" (d. h. den Willen als Automatismus), andererseits den Willen des „Ich", also Freiheit oder Autonomie.

Dank wissenschaftlicher Methoden läßt sich der Automatismus modulieren; dagegen kann das „Ich" — der nie erloschene, jedoch schlummernde freie Wille oder die Autonomie, die im Bann des „Es" steht, nur durch einen „existenziellen" Zugang erlöst werden. Wir sprachen von dem Parkinsonpatienten als einer „in Raum und Zeit sich verirrenden Person" und „einem Chaos zerbrochener Uhren und Lineale". Das sind von Kant inspirierte Formulierungen, denn sie korrespondieren mit der Idee dieses Philosophen, nach der Raum und Zeit die Grundformen der Anschauung, mithin Konstruktionen des Organismus oder des Geistes sind. Während wir weiter oben von einem relativistischen oder Einsteinschen Delirium sprachen, könnten wir nunmehr von einem noch tiefer liegenden Kantschen Delirium sprechen und die Akinese als „A-Kantisch" auffassen.

Wenn sich Kant in seiner ersten *Kritik* mit Raum und Zeit als den a priori gegebenen Grundformen der Anschauung, also auch von Wahrnehmung, Bewegung befaßt hat, so beschäftigte er sich in seinen anderen *Kritiken* mit der Tätigkeit, dem Willen und dem „Ich" (also mit dem als durch seinen Willen *definierten* „Ich" — „*volo ergo sum*"). Unsere Überlegungen betreffen also alle Aspekte des Kantschen Denkens.

Liegen diese Überlegungen außerhalb des eigentlichen Bereichs der „Wissenschaft"?

Sie betreffen einen Bereich außerhalb der rein empirischen Wissenschaft, zumal einer an Hume orientierten Wissenschaft, weil diese nicht nur die *ideellen* Formen der Anschauung leugnet, sondern auch jede „persönliche Identität" ausschließt. Aber sie weisen, glaube ich, auf eine umfassendere Konzeption der „Wissenschaft" hin, die alle hier diskutierten Phänomene berücksichtigen *könnte*. Eine solche „Kantische" Wissenschaft ist meines Erachtens die Wissenschaft der Zukunft.

So ergeben sich auf einem winzig scheinenden Gebiet — dem Studium und der Behandlung postenzephalitischer Patienten — unerwartet weitreichende Perspektiven. In exemplarischer Gestalt sehen wir die Vorformen einer zukünftigen Medizin vor uns — einer vollkommen rationalen, dennoch praktisch orientierten, lebensnahen und wissenschaftlichen Medizin. Zwar bleiben beide Aspekte unterscheidbar, obgleich sie untrennbar sind. Sie bilden keine Gegensätze, sondern gegenseitige Ergänzungen, wie Leibniz dies vor drei Jahrhunderten schon vorschwebte. Er schlug vor, Naturerscheinungen mechanisch mit Hilfe von Wirkursachen und zugleich auch unter Berücksichtigung der Zweckursachen zu erklären: „Beides ist gut, beides kann von Nutzen sein, nicht nur, um die Kunstfertigkeit des großen Meisters zu bewundern, sondern auch, um manches Nützliche in Physik und Medizin zu entdecken. Und die Autoren, die diesen verschiedenen Wegen folgen, sollten einander nicht schlecht machen . . . Das beste wäre, beide Betrachtungsweisen miteinander zu verbinden . . ." (Leibniz 1958, S. 55).

Ich fragte einmal Lurija, was für ihn die wichtigste Sache sei. Er erwiderte: „Ich kann es nicht mit nur einem Wort ausdrücken, ich brauche dafür zwei. Ich spreche von der romantischen Wissenschaft. Ich habe mein Leben lang gehofft, eine romantische Wissenschaft zu begründen, erneut zu begründen." Meine Antwort würde nicht anders lauten. Die einzigartige Freude, die ich während der letzten fünfzehn Jahre durch die Arbeit mit den postenzephalitischen Patienten gehabt habe, kam durch die Verschmelzung der wissenschaftlichen und der „romantischen", Verstand und Herz gleichermaßen fordernden Erfahrungen zustande. Alles andere wäre eine Verleugnung sei es des Verstands, sei es des Herzens gewesen.

Als ich jung war, wurde ich zwischen zwei leidenschaftlichen, widerstreitenden Interessen und Ambitionen hin- und hergerissen — dem Trachten nach wissenschaftlicher Erkenntnis und dem Streben nach künstlerischer Tätigkeit. Ich konnte beides miteinander nicht versöhnen, bis ich Arzt wurde. Ich glaube, alle Ärzte haben das außerordentliche Glück, beiden Seiten der menschlichen Natur Ausdruck verleihen zu können und den Zwang nicht zu erfahren, die eine zugunsten der anderen unterdrücken zu müssen.

In Darwins Autobiographie findet sich eine bewegende Passage: „In einer Hinsicht haben sich meine Auffassungen in den letzten zwanzig oder dreißig Jahren geändert . . . früher erquickten mich Bilder, die Musik rief intensives Vergnügen hervor. Doch jetzt . . . finde ich kaum noch Geschmack an Bildern oder Musik . . . Mein Verstand scheint eine Art Maschine geworden zu sein, die aus Unmengen von Tatsachen allgemeinste Gesetze herausholt . . . Der beklagenswerte Verlust des ästhetischen Sinnes ist eine Minderung des Glücks. Das wird vielleicht dem Intellekt und noch mehr für den moralischen Charakter schädlich sein, weil es den gefühlsmäßigen Anteil unserer Natur beeinträchtigt." (Darwin 1958, S. 138—139)

Was Darwin hier beschreibt, lauert der Wissenschaft oder der wissenschaftlichen Medizin auf, weil sie zu ausschließlich vorgeht und gerade den „gefühlsmäßigen Anteil unserer Natur“ außer acht läßt. Als Ärzte können wir dieser Gefahr nur dann entrinnen, wenn wir Gespür für unsere Patienten entwickeln. Dieses Gespür steht wissenschaftlicher Strenge nicht entgegen. Vielmehr stützen sie sich gegenseitig. Es ist undenkbar, jahrelang eine Gruppe von Patienten genau zu untersuchen, ohne diese Patienten liebzugewinnen. Dies gilt besonders von postenzephalitischen Kranken, die, während von ihnen eine unerschöpfliche wissenschaftliche Faszination ausgeht, einem als Personen über die Jahre zunehmend ans Herz wachsen. Dieses Gefühl der Zuneigung ist weder sentimental noch ungehörig. Während man diese Patienten beobachtet, gewinnt man sie lieb, und indem man sie liebt, beginnt man sie zu verstehen: Untersuchung, Zuneigung und Verstehen bilden eine Einheit. Neurologen werden oft als kaltherzige Geschöpfe angesehen, die Syndrome wie Kreuzworträtsel behandeln. Neurologen wagen es kaum, Gefühle *zuzulassen* — doch gerade Gefühlswärme schimmert durch jede echte Arbeit durch. Die von Purdon Martin durchgeführten Studien an postenzephalitischen Patienten sind nicht von kalter Strenge, sondern von warmer und mitleidsvoller Genauigkeit. Das Gefühl, das dem Text zugrunde liegt, drückt sich in der Widmung des Buches aus: „Den postenzephalitischen Kranken im Highlands Hospital, die eifrig geholfen haben; mit der Hoffnung, daß ihr zerstörtes Leben anderen nützen könne.“

Nach dem fünfzehnjährigen engen Zusammenwirken mit den Patienten gelange ich zu dem Schluß, daß sie die geplagtesten und edelsten Menschen sind, denen ich begegnet bin. Was immer das „Erwachen“ auch ermöglicht hat, ihr Leben ist nach wie vor zertrümmert und unwiederbringlich verloren. Dennoch bemerkte ich in all den Jahren erstaunlich wenig Bitterkeit bei ihnen. Vielmehr schienen sie auf unerklärliche Weise das Leben zu bejahen. Diese Patienten besitzen einen ungebrochenen Mut, der mit Heldenmut vergleichbar ist, denn sie haben trotz schier unfaßbarer Prüfungen überlebt. Und sie haben nicht als Krüppel überlebt, sondern als Menschen, die durch Ausdauer, Geduld, Furchtlosigkeit und nicht zuletzt durch ihr Lachen Größe erlangt haben. Sie verfielen weder dem Nihilismus noch der Verzweiflung, sondern haben sich eine unergründliche Lebensbejahung bewahrt. Ich habe von ihnen gelernt, daß der Körper mehr gequält werden kann, als ich dies für möglich gehalten habe; daß es Höllen gibt, die nur neurologische Patienten mit den tiefgreifendsten neurologischen Störungen kennen. Früher stellte ich mir die Hölle als einen Ort vor, aus dem niemand zurückkehrt. Meine Patienten haben mich eines anderen belehrt. Jene, die zurückgekehrt sind, bleiben von dieser Erfahrung gezeichnet: Sie haben diese letzten Tiefen kennengelernt und können sie nicht vergessen. Durch diese Erfahrung sind sie nicht nur empfindsam, sondern letztlich auch kindlich, unschuldig und unbeschwert geworden. Dies ist für jene, die nicht in die Tiefen des eigenen Selbst hinabgestiegen sind, kaum vorstellbar.

Nietzsche schreibt: „Erst der große Schmerz, jener lange langsame Schmerz, der sich Zeit nimmt, ... zwingt uns ..., in unsere letzte Tiefe zu steigen ... Ich zweifle, ob ein solcher Schmerz ‚verbessert‘ —; aber ich weiß, daß er uns *vertieft* ... Zuletzt, daß das Wesentlichste nicht ungesagt bleibe: man kommt aus solchen Abgründen, aus solchem schweren Siechtum, auch aus dem Siechtum des schweren Verdachts, *neugeboren* zurück, gehäutet, kitzliger . . . mit lustigeren Sinnen, mit einer zweiten gefährlicheren Unschuld in der Freude, kindlicher zugleich und hundert Mal raffinierter als man jemals zuvor gewesen war." (Nietzsche 1973, S. 18—19)

In Nietzsches Ausführungen kommt das zum Ausdruck, was das „Erwachen" der Patienten uns lehrt.

Die Folgen des Erwachens

Frances D.

Über Frances D. schrieb ich, daß sie weiterhin auf eine mäßig hohe Dosis von abwechselnd L-DOPA und Amantadin eingestellt sei, nicht zu unseren Star-Patienten gehöre, aber fast ein Leben lang dem Druck einer persönlichkeitsverändernden Krankheit, einem starken zerebralen Reizmittel und dem Eingeschlossensein . . . widerstanden habe und dabei geblieben sei, was sie stets war — ein vortrefflicher Mensch.

Dies war bis 1976 der Fall. Sie benötigte weiterhin L-DOPA und reagierte überempfindlich darauf, aber glücklicherweise niemals so extrem wie andere Patienten. Ihr ging es gut, solange sie die Medikamente bekam. Sie benötigte jedoch auch alle paar Monate einen „Arzneimittel-Urlaub". Ihre Reaktionen waren weiterhin angepaßt und mäßig — nie wieder entwickelte sie solch ein extravagantes und heftiges Verhalten wie 1969. Abgesehen von den physiologischen und pharmakologischen Reaktionen, die einen gewissen Einfluß hatten: Sie lebte weiterhin auf wunderbare Weise „angepaßt", blieb sehr tapfer, humorvoll und geistig unabhängig. Man empfand sie mehr und mehr als Persönlichkeit. Leicht wurde vergessen, daß sie eine Patientin war.

Obgleich mit den Jahren die Behinderungen in mancher Hinsicht zunahmen, und obwohl sie an Gewicht und Kraft verlor, strahlte sie eine unerklärliche Gelassenheit, ja Heiterkeit aus. 1976 erkrankte Miss D. nach einer schweren Grippe — der „Schweine-Grippe", die der „Spanischen Grippe" von 1919 ähnelte — an Lungenentzündung und starb. 57 Jahre lang war sie krank gewesen, aber hatte triumphiert.

Rose R.

Von allen Patienten, die ich kannte, ist die Geschichte von Rose R. vielleicht die merkwürdigste und unheimlichste. Ich empfand das schon, bevor ihr L-DOPA verabreicht wurde: „Als ich mich zur Behandlung entschloß, fragte ich mich, *was wird geschehen*, wenn sie ihren Blick von den blitzlichtartigen hellseherischen Träumereien endgültig abwenden und auf dieses verbeulte Droschkenkutscher-Gesicht — diese Welt — wenden wird?"

So empfand ich es, als sie L-DOPA erhielt („Ist *‚jetzt‘* 1926?"); und ich tat es, als ich die Fallgeschichte abschloß: „. . . sie ist ein Dornröschen, dem das ‚Erwachen‘ unerträglich war und das nie wieder wach sein wird."

Die Jahre nach 1972 waren genauso lang und leer wie die Jahre zuvor. Es gab nur ein einziges heftiges Aufblitzen im Sommer 1969. Danach fiel sie für immer in ihr eigenes verborgenes Reich zurück: ob es aus Dunkelheit, Irrlichtern, einem Nichts oder einem Traum bestand, kurz: *was* es war, habe ich nie wirklich durchschaut und verstanden[3]. Ein wenig konnte ihr mit L-DOPA geholfen werden, und sie brauchte es ständig, mit periodisch wiederkehrenden „Arznei-Urlauben"; das L-DOPA hatte zweifellos, wenn auch nur begrenzt, Erfolg. Niemals beobachteten wir so etwas wie 1969. Sie litt weiterhin an extrem starken okulogyren Krisen. Sie wurde oft von schwerem *Angor animi* erfaßt und murmelte dann: „Ich sterbe, ich weiß es, ich weiß es" oder „Es wird mich umbringen, es wird mich umbringen, es wird mich umbringen . . ." Auf schreckliche und unheimliche Weise wurde ihre Vorahnung auch wahr. Plötzlich hatte sie im Juni 1979 beim Mittagessen eine heftige okulogyre und opisthotonische Krise, in deren Verlauf sie einen Geflügelknochen verschluckte und auf der Stelle erstickte. Seit der Erkrankung in jener Alpdruck-Nacht des Jahres 1926 war sie unfaßbar, unerreichbar und ohne Verbindung zur Außenwelt geblieben.

Hester Y.

Von all unseren „Yo-Yos" (wie ich sie zuerst in der *New York Times* vom 26. August 1969 beschrieb), d. h. von allen unseren Patienten mit „bipolarer Erkrankung", entwickelte Hester die schwersten, heftigsten und spektakulärsten Alles-oder-Nichts-Reaktionen auf L-DOPA. Das war *von Beginn an* (Mai 1969) so, als das L-DOPA bei ihr die kritische Schwelle erreichte. Hester Y. „explodierte" eines Morgens, als die Schwestern ihr das Medikament brachten (s. S. 84); seitdem explodiert und implodiert sie jeden Tag unzählige Male. Anders als bei anderen Patienten (z. B. Frances D.), die *anfangs* extrem, später aber eher gemäßigt und angepaßt auf L-DOPA reagierten, blieben Hesters Reaktionen unverändert heftig — wie Atom- oder vielleicht wie die Explosionen von Sternen, die beinahe übergangslos zwischen dem Zustand eines Schwarzen Lochs und demjenigen einer Supernova hin- und herpendeln. Wir waren nie in der Lage, bei ihr das L-DOPA abzusetzen oder zu reduzieren; alle derartigen Versuche führten zu einer Atemverflachung oder zum Koma. Aber noch sonderbarer als diese physiologische Heftigkeit war die außergewöhnliche Stabilität ihres Persönlichkeitskerns. 1972 schrieb ich: „Sie wird heftig getrieben, steht aber über diesen Antrieben" und erwähnte die extravagantesten physiologischen Reaktionen auf L-DOPA, von denen die kühlsten und normalsten ihrer emotionalen Verhaltensweisen unberührt blieben.

Das ist auch 1981 noch der Fall. Sie kommt weiterhin ohne L-DOPA nicht aus. Ihre Reaktionen sind weiterhin sehr heftig. Sie geht ihren persönlichen Tätigkeiten unbezwingbar nach, spielt Bingo (darin ist sie ein As, nur mit Miriam M. vergleichbar), arbeitet im Garten, besucht Dichterlesungen, nimmt an Exkursionen teil — sie hat ein so ausgefülltes Leben, wie es in Mount Carmel nur möglich ist. *Ihre Grundkrankheit hat sich stabilisiert.* Jetzt erkenne ich, daß das bei den meisten postenzephalitischen Patienten der Fall ist, und darin unterscheiden sie sich grundsätzlich von den Patienten mit einem „normalen" Parkinsonismus, der sich durch zunehmendes Verschlechtern, also einen langsamen, progredienten Verlauf kennzeichnet. Allerdings haben sich ihre schwere Rumpfdystonie und ihre Kyphose verschlimmert, was sie aus dem *Gleichgewicht* bringt, so daß das

Gehen ohne Unterstützung zu schwierig und gefährlich ist. Glücklicherweise hat sie eine enge Freundschaft mit einem Mitpatienten geschlossen, der sie überallhin hinführt, auf ihre Bedürfnisse eingeht und ihre „gestoßene" Stimme noch verstehen kann, wenn kein anderer sie mehr versteht. Hester Y., scharf wie ein Diamant, ist der „Verstand" in dieser Beziehung, und ihr Partner, ein leicht hirngeschädigter, doch sehr agiler und freundlicher Mensch, ist der „Motor" oder „Muskel". Obgleich das Wort „Symbiose" die Sache trifft, ist es doch zur Kennzeichnung einer solchen Beziehung zu oberflächlich. Denn obwohl diese auf den Bedürfnissen beider beruht und beiden Menschen nützt, ist es doch etwas „Erhabenes": Selbstlosigkeit, Wohltätigkeit und Güte in einem, eine Beglückung für beide Partner und jene Menschen, die sie kennen. Es gibt viele solcher Freundschaften in Mount Carmel, die Licht in die tragische und mitunter höllische Finsternis dieses Ortes bringen.

Natürlich geht es um einen komplexen Tatbestand: Hester hat viel *gegen* sich, aber auch viel *für* sich. Doch nichts von all dem wäre geschehen oder auch nur bekannt geworden, wenn es kein L-DOPA gegeben hätte. *Das, und nur das, hat ihr Leben, so wie es nunmehr ist, möglich gemacht. Ohne L-DOPA würde sie tatsächlich „tot" sein.* Das entscheidende Datum in Hesters Leben ist der 17. Mai 1969, als sie dank des L-DOPAs „explodierte" und „erwachte". Danach ist sie dauerhaft erwacht und mit Leidenschaft und Dankbarkeit trotz aller Leiden und Komplikationen in die Welt zurückgekehrt. Hester blieb zwölfeinhalb Jahre ohne Rückfall oder verhinderte Reaktion wach. Seit ihrer „widernatürlichen Geburt" im Mai 1969 feierte sie voller Freude dreizehn Geburtstage. Und ich sehe keinen Grund, warum es so nicht weitergehen sollte.

Miriam H.

Im Sommer 1972 schrieb ich über Miriam H.: „Alles in allem hat sie sich erstaunlich gut erholt. Sie verläßt sich auf eine mir unfaßbar erscheinende Kraft, auf eine Gesundheit, die wie eine Tiefenschicht unter der Krankheit vorhanden ist." Erfreulicherweise trifft das noch 1981 zu — in der Tat hat Miss H. von allen postenzephalitischen Patienten in Mount Carmel, über deren Geschichten ich berichtet habe, den größten Heilungserfolg gehabt. Sie lebt seither ein erfülltes Leben und blieb (seit 1972) von Komplikationen verschont. Sie bedarf einer beachtlichen Dosis von L-DOPA (825 mg, viermal täglich), die ihr gewiß sehr behilflich ist. Die Nebenwirkungen fallen kaum ins Gewicht, so daß keine Reduktion erforderlich ist; die Schrecken des „Drogen-Urlaubs" oder des Absetzens des Medikaments entfallen bei ihr. *Gelegentlich* wird sie von leichten Tics befallen, die sie verflucht; *gelegentlich* hat sie Wutanfälle, *gelegentlich* Anfälle starker Zwanghaftigkeit und „brillante" Attacken, in deren Verlauf sie sich alles Mögliche ausdenkt und berechnet; diese Attacken gehen mit einer beschleunigten Gehirntätigkeit mit starken konvulsiven Veränderungen im EEG einher (s. Anmerkung 23, S. 238—239). Ihre alten Feinde — die okulogyren Krisen —, die sie vor der Verabreichung von L-DOPA vierzig Jahre lang wöchentlich hatte —, traten nach zehnjähriger Remission 1979 selten wieder auf, waren dann aber weitaus leichter.

Sowohl die klinische Beobachtung als auch das EEG machen deutlich, daß Miss H.

durch L-DOPA nicht nur „erwacht" ist, sondern auch „erregt" wird und gerade zwischen den Krisen, Kollern und „Attacken" ein ungewöhnlich hohes Niveau des zerebralen *Tonus* und der zerebralen Tätigkeit aufweist, das im Bereich explosiver und konvulsiver Reaktionen liegt. Damit geht die „Aufgewecktheit" und Beschleunigung ihres Geistes einher. Sie entwickelt manchmal nicht nur einen aus Tics, Fluchen, Zwängen, Arithmomanie usw. sich zusammensetzenden „Tourettismus", sondern auch die Witzigkeit und Beweglichkeit, die für das Tourette-Syndrom so charakteristisch sind (vgl. Sacks, 1981 a und b). Aus vielen Unterhaltungen mit ihr und aus den ungewöhnlich detaillierten Aufzeichnungen, die während ihrer ersten Tage in Mount Carmel angefertigt wurden, wird ebenfalls deutlich, daß einige (womöglich die meisten) dieser Überdrehungen oder Erregungen unter den Einwirkungen von L-DOPA eine Befreiung von Merkmalen und Neigungen sind, die der L-DOPA-Therapie vorauflagen, durch ihren Parkinsonismus allerdings verdrängt wurden. Diese Befreiung (vielleicht auch Verstärkung) betrifft also die ursprünglich enzephalitische Impulsivität und Tichaftigkeit.

Bei Frances D. konnten, wenn sie durch das L-DOPA angeregt wurde, seltsame primitive Triebe und Zwänge beobachtet werden (s. S. 57). Frances D. und ich erblickten darin eine „Entfesselung" präexistenter, schlummernder postenzephalitischer Neigungen, die verborgen geblieben waren, *bis* die Patientin durch L-DOPA „geweckt" wurde. Angesichts der Fallgeschichte Miriam H.s und anderer Patienten gewann ich den Eindruck, daß man das *besonders* bei konstantem Verabreichen von L-DOPA über eine längere Zeit beobachten kann, und daß es nicht so sehr einen plötzlichen Ausbruch übermäßiger Gefühle und Antriebe beinhaltet, sondern vielmehr eine *langsame Offenbarung eines vollständigen, vorab bestehenden psychophysiologischen „Repertoires" oder „Charakters"*.

Von den zwanzig Patienten, deren Lebensgeschichten ich erzählt habe, wurde ich Miriam H. am wenigsten gerecht. Es war vielleicht erst von 1972 an, daß ich eine bestimmte Schüchternheit und Reserviertheit wirklich durchschaut und zu erkennen begonnen habe, was für eine weitläufige Persönlichkeit und Intelligenz sich dahinter verbargen und wie profund sie als Mensch war. Vielleicht handelte es sich zuvor nicht um Schüchternheit, sondern auch infolge des Parkinsonismus und der Depression um eine *Kontraktion* des Selbst. Während sie vorher die Kontraktion zu meistern hatte, mußte sie nun die *Expansion* — die zentrifugale Kraft des „Tourettismus" (also die krampfartigen und zwanghaften Bewegungen und Ideen) beherrschen. Wäre ihr *tatsächliches* Selbst nicht so stark gewesen, wäre sie durch das „falsche Selbst", durch die starke „Hirnigkeit" (s. Anmerkung 16, S. 227), die sich unter L-DOPA entwickelte, erregt, beunruhigt oder gar zerstückelt worden. Es zeigt sich aber, daß sie durch die Wirkungen des L-DOPA nicht grundlegend beeinträchtigt wird. Natürlich wird sie durch ihre Wutanfälle und Krämpfe gestört, doch sobald diese vorüber sind, kehrt sie zu ihrem starken Selbst zurück. Man muß immer „fühlen" (um eins ihrer Lieblingsworte zu gebrauchen), daß ihre Attacken ein „Kanal" sind, der eine Auseinandersetzung mit der Erregung und eine harmlose Entladung derselben erlaubt, ohne daß dabei die innere Ökonomie und das Selbst zerstört würden. Schnell erledigt Miss H. die Tourettesche Erregung, weist ihr einen Platz in ihrer geräumigen Persönlichkeit zu, und gerade an der außergewöhnlichen Schnelligkeit des Denkens und der erfindungsreichen Erledigung der Erregung findet sie ein gewisses Gefallen. Sie läßt die Erregung zu — aber läßt nie einen Zweifel daran, wer wen kontrolliert. So mag es zwar ein „Tourettoma“ geben: ein falsches Selbst oder ein „Es“. Aber das wahre Selbst, das „Ich“ läßt sich die Befehlsgewalt nicht aus der Hand nehmen. Das ist kaum zu glauben, wenn man bedenkt, was Miriam H. alles durchlebt hat.

Miss H. hat nun 50 Jahre in Mount Carmel verbracht — 37 Jahre, in denen sie nach und nach in einen regressiven, hoffnungslosen Zustand versank, der nur in „rückläufiger“ Melancholie und dem Tod enden konnte; und fast 13 herrliche Jahre, nach dem Erwachen dank L-DOPA. Mit 65 sieht Miss H. wesentlich jünger aus als sie ist, verfügt über hervorragende Intelligenz, ist voller Energie und Lebensfreude — so voller Leben, daß sie immer die Grenzen von Mount Carmel überschreitet. Wie so viele andere Patienten bedauert auch sie, daß sie das L-DOPA nicht viel eher erhalten konnte. Doch nachtragend ist sie nicht. Sie blickt in die Zukunft und sieht vielen weiteren guten Jahren mit L-DOPA entgegen.

Margaret A.

In der Fallgeschichte von Margaret A. ist von ihrem drei Jahre andauernden Verfall und der Spaltung in viele „Unter-Ichs“ die Rede. Ich berichte jedoch auch von den Dingen, dank denen sie wieder zu sich kommen konnte: Musik, Natur, Liebe, Freiheit und „Leben“. („Sie wird in Eurem Irrenhaus verrückt, weil sie vom Leben ausgesperrt ist.“)

In der Erstauflage dieses Buches konnte ich bloß andeuten, daß es im September 1969 zu einschneidenden institutionellen Veränderungen kam, die ebenso einschneidende Rückwirkungen auf das Leben der Patienten hatten (s. z. B. S. 61—62 und weiter unten). Glücklicherweise wurde zu Beginn des Jahres 1973, mit der Ankunft einer neuen, behutsamer vorgehenden Leitung, ein Teil der institutionellen Härten behoben. Es fand so etwas wie eine Rückkehr zu der freundlichen, unbeschwerten Atmosphäre früherer Jahre statt. Das spiegelte sich augenblicklich nicht nur in der Stimmung und im Verhalten der Patienten wider; es zeitigte sogar Wirkungen im körperlichen Befinden und in den Reaktionen auf das L-DOPA. Insbesondere erreichten jetzt *einige* der Patienten, die anscheinend hoffnungslos instabil auf das L-DOPA reagierten, eine relative Stabilität und damit die Möglichkeit einer „Einstellung“: Margaret A. — eine liebenswürdige, aber emotional zarte und leicht verwundbare Person — gehörte zu den Patienten, die auf diese Weise ansehnliche Fortschritte erzielten.

Als im Oktober 1973 der Film über die Fallgeschichten gedreht wurde, war Margaret gegenüber L-DOPA ziemlich stabil, obwohl sie darauf weiterhin überaus empfindlich reagierte und stark davon abhing. Seitdem sie physiologisch nicht länger hin und her geworfen wurde, konnte Margaret etwas erreichen, was ihr zuvor verschlossen war, sei es wegen der Schwere ihrer postenzephalitischen Syndrome, sei es wegen der Instabilität ihrer Reaktionen auf L-DOPA. Sie begann, bemerkenswerte Gelassenheit und Ausgeglichenheit, persönliche (und künstlerische) Einheit und Schönheit zu entwickeln. Das wurde im Film sehr augenfällig, wo sie mit großem Nachdruck sprach und voller Schönheit sang, wobei sie die Filmemacher in Erstaunen versetzte, die ein pathologisches, hoffnungsloses gebrochenes Wrack erwartet hatten (als das sie ja auf den letzten Seiten der Fallgeschichte zum Teil beschrieben ist).

In den Jahren, die ihr verblieben, behielt Margaret diese bemerkenswerte Gelassenheit und Einheit, die sie, wie man spürte, während der langen Jahre des Leidens, der grausamen Jahrzehnte postenzephalitischer Unfähigkeit und der noch grausameren Heimsuchungen während der ersten drei Jahre mit L-DOPA, nach und nach behauptet hatte. Die letzten vier Jahre waren die besten ihres Lebens — zumindest die besten während vier Jahrzehnten. In diesen letzten Jahren — schade, daß es nicht früher geschah! — war sie von dem motorischen und emotionalen Auf und Ab befreit, sie schloß Freundschaften, arbeitete im Garten, nahm an Ausflügen teil. Auf übernatürliche Weise *sang* sie bei allen Tätigkeiten — sie sang für all ihre leidenden Mitpatienten. Aus den Leiden ihres Herzens heraus erfand und sang sie den Postenzephalitiker-Blues. Wie viele der Patienten hatte sie sich der Kunst hingegeben.

1976 stürzte sie und brach sich eine Hüfte, hatte verschiedene postoperative Komplikationen und starb, nach vielen Monaten der Krankheit und der Schmerzen, die sie mit einer eindrucksvollen und gelassenen Ergebenheit ertragen hatte. Sie nahm ohne Verdruß das Leiden hin und wurde durch es „vergeistigt". Wie Robert O. einen Tag vor seinem Tod den Rabbiner holen ließ, damit er ihm einen Psalm vorlese, so bat Margaret an ihren letzten Tagen um das *Requiem* von Mozart. Wir alle mochten sie sehr und weinten, als sie starb.

Miron V.

Miron V., der die stärkste „bipolare" Störung aufwies, pendelte zuerst immer zwischen den pathologischen Extremen hin und her. Zwischen 1970 und 1972 besserte sich sein Zustand, woran sich die heilenden Kräfte von Arbeit und Liebe in aufsehenerregender Weise zeigten. Durch einen tragischen Umstand *verlor* er dann Arbeit und Liebe und damit die wohltuende Stabilität dieser Jahre.

Obwohl Mount Carmel nach 1973 ein sanfteres soziales Klima aufwies (wodurch die zarte Seele Margaret A.s beruhigt zu werden vermochte), wurde es unglücklicherweise nunmehr finanziell ausgelaugt. Viele Mitarbeiterstellen und Hilfsmittel wurden gestrichen. Wir waren gezwungen, einen Teil unserer Werkstätten zu schließen, darunter die Arbeitsstätte des Schuhmachers, die für die Rehabilitation des isolierten, verbitterten Miron V. entscheidend gewesen war.

Was geschah, war schrecklich — und es trat schlagartig ein. Mr. V. verfiel in Melancholie, regredierte und entwickelte erneut einen gravierenden Parkinsonismus mit Katatonie. Es schien, als habe das L-DOPA plötzlich *jegliche* Wirkung verloren, ganz gleich, welche Dosis wir verabreichten. Wir erhöhten die Dosis auf 6 g pro Tag; wir hätten — betrachtet man die Wirkung — auch Kreide geben können. Dieses plötzliche und furchtbare Abbrechen der Wirkung, dieser plötzliche und furchtbare Rückfall in einen grenzenlosen Abgrund war fast identisch mit dem, was wir bei der armen Lucy K. beobachten mußten (vgl. S. 115—116).

Vielleicht hätte all das gelindert werden können, hätte ein Unglück nicht das andere nach sich gezogen. Als Mr. V. in dieser schrecklichen Zeit, wie nie zuvor, die größte Liebe und Unterstützung brauchte, wurde er im Grunde auch von seiner Frau und seinem Sohn verlassen: Weil sie in ihre Zerbrechlichkeiten und Neurosen verstrickt waren, verließen sie ihn umso mehr, je verlassener er wurde. So fing der tragische Teufelskreis, der zwischen 1955 und 1969 zu beobachten gewesen war, erneut an. Wie bei Lucy K. ahnte ich, daß der Tod bald eintreten würde — aber ich irrte mich gründlich. Mr. V. starb *nicht*; ich wünschte fast, er wäre damals gestorben. Er lebte noch acht Jahre, wenn man das noch als Leben bezeichnen darf. Wir setzten das L-DOPA ab, gaben es wieder. Wir versuchten es mit Sinemet, Symmetrel, Bromokriptin, Apomorphin. Alles war vergeblich. Sein Zustand verbesserte sich nicht. Was er brauchte, war Leben, ein Grund zu leben, und das konnte nicht aus einem Fläschchen geholt werden. Er wurde wieder völlig bewegungslos und stumm, extrem starr, wie Lucy K. Bei ihm ergab sich eine Mischung aus Parkinsonismus, Katatonie und Paratonie. Mit dieser anhaltend heftigen Starre, die sogar die passive Bewegung seiner Glieder unmöglich machte, traten irreversible Gelenkschäden und Gelenkversteifungen auf. Magersucht machte sich bemerkbar; die Haut wurde abgebaut, ein Dekubitus war unvermeidlich. Er glich einer Leiche; *seine* Rigidität war aber gleichsam eine moralische Totenstarre. Er haßte sich selbst und seinen armen Körper auf den Tod. Nur seine Augen lebten noch, sie glühten trotz der Starrheit des Blicks. Und blickte man in sie, konnte man in einen Abgrund und in die Hölle sehen. Wie er so lange weiterleben konnte, ist an sich unerklärlich, es sei denn, er wollte es selbst, um einen lebenden Tod zu leben.

Oft erkrankte er an Lungenentzündung, wurde peinlich genau und erfolgreich mit Penicillin behandelt. 1980 setzten wir unsere ärztliche Aufmerksamkeit auf die Probe; bei seiner letzten Lungenentzündung ließen wir die Natur ihren Lauf nehmen.

Gertie C.

Den vermutlich einzigen gänzlich unvorhergesehenen, überraschenden Verlauf gab es bei Gertie C., die 1974 wieder auf L-DOPA gesetzt wurde, nachdem sie es vier Jahre lang nicht vertragen konnte. Als es ihr im Juni 1969 erstmals verabreicht wurde, erlebte sie eine kurze, ruhige Periode; doch danach entwickelten sich übermäßige Reaktionen (heftiges Delirium, Bewegungszwang, multiple Tics). Gegen Ende des Jahres 1970 drängte sich die Vermutung auf, daß sie das L-DOPA oder Amantadin-Hydrochlorid nicht vertragen könne und wohl am besten allein, ohne starke Medikation gelassen werden sollte. Dennoch war ihr Geist friedlich. Sie schien keines Erwachens zu *bedürfen*. Sie fügte sich mit Humor und Anmut in ihr Schicksal.

Mit dem endgültigen Nachlassen der unabänderlichen Wirkungen der Medikation wandelte sich ihr Sprechen erneut in ein unhörbares Wispern zurück. Sie fiel fast vollständig in den Zustand vor der L-DOPA-Therapie zurück. Jeden Abend empfing sie weiterhin den freundlichen Besuch ihres treuen Gespensts. Dies deutete auf das Ende ihrer Geschichte hin.

Als versucht wurde, sie nach den vier Jahren ohne Medikamente erneut auf L-DOPA zu setzen, reagierte sie sofort auf günstige, allerdings *intermittierende* Weise darauf (die sog. „An/Aus-Reaktionen“). Sie konnte wieder sprechen, aber nur für ein paar Stunden täglich. Sie kann entweder mühelos sprechen — oder überhaupt nicht. Dieser Wechsel der Reaktion wird bei ihr durch Vorzeichen nicht angekündigt; er kann mitten im Wort einsetzen. Wenn sie zu sprechen in der Lage ist, dann kann sie sich auch bewegen und ihren Bewegungsspielraum (obwohl er durch andauernde Dystonie und Kontrakturen begrenzt ist) frei nutzen. Diese freie Bewegung kann indes im Nu abgebrochen und durch Aphonie, Akinese, starkes Zittern und Rigidität ersetzt werden. Der umgekehrte Vorgang geschieht ebenfalls im Nu (und wird durch das EEG bestätigt; s. Anhang).

Dieser Zustand dauert nunmehr seit über sieben Jahren an. Die Wirkung von L-DOPA ist nicht zurückgegangen, noch sind irgendwelche „Nebenwirkungen“ (wie die Zuckungen, das Sich-hin-und-her-Werfen aus dem Jahre 1969) zu beobachten. Der einzige dafür zu entrichtende Tribut ist der intermittierende Verlauf. Gertie erfreut sich täglich der fünf oder sechs Stunden fast normalen Funktionierens; während der restlichen achtzehn oder neunzehn Stunden ist sie zu nichts mehr fähig. Wir haben die unterschiedlichsten Dosen von L-DOPA und verschiedene Einnahmezeitpunkte ausprobiert — und nicht den geringsten Unterschied festgestellt. Der notwendige und verträgliche Tagesbedarf liegt bei 4 g L-DOPA. Damit können sechs schöne Stunden am Tag „erkauft“ werden. Nimmt sie weniger als 4 g, fällt der Gewinn kleiner aus, vielleicht nur zwei oder drei Stunden des Wohlbefindens. Erhält sie mehr als 4 g L-DOPA, wird nichts Zusätzliches erreicht.

Man kann niemandem verbieten, in ökonomischen Begriffen zu denken. Genau das tut Gertie selbst. Sie sagt: „Es gibt nur so viel Tätigkeit, wie mein Gehirn es sich leisten kann. Ich habe ein Gehirn, das Teilzeitarbeit leistet, mehr vermag es nicht. Es schaltet ab, wenn sein Kontingent erschöpft ist. Es besitzt einen klugen Verstand und tut das Richtige.“ Im Wissen, daß ihr nur ein bestimmtes Quantum „Wachsein“ zusteht, versucht Gertie, ihre Tage genau zu planen, obwohl dabei Schwierigkeiten auftreten, weil die „An/Aus-Reaktionen“ unberechenbar sind. Deshalb sind all ihre Pläne mit Vorbehalten versehen. Sie liebt (und braucht) Gespräche, Beschäftigungen und Belustigungen. Doch es gibt nur bestimmte, letztlich nicht vorhersagbare Zeiten, in denen das möglich ist. Sie hat neben vielen guten Freunden und Nachbarn in Mount Carmel eine treue Familie, die sie regelmäßig besucht, so daß sie üblicherweise umringt ist — zumal in den Phasen des „Wachseins“ und gemäß ihren Wünschen. Sie hat jedoch ein „Notfall-Aufnahmegerät“, so daß sie Briefe, Grüße, Botschaften und anderes festhalten kann, wenn sie allein ist und mit dem begrenzten „Kontingent“ an Bewegung und Sprache haushalten muß.

Da nun ihr Leben verschiedene Aktivitäten zuläßt und Freunde ihr Gesellschaft leisten, wenn auch nur täglich für eine begrenzte Zeit, ist Mrs. C.s Bedürfnis nach den Besuchen ihres „Gespenstes“ und nach Halluzinationen verschwunden. „Ich habe jetzt *wirkliche* Besucher“, sagt sie, „erhalte *wirkliche* Zuneigung und Aufmerksamkeit. Ich habe meinen ‚Phantom-Schwan‘ seit mehr als sieben Jahren nicht mehr erblickt.“

Martha N.

Vielleicht ist doch *jede* Geschichte mit Überraschungen versehen, da keine die Wiederholung oder Fortsetzung der anderen ist. Wir berichten ja nicht von Dingen oder von gleichförmigen Prozessen, sondern von der in den Menschen eingebetteten Physiologie, und von Menschen, die in ihre Geschichte eingebettet sind. Man kann in der Wissenschaft die Wiederholbarkeiten und Gleichförmigkeiten *anstreben*, doch man *begegnet* Wechselfällen von Geschichten oder Abenteuern. Das wurde bei Martha N. besonders deutlich, was für Lurija übrigens Anlaß zu einer Frage war, als er mir das erste Mal seine Bemerkungen zu den postenzephalitischen Fallgeschichten zusandte. Er schrieb: „Warum wirkt das L-DOPA jeweils so verschiedenartig?" 1973 hätte ich ihm noch keine Antwort geben können.

Ich habe fünf (und, wenn man die Verabreichung von Amantadin-Hydrochlorid mitzählt, sechs) bei Martha vorgenommene Medikationsversuche beschrieben und dabei in allen sechs Fällen auffallend unterschiedliche Reaktionen beobachtet. Jede einmal eingetretene Reaktion behielt allerdings ihren Charakter bei. Mit anderen Worten, hinter der extrem geringen *physiologischen* Konstanz verbarg sich eine extrem *dramatische* Einheit der einmal begonnenen Reaktion. Wie Gerties Fallgeschichte schien auch die Marta N.s mit der Entscheidung ein Ende zu finden, alle weiteren Medikationsversuche abzubrechen und sie zu ihrem „freundlichen, unbeschwerten, humorvollen und vernünftigen" Selbst zu entlassen. Das war auch ihr Eindruck: „Ich habe soviel Visionen und anderes gehabt, daß es für den Rest meines Lebens reicht." Vielleicht hätte das tatsächlich das Ende ihrer Lebensgeschichte *sein sollen* — doch wie bei Gertie setzten wir auch sie 1974 erneut auf verschiedene Medikamente. Ich war damals dank eines ungewöhnlichen, beinahe katastrophalen, doch erbauenden Freijahres unterwegs, das mich anstatt in die Niederungen der Wissenschaft auf einen Berg und zu einem Sturz führte, so daß ich meinerseits sechs Monate lang zum Patientendasein verurteilt war; und während *ich* Patient war (vgl. Sacks 1984), gaben sich meine Patienten frei der Medikamenteneuphorie hin. Damals wurden Gertie, Martha, Leonhard und andere Patienten, die sich verhältnismäßig gut an das Fehlen der Arznei angepaßt zu haben schienen, durch einen nicht sonderlich erfahrenen Enthusiasten erneut auf L-DOPA gesetzt. Der Neubeginn verlief bei Gertie unvorhersehbar gut; bei Martha ging er, vielleicht vorhersehbar, schlecht aus.

Martha lebt noch und ist wohlauf. Das wäre wahrscheinlich auch ohne Medikamente erreicht worden. Die letzten sieben Jahre verbrachte sie mal mit, mal ohne Amantadin-Hydrochlorid. Sie wird allerdings von Halluzinationen heimgesucht. Körperlich ist sie von angenehmer Gestalt, spricht und schluckt ohne Beschwerden, bewegt ihre Arme ohne Mühe usw. Rigidität, Akinese, Speichelfluß und okulogyre Krisen sind stark reduziert, obgleich sie physisch durch dystonische, letztlich sogar funktionslos gewordene Beine und einen ausgeprägten Tortikollis behindert ist. So ist der durch die Medikamente erzielte Gewinn klar. Unklar ist dagegen, welche *Kosten* dafür zu entrichten waren, oder anders, was sich Martha tatsächlich leisten konnte. „Leisten können" bedeutet für Gertie C., den Arzneikonsum zu *begrenzen*, d. h. eher sechs gute Stunden zu verleben als sechzehn, und das konnte sie sich gut und gerne leisten, da sie ohne Medikamente *keine* guten Stunden gehabt hätte. Bei Martha N. war das „Sich-Leisten-Können" um einiges problematischer, da es ohne leichte Halluzinosen einfach nicht ging. Sie bezahlte also mit der „Entführung" aus dieser Welt, diesem Tal der Tränen, in eine wuchernde, lächerlich falsche Welt der Phantasie, der Romantik, in ein Universum launischer, manchmal auch schrecklicher Illusionen.

Dort ist sie verheiratet, schwanger, gebiert einen Roboter, ist Königin im Königreich der Kaninchen und weißen Mäuse. Sie spaziert in Hollywood, in einem Zauberland, ist mit ihrem Bruder in Miami, erwartet die Erlösung, hofft auf Neurochirurgie und sehnt sich nach Wiedergeburt, ist die Mutter Gottes, wird von Gott verstoßen und von zwölf Teufeln besessen.

Von diesen Phantasien und Phantomen ganz vereinnahmt, verläßt sie den Flur nicht mehr — sie hat ja „andere Dinge zu tun". Tatsächlich verweigert sie das Gespräch, pflegt keinen Umgang mit Mitmenschen — gerade sie, die so auffällig gesellig und umgänglich war. Wir hatten gehofft, daß sie ein paar Häkel- oder Näharbeiten auf sich nehmen würde; früher war sie auf ihre herrlichen Handarbeiten zu Recht stolz. Doch dann antwortet sie: „Aber ich *nähe* doch, sehen Sie nicht?" Und man sieht mit Erschrecken, wie ihre Hände tatsächlich mit komplizierten Bewegungen die halluzinierten Nadeln und Fäden führen. „Sehen Sie, was für eine niedliche Bettdecke ich heute für Sie gestickt habe!", sagte sie einmal. „Sehen Sie die hübschen Drachen, das Einhorn in seinem Gehege" — dabei unsichtbare Konturen in die Luft zeichnend. „Hier, nehmen Sie!" Und sie legte das geisterhafte Ding in meine Hände. Ich wußte nicht, ob ich bei dieser freundlichen und graziösen Pantomime mitmachen oder eher entgegenen sollte: „Es ist nicht so, Martha, Sie wissen, daß hier nichts ist."

Sie weiß es, und weiß es doch nicht — ihr Leben beruht auf einer doppelten Buchführung. Sie erkennt mich stets, weiß das Datum, hat keine Orientierungsstörung — was man bei einem organisch bedingten Delirium kaum erwarten würde. Sie bewahrt ihre wechselhaften Phantasien deutlich in Erinnerung. Darin ist sie anders als z. B. Gertie C., die keine Erinnerung an ihr akutes Delirium von 1970 (s. S. 129—130) mehr besitzt. Vielleicht handelt es sich gar nicht um ein Delirium. Es kann durchaus sein, daß sie verrückt geworden ist.

Immer wieder sind solche „Zwiespältigkeiten" sowohl hinsichtlich der „guten" als auch hinsichtlich der „schlechten" Zustände der Patienten zu erkennen. So spricht Hester Y. in ihrem Notizbuch stellvertretend für alle: „Ist das die Medizin, die ich einnehme, oder ist es nur mein neuer Geisteszustand?" Besonders Martha ist eine gewiefte Kennerin dieser Zustände. Vor der Behandlung mit L-DOPA hatte sie dreißig Jahre lang jährlich ihre „Osterpsychose"; mit großem schauspielerischen Können und einer Mischung von Mitschuld und Beherrschung empfing sie die „geisterhaften Besuche", die die L-DOPA-Therapie im März 1970 freisetzte, die für sie mit starker Libido besetzt wurden. Was ging nun vor sich? Dürfen wir von einem medikamentös induzierten Geschehen sprechen — oder ist es eher so, daß Martha vor einer lebenslangen, erotisierenden, dämonisierenden, religiösen Geisteskrankheit endlich kapitulierte?

Wir haben wenigstens einen wichtigen Anhaltspunkt. Mit dem Tod ihrer Eltern verschlimmerte sich 1951 das Krankheitsbild Miss N.s. Das machte ihre stationäre Aufnahme 1954 in Mount Carmel unumgänglich (s. S. 131—132). Allerdings habe ich zu erwähnen vergessen, daß es da noch einen Bruder, einen Trunkenbold und Taugenichts, gab, den sie trotzdem in ihr Herz geschlossen hatte. Mit dem Tod ihrer Eltern und ihrer Aufnahme in Mount Carmel blieb ihr Bruder die einzige Bezugsperson; vielleicht war das ihre alleinige Verankerung in der Gefühlswelt. War er abwesend, fühlte sie sich trostlos vereinsamt (nehme ich an), obwohl sie dies niemals eingestanden, sondern durch ihre anscheinend „leutselige" Maske verdeckt hat.

1974, als sie erneut Amantadin einnahm, erhielt sie regelmäßig Besuch ihres Bruders. Da er aber an Altersschwäche zu leiden begann, entschloß er sich nach einigem Hin und Her (an dem auch seine Schwester teilnahm), nach Florida zurückzukehren. Martha selbst wurde von all dem mitgenommen; sie wünschte das Beste für ihn, konnte es aber nicht ertragen, ihn weggehen zu sehen. Er ging nach Florida zurück — und starb dort unmittelbar nach der Ankunft. Als Martha die Todesnachricht erhielt, blieb sie ungerührt. Sie schien nichts gehört zu haben und gab eine nichtssagende Antwort. Sie *konnte* die Tatsache seines Todes einfach *nicht* zur Kenntnis nehmen. Von diesem Augenblick an, so scheint es mir im Nachhinein, war sie unwiederbringlich geistesgestört. Die Bedeutung des schmerzlichen Verlustes und dessen Verleugnung machten sich wie Hieroglyphen in ihren Phantasien bemerkbar: Sie kam oft mit einer kleinen Tasche voller Sachen in ihrem Stuhl in den Aufenthaltsraum und sagte dann: „Auf Wiedersehen, ich fahre jetzt nach Florida! Ich verlasse euch jetzt mit meinem Bruder. Ich werde euch schreiben!" Später weigerte sie sich, den Flur zu verlassen, und wenn sie dazu gezwungen wurde, bemerkte sie scharf: „Ich bin am Aufbrechen, sieht man das nicht? Ich erwarte jede Minute einen Anruf aus Florida." Ihr Leben wurde ein Warten — ein Warten auf Florida und auf das Wiedersehen mit ihrem Bruder. Mit dieser massiven Verleugnung der Realität — so erscheint es wenigstens im Rückblick — verlor sie ihre Verankerung in der Wirklichkeit. Sie konnte mit dieser Welt, mit dieser sublunaren Sphäre, mit diesem trostlosen Hier-und-Jetzt nichts mehr anfangen — und ging auf Mondwanderung in der launischen Welt ihrer Phantasie.

Niemand hat wirklich gewußt, was wir dazu hätten sagen oder was wir dagegen hätten unternehmen sollen. Hätten wir das Amantadin absetzen und sie in den Zustand der Funktionslosigkeit zurückholen sollen? Einmal haben wir es sechs Monate lang versucht; obwohl sie in einen hilflosen Parkinsonismus zurückfiel, gab sie ihre seltsamen Gedanken dennoch *nicht* auf. Sollten wir sie aus der Station „vertreiben", damit sie an „Gesellschaften" und Arbeitsgruppen teilnehmen und das „zerbeulte Droschkenkutschergesicht der Welt" zu konfrontieren gezwungen würde? Oder sollten wir die gegenwärtige Situation hinnehmen und sie in die Wunschwelt ihrer Träumerei „gehen" lassen? Vielleicht war es nicht einmal unsere Aufgabe, eine Wahl zu treffen, denn es gab womöglich keine Wahl. Wie bei Rose R. endete alles in einem Rätsel.

Nachdem ich dies festgehalten hatte, kehrte ich im September 1981 nach New York zurück und unterband Marthas Medikation. Damit hörte ihre Psychose augenblicklich auf — tatsächlich hörte aber ihre *Imagination* augenblicklich auf. Sie wurde nicht nur ein Parkinson-Patient, sondern verfiel in Hoffnungslosigkeit, und die Maske des Parkinsonismus wurde durch diejenige der Verzweiflung überlagert. Sie konnte nun kaum noch sprechen, aber *was* sie sagte, brachte mich zum Erschaudern: „Sie haben mir meine Phantasien weggenommen, ich habe jetzt nichts mehr." Ich wurde an Rolando P. erinnert, d. h. daran, wie *er* den Lebenswillen verloren hat. Jeden Tag sah Martha leichenhafter aus; sie starrte uns mit leeren Augen an. Am 12. Oktober starb sie. Ich frage mich, ob ich sie durch das Absetzen der Medikamente getötet habe, weil ich sie ihrer Phantasien beraubt habe, die vielleicht alles waren, was das Leben ihr noch gegönnt hatte.

Ida T.

Ida T. blieb im wesentlichen „wach“. Dennoch verschlechterte sich der Zustand trotz fortgesetzter L-DOPA-Behandlung, trotz variierender Dosierung und trotz verschiedener „Arznei-Urlaube“. Die wunderbare Freiheit und Geläufigkeit der Bewegungen und des Sprechens, die sich zu Beginn der L-DOPA-Therapie 1969 eingestellt hatten, ließen sich erneut nicht wiederherstellen. Vielmehr wurde Ida zunehmend starr und blockiert. Ansonsten war keine Regression festzustellen. Ida blieb die letzten Jahre ihres Lebens voller Energie und Wohlbefinden, hatte „Charakterstärke“ und war in Mount Carmel beliebt.

1977 entwickelte sich ein plötzlich ausbrechender bösartiger Tumor; sie verlor innerhalb einiger Monate gut zweihundert Pfund. Sie sah wie ein sterbender Riesenwal aus. Sie erkannte, daß der Tod nahte, blieb jedoch heiter und gefaßt. Einige Tage vor ihrem Tod sprach ich mit ihr. Sie meinte: „Ich danke Gott für das Rauschmittel — die letzten Jahre waren die besten.“

Aaron E.

Die Fallgeschichte des Aaron E. endete mit der Bemerkung, daß er in den letzten zehn Monaten ein wirkliches und nützliches Gleichgewicht erreicht zu haben schien und daß die Hoffnung bestand, er werde es auch in Zukunft behalten. Diese Hoffnung erwies sich als trügerisch. Erst später erkannte ich, daß dies mit den unterschiedlichen Folgen der postenzephalitischen Erkrankung des „normalen“ Parkinsonismus zu tun hat. Die erstere ist stets (oder sehr oft) stationär, so daß, wenn ein gewisses Gleichgewicht erreicht werden *kann*, Aussicht besteht, daß es auch in Zukunft gehalten wird. So verhielt es sich bei vielen Patienten in Mount Carmel — Miriam H. ist das beste Beispiel dafür. Im Gegensatz dazu verläuft die Parkinsonkrankheit immer *progredient*, und das war bei Aaron E. der Fall. Es ging um eine fortschreitende Erkrankung, die während seiner stationären Behandlung bereits weit fortgeschritten war.

1969 verordnete ich L-DOPA nicht nur den meisten postenzephalitischen Patienten, sondern dreißig Patienten mit fortgeschrittenem Parkinsonismus. Inzwischen sind letztere tot, während ein Teil der Postenzephalitiker noch lebt und sich eines verhältnismäßig guten Zustands erfreut.

Aaron E. ging es ab 1972 schlechter; der 1962 begonnene Krankheitsverlauf setzte sich somit unaufhaltsam fort. Seine Reaktionen auf L-DOPA — ohne es war er dem Kranksein heillos ausgeliefert — wurden von Mal zu Mal schwächer und verhallten schneller. Alle paar Monate mußte für einen „Drogen-Urlaub“ das L-DOPA abgesetzt werden. Seine Stimmung und Moral blieben weiterhin sehr gut. Ein Rückfall in die Depression und Regression wie vor der L-DOPA-Therapie war nicht zu beobachten. Er entfaltete Aktivitäten, so gut er konnte; bis zuletzt belebten ihn die Wochenenden zu Hause (glücklicherweise hatte er starke Söhne und Schwiegersöhne, die ihn ins Auto trugen, als er nicht mehr gehen konnte).

1976 erreichten Verkrüppelung und Behinderung ihren Höhepunkt, sowohl wegen des Gewichtsverlusts als auch wegen der Verschlimmerung des Parkinsonschen Syndroms.

Doch nicht der Parkinsonismus war die Todesursache — Parkinsonismus ist nie die *unmittelbare* Todesursache — sondern die Wucherung eines bösartigen Prostata-Karzinoms. Aaron wurde operiert, aber das Geschwür hatte bereits zu Metastasen geführt und so eine rasch sich entwickelnde Urämie verursacht. Aaron E. starb in aller Ruhe Anfang 1977.

George W.

George befand sich, anders als die meisten anderen Patienten, nicht in stationärer Behandlung, denn er litt an einer eher gutartigen, langsam fortschreitenden Form des Parkinsonismus. 1972 ging er nach Florida zurück und war noch 1979 aktiv; er nahm weiterhin L-DOPA. Von Zeit zu Zeit schickte er mir einen Brief, um von seinem Zustand zu berichten, und gelegentlich schaute er in Mount Carmel vorbei, um mich zu besuchen. In den letzten zwei Jahren standen wir nicht mehr in Verbindung, so daß ich heute keine vollständige „Nachgeschichte" vorstellen kann.

Wenn ich eine bloße Vermutung äußern sollte, die auf meiner Erfahrung mit ähnlichen Patienten basiert, dann würde sie besagen, daß George W. noch aktiv und zur Fortbewegung fähig ist, und daß er Nutzen aus dem L-DOPA zieht, obgleich er (wie Aaron) seit 1962 an Parkinsonismus erkrankt ist. Seine Erkrankung verlief wesentlich langsamer und gutartiger als die Aarons (über die Ursachen dieses Unterschieds weiß man so gut wie nichts); zudem blieb ihm ein Krankenhausaufenthalt erspart — und das ist bedeutsam. Aus Gründen, die insgesamt noch nicht bekannt sind (obwohl viele davon auf der Hand liegen), *neigen* Patienten mit Parkinsonismus im Hospital zu einem schlechteren Krankheitsverlauf, während die postenzephalitischen Patienten im Gegensatz dazu eher zu einem besseren Verlauf tendieren. Wir haben das in Mount Carmel beobachtet, und in Highlands war es ebenfalls so, wie Dr. Sharkey mir mitteilte. Das scheint eine allgemein gemachte Erfahrung zu sein.

Cecil M.

Cecil M. ist postenzephalitisch krank, wird aber, wie George, ambulant behandelt. (Ich nahm seine Fallgeschichte einer Gefühlsbindung wegen auf; er gehört nicht zu meinen Patienten, sondern ist ein von meinem Vater in London betreuter Kranker.) Ich empfand es als wichtig, seine Geschichte auch zu erzählen, gerade weil er *weder* behindert *noch* auf Pflege in einem Krankenhaus angewiesen war, sondern ein für Tausende postenzephalitischer Patienten typisches Beispiel darstellt, die ein erfülltes, aktives und fast normales Leben trotz des eindeutig postenzephalitischen Krankseins zu führen vermögen. Und das ist letztlich deshalb möglich, weil ihre Erkrankung stationär ist, so daß sie, wenn sie 1930 oder 1940 zu leben geschafft haben, es auch *jetzt noch* können. Das war glücklicherweise bei Cecil M. der Fall.

Cecil M. blieb bis 1981 geistig selbständig. Er sorgte für sich, war aktiv und fuhr sogar Auto. Er klagte mit dem Alter zwar ein wenig über die Verlangsamung seiner Bewegung und über seine Arthritis. Sein Parkinsonismus entwickelte sich, wenn überhaupt, nur unmerklich. Seine Meinung über die Einnahme von L-DOPA hat er inzwischen geändert. 1970 sagte er: „Seine Wirkungen waren zunächst sehr angenehm, aber dann löste es mehr Leiden aus, als es wert war. Ich kann gut ohne es auskommen."

Das ist wahr. Allerdings kommt er noch besser zurecht, wenn er das L-DOPA einnimmt, vorausgesetzt, die Dosis ist minimal. Er nimmt nun Sinemet — zweimal am Tag eine halbe kleine Tablette. Andere Parkinsonpatienten können zehnmal mehr vertragen, doch Cecil M. fühlt, daß diese kleine Menge ihm am meisten hilft. Nimmt er mehr ein, tritt eine unverzügliche Wiederbelebung seines Kaumuskelkrampfes auf; nimmt er *weniger*, verschärfen sich die Parkinsonsymptome. Zu seinem großen Glück *kann* er ein Gleichgewicht halten, sich selbst „titrieren", ohne neue Leiden hervorzurufen. Weder trachtet er nach einem dramatischen „Erwachen", noch braucht er es. So ist er mit den bescheidenen Wirkungen der bescheidenen Dosis zufrieden.

Ihm geht es ausgesprochen gut, und ich sehe keinen Grund, warum er diese glückliche Stabilität nicht für den Rest seines Lebens behalten sollte.

Leonhard L.

Und zum Schluß unser letzter Patient, Leonhard L. Nach dem elften und „letzten" Versuch mit Amantadin meinte Leonhard im März 1972, das Ende der Wegstrecke sei nunmehr erreicht — er habe das Medikament erhalten und nichts könne mehr angestellt werden. Und wenig später, kurz bevor ich seine Fallgeschichte zu Papier brachte, sagte er: „Jetzt akzeptiere ich die ganze Situation. Ich habe in den letzten drei Jahren viel gelernt. Und nun werde ich ich selbst bleiben. Sie können Ihr L-DOPA behalten."

Er akzeptierte (wir taten es auch), daß das „das Ende der Wegstrecke" war. So setzten wir länger als zwei Jahre die Medikamente ab. Er fiel in jener Zeit in den vor der L-DOPA-Behandlung gegebenen Zustand zurück und schien zu einer „elegischen" Abgeklärtheit gefunden zu haben. „Es ist vorbei", klopfte er (weil er ja nicht mehr sprechen konnte). „Das ist alles, was darüber zu sagen ist. Es ist vorbei. Ich bedauere es nicht. Es ist einfach mein Schicksal." Aber hinterrücks machte sich Ablehnung bemerkbar: Er *konnte* es *nicht* akzeptieren. Er lehnte sich dagegen auf und flehte sein „Schicksal" an. Er glaubte, das Schicksal „würde nachgeben — nur ein bißchen" und ihm zuliebe. Er betete (mit den Worten des Yom Kippur Festes), daß das harte Los von ihm abgewendet werde. Er glaubte zutiefst an die „Gnade", wollte herausfinden, ob sie die feststehenden Gesetze des Schicksals transzendiert, ohne diese zu verletzen. Er grübelte über das Wesen von Grenzen und Schicksal: „Ist das Schicksal das Gesetz *von* etwas, oder das Gesetz *für* etwas?", klopfte er einmal. Wenn er das Schicksal als „Gesetz von etwas", d. h. als etwas Natürliches betrachtete, fand er sich damit leicht ab und bekannte sich zum *amor fati*. Betrachtete er das Schicksal dagegen als „Gesetz für etwas", d. h. als etwas Moralisches, konnte er es schwer ertragen und mußte für den Glauben ringen, daß es der Wille eines weisen Gottes sei und nicht die mutwillige Grausamkeit einer verbrecherischen kindischen Gottheit. Lange dachte er über die „Verlockung des Schicksals" nach: „Ist es die Verlockung des Schicksals", klopfte er, „es wieder mit dem L-DOPA zu versuchen?" Er sann und sann darüber nach, ohne eine Lösung zu finden.

Infolge der erstaunlichen und unerwarteten Reaktionen von Gertie C., die nach einer Pause von vier Jahren erneut auf L-DOPA gesetzt wurde (s. S. 207), beschloß Leonhard L., es Gerties „Schicksal“ nachzumachen. Was unerklärlicherweise bei Gertie geschah, wiederholte sich bei Leonhard L. leider nicht. Während fünf Jahren hat sich seine Situation nicht geändert: Wie im September 1969 reagierte er im September 1974 extrem und ungeordnet auf das L-DOPA, und wieder war seine Reaktion *völlig* pathologisch (unerträgliche Tics, Spannungen und Blockierungen des Denkens). „Hoffnungslos“, klopfte er, „ganz hoffnungslos. Ist das wirklich das Ende der Wegstrecke?“ Er beriet sich mit seiner Mutter — die meisten Entscheidungen trafen sie zu zweit — und bat dann darum, daß man es mit Amantadin-Hydrochlorid versuche: „Es kann kaum schlechter werden“, klopfte er, „vorher hat *es* genützt.“

Die Jahre zwischen 1974 und 1980 waren gleich denen zwischen 1969 und 1972. Es gab zahllose Wiederholungen der Versuche mit Amantadin-Hydrochlorid — zunächst verliefen sie recht günstig, dann immer weniger. Ein „durchschnittlicher“ Zyklus dauerte sechs Wochen. Zuerst nahm die Wachheit zu — es fand ein bestimmtes „Erwachen“ statt —; der Parkinsonismus ging zurück; doch selbst in den besten Momenten vermochte er nur zu flüstern und blieb schwer behindert. Nach zwei oder vier solchen Wochen setzten erneut konvulsive Zuckungen und Stöße, plötzliche Konfusionen und Blockierungen des Denkens ein; seine Augen erstarrten mit stark geweiteten Pupillen. Dann mußte man das L-DOPA absetzen, bis all das in den Abgrund des Parkinsonismus und Stupors gefallen war.

Es war klar: Hier war der einfache Weg zur „Gesundheit“ (oder zur „potentiellen Normalität“), jenes dünne, gefährliche Hochseil über den Tiefen der Pathologie des Stupors und des Wahnsinns, verlassen worden. Ich habe dies bei fast allen Patienten gespürt, denen nach einer ersten glückverheißenden Reaktion oft der „Zwischenboden“, die Potenz für die Normalität, fehlte und die sich von einem Pol des Seins (oder Nicht-Seins) zum anderen geschleudert sahen. Erst 1977 war ich in der Lage, eine objektive Bestätigung dieser Gedanken zu finden (und wurde dabei, wie so oft, durch Leonhard L. auf die Spur geführt). Das wurde durch die Aufzeichnung von EEGs möglich, die die Gehirnwellen (die elektrische Aktivität des Gehirns) in vielfältiger Weise festhalten. Bei jedem Patienten entdeckte ich eine Art Triade oder Triptychon: eine äußerst träge Aktivität bei Abwesenheit von Medikamenten, eine sehr übererregte, oft konvulsive Aktivität während der Medikation und gleichsam dazwischen ein schmales, dünnes Band, das zwischen den Abnormitätsphasen eine relativ normale Aktivität aufzeichnet. Genau das war auch bei Leonhard L. als Reaktion auf Amantadin-Hydrochlorid zu finden; eine ausführliche Beschreibung und Illustration ist im Anhang (S. 219—223) enthalten.

Dieses schmale Band wird mit der Zeit enger und enger, bis es fast verschwindet. Dafür gab es klinische ebenso wie elektrische Daten — und wir beobachteten das mit Erschrecken immer wieder bei Leonhard L. Wir gerieten dadurch alle in eine „double-bind-Situation“: Sein „Grund“-Zustand verschlechterte sich zusehends, so daß er *ohne* Medikation unerträglich behindert war. Doch dann wurde er nach einigen Tagen der Besserung *durch* die Auswirkungen des Medikaments schwer behindert. „Glauben Sie“, wisperte er, „daß meine Rezeptoren absterben? Ich weiß nicht, ob die Medikamente sie heilen oder sie töten.“

Wer den Film über die hier vorgestellten Fallgeschichten gesehen hat, wird sich an Leonhard L. als an einen bewegungslosen Mann mit einem fratzenhaften Gesicht erinnern, der kaum sprechen konnte, aber frisch aussah, eine ausgezeichnete Hautfarbe hatte, der vor Gesundheit strotzte und wesentlich jünger als ein Zweiundfünfzigjähriger aussah. Dieses rundum gesunde Aussehen behielt er bis 1977 bei. Wegen der unerträglich gewordenen Medikationswirkungen einerseits, des unrühmlichen Abbaus des Pflege- und sonstigen Personals, das für die Pflege der Patienten verantwortlich war, andererseits, nahm Leonhard ab, wurde schwach, würgte an seinem Essen, hatte wiederholt Lungenentzündungen, Harnröhrenentzündungen und, was das schlimmste war, litt unter Hautdegeneration. Um 1978 war er ein abgemagerter, kranker Mann, der dahinsiechte — und es genau wußte. Er wurde auf die Intensivpflegestation von Mount Carmel verlegt, wo ein letzter Versuch unternommen wurde, um Gesundheit und Leben zu retten. Aber seine Liegewunden wurden immer tiefer, verursachten ihm unaufhörlich Schmerzen, Fieber und Entzündungen und entzogen ihm das lebenswichtige Protein.

Bis zu diesem Zeitpunkt hatte Leonhard „gewütet" — wenn er überhaupt wütete —, um zu leben. Das Leben selbst hatte um seiner selbst willen gewütet. Ab 1978, als er kränker und schwächer wurde, wurde seine Lebenswut, sein Lebenswille unterhöhlt. Und dieser Unterhöhlung stimmte er willentlich zu: „Was hat es noch für einen Sinn?", klopfte er 1980. „Es schmerzt und eitert, eitert und schmerzt. Das ist kein Leben!"

Ende 1980 erbrachte das Amantadin nichts mehr — oder brachte vielmehr nur noch pathologische Wirkungen hervor. Deshalb versuchten wir es Anfang 1981 bei ihm noch einmal mit L-DOPA, und zwar nach einer ausführlichen Beratung mit ihm und als spürbar geworden war, daß es um Leben und Tod ging, daß also der Versuch unternommen werden *mußte*.

Durch eine außeralltägliche und paradoxe Finte des Schicksals „wirkte" L-DOPA plötzlich — das erste Mal seit zwölf Jahren. Leonhard wurde kräftiger und bekam eine laute Stimme. Er hatte sich seine „Wut" zurückgeholt. Indes, es war die Wut der Verzweiflung. Ich war gerade in der Klinik, als die Station mit der Mitteilung anrief, daß Leonhard „zu sich gekommen" sei. Erstaunt und doch voller Bange eilte ich an sein Bett. Er hatte jetzt eine gewaltige Stimme und er schrie seine Seele heraus: „Hölle und Verdammnis! Scheiß-DOPA, Scheißwunder! Sehen Sie mich doch an — ich falle ins Abseits. Ich sterbe, bin fast tot, und *nun* beleben Sie mich mit diesem L-DOPA wieder! Das ist ein Wunder, das zum Himmel stinkt — obszön —, mieser als bei Lazarus ... Verdammt, verdammt nochmal, machen Sie Schluß damit und lassen Sie mich endlich in Frieden sterben."

Natürlich setzte ich das L-DOPA ab und ließ ihn in Ruhe. Wieder fiel er in bewegungsloses Schweigen, gab kein *sichtbares* Lebenszeichen von sich. Ich hatte keine Ahnung, was in ihm vorging. Es war spürbar, daß er bei Bewußtsein war, den letzten Dingen zugewandt. Er schien völlig gefaßt, und ich wurde durch ihn an den Dichter John Donne auf dem Sterbebett erinnert. Oft saß ich an seinem Bett und beobachtete sein friedliches Gesicht. Der Tod trat sanft ein. Leonhard gab bereitwillig den Geist auf und verließ den geschundenen Körper, der *sein* langes Fegefeuer gewesen war.

Liebe Mrs. L.! 24. Juni 1981

Seit Leonhards Tod habe ich ohne Erfolg versucht, Sie anzurufen. So hoffe ich, daß dieser Brief Sie erreichen wird.

Ich bin über Leonhards Tod tief betrübt — und, obwohl er seit langem so krank gewesen war, hat mich sein Tod erschrocken. Meine ersten Gedanken galten Ihnen, die Sie ihn in all den Jahren in jeder Weise gepflegt und ihm Leben eingeflößt haben. Es scheint unangebracht, Ihnen zu sagen, daß ich die tiefste Sympathie für Sie empfinde — aber das ist vermutlich alles, was ein Mensch einem anderen sagen kann. Ich habe Leonhards Bruder nur einige Male gesehen; ich hoffe, Sie werden ihm mein Beileid übermitteln können.

Nur der Lauf der Zeit kann einem einen Standpunkt beibringen. Mir ist bewußt, daß ich Leonhard und Sie seit fünfzehn Jahren kenne; das ist eine lange Zeit im Leben des Menschen. Was sich mir bereits 1961 aufdrängte, das spürte ich jedes Jahr mehr: daß Leonhard ein bemerkenswerter Mensch war, viel Mut und Humor angesichts der fast lebenslangen, furchtbaren Krankheit besaß. Ich versuchte, dieses Gefühl in seiner Fallgeschichte auszudrücken . . . aber ich war mir bewußt, wie wenig mir das gelungen ist. Für Sie, die Sie ihm immer wieder Leben spendeten, war dieser Gefühlsausdruck bestimmt unangemessen. Vielleicht wurde mir das erst in den Jahren danach deutlich.

Kein anderer Patient hat mir derart viel *beigebracht* — nicht nur über den Parkinsonismus und anderes, sondern auch darüber, was es heißt, ein Mensch zu sein, der gegen solches Leid kämpft und sein Los erträgt. Ein solches Überleben flößt einem Zuversicht ein. Ich werde seine Lehre nicht vergessen (noch lasse ich andere sie vergessen). Zugleich gab es etwas sehr Bemerkenswertes an *Ihnen* und an der Art und Weise, in der Sie ihm so viel von Ihrer Kraft und Ihrem Leben geschenkt haben . . . Er hätte — besonders in den letzten Jahren — niemals überleben können ohne Ihre Energie . . . Sie selbst sind einer der feinsten Menschen, die ich kenne.

Leonhard ist nun tot und hinterläßt große Lücken und viel Kummer. Das ist dort unvermeidlich, wo es viel Liebe gegeben hat. Dennoch hoffe ich sehr, daß Ihnen gute Jahre und ein volles Leben bevorstehen. Sie besitzen viel Vitalität und sollten hundert Jahre leben. Ich hoffe, das Schicksal wird Ihnen gnädig sein und Ihnen Beistand in Ihrem schmerzlichen Verlust und in den kommenden Jahren einen freundlichen milden Lebensabend schenken.

Mit meinem tiefempfundenen Beileid und den herzlichsten Wünschen,

Oliver Sacks

Lieber Dr. Sacks,

Mein Sohn und ich möchten Ihnen für Ihren sehr ausdrucksvollen Beileidsbrief danken.

Ja, Leonhard war sehr mutig und sogar noch mehr. Sein Weggang hinterläßt eine große Lücke in meinem Leben, und ich weiß nicht, wie ich ohne ihn leben kann. Seit er gestorben ist, habe ich nicht zu weinen aufgehört. Ich liebe ihn so, und ich weiß nicht, wie ich für mich selbst ein Leben einrichten soll, nachdem ich während der vielen Jahre so eng mit Leonhard zusammen war.

Ich schloß nie mit irgendjemandem eine enge Freundschaft, und ich würde nicht wissen und (mit 83) nicht mehr wissen wollen, wie man das tut. So sehen Sie, lieber Freund, ich bin verloren und ein Nichts, jetzt, da ich nicht länger gebraucht werde.

Ich liebe meinen anderen Sohn und seine Familie, aber Leonhard war in meinem Herzen immer etwas Besonderes. Noch einmal danke ich Ihnen für diesen warmherzigen Brief, und ich hoffe, Sie werden eine Gelegenheit haben, mich anzurufen.

Tina L.

Anhang

Die bioelektrischen Grundlagen des „Erwachens“

P. C. Carolan und ich hatten seit 1977 die Möglichkeit, die bioelektrische Hirnaktivität der noch lebenden Patienten (s. Epilog) sowie einiger anderer postenzephalitischer Patienten sehr detailliert zu untersuchen; und zwar mit und ohne Einfluß von L-DOPA sowie unter verschiedenen Umständen und Bedingungen (Sacks und Carolan 1979).

Mit Hilfe der Elektroenzephalographie (EEG) kann die bioelektrische Hirnaktivität erfaßt werden. Durch die Entwicklung leicht zu transportierender Geräte ist es inzwischen möglich, EEGs unter den vielfältigsten Bedingungen aufzunehmen — sogar während Patienten Klavier spielen! Dadurch können wir „den Ausdruck auf dem Gesicht des Nervensystems“ (Jonathan Miller) *direkt* beobachten. Solche EEGs zeigen uns besser als alles andere, was in den Köpfen unserer postenzephalitischen Patienten „vor sich geht“.

Nach ihrem phantastisch anmutenden „Erwachen“ im Jahr 1969 fiel Rose R. wieder in ihren trance-ähnlichen, durch L-DOPA nicht mehr zu beeinflussenden Zustand zurück, d. h. in ihren alten, vor der L-DOPA-Behandlung erlebten Zustand. So verweilte sie wieder den ganzen Tag mit zurückgebeugtem Kopf in völliger Reglosigkeit, es sei denn, etwas oder jemand rief sie „zum Leben zurück“. In dem Moment, wo man zu ihr sprach oder ihren Namen rief, konnte sie aus diesem merkwürdigen und leeren Zustand auftauchen, setzte ein charmantes Lächeln auf, strahlte Wärme und Intelligenz aus und vermittelte so einen qualvollen Augenblick lang einen Schimmer ihrer früheren Lebendigkeit und Persönlichkeit, bis sie sich erneut in ihre abgrundtiefe „Trance“ zurückzog.

Während dieses Zustands zeigte ihr EEG (Abb. 1) eine äußerst langsame, unregelmäßige, unausgeprägte und flache Hirntätigkeit an, die mit der eines stuporösen Zustands vergleichbar ist. *In dem Augenblick*, wo man Rose R. anspricht, wird diese stuporähnliche Aktivität durch einen lebhaften, gutstrukturierten, sehr regelmäßigen „Alpha-Rhythmus“ ersetzt — so wie man ihn bei einem normalen, aufnahmebereiten, wachen Gehirn messen kann. Geht danach dieser Augenblick des Wach- und Belebtseins vorbei, so verschwindet der Alpha-Rhythmus und das stark pathologische bioelektrische Bild des „Trancezustandes“ erscheint wieder. Dieses EEG weist somit eine genaue Übereinstimmung mit dem klinischen Bild auf — es zeigt, wie der *Druck* der Krankheit die Patientin im Bann der Trance festhält, und offenbart gleichzeitig auf schmerzliche Weise, wie menschlicher Kontakt oder irgendein Interesse sie „erwecken“ und „beleben“ kann — dies *jedoch* nur für kurze Zeit.

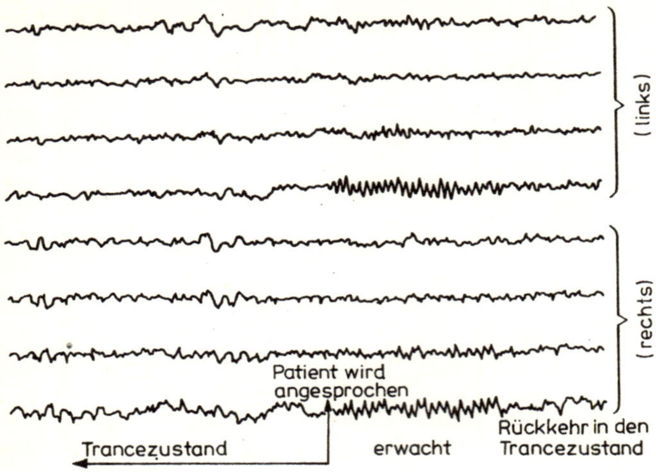

Abb. 1: Das EEG von Rose R. zeigt grob verlangsamte, unregelmäßige Aktivität während ihres „Trancezustands" an. In dem Augenblick, da man sie anspricht, erscheint ein normaler Alpha-Rhythmus. Aber innerhalb von ein bis zwei Sekunden verschwindet er wieder. Rose R. fällt in ihren „Trancezustand" zurück.

Im wesentlichen erging es allen Patienten so: Bevor das L-DOPA 1969 aufkam, befanden sie sich *jahrzehntelang* in dieser Situation.

L-DOPA (oder verwandte Substanzen) ist von einzigartiger Wirksamkeit, was das Hervorrufen *anhaltenden* „Erwachens" betrifft. Aber wie uns bisher alle Fälle zeigten, wird diese anfängliche Wirkung nach einer gewissen Zeit stets durch „Heimsuchungen", d. h. durch das Erleiden kaum zu ertragender Qualen kompliziert. Das wurde besonders bei Leonhard L. deutlich, der nach dem außergewöhnlichen Sommer im Jahre 1969 L-DOPA oder ähnliche Medikamente nie sehr lange ertragen konnte und ihnen gegenüber nach wenigen Wochen nicht nur eine grob übersteigerte Sensibilität aufwies, sondern auch mit erheblichen pathologischen Wirkungen zu kämpfen hatte (s. S. 161—162). Leonhard L.s EEG ist ohne medikamentöse Aktivierung außergewöhnlich verlangsamt, sogar stärker als das von Rose R.; es weist dabei einen Grad der Verlangsamung auf, der auch im tiefsten, normalen Schlafzustand niemals beobachtet wurde (Abb. 2a) — wenngleich Leonhard L. während des EEGs nicht schlief, sondern einfach jeglicher Bewegungsmöglichkeit, jedweden Gefühls und Willens beraubt war. Wird er mit Amantadin behandelt (Abb. 2b), geht es ihm zunächst recht gut, sein EEG wird schneller, ist besser strukturiert und rhythmischer — fast normal. Bei fortgesetzter Behandlung mit diesem Präparat (und der damit einhergehenden *Stimulierung*, die innerhalb von drei bis vier Wochen eintritt), entwickelt er plötzlich krampfhafte Bewegungen und Vorstellungen. Sein EEG verzeichnet ein starkes Erregungsniveau, die Kurven weisen große Ausschläge auf und deuten auf paroxysmale Gehirntätigkeit (Abb. 2c). Am Ende wird Leonhard L. so heftig, daß das Amantadin abgesetzt werden muß — aber dadurch kehrt er innerhalb von Stunden in seinen reglosen, apathischen, fast stuporösen Zustand zurück (Abb. 2a).

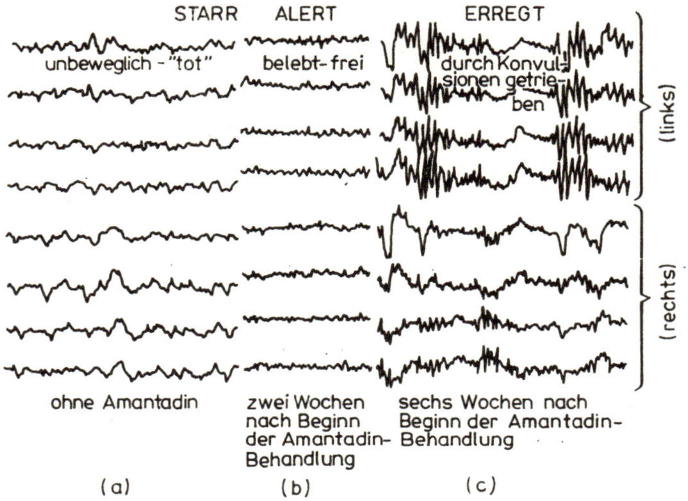

Abb. 2: Das EEG von Leonard L. in drei unterschiedlichen Zuständen. Erkennbar sind: in (a) die stark verlangsamte und unregelmäßige bioelektrische Aktivität ohne Einfluß jeglicher Medikamentation; in (b) schnellere, lebhaftere, normale zerebrale Rhythmen mit den anfänglichen „Weck“-Effekten von Amantadin; in (c) gesteigerte Aktivität mit konvulsiven Ausbrüchen (besonders auf einer Seite) bei fortgesetzter und nunmehr mit pathologischen Wirkungen verbundener Medikation.

Bei einem Patienten, dessen Verhalten und Gehirnzustände stets zu *Extremen* neigen, der also eigentlich an einer bipolaren Störung leidet, besteht das Problem darin, ein Niveau zwischen den Extremen zu finden. Leonhard L.s EEG — sowie ein Dutzend andere, über die wir verfügen — spiegelt die exakte, objektivierte Bestätigung dieses klinischen Dilemmas wider. Es zeigt, wie die fortgesetzte Anwendung jeglicher Weckdrogen oder stimulierender Medikamente mit der Zeit einen zunehmenden *Druck* ausübt, der von den Patienten schließlich nicht mehr ertragen werden kann, so daß sie gerade das nicht länger aufzunehmen vermögen, dessen sie dringend bedürfen. Sowohl in der klinischen Praxis wie auch an den EEGs ist zu erkennen, daß bei solchen Patienten die Basis für therapeutische Maßnahmen äußerst schmal ist, ihre „Gesundheit“ einem gespannten Seil gleicht, auf dem sie zu gehen versuchen — auf jeder Seite den Abgrund einer Krankheit vor Augen: den Abgrund des Stupors auf der einen und den Abgrund der krankhaften Erregung auf der anderen Seite. Was als bloße (oder vielleicht übertriebene) Metapher erscheinen mag, ist in den EEGs dieser Patienten als schreckliche, physiologische Realität *erkennbar*. Wie Ixion an ein sich ewig drehendes, feuriges Rad, so sind diese Patienten an ein ebenso unaufhaltsam sich drehendes, physiologisches Rad gebunden, das sie von einem Extrem zum anderen bringt — von einem Extrem einer „physiologischen“ Hölle zum anderen.

Was die Medikation nicht vermag, können — es erscheint wie eine Gnade der Natur — Musik, Aktivität und Kunst erreichen — zumindest *solange sie andauern*. Wir haben auch das bei vielen EEGs beobachtet; am auffälligsten bei zwei Patienten (Rosalie B. und Ed M.), die hoch musikalisch und in dem Film über die Fallgeschichten zu sehen sind. Beide Patienten haben deutlich von der Norm abweichende EEGs, die sowohl stuporöse als auch konvulsive Züge aufweisen. (Ed lebt einerseits sehr verlangsamt, andererseits sehr konvulsiv, leidet unter katatonen Zuständen und gleichzeitig unter heftigen Tics und dem Tourette-Syndrom.) Auf eine wunderbar zu beobachtende Weise jedoch werden ihre EEGs und ihre klinischen Zustände völlig normal, wenn sie musizieren oder Musik hören. Wenn die Musik endet, fallen sie wieder in ihre pathologische Situation zurück.

Die Untersuchungen zeigen uns, wie das Physiologische und das Existentielle zusammenpassen. Wie Claude Bernard lehrte, liegt das Ziel physiologischer Prozesse in der Herstellung eines stabilen *milieu intérieur* — das, in seinen Worten, die Bedingung für ein freies Leben ist. In den höchsten Zentren muß eine Konstanz zerebraler Rhythmen gegeben sein — vielleicht die entscheidende Voraussetzung für ein freies Leben. Die Erfahrung mit unseren Patienten und deren EEGs verdeutlicht folgende grundlegende Wahrheit: Die Physiologie des zerebralen Rhythmus und der Tonus eines Menschen müssen zumindest *einigermaßen* konstant sein und im Bereich der Norm liegen, wenn sie als Grundlage für sein Handeln und seine Freiheit dienen sollen. Ferner gilt, daß der Mensch in völliger Abhängigkeit, gefangen, passiv und unfrei lebt, wenn die zerebrale Physiologie *allzu* abnorm ist; und daß beide, das L-DOPA und die Musik, indem sie eine beständigere und rhythmischere Gehirntätigkeit auslösen, dem Patienten zur Freiheit verhelfen.

Zu der Zeit, als ich die Untersuchungen unserer Patienten mit EEG begann, kannte ich keine anderen Untersuchungen mit einer vergleichbaren Gruppe hospitalisierter, postenzephalitischer Patienten. Um genauer zu sein, ich hatte Onuaguluchis (1964) faszinierendes Buch über die Postenzephalitiker in Glasgow, das ich seit seinem Erscheinen vor vielen Jahren nicht mehr gelesen hatte, *vergessen*. Schon bei einem flüchtigen Blick auf diese Arbeit stellte sich heraus, daß *einige* seiner Patienten außergewöhnlich verlangsamte EEGs

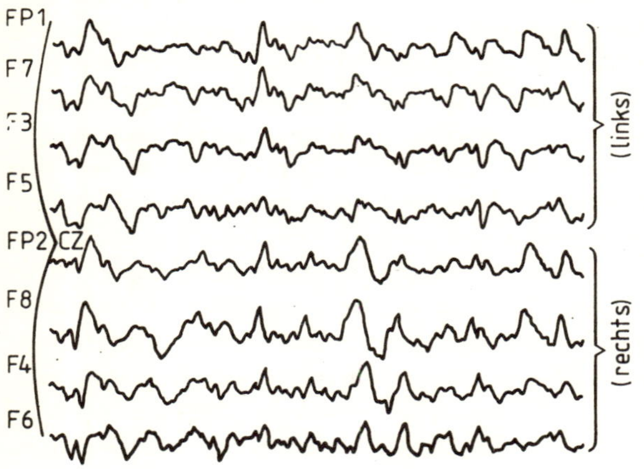

Abb. 3: Beispiel eines EEGs einer postenzephalitischen Patientin (Leonara di P.), die 1980 in Mount Carmel aufgenommen wurde, ohne jemals vorher mit L-DOPA behandelt worden zu sein. Die gesamte Aufzeichnung zeigt eine hochgradige (Delta-)Verlangsamung an, wie sie in der Regel nur in tiefstem Schlaf oder im Koma auftritt, obwohl die Patientin während des EEGs bei vollem Bewußtsein und ohne Einschränkung aufmerksam war.

haben, dies aber bei weitem nicht allgemein der Fall ist: Er erwähnt, daß bei 60% der Patienten gelegentlich eine verlangsamte (Theta-)Erregung zu verzeichnen ist und eine stark verlangsamte (Delta-)Aktivität so gut wie gar nicht auftritt.

Im Gegensatz hierzu zeigt bei unserer Population mehr als die Hälfte der Patienten ausgeprägte und anhaltende Delta-Aktivität (vgl. Abb. 3) — ein Bild, das in der Regel häufiger in tiefem Schlaf oder Stupor anzutreffen ist. Diese Diskrepanz sowie die klinischen Unterschiede zwischen den Patienten vom Highlands Hospital und unseren Patienten bestätigen das weitaus häufigere Auftreten von kortikalen Erregungsstörungen („Schlaf“) bei unseren Kranken — und, damit verbunden, die Notwendigkeit und Möglichkeit eines viel *drastischeren* „Erwachens“.

Anmerkungen

Anmerkungen zu den Seiten 16—24

1 Im Jahre 1969 erschien ein Aufsatz über L-DOPA und postenzephalitischen Parkinsonismus; vgl. Calne u. a. 1969 (s. auch S. 19).

2 Vgl. Jelliffe 1927.

3 Ich befasse mich ausführlich mit diesem Punkt in Sacks 1983.

4 Während Lurija in seiner Autobiographie (vgl. Lurija 1979 und 1982) vom „Romantischen" und „Klassischen" spricht, bezeichnet Jerome Bruner das „Narrative" und „Paradigmatische" als die beiden „natürlichen" Denkformen; vgl. Bruner 1986, S. 11—43.

Anmerkungen zu den Seiten 25—45

1 Mit dem Begriff „postenzephalitisch" werden Symptome bezeichnet, die *nach* einem Anfall von *Encephalitis lethargica* auftreten und die als deren direkte oder indirekte Folge zu betrachten sind. Derartige Symptome können sich mit einer jahrelangen Verzögerung nach dem ersten Anfall einstellen.

2 Viele Schauspieler, Chirurgen, Mechaniker, qualifizierte Facharbeiter usw. weisen im Zustand der Ruhe schweren Parkinsonschen Tremor auf, von dem jedoch keine Spur zu bemerken ist, wenn sie ihrer Arbeit nachgehen oder sich einer Tätigkeit zuwenden.

3 Charcot hatte bei Patienten beobachtet (und viele Parkinsonpatienten stellen es bei sich fest), daß Rigidität in erheblichem Maße beim passiven bzw. aktiven Schwimmen im Wasser behoben werden kann (s. die Falldarstellungen Hester Y., Rolando P., Cecil M. usw.). Bis zu einem gewissen Grade trifft gleiches auch auf andere Formen von Starre, Spasmen, Athetose, Tortikollis usw. zu.

4 Eine spezielle, in der klassischen Literatur nicht beschriebene Form negativer Störungen wird auf den Seiten 91—93 dargestellt.

5 Dr. Gerald Stern erzählte mir von einem solchen Patienten im Highlands Hospital, dem man nach dem berühmten Fußballer der fünfziger Jahre den Spitznamen „Pushkas" gab. Oft saß Pushkas erstarrt und bewegungslos da, *es sei denn*, man warf ihm einen Ball zu. Das belebte ihn augen-

blicklich; er sprang auf, hechtete seitwärts, rannte, den Ball vor sich hertreibend, mit wahrhaft Pushkasschem, akrobatischem Genius. Warf man ihm eine Streichholzschachtel zu, so konnte er sie mit der Fußspitze auffangen, hochschleudern, abermals hochschießen und, die Streichholzschachtel mit einem Fuß jonglierend, die ganze Station entlanghüpfen.

Es gibt noch eine andere Geschichte über postenzephalitische Patienten im Highlands Hospital. Zwanzig Jahre lang teilten zwei Männer ein Zimmer, ohne jedoch Kontakt miteinander zu haben und anscheinend ohne Gefühle für einander. Beide verhielten sich völlig reglos und stumm. Eines Abends, als Dr. Stern seine Runde machte, drang aus diesem Zimmer der ewigen Ruhe fürchterlicher Krach. Zusammen mit zwei Schwestern eilte Dr. Stern in das Zimmer und fand die beiden Patienten in heftigem Streit. Sie stießen sich gegenseitig durch den Raum und schrien sich Obszönitäten zu. Nach Dr. Sterns Worten lag diese Szene „hart an der Grenze des Glaubhaften — denn keiner von uns hätte sich je auch nur im Traume *vorstellen* können, daß diese Männer imstande wären, sich überhaupt zu bewegen." Mit einiger Mühe wurden sie voneinander getrennt. In dem Augenblick, da man sie trennte, verfielen sie erneut in den Zustand der Sprach- und Reglosigkeit, in dem sie weitere fünfzehn Jahre verharren sollten. In den fünfunddreißig Jahren, in denen sie das Zimmer bewohnten, war dies das *einzige* Mal, daß sie zum Leben „erwachten".

Diese Mischung von Akinese und einer gewissen motorischen Genialität ist für postenzephalitische Patienten kennzeichnend. Ich habe eine Patientin vor Augen (nicht aus Mount Carmel), die bewegungslos dasitzt, bis man ihr drei (oder mehr) Orangen zuwirft, woraufhin sie sofort mit diesen zu jonglieren beginnt — sie kann dies auf unglaubliche Art eine halbe Stunde lang, ohne Unterbrechung, mit bis zu sieben Orangen tun. Läßt sie jedoch eine Frucht fallen oder wird sie nur für einen Augenblick unterbrochen, fällt sie unvermittelt wieder in ihren Zustand der Bewegungslosigkeit zurück. Bei einem anderen Patienten (Maurice), der 1971 nach Mount Carmel kam, ahnte ich nicht im geringsten, daß er überhaupt *in der Lage war*, sich zu bewegen. Ich hatte ihn lange als „hoffnungslos akinetisch" betrachtet, bis er eines Tages, als ich einige Notizen zu schreiben im Begriffe war, plötzlich mein kompliziert gebautes Ophthalmoskop ergriff, er auseinanderschraubte, untersuchte, wieder zusammensetzte und mich auf verblüffende Weise bei einer Augenuntersuchung nachahmte. Die gesamte „Darbietung", makellos und brillant, nahm nicht mehr als ein paar Sekunden in Anspruch.

6 In den USA wird der Begriff „Schlafkrankheit" sowohl für die Bezeichnung der afrikanischen, durch einen Parasiten verursachten, endemischen Krankheit (*Trypanosomiasis*) als auch für die epidemische, von einem Virus verursachte *Encephalitis lethargica* verwendet; in England wird jedoch nur letztere zumeist als „Schlafkrankheit" bezeichnet.

7 Eine ausführlichere Darstellung in Sacks 1971.

8 Es bestand sowohl eine gewisse Gleichzeitigkeit als auch eine gewisse zeitliche Überschneidung der großen enzephalitischen Pandemie und der weltweiten „Grippe"-Pandemie — so wie 30 Jahre zuvor im Falle der italienischen *Nona* eine ansteckende, wenngleich örtlich begrenzte Influenza-Epidemie voranging. Es ist wahrscheinlich, jedoch nicht gewiß, daß die Influenza und die Enzephalitis die Auswirkungen zweier unterschiedlicher Viren widerspiegelten; es erscheint sogar möglich, daß die Influenza-Epidemie der Enzephalitis-Epidemie in gewisser Weise den Weg bahnte und daß der Grippe-Virus die Auswirkungen des Enzephalitis-Virus potenzierte (also die Abwehrkräfte gegen diesen auf verheerende Weise reduzierte). So trat die Enzephalitis in ihrer ansteckendsten Form zwischen Oktober 1918 und Januar 1919 auf, als die Hälfte der Weltbevölkerung von der Grippe und ihren Folgeerscheinungen betroffen war und über 21 Millionen Menschen starben. Wie die

Schlafkrankheit, so wurde auch die große Grippe-Epidemie auf unerklärliche Weise „vergessen" (es war die verheerendste Epidemie seit der Schwarzen Pest des Mittelalters). H. L. Mencken schreibt hierzu: „Die Epidemie wird selten erwähnt, und die meisten Amerikaner haben sie offensichtlich vergessen. Das ist nicht überraschend. Der menschliche Geist versucht stets, das Unerträgliche aus dem Gedächtnis zu verdrängen, wie er es, wenn es vorhanden ist, zu verstecken sucht."

9 Thom Gunns Gedicht *Das Gefühl der Bewegung* enthält die Schlüsselzeile: „Man ist stets näher, indem man nicht still verharrt." Dieses Gedicht beschäftigt sich mit dem fundamentalen *Bedürfnis, sich zu bewegen* — mit Bewegung, die auf rätselhafte Weise stets *auf etwas* gerichtet ist. Das trifft nicht auf den Parkinsonpatienten zu: Dadurch, daß er nicht still verharrt, ist er in *keiner* Weise näher. Kraft seiner Bewegung gerät er nicht näher an etwas, und in diesem Sinne ist seine Bewegung keine echte Bewegung, und sein Mangel an Bewegung ist keine echte Ruhe.

Die Straße des Parkinsonismus ist eine Straße, die nirgendwohin führt; das Land des Parkinsonismus ist paradox und einer Sackgasse vergleichbar.

10 Dr. G. A. Auden (der Vater des Dichters William H. Auden) war einer der vielen hervorragenden Ärzte, die sich mit großer Anteilnahme den möglicherweise durch die Schlafkrankheit entstandenen Persönlichkeitsveränderungen zuwandten. Dr. Auden betonte, daß solche Veränderungen nicht immer als wesentlich schädliche oder zerstörerische anzusehen sind. Dr. Auden, der sich anders als viele seiner Kollegen in der Zuschreibung des Pathologischen der Zurückhaltung befleißigte, bemerkte, daß einige der Betroffenen (speziell Kinder) zu einer echten (wenngleich krankhaften) Brillanz und zum Durchleben unerwarteter, beispielloser Höhen und Tiefen „erweckt" werden könnten. Die Vorstellung von einer Krankheit mit einer „dionysischen" Kraft wurde in der Familie Auden häufig diskutiert; W. H. Auden war gedanklich ständig mit diesem Thema beschäftigt. Viele andere Künstler jener Zeit, und in besonderem Maße wohl Thomas Mann, waren angesichts eines weltweiten Krankheitsdramas betroffen, das, obgleich in vieldeutiger Weise, die Großhirntätigkeit auf hellwache und schöpferische Höhen zu heben vermochte.

11 Smith Ely Jelliffe, als hervorragender Neurologe und Psychoanalytiker gleichermaßen bekannt, war vielleicht derjenige, der die Schlafkrankheit und ihre Folgeerscheinungen aus der unmittelbarsten Nähe beobachtet hat. Im Rückblick auf die Epidemie zog er folgendes Fazit: „Im Rahmen des gewaltigen Gesamtfortschritts in der Neuropsychiatrie während der vergangenen zehn Jahre wurde auf keinem anderen einzelnen Fachgebiet ein Fortschritt erzielt, dessen Bedeutung mit dem durch das Studium der epidemischen Enzephalitis erreichten vergleichbar ist. Keine andere Gruppe von pathologischen Reaktionen bewirkte . . . eine derart weitreichende Modifikation der allgemeinen Grundlagen der Neuropsychiatrie . . . *Eine völlige Neuorientierung wurde unumgänglich*" (Jelliffe 1927).

12 Siehe Jelliffe 1927 und 1932.

13 Siehe Anmerkungen 15 und 16.

14 John Donne, *Devotions upon Emergent Occasions*, in: *Complete Poetry and Selected Prose*, London/New York 1930, S. 513.

15 Wir konnten feststellen, daß der Parkinsonismus und die Neurosen wesentlich zwanghaft sind, d. h., daß dem einen wie den anderen eine ähnliche *zwanghafte Struktur* eigen ist. Totale Anstalten sind ebenfalls voller Zwänge, sind in Wirklichkeit *externe Neurosen*. Die Zwänge der Anstalten führen die Zwanghaftigkeit ihrer Insassen herbei und steigern sie. So ließ sich beobachten, wie die Zwänge

in Mount Carmel mit exemplarischer Deutlichkeit bei postenzephalitischen Patienten die neurotischen und Parkinsonschen Tendenzen verstärkt haben, und mit gleicher Klarheit war zu erkennen, wie die „guten“ Seiten von Mount Carmel — Mitgefühl und Menschlichkeit — neurotische und Parkinsonsche Symptome linderten.

16 Es ist aufschlußreich, den Zustand dieser Patienten in Mount Carmel mit dem jener Patienten zu vergleichen, die in der einzigen postenzephalitischen Gemeinschaft in England (im Highlands Hospital) leben. Die Bedingungen in Highlands — umgeben von freiem Gelände, mit freiem Zugang zu einem Nachbarort, mit besseren Behandlungsmöglichkeiten und einer viel freieren und lockereren Atmosphäre — gleichen jenen, die anfangs in Mount Carmel vorherrschten. Die Patienten in Highlands (manche sind schon seit den zwanziger Jahren dort) vermitteln trotz ihrer schweren postenzephalitischen Syndrome ein völlig anderes Bild als die Patienten in Mount Carmel. Im großen und ganzen neigen sie dazu, beweglich, munter, ungestüm und überaktiv zu sein und lebhafte, gefühlsbetonte Reaktionen zu entwickeln. Das steht im Gegensatz zu dem parkinsontypischen, entrückten, ernsten oder in sich gekehrten Erscheinungsbild vieler Patienten in Mount Carmel. Es besteht kein Zweifel, daß beide Patientengruppen an der gleichen Krankheit leiden, und es ist dennoch klar, daß *Erscheinungsform* und Verlauf der Krankheit in beiden Gruppen sehr unterschiedlich sind.

Ich habe nie klären können, ob die verschiedenen Krankheitsformen auf unterschiedlichen pathologischen „Schicksalen“ beruhen oder Auswirkungen unterschiedlicher Umgebungen und Atmosphären sind: der ziemlich offenen und fröhlichen Atmosphäre in Highlands bzw. der ziemlich düsteren, verhaltenen in Mount Carmel. In früheren Ausgaben dieses Buches habe ich die zweite Deutung bevorzugt, allerdings ohne sie durch eindeutige Beweise zu untermauern. Ich muß festhalten, daß wir auch in Mont Carmel eine Reihe aufgeweckter, schelmischer, voller Späße und Tics steckender, stark an ihre Leidensgefährten in Highlands erinnernde Patienten haben. Also ist vielleicht das „Schicksal“ und nicht die Umgebung ausschlaggebend. Höchstwahrscheinlich sind es die Auswirkungen einer Wechselwirkung von „Schicksal“ und Umgebung. Die merkwürdig *bizarren* Wesenszüge sind charakteristisch für solche Postenzephalitiker, machen sie oftmals liebenswert und brachten ihnen in England den Spitznamen „enkies“ ein. Die Merkmale der „enkiness“ (Hirnigkeit) waren in Mount Carmel zuerst nicht so sichtbar, denn viele der Patienten standen, als ich sie sah, im Bann eines schweren Parkinsonismus. Mit dem Schwinden des Parkinsonismus wurden diese Merkmale viel auffälliger — infolge der kontinuierlichen Stimulierung durch L-DOPA und (in einigen Fällen) dank der „Rückkehr“ der überschäumenden Persönlichkeit der jungen Jahre, bevor diese durch die Krankheit verschüttet wurde. Diese „enkiness“ ist auch beim Tourette-Syndrom sichtbar, bei dem es zu einem fast ein Leben lang anhaltenden ticartigen Übersprudeln als Folge eines „natürlichen“ Überschusses an zerebralem Dopamin kommen kann (siehe Sacks 1982a und b).

17 Patienten verwenden sehr häufig bildliche Ausdrücke wie „saturnische Schwerkraft“. So wurde eine Patientin (Helen K.) bei den Dreharbeiten zum Film über die Fallgeschichten gefragt, wie man sich als Parkinsonkranke fühlt. Sie antwortete: „Als ob man auf einem riesigen Planeten festsitzt. Mir war, als sei ich viele Zentner schwer, ich wurde zerdrückt, ich konnte mich nicht bewegen.“ Etwas später wurde sie gefragt, wie sie sich nach der Einnahme von L-DOPA gefühlt hat (sie war sehr flatterig, unbeständig, quecksilbrig geworden): „Als ob ich auf einem verrückten, kleinen Planeten wäre, wie auf Merkur — nein, der ist zu groß; wie auf einem Asteroid! Ich konnte einfach nicht an einer Stelle bleiben, ich wog nichts, ich war überall.“ Am Ende des Gesprächs kam sie darauf zurück: „Es ist alles eine Frage der Schwerkraft, irgendwie — erst ist zu viel da, dann zu wenig. Parkinsonismus ist Schwere, L-DOPA ist Leichtigkeit,

und es ist schwierig, etwas dazwischen zu finden.“ In umgekehrter Weise werden derartige Vergleiche auch von Patienten mit dem Tourette-Syndrom angeführt (Sacks 1981a).

Nachdem Edith T. in einem früheren Gespräch bemerkt hatte, sie sei durch den Parkinsonismus „ungraziös“ geworden, fragten wir Helen K., ob sie das gleiche Gefühl habe. „Natürlich!“ sagte sie. „Das gehört zusammen. Es gibt einen berühmten Essay ‚Schwere und Grazie‘. Man könnte solch einen Essay aus *unserem*, in dieser Hinsicht überlegenen Gesichtspunkt schreiben. Man kann nicht graziös sein, wenn man zu schwer und unbeweglich ist. Man kann nicht graziös sein, wenn man zu leicht und flatterig ist. Man braucht das *richtige* Maß an Schwere, um Grazie zu haben.“

18 Kürzlich wurde durch chemische Analysen festgestellt, daß verschiedene Bohnensorten große Mengen an L-DOPA enthalten (in einer Größenordnung von 25 g L-DOPA pro Pfund). Auch gibt es den Hinweis (der einer sorgfältigen Überprüfung bedarf), daß derartige mit L-DOPA angereicherte Bohnen viele Jahrhunderte lang ein „Volksheilmittel“ dargestellt haben. So ist es möglich, daß L-DOPA, dessen Aufkommen wir auf das Jahr 1967 datieren, bereits 1967 v. u. Z. aufgekommen war.

19 In seinen ersten Untersuchungen verwendete Dr. Cotzias DL-DOPA, eine Mischung aus dem biologisch aktiven L-DOPA und seiner inaktiven isomeren Substanz D-DOPA. Die Trennung dieser zwei isomeren Substanzen in den Jahren 1966 bis 1967 war nicht einfach zu erzielen und war außerordentlich kostspielig.

Anmerkungen zu den Seiten 46—162

1 Miss D.s Fähigkeit, Treppen in einem kontinuierlichen und kontrollierten Gehen zu steigern, steht in drastischem Gegensatz zu ihrer sporadisch auftretenden und unkontrollierbaren Neigung, beim Gehen entweder zu eilen oder zu erstarren. Diese Tatsache veranschaulicht die Notwendigkeit der Anwendung *äußerer Mittel*, um Parkinsonpatienten zu aktivieren und um ihre Tätigkeit zu regulieren oder zu steuern. Solche direkten Methoden der Aktivierung und Regulierung — direkt in dem Sinne, daß sie unmittelbar auf die durch den Parkinsonismus bedingten Störungen im Verhalten und Erleben, und nicht auf dessen chemisches oder anatomisches Substrat gerichtet sind — sind von grundlegender theoretischer und praktischer Bedeutung. Denn sie helfen uns, Parkinsonpatienten zu verstehen und ihnen durch unser Verständnis zu helfen. Solche direkten Methoden werden entdeckt oder können erlernt werden (und *müßten* erlernt werden), und zwar von den Parkinsonpatienten selbst, ihren Freunden und Verwandten, ihren Ärzten und Schwestern — von allen, die in engem Kontakt mit ihnen stehen. Diese Methoden sind leicht erlernbar; oft bereitet es sogar Vergnügen, sie zu erlernen. Sie können in der Tat zu wichtigen Veränderungen im Leben der Parkinsonpatienten führen; und sie stellen eine wesentliche Ergänzung zur Anwendung von L-DOPA dar.

Das Problem der Passivität, das dazu führt, daß der Organismus ständiger Stimulierung bedarf, betrifft alle Parkinsonpatienten, unabhängig vom Ursprung und Schweregrad der Erkrankung. Richard Gregory hat auf sehr einfache und elegante Weise gezeigt, daß ein Parkinsonpatient zwar mit äußerster Genauigkeit einem beweglichen Reiz folgen kann, jedoch sofort erstarrt, wenn der Reiz erlischt, und daß der Patient seine Tätigkeit nicht wieder aufnehmen kann, bevor der Reiz dargeboten wird.

Man könnte sagen (wie ich es in der ursprünglichen Fassung dieser Fußnote ausgedrückt hatte), daß der Patient vollauf *versteht*, was er tun soll, und dennoch zur Ausführung der entsprechenden

Handlung nicht in der Lage ist. Ich habe dies der Situation von Patienten gegenübergestellt, die an kortikaler „Apraxie" leiden, wodurch das Verstehen eines motorischen Ablaufs oder eines Programms zusammenbricht. Heute (1981) bin ich weniger sicher, ob diese Gegenüberstellung zulässig ist. Ich glaube, daß ein erheblicher Teil der Parkinsonschen Unfähigkeit, etwas auszuführen, „apraxisch" oder *quasi*-apraxisch *ist* (und hierfür gibt es jetzt theoretische und aus praktischen Erfahrungen gewonnene Hinweise). E. Goldberg aus New York, ein ehemaliger Schüler Lurijas, hat dies in einer persönlichen Mitteilung unterstrichen, wie auch I. Golani in Israel. Golani, der mit „den klügsten Parkinsonpatienten in Israel" gearbeitet hat, verbrachte Jahre damit, ihnen umfangreiche Bewegungsprogramme oder -abläufe beizubringen. Die Patienten weisen eine normale oder übernormale Fähigkeit auf, diese Programme zu verstehen und danach zu handeln — *außer wenn sie „erstarrt" sind.* Dann können sie an die Programme nicht einmal *denken*, sich nicht an sie „erinnern", geschweige denn, sie ausführen. So läßt sich festhalten, daß der Parkinsonpatient im Augenblick des „Erstarrens" tatsächlich der Möglichkeit zur Ausführung beraubt wird und buchstäblich nicht weiß, wie etwas zu tun ist. Das führt zu weitreichenden Fragen darüber, was in einem solchen Zusammenhang das „Kennen" oder „Verstehen" eines Bewegungsablaufs bedeutet. Man wird, vermute ich, gezwungen, zu der klassischen, besonders von Kant vertretenen Unterscheidung zwischen theoretischer und praktischer Vernunft zurückzukehren: Es scheint, als ob wir eine Handlungs-„Prozedur" nicht wirklich verstehen, wenn wir unfähig sind, diese „Prozedur" in das Verstehen einzubetten und sie danach auszuführen. Oder anders: Wenn die Ausführung zum Stillstand kommt, so kommt auch das Denken zum Stillstand.

Das Problem besteht somit darin, kontinuierlich über einen adäquaten Reiz zu verfügen — und wenn wir das erreichen können, dann können wir Parkinsonpatienten aus ihrer Passivität (oder abnormen Aktivität) zurückführen zu normaler Aktivität — und aus dem Abgrund des Daseins in das normale Dasein. „*Qui non agit non existit*": Wenn der Parkinsonpatient nicht aktiv ist, existiert er nicht — wenn wir ihn zur Aktivität zurückführen, versetzen wir ihn in das Leben zurück.

2 Derartige Nage- und Beißzwänge, verbunden mit dem Zusammenbeißen der Zähne und dem Zähneknirschen, sowie eine Vielfalt anderer abnormer oder abnorm perseverierender Mundbewegungen gehören zu den häufigsten „Nebenwirkungen" von L-DOPA. Diese Bewegungen können völlig unwillkürlich, äußerst heftig, und für Gaumen, Zunge, Zähne usw. gefährlich sein (vgl. Sacks u. a. 1970f.). Solche Zwänge vermögen — wie andere Formen zwanghaften Kratzens, Verletzens, Juckens und „Kitzelns" — auch lokale Verletzungen sowie eine intensive und ambivalente Mischung aus Lust und Schmerz hervorzurufen; dieser teuflische Vorgang ist verwandt mit dem Tourette-Syndrom und dem Lesch-Nyhan-Syndrom, das Kinder zur Selbstverstümmelung treibt.

3 Was wir bei Frances D. beobachteten, war später zuweilen weit stärker ausgeprägt und in viel absurderen Erscheinungsformen bei manchen unserer Postenzephalitiker auf dem Höhepunkt ihrer Reaktionen auf L-DOPA zu beobachten. Das Bild, das sich uns bot, war einem seltsamen und schrecklichen organischen Wachstum vergleichbar, einem Sprießen und Aufbrechen nicht nur einfacher, unwillkürlicher Bewegungen und Erregungen, sondern auch von Tics und manieriertem Verhalten, bizarren Regungen und komplexen, kapriziösen und zwanghaften Vorstellungen; *mehr noch*: dem Aufbrechen vollständiger Verhaltensrepertoires primitiven und sogar vormenschlichen Ursprungs. Viele Jahre zuvor, während der akuten Epidemie, hatte Jelliffe von „Menagerie-Lauten" gesprochen, die für viele Patienten kennzeichnend sind. Im Sommer 1969 konnten Besucher des Krankenhauses solche Laute hören — Menagerie-Laute, Dschungellaute, Laute fast unvorstellbar tierischen Charakters. „Mein Gott!" Mit einem entsetzten Gesichtsausdruck riefen sie dann aus: „Was war denn *das*? Halten Sie wilde Tiere, führen Sie Vivisektionen durch,

haben Sie hier oben einen *Zoo*?" Dr. Purdon Martin, der uns zu dieser Zeit besuchte, meinte, das sei „eine unglaubliche Situation. Ich habe seit den Tagen der akuten Epidemie nichts Vergleichbares erlebt." Was mich betrifft, so hatte ich niemals *etwas irgendwie* Vergleichbares beobachtet. Inzwischen ist mir klar geworden, daß nur bei Parkinsonpatienten, gelegentlich auch bei Patienten mit einem ausgeprägten Tourette-Syndrom, das anfallartige Auftreten und Ausbrechen derartiger Verhaltensweisen vorkommt.

Diese unheimlich anmutenden Verhaltensweisen unterscheiden sich von bloßen, bei psychotischen und bestialischen Regressionen auftretenden *Nachahmungen*. Was hier zutage tritt, sind echte frühgenetische Instinkte und Verhaltensweisen, die aus unseren phylogenetischen Tiefen hervorgeholt werden. Das Vorhandensein solcher Rudimente darf uns nicht überraschen. Darwin schreibt in seinem berühmten Kapitel über Reversion und Atavismus: „Der befruchtete Keim eines der höheren Tiere . . . ist vielleicht das wunderbarste Objekt in der Natur . . . Aber nach der Theorie des Rückschlags . . . wird der Keim ein noch viel wunderbarerer Gegenstand; denn außer den sichtbaren Veränderungen, denen er unterworfen wird, müssen wir noch annehmen, daß noch unsichtbare Charaktere in ihm gehäuft sind, welche beiden Geschlechtern eigen, welche beiden Seiten, der rechten und linken des Körpers und einer langen Reihe männlicher und weiblicher Vorfahren eigen sind, die durch Hunderte oder selbst Tausende von Generationen von der Jetztzeit getrennt sind; und diese Charaktere liegen alle wie mit unsichtbarer Tinte auf Papier geschriebene Buchstaben da, bereit, sich unter gewissen bekannten oder unbekannten Bedingungen zu entwickeln" (Darwin 1878, S. 39). Einige dieser Bedingungen sind exemplarisch an bestimmten Postenzephalitikern nachzuweisen. Wir können annehmen, daß einige der vielen Läsionen im Thalamus, Hypothalamus, Rhinenzephalon und im oberen Hirnstamm latente Verhaltensweisen stimulieren oder enthemmen. So sehen wir, daß die Geschichte der Abstammung des Menschen in der Tat eine Milliarde Jahre gedauert hat. Dies ist dann die zweite und vielleicht düstere Form des „Erwachens" — aber eine von folgenschwerer Bedeutsamkeit für die Biologie.

4 Die erstaunliche Vielfalt solcher Krisen und deren Beeinflußbarkeit durch Suggestion trat bei einer anderen Patientin, Lillian W., noch deutlicher zutage, deren Fallgeschichte in diesen Band nicht aufgenommen ist. Bei Lillian W. traten mindestens einhundert deutlich unterscheidbare Krisenarten auf: Schluckauf, Keuchanfälle, okulogyre Krisen, Schnüffelanfälle, Schweißausbrüche, anfallartiges Röten und Warmwerden der rechten Schulter, Zähneklappern, anfallartiges Ticcen, anfallartiges, ritualisiertes Wiederholen, wobei sie mit ihrem Fuß in drei verschiedenen Stellungen aufzuschlagen oder ihre Stirn in vier bestimmte Richtungen zu weisen pflegte, Zählanfälle, Verbigerationsanfälle, bei denen bestimmte Wendungen eine bestimmte Anzahl von Malen wiederholt wurden, Angstanfälle, Kicheranfälle usw. Bei dieser Patientin konnte jegliche Art von Krise durch jedwede (sprachliche oder sonstige) Anspielung auf Krisen jeglicher Art unfehlbar ausgelöst werden.

Lillian W. hatte auch bizarre „Misch"-Krisen, bei denen eine Vielzahl von Phänomenen (Schnüffeln, Okulogyrie, Keuchen, Zählen usw.) in unerwarteten (und scheinbar sinnlosen) Kombinationen zusammengewürfelt waren. Es traten ständig neue und merkwürdige Kombinationen auf. Obgleich ich Zeuge von Dutzenden dieser komplexen Krisen war, gelang es mir nie, eine physiologische oder symbolische Gemeinsamkeit der einzelnen Erscheinungen zu entdecken. Nach einer Weile unterließ ich es, einen derartigen gemeinsamen Nenner zu suchen, und akzeptierte sie statt dessen als absurdes Ineinander physiologischer Fremdartigkeiten oder, gelegentlich, als improvisierte Kollagen aus physiologischen Raritäten. Auch Mrs. W., eine talentierte und humorvolle Frau, betrachtete ihre Misch-Krisen auf diese Weise: „Sie sind einfach ein Durcheinander wie in einem Trödelladen oder auf einem Flohmarkt oder wie die Art von Gerümpel, das man einfach auf den Boden schmeißt." *Manchmal* jedoch waren zwar klar gezeichnete, aber nicht zu entschlüsselnde

Muster zu erkennen oder Muster, die auf quälende Weise eine kaum vorstellbare Gemeinsamkeit und so einen abgründigen Sinn anzudeuten schienen. Von diesen Krisen pflegte Mrs. W. zu sagen (wobei sie eine eigene Wortschöpfung gebrauchte): „Das ist ein Humdinger, ein surrealistischer Anfall — ich *glaube*, es hat eine Bedeutung, aber ich weiß nicht, welche, auch weiß ich nicht, in welcher Sprache es ist." Auch einige meiner Studenten, die zufällig Zeugen solcher Anfälle wurden, gewannen den Eindruck des Surrealen: „Das ist absolut irre", sagte einer von ihnen einmal. „Es ist genau wie ein Salvador Dali!" Ein anderer, an phantastischer Literatur interessierter Student verglich Mrs. W.s Krisen mit unheimlichen, außerirdischen Bauten oder mit außerirdischer Musik („Mars-Kirchen oder Arcturanische Polyphonien"). Wenn wir uns auch nicht auf eine „Interpretation" von L. W.s Krisen einigen konnten, so übten sie dennoch auf uns alle eine merkwürdige Faszination aus — die Faszination von Träumen oder merkwürdigen Kunstformen. So, wie ich den Parkinsonismus zuweilen als einen relativ einfachen und kohärenten Traum des Mittelhirns ansah, betrachtete ich in ähnlichem Sinne Lillian W.s Krisen als vom Stirnhirn zusammengebraute, surrealistische Delirien.

5 Die Macht der Musik, durch die Parkinsonpatienten zu sich finden und gesunden können, und die, so lange sie währt, sie befreit, ist etwas Grundlegendes (T. S. Eliot sagte: „. . . du bist die Musik/während Musik dauert"; *Four Quartets*, London 1945, drittes Stück: *The Dry Salvages*, Abschnitt V). Es ist bei jedem Patienten zu beobachten. Von Edith T., einer früheren Musiklehrerin, wurde das auf schöne Weise mit durchdringender Einsicht bestätigt. Sie sagte, daß sie mit Beginn des Parkinsonismus „ungraziös" geworden sei, daß sich ihre Bewegungen „hölzern, wie mechanisch" ausnehmen würden — „wie bei einem Roboter oder einer Puppe", weil sie ihre frühere „Natürlichkeit" und die „Musikalität" verloren hätten. Mit einem Wort: sie wurde „entmusikt". Glücklicherweise, so fügte sie hinzu, werde die Krankheit „von ihrem eigenen Heilmittel begleitet". Wir blickten uns erstaunt an. „Musik", sagte sie. „Da ich entmusikt wurde, muß ich wieder bemusikt werden." Sie erzählte, daß sie sich oft „wie zu Eis erstarrt", wie bewegungslos fühle — der Kraft, des Antriebs, des bloßen *Gedankens* an irgendeine Bewegung wie beraubt. Dann empfinde sie sich wie „eine Fotografie, wie ein erstarrter Rahmen", wie eine bloße optische Fläche ohne Substanz oder Leben. Sie würde in diesem Zustand, in dieser Zustandslosigkeit, dieser zeitlosen Unwirklichkeit verharren, hilflos-regungslos, *bis die Musik* ihr durch den Kopf fuhr: „Lieder, Melodien, die ich von früher kannte, mitreißende Melodien, rhythmische Melodien, solche, nach denen ich gerne tanzte."

Mit dieser plötzlichen Vorstellung von Musik, diesem Einsetzen spontaner, innerer Musik, pflegte die Kraft zu Bewegung und zum Handeln plötzlich zurückzukehren — und mit ihr das Gefühl, aus Materie zu bestehen, eine wiederhergestellte Persönlichkeit zu sein und in der Wirklichkeit zu leben. Sie konnte nun „aus dem Rahmen heraustanzen", aus dem flachen, erstarrten Bild, in dem sie gefangen war, und sich frei, voller Grazie bewegen: „Es war, als erinnerte ich mich plötzlich meiner selbst, meiner eigenen Lebensmelodie." Aber dann konnte diese innere Musik genauso unvermittelt verklingen; mit ihr verschwand jede Bewegung, jede Aktualität. Einmal mehr stürzte Edith T. augenblicklich in einen Parkinsonschen Abgrund zurück.

Ebenso verblüffend und der Wirkung der Musik analog war die Macht der *Berührung*. Wenn Edith T. keine Musik zu Hilfe kam und sie sich starr im Flur aufhielt, konnte die kleinste menschliche Berührung sie retten. Man brauchte nur ihre Hand zu nehmen oder sie so leicht wie möglich zu streicheln, schon „erwachte" Edith. Man brauchte bloß *mit* ihr zu gehen, und sie ging mühelos — nicht, indem sie ihren Begleiter nachahmte oder ihm, einem Echo gleich, folgte, sondern durch ihr eigenes Handeln. Doch in dem Augenblick, da man anhielt, hielt auch sie inne.

Phänomene dieser Art sind bei Parkinsonpatienten verbreitet und werden in der Regel mit der Bezeichnung „Berührungsreflexe" abgetan. Miss T.s Deutung und ihre Erfahrung weisen auf etwas Existentielleres, „Außeralltägliches" hin: „Ich kann nichts alleine tun", sagt sie. „Ich kann alles machen *mit* — mit Musik oder mit Leuten, die mir helfen. Ich kann nicht beginnen, aber ich kann voll und ganz teilhaben. Ihr ‚Normalen', ihr seid voller ‚Tatkraft', und wenn ihr bei mir seid, kann ich an all dem teilhaben. Aber in dem Augenblick, da ihr weggeht, bin ich wieder ein Nichts."

Kant spricht von Musik als der „belebenden Kunst", und für Edith T. trifft das im wörtlichen und in einem existentiellen Sinne zu. Musik bewirkt bei ihr das Erwachen ihrer eigenen Lebendigkeit, ihrer Identität und ihres Willens. Es erwachte eine sich regende, lebende Person, die über weite Zeiträume hinweg ansonsten nur latent, im Schlafzustand existierte. Der Schlaf der Belebtheit — der musikalisch-leidenschaftlich-existentiellen Lebensmelodie und Tatkraft — ist das, was ich meine, wenn ich meine Patienten als „schlafend" bezeichne und weshalb ich von ihrem „Erwachen" spreche — von einem Erwecktwerden durch den Geist, durch lebende Menschen oder durch die chemische Korrektur der in den „Antriebs"-Zentren des Gehirns vorhandenen Versehrtheit.

Oft werde ich gefragt, welche Art von Musik geeignet sei, solche Patienten zu wecken, und was dabei genau geschieht. Es muß eine rhythmische, jedoch in Melodie „eingebettete" Reizung von der Musik ausgehen. Ein grobes oder überlautes rhythmisches Schlagen, das melodisch nicht eingebettet ist, verursacht krankhaftes Zucken; es nötigt den Patienten, statt ihn zu befreien; es hat somit eine anti-musikalische Wirkung. Leises Dahinplärren (von Miss D. als „Gefühlsduselei" bezeichnet) ohne ausreichende rhythmisch-motorische Kraft verfehlt gänzlich seine Wirkung, und zwar sowohl emotional als auch motorisch. Das erinnert an Nietzsches Gedanken über das Krankhafte in der Musik. Im „Verfall des Gefühls für Rhythmus" erblickt er vor allem das Krankhafte. „Degenerierte" Musik macht krank und nötigt; „gesunde" Musik heilt und befreit. Das entspricht genau Miss D.s Erfahrungen. „Schlager" oder „Gefühlsduseliges" ertrug sie nicht; und bedurfte einer gut ausgestalteten Musik.

War somit also jegliche Musik, vorausgesetzt, sie war ausgestaltet, geeignet, Frances D. in die richtige Richtung zu lenken? Mitnichten. Die einzige Musik, die sie in der richtigen Weise berührte, war Musik, an der sie sich erfreuen konnte. Nur die Musik, die ihre „Seele" in Bewegung setzte, besaß die Macht, ihren Körper zu bewegen. *Nur durch jene Musik war sie zu bewegen, die sie innerlich bewegte.* Die „Bewegung" war gleichzeitig emotional, motorisch und „eigengesetzlich" (womit sie sich von passivem Zucken und anderen pathologischen Erscheinungen unterschied).

6 Diese Auffassung und viele in ihrem Rahmen entwickelte Ansichten verdanke ich Eving Goffmans bemerkenswertem Buch *Asylums* (1961).

7 Eine kurze Andeutung über einige Methoden Miss D.s mag hier folgen. In ihren langen Jahren der Krankheit hatte sie ihre Neigungen und Symptome mit einer präzisen Wißbegierde beobachtet und viele sinnreiche Wege zur Linderung, Überwindung oder Umgehung erdacht. So besaß sie verschiedene Hilfsmittel, um sich selbst „aufzutauen" (etwa dann, wenn sie beim Spaziergang „erstarrte"). Sie trug in einer Hand einen Vorrat an Papierkügelchen, von denen sie dann eine auf den Boden fallen ließ: das winzige Weiß „spornte sie an" oder „befahl" ihr, einen Schritt zu tun, und erlaubte ihr so, vom Erstarren loszukommen und ihr normales Gehen wieder aufzunehmen. Miss D. hatte entdeckt, daß regelmäßiges Blinken, eine laut tickende Uhr, horizontale Linien, Zeichen auf dem Boden usw. in ähnlicher Weise dazu dienten, das Gehen zu erleichtern, um so dem unmäßigen Hasten und den Verzögerungen vorzubeugen, die sonst ihre Spaziergänge be-

hinderten. — Ähnlich lernte sie es, beim Lesen oder Reden bestimmte Wörter bei Satz-Intervallen zu betonen, um das Überhasten, Stottern, Anstoßen oder Erstarren zu verhindern. Auf diese und auf unzählige andere Weisen füllte Miss D. — allein, mit mir, mit anderen Patienten und einer wachsenden Gruppe von Schwestern, Physiotherapeuten, Sprachtherapeuten usw. — viele produktive und vergnügliche Stunden beim Erforschen und Erproben von Möglichkeiten der Selbst- und Fremdhilfe. Solche Methoden werden von *allen* begabten Postenzephalitikern und Parkinsonpatienten entdeckt oder erdacht. Ich habe mehr von solchen Patienten gelernt als von einer ganzen Bibliothek. Wie ein halbes Dutzend anderer von mir betreuter postenzephalitischer Patienten hat Miss D. oft für mich mit klarem Bewußtsein die fremde und paradoxe Welt geschildert, in der sie lebt. Diese Patienten beschreiben eine phantastisch-mathematische Welt, die der Welt von Alice in Wonderland bemerkenswert ähnlich ist. Miss D. hob die tiefgreifenden Raumverzerrungen des Parkinsonpatienten, die seltsamen Schwierigkeiten mit Winkeln, Kreisen, Mengen und Grenzen hervor. Sie sagte einmal über ihre „Erstarrung“: „Es ist nicht so einfach, wie es aussieht. Ich komme nicht einfach zu einem Haltepunkt, ich bin noch beim Gehen, aber *ich bin aus dem Raum herausgerannt, um in ihn einzudringen* . . . Sie sehen, *mein* Raum, der Raum *der anderen Patienten* ist nicht wie *Ihr* Raum: unser Raum wird größer und kleiner, er zieht sich in sich zurück, er krümmt sich zu Schleifen, bis er in sich selbst hineinreicht.“

Seit der Publikation meines ersten Artikels im *Listener* (Sacks 1972), der ersten Auflage dieses Buches im Juni 1973 und der Sendung des vom Buch angeregten Fernsehfilms bezogen sich die beharrlichsten und eindringlichsten Fragen auf die Bedeutsamkeit des „persönlichen Raums“, „Handlungs-Raums“, „aktualisierten Raums“ usw., sowie auf die Tatsache, daß ich im *Listener* bemerkt hatte, der Parkinsonismus und die damit verbundenen Störungen seien ohne grundlegend relativistische Begriffe nicht zu verstehen.

Prüfen wir einmal das Parkinsonismus-Verhalten in diesem Licht, wobei wir uns besonders mit den verzerrenden Täuschungen der Maßstäblichkeit abgeben. Ich habe Briefe von Frances D. und anderen Parkinsonpatienten erhalten, die einzigartige (und oft komische) Ungleichheiten des

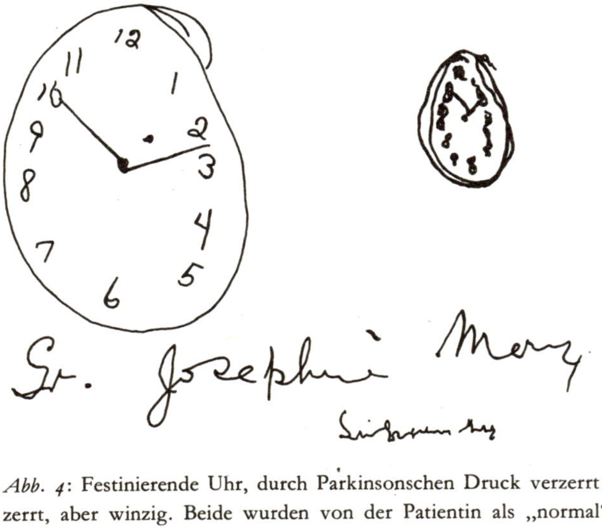

Abb. 4: Festinierende Uhr, durch Parkinsonschen Druck verzerrt; liliputanische Handschrift, unverzerrt, aber winzig. Beide wurden von der Patientin als „normal“ empfunden (s. unten), doch nur durch L-DOPA wirklich normalisiert.

Maßstabs zeigten. Ich erinnere mich an einen solchen Brief von Frances D., in welchem die erste Seite in einer vollkommenen, aber mikroskopischen Handschrift geschrieben war (so klein, daß ich ein Vergrößerungsglas brauchte, um sie zu entziffern), während sie am Anfang der zweiten Seite (in einer Schrift normaler Größe) geschrieben hatte: „Ich sehe: was ich gestern schrieb, war viel zu klein, obwohl ich das zu dieser Zeit nicht sah.“ Beim Gehen kann man bei Parkinsonpatienten „Mikroambulation“ (*marche à petits pas*) beobachten. Die Patienten werden vom Maßstab ihres Ganges ganz in Anspruch genommen; sie erkennen nicht, daß entweder das Gehen oder der Maßstab „falsch“ ist. Ein bemerkenswertes Beispiel einer derartigen „kinetischen Täuschung“ ließ sich beobachten, wenn ich Aaron E. meinen Studenten vorführte (er war ein Patient mit schwerem Parkinsonismus, aber kein Postenzephalitiker): „Mr. E., würden Sie so freundlich sein, ruhig und regelmäßig in Ihre Hände zu klatschen — so?“

„Sicher, Doc“, antwortet er, und schon nach wenigen ruhigen Schlägen beginnt er, ungebändigt zu klatschen, bis er schlagartig „erstarrt“.

„Da, Doc“, sagt er mit einem vergnügten Lächeln mir zugewandt, „tue ich es nicht hübsch und regelmäßig, wie Sie mich gebeten haben?“

„Meine Herren“, sage ich zu den Studenten, „seien Sie die Schiedsrichter. Klatscht Mr. E. seine Hände ruhig und regelmäßig, wie er sagt?“

„Wieso? Natürlich nicht“, meint einer der Studenten. „Seine Bewegungen sind immer schneller und kleiner geworden — *so*.“

An diesem Punkt springt Mr. E. unwillig auf: „Was meinen Sie“, ruft er dem Studenten zu, „was meinen Sie, wenn Sie sagen, meine Bewegungen sind schneller und kleiner geworden? Meinen sie diese verrückte Weise, in der Sie es selbst getan haben? *Meine* Bewegungen waren vollkommen regelmäßig und stetig — *so*!“ Und mit Grimmigkeit, ganz von der eigenen Tätigkeit absorbiert, fällt er wieder einmal in die größte Hast. Diese Demonstration (wenn sie überhaupt gelingt, denn das hängt davon ab, wie stark Mr. E. in sein eigenes Bezugssystem eingeschlossen ist bzw. wie weit er außerhalb von ihm stehen und Vergleiche und Korrekturen vornehmen kann) ist buchstäblich schockierend. Der seltsame „Dialog“ zwischen Mr. E. und den Studenten entwickelt sich zu einer Art imaginärem Einsteinschen Dialog zwischen Leuten in Fahrstühlen (oder Bezugsrahmen), die sich relativ zueinander bewegen oder beschleunigen. Die ganze Szene liefert den deutlichsten Beweis für die Relativität der Handlung und rechtfertigt die Einsichten von Frances D., die von verschiedenen „Räumen“ spricht und sagt „*mein* Raum, der Raum *meiner Mitpatienten*, ist nicht wie *Ihr* Raum“.

Ich betrachte solche „Phantom-Räume“ oder „Täuschungen“ als zum *Wesen* des Parkinsonismus gehörig, obwohl sie nicht immer „relativistisch“ zu sein brauchen. *Einfache* Täuschungen sind gewöhnliche und universell auftretende Ereignisse. Solche Überlegungen drängten sich mir von Anfang an auf, lange bevor ich begann, L-DOPA zu verabreichen, und wurden viele Jahre später zum Gegenstand einer ausgearbeiteten Darstellung (vgl. Sacks 1975a).

Ich erinnere mich lebhaft an meine ersten Monate mit diesen Patienten und besonders an das folgende Ereignis im Jahr 1966. Als ich beim Schreiben von Notizen an meinem Schreibtisch saß, nahm ich durch die offene Tür Seymour L. wahr, der den Flur entlang raste. Er war ziemlich normal gegangen, wurde dann plötzlich eilig, hastig und überstürzt. Ich dachte, er würde gleich auf sein Gesicht fallen. Er fing sich indessen und war in der Lage, ohne Zwischenfall zur Schwesternstation (in der Nähe meines Arbeitsraumes) weiterzugehen. Er war augenscheinlich in Wut und Panik geraten und verwirrt. „Warum, zur Hölle, belassen sie den Flur so?“ rief er aus. „Was meinen Sie, Mr. L.?“ gab die Schwester zurück. „Was ist verkehrt mit dem Flur? Er ist nicht anders als sonst.“ „Nicht anders als sonst!“ Seymour brüllte mit gerötetem Gesicht. „Es ist ein verdammt großes Loch in ihm — sie haben es gemacht oder so etwas? Ich gehe dort entlang, denke an meine Angelegenheiten, und der Boden fällt plötzlich weg vor meinen Füßen, in dieser verrückten Ecke, ohne Grund. Ich wurde zu einem Rennen gedrängt, zum Glück bin ich nicht nach vorn gefallen. Und Sie sagen, es ist nichts verkehrt mit diesem Flur?"

Die Schwester antwortete: „Mr. L., was Sie da reden, macht keinen Sinn. Ich verspreche Ihnen, der Flur ist völlig normal."

An diesem Punkt mischte ich mich, an der ganzen Angelegenheit interessiert, ein, und schlug Mr. L. und der Schwester vor, gemeinsam zurückzugehen, um etwas über das „Loch" herauszufinden.

Seymour ging zwischen uns, unwissentlich seinen Schritt dem unseren anpassend. Wir gingen den ganzen Flur entlang — ohne einen Zwischenfall. Er hastete, eilte nicht einmal andeutungsweise.

Das Ausbleiben eines Zwischenfalls verwirrte Seymour. „Verdammt", sagte er, „Sie haben völlig recht. Der Flur ist völlig eben. Aber" — er wandte sich mir zu und sprach mit einer Emphase und Überzeugung, die ich nicht vergessen habe — „ich hätte *schwören* können, daß es plötzlich versank, wie ich es gerade sagte. *Weil* es versank, geriet ich ins Rennen. Sie würden dasselbe tun, wenn Sie merkten, daß der Boden wegfällt, zu einem steilen Abhang wird, einfach weg unter Ihren Füßen! Ich rannte, wie jeder andere bei einem solchen Gefühl es täte. Was Sie ‚Hast' nennen, ist nichts anderes als eine normale Reaktion auf eine abnorme Wahrnehmung. Wir Parkinsonpatienten leiden an solchen Täuschungen!"

Der Parkinsonpatient versteht vollkommen gut, was unter einem „Meter" zu verstehen ist. Er hat die Dimensionsbegriffe in keiner Weise verloren. Wir beobachteten indessen, daß alle seine Raum-Zeit-Urteile phantastisch und „formlos" werden, daß das Koordinaten-System Ausdehnungen, Kontraktionen, Drehungen und Entstellungen unterworfen ist und daß die Verzerrungen des metrischen Feldes durch ziehende, stoßende und rotierende Kräfte erzeugt werden — durch das Ziehen, Stoßen und Rotieren des Daseins, das das Wesen der Krankheit Leonhard L.s ausmacht.

8 „So Gott uns aufgibt, verläßt uns auch Satan", sagte Sir Thomas Browne in *Christian Morals*, Abschnitt XX.

9 Es ist hervorzuheben, daß die einzigen beiden Patienten, die während der zwei Jahre der L-DOPA-Behandlung angemessen auf diese reagierten, nicht — wie man vermuten könnte — an Parkinsonismus litten, sondern am postenzephalitischen Syndrom in seiner reinsten Form (Martha B. und Nathan G.)

10 Ich habe ähnlich ergreifende Tics bei postenzephalitischen Patienten gesehen, die unter den unwiderstehlichen Bewegungsimpulsen litten, aber nicht in der Lage von Mrs. B. waren. Doch ich vermute, daß eine leichte, oder latente, Neigung zu Tics durch ihre Erregung hervorgerufen und durch die Lebensumstände in eine bestimmte Bahn gebracht wurde.

11 Vgl. die bei Jelliffe (1932) erwähnten Fälle: Die Patientin, die vor „Schmerz" aufschrie, während ihrer Anfälle aber keinen Grund für ihre Furcht nennen konnte, oder der Patient, der jeden Anfall als ein „Unglück" erlebte.

Dies war auch bei Lillian W. sehr beeindruckend, die, wie erwähnt, zahllose Krisen durchlebte (vgl. Anm. 4, S. 230—231). Während der etwa einmal wöchentlich auftretenden, einen Tag dauernden okulogyren Krisen war ein seltsamer Ausdruck von Bestürzung und Schrecken ihr ins Gesicht geschrieben. Sie war nie in der Lage, einen Grund für diese Gefühle zu nennen, sagte statt dessen bloß: „Es ist ein Schrecken in Reinform, es ist längst ausgelebtes Leiden". — Als ich sie fragte, ob sie sich an diese Gefühle nicht gewöhnt habe, sagte sie: „Nein, niemals, nicht im geringsten. Ich habe diese Anfälle jetzt seit fünfundvierzig Jahren, und *jeder ist der schlimmste, den ich je hatte!*"

12 Jelliffe (1932) führte manche Fälle von okulogyren Krisen an, in denen der Blick und die Aufmerksamkeit erstarren, sowie Krisen, in denen sich „autochtone" Gedanken wiederholen. Miss R. gewährte niemals Einblick in ihre „wahnsinnigen" Gedanken, die ihr in den damaligen Krisen durch den Kopf fuhren. Angesichts ihrer Verschwiegenheit könnte man vermuten, daß diese Gedanken „verboten" waren, also es mit Sexuellem oder mit Haß zu tun hatten. Jelliffe berichtet über mehrere Patienten, die gezwungen waren, während ihrer Krisen an „schmutzige Dinge" zu denken; er erwähnt auch einen Patienten, der während der Krisen „Beziehungsideen, denen er keine Beachtung schenkte", erlebte.

13 Ich sah ähnliche Phänomene und hatte ähnliche Assoziationen bei einem anderen Patienten (Sam G.), dessen Geschichte ich in die Erstausgabe dieses Buches leider nicht aufgenommen habe.

Sam G. war früher ein Autoliebhaber und selbst ein Rennfahrer, wobei ihm bei den Rennen die außergewöhnlich schnelle Reaktion und die plötzlichen „leichtsinnigen" Bewegungen in phantastischer Weise zugute kamen. Er mußte das Autofahren wegen der Entwicklung eines schweren Parkinsonismus etwa 1930 aufgeben. Das „Erwachen" ging für ihn mit jener „Nostalgie" einher, wie dies bei Rose R. der Fall war. Als er durch L-DOPA „befreit" wurde, begann er, Autos zu zeichnen, und zwar jeweils sehr schnell, als sei er vom Zeichnen besessen. Versorgten wir ihn nicht mit Papier, zeichnete er auf Wänden, Tischdecken, Bettlaken. Seine Wagen waren akkurat gezeichnet, authentisch und hatten einen sonderbaren Charme. Wenn er nicht gerade zeichnete, redete er oder schrieb er — über die alten Tage in den zwanziger Jahren, als er Auto fuhr und an Rennen teilnahm. Auch diese Berichte waren voller Lebhaftigkeit und Unmittelbarkeit, genau, überzeugend, mit *lebendigen* Details ausgeschmückt. Er war völlig hingerissen, wenn er zeichnete, redete, schrieb und von „den alten Tagen" sprach *als seien sie in der Gegenwart*. Die Vergangenheit von 1925 war eindeutig viel gegenwärtiger als die Gegenwart. Er schien (wie Rose R.) Vergangenheit zu leben, obwohl er (wiederum wie Rose R.) vollkommen „orientiert" war: Er wußte, daß man das Jahr 1969 schrieb, daß er alternd und krank in einem Hospital sich aufhielt, und doch durchlebte er seine Autorenn-Jugend in den zwanziger Jahren.

Abb. 5: Sam G.s Zeichnung eines „nostalgischen" Rennwagens der wiedervergegenwärtigten „Gegenwart von 1925".

Zu den Mechanismen dieser „unmäßigen Nostalgie" vgl. Sacks u. a. 1970c.

14 Das Folgende stützt sich auf Notizen unserer Sprachpathologin, Marjorie Kohl. Ich selbst war im August abwesend.

15 „... [seine Gedanken] kreisten ..., von irgendetwas in seinen eigenen Worten magnetisiert, Runde um Runde langsam auf immer der gleichen Umlaufbahn." (James Joyce, *Dubliner*, Frankfurt am Main 1969, S. 24)

16 Ihre plötzliche Mobilisierung und „Normalisierung" nach Jahren vollständiger Immobilität erschien allen als unglaublich und undenkbar, die das Ereignis beobachteten. Das erklärt meine Verwunderung und die des Personals und unser Gefühl, daß das „Erwachen" geradezu wie ein Wunder wirkte. Der Eindruck der Überwältigung wurde umso deutlicher, je mehr ich über den Fall nachdachte, bis ich erkannte, daß fast alle meine Gedanken über die Natur des Parkinsonismus, über Aktivität, über Dasein und über die Zeit von Grund auf revidiert werden müßten.

Denn wenn eine *normale* Person auch nur kurz „entaktiviert" wird, macht sie bei der Reaktivierung, d. h. bei der Wiederaufnahme ihrer früheren Tätigkeiten, die Erfahrung tiefgreifender und seltsamer Schwierigkeiten. Bricht man sich ein Bein, reißt der Quadriceps, und wird das Bein durch Verband und Gips „entaktiviert", so erfährt man, daß funktionelle Behinderungen vorhanden sind, auch wenn die anatomische Heilung bereits erfolgt ist. Nach einer solchen Erfahrung (oder genauer, nach einer solchen Lücke in der normalen Erfahrung und Tätigkeit) hat man „vergessen", wie dieses „entaktivierte" Glied zu gebrauchen ist. Deshalb muß man *erneut lernen* (oder *wiederentdecken*), wie es zu gebrauchen ist. Dies ist ein Prozeß, der mitunter viele Wochen oder Monate dauert. Tatsächlich wird man jedes Gefühl für das Dasein eines Glieds einbüßen, wenn letzteres eine gewisse Zeit „entaktiviert" worden ist. Solche Beobachtungen belegen die Richtigkeit des Leibnitzschen Ausspruchs „*Quod non agit non existit*" — was nicht tätig ist, existiert nicht. Wir machen an uns selbst die Erfahrung, daß eine Lücke im Tätigsein zu einer Lücke in der Existenz führt. — Wir sind vom ununterbrochenen Fluß der Impulse und Information von und nach allen sensorischen und motorischen Zentren des Körpers abhängig. *Wir sind tätig oder wir existieren nicht mehr*: Tätigkeit und Wirklichkeit sind ein und dasselbe.

Was ist also über Hester Y. zu sagen, die, nachdem sie für viele Jahre völlig bewegungslos und (vermutlich) „entaktiviert" war, aufsprang und mit funkelnden Augen einfach ging? Man kann (wie ich es zunächst tat) annehmen, daß Hester während ihres bewegungslosen Zustandes nicht wirklich „entaktiviert" war. Diese Hypothese ist aber mehrfach widerlegbar: durch die klinischen Beobachtungen der Absolutheit der Bewegungslosigkeit, durch ihre Selbsterfahrung während der Bewegungslosigkeit, durch das bei Versuchen gefundene Schweigen der elektrischen Tätigkeit in den Muskeln in den Zeiten der Bewegungslosigkeit. Alle diese Beobachtungen legen nahe, daß sie wirklich und vollständig „entaktiviert" war. Aber es war auch evident, daß ihrer Bewegungslosigkeit die subjektive Dauer fehlt. Es gab für Hester kein „Fließen der Zeit": sie war dann (wenn das logische und semantische Paradox erlaubt ist) zugleich tätigkeits-los, daseins-los und zeit-los. Nur durch solche Betrachtungen, so phantastisch sie mir zuerst erschienen sein mögen, konnte ich verstehen, wie Hester nach Jahren der „Untätigkeit" die normale Tätigkeit wieder aufzunehmen imstande war, im Gegensatz etwa zu einer „ontologisch normalen" Person, die Tätigkeitsmuster über eine gewisse Dauer verliert oder „vergißt", dann aber vielleicht viel mehr Zeit benötigt, um die verlorenen Handlungsmuster „abzurufen" oder wiederzuerlernen. Bei Hester dagegen war es so, als ob der ontologische Strom, der Daseins-Strom, plötzlich „abgeschaltet" und ebenso plötzlich wieder „angeschaltet" worden sei, und zwar ohne Verlust von Tätigkeitsmustern und ohne die Notwendigkeit, sie später wieder zu lernen — weil *für sie keine Zeit verflossen war*.

17 Das Thema der pharmakologisch bedingten Verzögerung und Beschleunigung wurde von H. G. Wells in seiner unterhaltsamen und prophetischen Geschichte *The New Accelerator* (in: *Twelve Stories and a Dream*, London 1903) behandelt.

18 Die Umkehrung ist gleichermaßen erstaunlich. Sie wurde an einem anderen Patienten, Miron V., offenbar (s. Anm. 26, S. 240).

19 „Diese Zustände ... lassen sich in rein visuellen Begriffen beschreiben, wobei zu ergänzen ist, daß sie jedes Denken und Verhalten betreffen können. Das stille Bild hat keine wirkliche oder in sich geschlossene Perspektive, sondern wird als eine völlig flache Verquickung von Formen oder als eine Reihe von hauchdünnen Flächen gesehen. Kurven werden in diskrete, unterbrochene Abschnitte unterteilt, ein Kreis wird als Polygon gesehen. Da gibt es kein Gefühl für Raum, Festigkeit oder Ausdehnung, kein Gefühl für Objekte; diese werden als geometrisch zusammengewürfelte Facetten gesehen. Es fehlt das Gefühl der Bewegung oder der Beweglichkeit, und auch das Gefühl für Prozeß und Feldkräfte. Es gibt weder Emotion oder Kathexis in dieser kristallenen Welt. Da gibt es überhaupt kein Gefühl des Vertieftseins oder der Aufmerksamkeit. Der Zustand ist einfach *da* und unabänderlich" (Sacks 1972).

20 Eine Vielzahl derartiger „Schrittmacher"-Strategien postenzephalitischer Patienten wird durch Dr. Purdon Martin in seinem ausgezeichneten Buch *The Basal Ganglia and Posture* (1967) veranschaulicht. Eine detaillierte theoretische und praktische Behandlung findet sich im letzten Kapitel von Lurijas bemerkenswertem Buch *The Nature of Human Conflicts* (1932). Dort wird festgehalten, daß „der gesunde Kortex (dem Parkinsonkranken) erlaubt, äußere Reize zu verwenden und eine kompensatorische Aktivität für die subkortikalen Automatismen aufzubauen" (Lurija 1932, S. 409). „... was bei Einwirkung durch Willenskraft versagt, wird durch Einbettung der Aktivität in ein anderes System möglich" (Lurija a. a. O., S. 415). — Siehe auch die weiteren Erörterungen im Epilog, S. 191—218.

21 Diese Verbindung von motorischen, moralischen und Trieb-Störungen erinnert an die in schwereren Tourette-Syndromen beobachteten Kombinationen von Kaprolalie, obszönen Zwangsvorstellungen, gesteigerter Libido, Eßsucht, exzessivem motorischem Antrieb und multiplen Tics.

22 Spitz hat die Auswirkung sozialer Deprivation auf Waisenkinder beschrieben. Diese Waisen erhielten zwar eine vortreffliche „mechanische" und „hygienische" Pflege, aber eigentlich keine *menschliche* Aufmerksamkeit, Wärme oder Zuwendung. Fast alle starben etwa im Alter von drei Jahren. — Solche Untersuchungen an sehr jungen, sehr alten, sehr kranken und geistig behinderten Menschen verdeutlichen, daß *menschliche Zuwendung buchstäblich lebenswichtig* ist und daß wir sterben, wenn diese ausbleibt. Der Tod ereilt uns umso behender, je verletzbarer wir sind. Es ist dann zuerst (und vor allem) ein existentieller Tod — der wegsterbende Lebenswille —, der den Weg des physischen Todes bahnt. — Das Thema des Kummertodes wird mit großer Eindringlichkeit im zweiten Kapitel von Colin M. Parkes' Buch *Bereavement* (1973) erörtert.

23 Es ist seitdem klar geworden, daß Miriam H. nicht nur eine außerordentliche Leichtigkeit im Umgang mit Figuren aller Art hat, sondern auch an einem seltsamen, unregelmäßig auftretenden Zwang leidet. Sie *muß* dann ihre Schritte, die Wörter auf einer Buchseite oder die Häufigkeit des „e" in Klappentexten zählen. Wenn sie durchs Fenster schaut, *muß* sie innerlich das Nummernschild jedes Kraftwagens „aufzeichnen" und diese Zahlen dann verschiedenen Operationen unterwerfen — dem Quadrieren, der Bildung der Kubikwurzel, dem Vergleichen mit verschiedenen „ähnlichen" Zahlen. (Sie wird dabei durch ein überdurchschnittliches Gedächtnisvermögen unterstützt — sie erinnert sich jedes Nummernschilds, jeder Wörterzahl auf dieser oder jener Seite, der Häufigkeiten der „e" auf jedem Klappentext in jedem Buch der Bibliothek.)

Zuweilen *muß* sie ganze Sätze rückwärts sprechen, schreiben oder buchstabieren, zuweilen das

Volumen von Mitpatienten in Kubikdezimetern schätzen, zuweilen die Gesichter in Ansammlungen geometrischer Figuren „zergliedern“. Behilflich ist ihr dabei eine eidetische Vorstellungs- und Gedächtnisfähigkeit, die mit derjenigen von Lurijas Mnemonisten verwandt ist (vgl. Lurija 1987b und 1968). Wenn sie Leute in dieser Weise „mathematisiert“, betrachtet sie sie eher als „Probleme“ denn als Personen. Sie empfindet diese Zwänge als absurd, aber auch als unwiderstehlich. Deshalb schreibt sie ihnen „rätselhafte Bedeutsamkeit“ zu. Dieses Gefühl ist der Grund — oder die Rationalisierung — der genannten „Absurditäten“.

Es ist sehr wichtig für sie, verschiedene Szenen und Situationen zu „systematisieren“ (ihr Wort): Entweder Gegenstände z. B. auf dem Tisch auf eine spezielle Weise anzuordnen (obwohl gelegentlich dies keiner einfachen, sondern einer „geheimen“, rätselhaften, nur ihr bekannten Symmetrie entspricht), oder noch öfter „geistig“ — dies geschieht dann viel schneller, augenblicklich, und der so erhaltenen Anordnung wird durch ihr eidetisches Vorstellungsvermögen Realität *verliehen*.

„Arithmomanie“ (der Zwang zu zählen und zu rechnen) wurde zu Beginn der Epidemie oft beobachtet. Sie wurde auch als Hauptmerkmal des Tourette-Syndroms angesehen. Später — zumindest habe ich das bei Miriam, bei anderen Postenzephalitikern und bei einer Anzahl der von mir behandelten Tourette-Patienten bemerkt — wurde herausgefunden, daß die Arithmomanie das Oberflächenphänomen eines verborgenen Zwangs ist, der mit Ordnung und Unordnung zu tun hat — mit dem Bedürfnis, zu ordnen, in Unordnung zu bringen, umzuordnen, Ordnung, Unordnung und Neuordnung zu kontemplieren. Andere Operationen mögen mit logischer Ordnung zu tun haben, etwa „Symmetrisieren“ mit räumlicher Ordnung usw. In diesem Sinne muß das, was als ein sehr bizarrer und ungewohnter Zwang erscheint, als ein universelles geistiges Bedürfnis betrachtet werden, wenn es bei meinen Patienten auch in abwegiger Weise zum Ausdruck kommt.

Nachtrag 1981: Es ist mir gelungen, eine fesselnde EEG-Korrelation zu Miriams arithmetischen und „geistigen“ Anfällen zu finden. Eines Tages, als sie sich dem EEG unterziehen mußte, bat ich sie, von 100 jeweils der Reihe nach 7 abzuziehen. [Man stellt Patienten oft solche Aufgaben, um deren Wirkung auf die Gehirntätigkeit herauszufinden (s. Anhang, S. 219—223).

Sobald die Aufgabe gestellt war, nahm ihr Gesicht den Ausdruck intensiver, fast wütender Konzentration an — und zugleich vernahm ich ein wildes Rasseln der Kurvenfedern des EEG-Apparats. Der Vorgang dauerte etwa zwanzig Sekunden; dann blickte Mrs. H. auf und sagte mit einem Lächeln: „Ich hab's.“ „Was denn?“ fragte ich. „Ich bin bei minus 600 gelandet.“ Sie erklärte, daß sie, als sie bei 2 gewesen sei, diese Zahl für „absurd“ gehalten habe, es sei eine Zahl „ohne Sinn“, erreicht durch vierzehn Operationen. Es sei dann notwendig gewesen, ein „symmetrisches“ Ziel mit einer „symmetrischen“ Anzahl von Operationen zu erreichen. Daher sei sie fortgefahren, die 7 abzuziehen, bis sie „eine hübsche runde Zahl“ (nämlich minus 600) in hundert Operationen erreicht habe. Als ich sie fragte, wie denn das Subtrahieren ausgesehen habe, meinte sie, die Antworten seien „gesehen“, wie „hochgeworfen“ worden, „. . . klar wie ein Tag . . . auf eine Art geistige Wandtafel.“ — Als ich dann auf das EEG schaute, das ich rasseln gehört hatte, sah ich Ausschläge für die beiden okzipitalen Sehzentren. Beim Zählen dieser Ausschläge stellte sich heraus, daß es genau 100 waren. So schien jeder geistigen Operation ein Ausschlag im EEG zu entsprechen — jene Art von Ausschlag, den man bei Anfällen beobachtet. So könnten die arithmetischen Zwänge auch arithmetische „Krämpfe“, „Epilepsien“ oder „Anfälle“ sein. Dieser eine „Anfall“ mit den einhundert Operationen dauerte nur zwanzig Sekunden.

24 Eine der willkommensten Auswirkungen von L-DOPA auf postenzephalitische Patienten bestand im allgemeinen darin, daß sie eine Zeitlang von ihren behindernden und höllischen okulogyren Krisen erlöst wurden (vgl. Sacks u. a. 1970d).

25 Bei Miron V. trennten fast dreißig Jahre den subklinischen Anfall von *Encephalitis lethargica* im Jahre 1918 von der Entwicklung eines unverkennbaren postenzephalitischen Syndroms. Es sind sogar noch längere Inkubations-Perioden bekannt. So hatte ein anderer Patient (Hyman H.) eine schwere manifeste Schlafkrankheit im Jahre 1917, erholte sich vollständig, entwickelte aber im Jahre 1962 ein eindeutig postenzephalitisches Syndrom.

26 Ich habe hervorgehoben, daß er oft absolut bewegungslos für fünfzehn Stunden zu sitzen schien. Dies ist aber nicht ganz richtig. Ich sah ihn gelegentlich am Morgen als Silhouette, deren Hand anscheinend bewegungslos einige Zentimeter vom Knie entfernt innegehalten hatte, hinter der Milchglastüre. Gegen Mittag befand sich seine Hand auf halbem Weg zu seiner Nase (wie man es auch bei Frances D. beobachten konnte). Wieder einige Stunden später war seine Hand an seiner Brille oder Nase „angefroren". Ich vermutete, daß es sich um bedeutungslose akinetische Posen handelte. Erst viel später, als er dank L-DOPA „erwacht" war und seine Behandlung Fortschritte machte, trat die fast unglaubliche Wahrheit zutage. Ich dachte an seine seltsam festgefrorenen „Posen" und kam darauf zu sprechen. „Was meinen Sie, gefrorene Posen?" rief er aus. „Ich habe mir nur die Nase geputzt!" „Aber Miron, das ist nicht möglich. Wollen Sie mir etwa weismachen, daß das, was ich als gefrorene Posen sah, nichts anderes war als ihre Hand, die sich in Richtung Nase bewegte?" Worauf er antwortete: „Gewiß, was soll es sonst gewesen sein?" „Aber Miron", entgegnete ich, „diese Posen lagen einige Stunden auseinander. Wollen Sie mir erzählen, daß Sie sechs Stunden gebraucht haben, um sich Ihre Nase zu putzen?"

„Es klingt verrückt", dachte er nach, „und auch schaurig. Für mich waren es ganz normale Bewegungen, sie dauerten einige Sekunden. Wollen Sie mir etwa sagen, daß ich Stunden, nicht Sekunden brauchte, um meine Nase zu putzen?" Ich wußte nicht, was antworten; ich war ebenso verlegen wie er. Es klang tatsächlich völlig absurd. — Indessen hatte ich zahllose Aufnahmen von Miron, auf denen er als Silhouette erscheint. Ich stellte dreißig von ihnen zusammen, die im Laufe eines Tages aufgenommen worden waren, stellte eine verkleinerte Kopie auf einem Film für Kleinfilmkameras her und ließ sie mit einer Geschwindigkeit von 16 Bilder pro Sekunde durch den Projektor laufen. Was ich sah, war unglaublich: Das „Unmögliche" war die Wirklichkeit — die zu unterschiedlichen Zeiten gemachten Fotografien von „Posen" ergaben tatsächlich eine fließend ausgeführte Handlung. Miron *war* dabei, sich die Nase zu putzen, *doch er tat es zehntausendmal langsamer als gesunde Personen.* Die Verzögerung war unbegreiflich, aber nicht für ihn. Und umgekehrt: Bei Hesters fast unverständlich schnellen Bewegungen und Worten, denen Auge und Ohr nicht zu folgen vermochten, mußte man Zeitrafferfilme oder beschleunigte Tonbandaufzeichnungen verwenden, um ihre auf Millisekunden beschleunigten Bewegungen und Äußerungen zu verstehen.

27 Zwar sind die üblichen Nebeneffekte der durch L-DOPA bewirkten Aktivierung jeweils Mundbewegungen und Mundverletzungen (s. Anm. 2, S. 229); die ernsthaftesten sind aber Stürze und Knochenbrüche.

28 Aaron E. und der folgende Patient (George W.) hatten keine postenzephalitische Störung, sondern einen „gewöhnlichen" Parkinsonismus — in Aarons Fall genügend schwer, um seine Unterbringung in einem Hospital erforderlich zu machen, bei George leicht genug, so daß er selbständig leben konnte. Obwohl sie radikal von anderen Patienten abweichen, über die ich berichte, hielt ich ihre Behandlung für unerläßlich, um zu veranschaulichen, daß L-DOPA tiefgreifende und komplexe Wirkungen zeitigen kann — und (wie in Aarons Fall) dies auch im Fall eines „gewöhnlichen" Parkinsonismus.

29 Chorea (wörtlich „Tanz") war vor dem Aufkommen von L-DOPA ziemlich selten, und dann nur im Zusammenhang mit dem erblichen Huntington-Syndrom und als Folge rheumatischen Fiebers

(St. Veits-Tanz) beobachtet worden. Heute tritt die Chorea häufig auf, da eigentlich jeder Parkinsonpatient, der auf L-DOPA gesetzt wird, früher oder später Chorea entwickelt — was manche Neurologen dazu bewog, von der Chorea als vom „Anti-Parkinsonismus" zu sprechen.

Es ist sicher sehr beeindruckend, bei solchen Patienten die Wandlungen von einem Pol zum anderen zu beobachten: Die massive Härte und Spannung der Parkinsonschen Starrheit verändert sich zur Weichheit und Erregung der (anti-Parkinsonschen) Chorea. Diese ist eine Art physiologisches Konfetti und vermittelt den Eindruck, gewichtlos und kraftlos zu sein. Choreabewegungen erfolgen „spontan", sie erfordern weder vorsätzliche Anstrengung noch die krampfhafte Spannung, die sich in Tics entlädt. Sie „geschehen" plötzlich, ohne Anstrengung oder Vorwarnung, in einer Weise, welche ein völliges Fehlen von Widerstand, ja sogar eine völlige Abwesenheit von Trägheit vermuten läßt. Man kann Chorea als eine „stochastische" oder „statistische" Größe betrachten und sagen, daß sie mit einer bestimmten Häufigkeit innerhalb einer bestimmten Dauer auftreten wird. Es ist aber unmöglich, ihre Bewegungen *individuell* zu behandeln, — also festzuhalten, wann oder wo die nächste Bewegung erfolgen wird. Auch ist hier die Erfahrung von keinem Nutzen: Man erkennt nach einer Weile, daß individuelle Choreabewegungen *von Natur aus* unvorhersagbar sind. Es läßt sich über sie genauso wenig wie über den Ort des Auftretens von Blasen in kochender Flüssigkeit, über die Spaltung von Atomen in einer radioaktiven Substanz oder über andere wichtige Quantenphänomene eine Vorhersage für den Einzelfall treffen.

30 Außer George W. verwenden viele andere Patienten solcher Bilder, um ihr Gefühl für eine schwindende und äußerst unsichere Balance, für eine immer kleiner werdend stützende Grundlage, für die zunehmende Tendenz des Aus-der-Fassung-Geratens auszudrücken. Obwohl sie als völlig normal erscheinen, *wenn* sie normal sind, haben solche Patienten ihren Spielraum, die breite Grundlage echter Gesundheit oder Stabilität verloren und sind in den messerscharfen Zustand der *Metastabilität* getreten: Sie haben die „Nachgiebigkeit", Elastizität, Geschmeidigkeit der Gesundheit eingebüßt und befinden sich nunmehr in einem vorwiegend spröden Zustand — einem starren und doch äußerst zerbrechlichen Zustand, um an einen Gedanken Kurt Goldsteins (1934) zu erinnern. Man bemerkt bei solchen Patienten — und dies entspricht häufig ihrer Selbstbeobachtung —, daß sie nicht länger in der Welt sanfter Abhänge und Steigungen verweilen, einer sicheren und vertrauten Erd-Landschaft, sondern gleichsam in eine Welt des Alpdrückens, in eine Mond-Landschaft mit furchterregenden Gipfeln und Abgründen, ein gräßliches Reich von Spitzen und Messerschneiden geraten sind. Wir haben immer wieder gesehen, wie der Kranke dazu kommt, aus lauter Mangel an innerer Stabilität und Kontrolle dem Mechanischen zu ähneln. So erinnert die gräßliche, verworfene, nadelige Welt der Patienten im Zustand dieser *Metastabilität* an eine Welt, auf die Newton anspielt: „Die Annahmen, alle Teilchen in einem unendlichen Raum könnten sich so genau die Waage halten, daß sie in einem vollständigen Gleichgewichtszustand zum Stillstand kämen, ist noch viel unwahrscheinlicher. Das wäre noch undenkbarer, als nicht nur eine, sondern eine unendliche Zahl von Nadeln . . . auf ihren Spitzen im Gleichgewicht zu halten." (Newton 1958, S. 292)

31 Cecil M. war kein Patient aus Mount Carmel. So glich seine Situation nicht derjenigen der schwerkranken Patienten, die jahrzehntelang „schlafend" in Mount Carmel lebten. Dafür glich sie der von aber Tausenden postenzephalitischen Patienten in der ganzen Welt, die trotz einer gewissen Behinderung imstande waren, ein erfülltes, unabhängiges und im wesentlichen normales Leben zu führen.

32 Sein Blick ist vom Vorübergehn der Stäbe
So müd geworden, daß er nichts mehr hält.

Ihm ist, als ob es tausend Stäbe gäbe
Und hinter tausend Stäben keine Welt.
(R. M. Rilke, *Der Panther*, in: Werke, Bd. 1, Leipzig 1978, S. 420)

33 Solche Zustände können auch bei anderen Intoxikationen eintreten, die durch Belladonna, LSD usw. in Psychosen und insbesondere in Migräneanfällen verursacht werden; vgl. Sacks 1985, Kap. 3.

34 Mr. L. schickte keinen dieser Briefe ab und sprach mit Ironie von sich selbst als von einem „Parkinsonschen Herzog".

35 Das Krankenhaus hieß tatsächlich ursprünglich „Das Mount Carmel Heim für körperlich Behinderte und Sterbende".

36 Zwei postenzephalitische Patienten, Maurice und Ed, wurden im Jahre 1971 in derselben Woche aufgenommen. Beide waren relativ jung (in den Vierzigern), hatten ein Eheleben hinter sich, von beiden hatten sich ihre Frauen vor kurzem scheiden lassen. Beide wurden von den unglücklichen Ereignissen überwältigt und wurden — wie Miron — bei der Aufnahme psychotisch. Sie wurden auf L-DOPA gesetzt und durchwanderten das spektakuläre Drama des „Erwachens" und der „Heimsuchung". Doch von nun an unterschieden sich ihre Geschichten völlig. Ed verarbeitete die Scheidung mit liebevollem Verständnis; es trat keine Neurose auf. Durch das L-DOPA erneut mobilisiert und angeregt, fand er eine glückliche sexuelle Beziehung außerhalb des Krankenhauses, der eine glückliche Heirat im Krankenhaus folgte. Liebe finden, Arbeit finden (er entfaltete sein Zeichnertalent und wurde bald zum Krankenhaus-Künstler), sich selbst finden; er „paßte" sich insgesamt an und ist es seit mehr als acht Jahren geblieben — der schweren postenzephalitischen Behinderung zum Trotz. Maurice dagegen, der trotz seines Charmes und seiner vielen Fertigkeiten unglücklich war, verarbeitete die Scheidung nicht. Mann und Frau begegneten sich mit zwanghafter gegenseitiger Quälerei. Er fand weder Arbeit noch Freunde. Ihm ist jede „Anpassung" und Freiheit „verwehrt" — er ist nach wie vor einer quälenden Sexualneurose ausgeliefert, masturbiert heftig und belästigt Frauen. Er fleht dann wie Leonhard L.: „Nehmt das L-DOPA weg — ich möchte lieber tot sein, als so gequält werden!"

37 Mrs. L.s Einstellung war unter den Verwandten unserer behinderten Patienten keine Ausnahme. Die Wiederherstellung der Handlungsfähigkeit und Unabhängigkeit war einigen Verwandten unserer Patienten überaus unwillkommen und stieß bei ihnen auf passiven oder aktiven Widerstand. Die Angehörigen hatten ihr Leben um die Krankheit des Patienten herum aufgebaut und taten — zumindest unbewußt — alles, was in ihrer Macht stand, um die sich ergebende Abhängigkeit des Patienten zu verstärken. Man kann die soziale und familiäre Verschärfung der Krankheit bei neurotischen, schizophrenen und solchen Familien beobachten, in denen ein Mitglied an Migräneanfällen leidet.

38 Was ich über Leonhards Halluzinationen gesagt habe, bedarf der Ergänzung. Leonhard hatte tatsächlich jahrelang halluziniert, — lange, bevor er L-DOPA erhielt (obwohl er vor 1969 nicht imstande oder willens war, mir dies einzugestehen). Leonhard hatte, weil er leidenschaftlich in Western-Filme vernarrt war, schon 1955, ein altes Gemälde einer Holzbudenstadt bestellt, *zu dem einzigen und ausdrücklichen Zweck, mit ihm zu halluzinieren* — und er hatte die Angewohnheit, es für halluzinatorische Matineen jeden Tag nach dem Lunch zu „beleben". Erst als er durch L-DOPA verrückt gemacht wurde, entzogen sich diese chronischen, komischen und wohltuenden Halluzinationen seinem Willen und seiner imaginativen Kontrolle: Sie nahmen einen offenbaren psychotischen Zug an. Halluzinierende Personen verschweigen üblicherweise (und mit gutem Grund) ihre „Visionen" und „Stimmen", aus Furcht, für exzentrisch oder verrückt gehalten zu werden. Dies galt auch

für viele postenzephalitische Patienten in Mount Carmel, ganz abgesehen davon, daß sie natürlich auch große körperliche Behinderungen hatten, die die Verständigung erschwerten. Sie brauchten viele Jahre, bevor sie mir vertrauten und mir einiges über ihre intimsten Erfahrungen und Gefühle anvertrauten. Aus diesem Grunde bin ich erst jetzt — nachdem wir uns mehr als ein Jahrzehnt kennen — imstande, zwei Feststellungen zu treffen. *Erstens* sind mindestens ein Drittel, möglicherweise mehr als die Hälfte der schwerbehinderten Patienten „chronische Halluzinatoren". *Zweitens* wäre es in den meisten Fällen falsch, den Ausdruck „schizophren" zu gebrauchen und ihn auf die Patienten oder auf deren Halluzinationen anzuwenden. Meine Gründe sind die folgenden: Den meisten Halluzinationen der Patienten fehlt die ambivalente, oft paranoische und im allgemeinen unkontrollierbare Natur der schizophrenen Halluzination. Vielmehr geht es um „Szenen" des normalen Lebens, von dem die Patienten durch Erkrankung, Hospitalisierung, Isolierung usw. für Jahre abgeschnitten waren. Funktion und Form der schizophrenen Halluzination hat mit der *Verleugnung* der *Realität* zu tun, während die der „freundlichen" Halluzinationen, die in Mount Carmel zu beobachten waren, mit der Erschaffung von Realität zu tun haben.

39 Ich war damals der Überzeugung, und bin es heute noch, daß die Repression durch die Pflegeanstalt die nichtpharmakologischen Reaktionen und Nebenwirkungen postenzephalitischer Patienten auf L-DOPA insbesondere nach der ersten Erholungsphase verstärkt. Schon die geringste sexuelle Regung zwischen Patienten wurde von der Krankenhausleitung besonders kritisch beäugt und mit einer ans Irrationale grenzenden, grausamen Strenge behandelt.

Ein weiterer Faktor, der sowohl Mr. L.s sexuelle Regungen wie auch die dadurch hervorgerufenen Schuldgefühle verschärfte, war die zwischen ihm und seiner Mutter bestehende zu enge Beziehung. Seine Mutter — die in einem gewissen Sinn in ihren Sohn verliebt war, so wie er in sie — war über seine Phantasien entrüstet — zugleich aber auch eifersüchtig auf ihn. „Es ist lächerlich", kam es ihr über die Lippen, „ein erwachsener Mann wie er! Er war vorher so *nett*, sprach niemals über Sex, schaute niemals Mädchen nach, schien nie an diese Dinge zu denken ... Ich habe mein Leben für Len geopfert: an mich sollte er immer denken! Aber nun sind jene Mädchen alles, woran er denkt!"

Bei zwei Gelegenheiten nahm Mr. L.s verdrängte Sexualität einen inzestuösen Charakter an, was seine ambivalente Mutter grob beleidigte (ihr aber auch schmeichelte). Das eine Mal vertraute sie mir an, daß „Len heute versucht hat, mich zu nehmen. Er machte die scheußlichsten Vorschläge. Er erwähnte *die schlimmste Sache, die es gibt* — Gott behüte!"; dabei errötete und kicherte sie.

Anmerkungen zu den Seiten 163—191

1 John Donne, *Devotions*, S. 512.

2 John Donne, *Devotions*, S. 551.

3 John Donne, *Devotions*, S. 524.

4 Eine solche mechanistische und technisch ausgerichtete Medizin ist moralisch neutral und auch erkenntnistheoretisch makellos — sie macht kontinuierliche Fortschritte, hat unzählige Leben gerettet, wird dann aber anfechtbar, wenn sie nicht-mechanistische oder nicht an technischem Denken orientierte Ansätze ausschließt, den klinischen Dialog verhindert und ein existentielles Herangehen verbietet. „Fälle" sind abstrakt, Patienten dagegen sind Menschen, die leiden und die verwirrt und furchtsam sind. Die Patienten sind auf eine richtige Diagnose und Behandlung, aber auch auf Verständnis,

Zuwendung, eine mitmenschliche Beziehung und existentielle Begegnungen angewiesen, die durch keine Technologie ersetzt werden kann.

5 Diese Zitate und Paraphrasen sind dem *Discours de Métaphysique* (Leibnitz 1952) und der *Korrespondenz* zwischen Leibniz und Arnauld (1957) entnommen, die um 1680 entstanden sind, doch erst in der Mitte des 19. Jahrhunderts, längst nach dem Tod Lockes, Humes und Kants, veröffentlicht wurden.

6 In einer Krankheit vereinigen sich die Versehrungen, die Umgebung, die Hoffnungen und Befürchtungen eines Menschen, das, was er hört und glaubt, der Arzt und dessen Verhalten zu einem einzigen Bild oder Drama.

So schrieb Donne auf seinem Krankenbett: „Ich beobachte den Arzt mit der gleichen Aufmerksamkeit, wie er die Krankheit. Ich erkenne seine Angst und fürchte mich mit ihm. Doch meine Angst ist mächtiger als die seine, die schneller wirkt, weil er bedächtig ist. Ich fürchte mich umso mehr, je verborgener er seine Furcht hält. Meine Angst erkenne ich schärfer, je mehr er meinen Blick von ihr abwenden will . . . Ich weiß, daß meine Angst die Wirkung seiner Pflege vereiteln und seine Arbeit stören kann." (John Donne, *Devotions*, S. 513)

7 Als seltene Ausnahmen mögen die faszinierenden und witzigen *Bekenntnisse eines Tiqueurs* genannt werden, abgedruckt in Meige und Feindel (1902), sowie die schönen psychoanalytisch orientierten Fallgeschichten von Postenzephalitikern in den zwei Büchern von Jelliffe (1927 und 1932). Die bemerkenswertesten jüngeren Beispiele solcher biographischer Fallgeschichten stammen von Lurija (1987a und 1971 bzw. 1987b und 1968).

8 Goethe, *Maximen und Reflexionen*, Weimar 1907, Nr, 575.

9 Viele andere metaphorische Triaden können verwendet werden, z. B.

Wohlbefinden	Kranksein	Erholung
Zufriedenheit	Unzufriedenheit	Besänftigung
(Wohltat)	(Übeltat)	
Frieden	Krieg	Versöhnung
Einheit	Zwietracht	Wiedervereinigung
Unversehrtheit	Versehrtheit	Genesung
	(Degeneration)	(Regeneration)
Gnade	Ungnade	Mut
	(Fall)	
Verwurzelung	Entwurzelung	Wiederverwurzelung
(Autochtonie)		
Daheimbleiben	Abreise	Rückkehr

Solche allegorischen Wortsequenzen fassen in gewisser Hinsicht den eigentümlichen Verlauf des Lebens und des Krankseins dieser Patienten vor der L-DOPA-Behandlung zusammen. In allgemeiner Weise sind sie eine Zusammenfassung des Lebens, der Geschichte und der Kultur. Sie sind ein Paradigma des menschlichen Daseins und des Lebens auf dieser Welt.

10 Einigen wenigen Patienten kann das „Erwachen" durch L-DOPA mißlingen; sie werden statt dessen noch tiefer in die Krankheit gestoßen. Darüber hinaus können die Reaktionen bei einem einzelnen Patienten zu verschiedenen Zeiten unterschiedlich sein. So fiel ein in diesem Buch nicht dargestellter postenzephalitischer Patient in Mount Carmel nach der Verabreichung von L-DOPA zunächst in ein Koma; als ihm ein Jahr später erneut L-DOPA gegeben wurde, erlebte er ein dramatisches „Erwachen" (s. Epilog, S. 192—218). Patienten mit „Pseudo-Parkinsonismus" (d. h. Parkinsonismus-ähnlichen Symptomen, die durch Gehirnerkrankungen bedingt sind — bei älteren

Patienten nicht ungewöhnlich) erleben überhaupt kein „Erwachen". Ich bin an anderer Stelle darauf eingegangen (vgl. Sacks 1969, S. 591) und habe hervorgehoben, daß Versuche mit L-DOPA zur Unterscheidung solcher Patienten von den echten Parkinsonpatienten nützlich sein könnten. Der Ausdruck „Erwachen" *(awakening)* wurde schon 1960 im Zusammenhang der Wirkungen von L-DOPA auf Tiere und dann von Cotzias und seinen Mitarbeitern verwendet.

11 Der Vergleich zwischen diesem „Erwachen" und den „luziden Intervallen" wird sich vielen Lesern von selbst aufdrängen. In solchen Intervallen ist der Patient trotz massiver funktioneller oder struktureller Störungen im ZNS wie spontan plötzlich wieder er selbst. Dies läßt sich oft auf dem Höhepunkt toxischer, febriler und anderer Delirien beobachten. Zuweilen kann die Person durch die Nennung ihres Namens an sich selbst erinnert werden; einen Augenblick oder einige Minuten lang *ist* sie sie selbst, bevor sie durch das Delirium erneut fortgetragen wird. Bei Patienten mit fortschreitender seniler oder präseniler Demenz (z. B. Alzheimer Krankheit), über die vielfältige Befunde über alle Formen massiver Beeinträchtigung von Struktur und Funktion des ZNS vorliegen, kann man auch ein plötzliches, flüchtiges, dafür äußerst lebhaftes „Zurückrufen-ins-Gedächtnis" der früheren, inzwischen verborgenen Person wahrnehmen. Beschrieben wurde auch die plötzliche, „ernüchternde" Wirkung, die eine Krankheit, eine Tragödie, der Verlust eines Mitmenschen usw. auf stark abgebaute, „ausgebrannte" hebephrene Schizophrene haben (wie ich übrigens durch eigene Beobachtungen bestätigen kann). Solche Patienten, die jahrzehntelang in einen Haufen von Manierismen, Regungen, Automatismen und spöttische kleine Ichs „zerfallen" sind, können angesichts einer überwältigenden Realität wieder zu sich kommen.

Man braucht aber nicht nach solchen eher fernliegenden Beispielen zu suchen. Wir haben alle plötzliche Gemütsruhe in Zeiten tiefer Verwirrung und Zerrüttung erlebt, eine plötzliche Besonnenheit im Rausch und — besonders wenn wir älter werden — das plötzliche Wiederauftauchen unserer Vergangenheit, ja unserer Kindheit in ihrer ganzen Leibhaftigkeit. All dies verdeutlicht, daß das eigene Selbst, der eigene Stil, die eigene *persona* als solche auf eine höchst komplexe Weise existieren. Es geht nicht um das eine oder andere „System", sondern allein um die ganzheitliche Organisation des Selbst. Kurzum, der Stil eines Menschen liegt an der Wurzel des menschlichen Daseins. (Deshalb bemerkte ich über Robert O., daß der frühere Mr. O. noch irgendwo da war und irgendwo *hinter* den Wahnzuständen seine Beobachtungen anstellte.)

12 Dieses teils mechanische, teils höllische Gefühl des inneren Innehaltens oder umgekehrt einer sinnlosen, verrückt machenden Abreise nach Nirgendwo, das für Parkinsonismus und Neurose typisch ist, wird von D. H. Lawrence beeindruckend beschrieben:

. . .
Und Menschen sitzen in Maschinen
zwischen Spinnrädern, in einer Räderapotheose
sitzen im grauen Nebel von Bewegung, die unbewegt ist
und Gehen, das nicht geht
und Tun, das nicht tut
und Sein, das nicht ist
. . .
Gehen, noch nie wandern, noch in Bewegung gehalten
die Art Hölle, die wirklich, grau und furchtbar ist,
die Art Höllengrau, das Dante niemals sah . . .
(*Evil is Homeless*, in: *Complete Poems*, Bd. 2, London 1964, S. 711)

13 D. H. Lawrence, *Pax*, in: *Complete Poems*, Bd. 2, S. 700.

14 John Donne, *Devotions*, S. 549.

15 Das Problem der „Titrierung" — der „Lenkung" der Reaktion durch die Menge der die Reaktion auslösenden Substanz —, das in der Chemie so leicht und schlicht ist (wo man es mit einfachen stöchiometrischen Gleichgewichtszuständen zu tun hat), stellt sich früher oder später als das Kernproblem der fortgesetzten Anwendung von L-DOPA heraus. (Dies gilt gleichermaßen für jedes Medikament, das zur Veränderung des Verhaltens bestimmt ist.) Auf die Frage, wieviel von einem Medikament verabreicht werden soll, gibt es nur eine richtige Antwort; sie lautet: genug.

Betrachten wir die Folge der Reaktionen, die wir bei allen unseren Patienten beobachtet haben, also die Kette von Reaktionen, die sich bei jedem mit L-DOPA behandelten Patienten ergeben hat. Anfangs bemerken wir bei einer bestimmten Dosis eine einfache, deutliche, wohltuende Reaktion — dem Patienten *geht es besser*. Vorerst scheint die Besserung durch eine „Wartungs-Dosis" beibehalten werden zu können. In *diesem* Stadium ist das Ideal der „Titrierung", eines einfachen stöchiometrischen Gleichgewichts oder Einklangs zwischen Dosis und Reaktion verwirklicht; es erscheint auch als angemessen. Danach treten aber stets „Komplikationen" auf. Diese folgen einem allgemeinen Muster: Zunächst werden die Patienten gegenüber den Wirkungen von L-DOPA immer empfindlicher, manchmal in einem ungewöhnlichen Maß (wie bei Leonhard L., der anfangs 5 g am Tag benötigte, später jedoch bereits auf 50 mg reagierte). Zuweilen beobachteten wir lediglich eine qualitative Veränderung der Reaktionen auf L-DOPA. Damit werden ursprünglich einfache und unmittelbare Reaktionen zunehmend komplex, variabel, unbeständig und paradox. Sie können sogar *unvoraussagbar* sein (man wird also nie wissen, wann welche minimale Veränderung der Dosis welche Reaktion welcher Art und welchen Ausmaßes bewirken wird); man hat es mit einer Situation von „Groß-Quanten" zu tun, ähnlich der des „Curie-Punkts" bei der Erhitzung ferromagnetischer Substanzen. Nun lassen sich Dosis und Reaktion nicht mehr abstimmen. (Dies wird am Fall Frances D. sehr deutlich.) Oder anders: die Dosis, die „genug" wäre, bleibt unbekannt.

16 In diesem Zusammenhang ist ein von Gowers beschriebener Fall von Epilepsie interessant. Der betroffene Patient litt jeweils vor dem Anfall stets an einem schlagartig auftretenden, echten Gefühl der *Falschheit* („Was auch immer vor den Augen dieses Patienten sich ereignete, erschien ihm plötzlich als *falsch*, d. h. als moralisch verwerflich . . .").

17 John Donne, *Devotions*, S. 509.

18 Das Gefühl für „nicht genug", das Flehen um „mehr", die Gier nach „noch mehr" — das Muster ist bestimmt bestens vertraut! Anlaß genug, um eine formale Analogie zwischen dem pathologischen Trieb, der Sucht oder der Sünde anzuerkennen. Diese Anlogie kann weder aufgegeben noch als überflüssig betrachtet werden.

19 John Donne, *Devotions*, S. 509.

20 Man kann die folgenden Bestandteile der Reaktion auf L-DOPA nennen: Anstieg der Erregungsstärke, Ausbreitung der Erregung auf andere Teile des Gehirns, kontinuierliches Aufkommen „neuer" Erregungen *(de novo)*, bis das Gehirn von diesen unzähligen Erregungen „angezündet" ist. Pavlov schreibt jede Streuung von Erregungen teils dem zentrifugalen Sprung von Ladungen auf homogene Gehirnzentren zu („Irradiation"), teils der sequenziellen Reizung von anatomisch oder funktionell benachbarten Zentren („Kettenreaktion").

Mit dem Bild des „Anzündens" verwandt ist das der „Feuersbrunst": In der „Großstadt des Gehirns" sprühen Funken, die einen Großbrand verursachen. In einem Haus, in dem das Dasein vor sich hin fröstelt, wird ein wärmendes Feuer entfacht — und dann setzt es das ganze Haus in Brand.

Die Idee der Vermehrung weist auf das Bild des *Wachstums* hin: Die „Nebenwirkungen" von

L-DOPA brauen sich zu einem gigantischen Homunculus oder einem „Verhaltens-Monster" zusammen oder bilden einen riesigen Dschungel. L-DOPA ist dann eine „Nahrung für eine Hochkonjunktur der Gehirntätigkeit" — L-DOPA als ein „Gehirn-Dünger". (Eine dichterische Veranschaulichung der von Drogen induzierten Sprengung jeden Maßes findet sich in H. G. Wells *The Food of the Gods*, London 1911.)

21 Reaktionen ähnlichen Ursprungs sind von Pavlov an Versuchstieren beobachtet worden, die einer Überbelastung ausgesetzt wurden. Die Reaktion dieser Tiere schwächt sich nach einiger Zeit ab oder kehrt sich in ihr Gegenteil um. Pavlov faßt diese Hemmung als einen Schutzmechanismus auf. Auch Goldstein beschreibt ähnliche Phänomene und betrachtet sie als primär biologische Reaktionen. Er spricht von einem „Erregungsverlauf", der einen Gipfel erreicht und nach dem Gipfel zu einer Umkehrung der Reaktionen oder einem Reaktionsausgleich führt. Man erkennt auch, wie auf der Ebene einzelner neuronaler Einheiten die Reaktion auf eine massive, fortgesetzte Reizung immer biphasisch ist, wobei die neuronale Einheit sich weiterer Belastung anpaßt oder sich ihr entgegensetzt.

22 Pavlov spricht angesichts ähnlich rückläufiger Reaktionen bei Versuchstieren und manisch-depressiven Patienten ungefähr von „Wellen der Erregung", die durch „Wellenbrecher der Hemmung" gebremst werden. Viele Patienten berichten auf ähnliche Weise von Wellen, die durch sie hindurchlaufen, oder davon, wie ein Boot auf hoher See hin und her geworfen zu werden. Diese Wellen-Bilder erscheinen angemessen, wenn man die Vorstellung flacher Sinus-Wellen aufgibt und stattdessen flutartige Erregungen, stürmische Brandungen vor Augen hat, die übermütig losbrechen und potentiell grenzenlos sind. Solche Flutwellen kommen (glücklicherweise) auf irdischen Meeren nicht vor. Sie ergeben sich aus ungewöhnlichen Kräften in ungewöhnlichen Räumen, ereignen sich in einem nichtlinearen Raum, den wir uns nur bildlich zu vergegenwärtigen vermögen.

23 Die Begriffe der Mechanik und die der Theatralität sind radikal verschieden, und dennoch ist zwischen ihnen eine Verbindung herzustellen. In dieser Verbindung eignen sie sich für die Kategorie des Handelnden und der Handlungen, dagegen nicht für die Kategorie der Puppen und passiven Reaktionen. Die erste Kategorie betrifft das Leben und die Biologie, die zweite ist eine mystische, Golem-hafte — eine entwürdigende Travestie des Lebens. Die Physiologie der vergangenen drei Jahrhunderte gründete sich auf solche Cartesianische Kategorien der mechanischen Puppe, des Golem usw. Solche Phantasien sind einfallsreich in der Figur des Faustischen Homunculus und der Frankensteinschen Monster durchgespielt worden.

24 Die anamnestischen Kräfte von L-DOPA scheinen zu den bemerkenswertesten Wirkungen dieses Medikaments zu gehören, die (im ursprünglich Platonschen Sinne) das Wesen des „Erwachens" veranschaulichen. Die *Eigenschaft* der durch L-DOPA ausgelösten Erinnerung ist charakteristisch und höchst instruktiv. Das Erinnern besteht nicht in einem Strom von Erinnerungen und dem Abrufen einmal gelernter „Tatsachen". Vielmehr handelt es sich um ein plötzliches, spontanes, „unwillkürliches" Aufleuchten bedeutsamer Augenblicke *der eigenen Vergangenheit*. Dies geschieht mit einer solchen Schärfe, Konkretheit, Unmittelbarkeit und Kraft, daß es ein Wiederleben oder Wieder-Sein bildet. Zudem mögen sie auch Erinnerung an die Stammesgeschichte sein (s. Anm. 3, S. 229—230).

25 Die Bildung *dramatischer* (oder „organischer") Verbindungen ist grundverschieden von der *logischer* (oder „mechanischer") Verbindungen, obwohl sie der letzteren nicht zuwiderläuft. So beobachtete man bei Hunden, daß sie „Geselligkeit mögen" oder „brauchen", und (wenn man einen Hund besitzt) daß diese Geselligkeit etwas Ursprüngliches ist, das sich auf „Reflexe", „Triebe", „Reize",

„Instinkte" usw. nicht reduzieren läßt. Dies ist jedoch genau das, was Descartes getan hat. Deswegen bemerkte Sherrington (1947, Vorwort), daß Descartes als einer schreibt, der nie einen Hund besessen habe und zu ihm freundlich hätte sein können. Die cartesianische Physiologie ist seitdem eine hundelose, freudlose, lebenslose Wissenschaft.

26 Die Tendenz zum Übermaß und die zum Schisma sind klar getrennt (obwohl sie ineinander greifen). Sie repräsentieren die beiden fundamentalen Tendenzen der Krankheit. Man beobachtet solche Verhaltensspaltungen (oder, nach Pavlov, solche „Brüche der höheren Nerventätigkeit") bei allen Organismen, die über eine bestimmte Schwelle hinaus gereizt werden. Es erscheint mir als unwahrscheinlich, daß jemand Erregungen oder Drangsale von der Größenordnung wie bei unseren Patienten ertragen kann, ohne dabei ein Schisma auf der einen oder anderen Ebene zu erleiden.

27 John Donne, *Devotions*, S. 517.

28 D. H. Lawrence, *Shadows*, in: *Complete Poems*, Bd. 2, S. 726—727.

29 Dies wird schlagend durch einen beispielhaften Vorgang bei Aaron E. belegt. Er war damals nach Hause zurückgekehrt und anscheinend war er ganz normal. Er begab sich zu Nachuntersuchungen wieder ins Hospital. Ich war erschrocken, eine ziemlich heftige Chorea, Grimassieren und Tics, die er niemals zuvor gehabt hatte, feststellen zu müssen. Als ich ihn fragte, ob er irgendein Problem habe, antwortete er, er habe ein Taxi zum Krankenhaus genommen — und das Taxameter ticke weiter und weiter: „Es tickt immer weiter," sagte er, „und es bringt auch mich immer weiter zum Ticcen." — Nachdem ich das gehört hatte, schickte ich das Taxi weg und versprach Mr. E., wir würden ein anderes Taxi nehmen und alle Unkosten übernehmen. Innerhalb von 30 Sekunden waren Mr. E.s Chorea, Grimassieren und Tics verschwunden.

30 Die Verwendung eines visuellen Auslöserreizes wird von Purdon Martin (1967) dargestellt.

31 Eine solche Patientin (die kopfnickende Patientin, die bereits erwähnt wurde, vgl. S. 173—174) hat es geschafft, jahrelang ein unabhängiges Leben außerhalb von Pflegeanstalten zu führen und schier unglaubliche Schwierigkeiten zu meistern, an denen weniger entschiedene Personen längst gescheitert wären. Diese Patientin — Lillian T. — hatte seit langem herausgefunden, daß sie ihre Bewegungen kaum beginnen, beenden oder in eine bestimmte Richtung lenken konnte. Und wenn sie sich einmal in Bewegung gesetzt hatte, verlor sie die Kontrolle darüber. Deshalb mußte jede Bewegung mit großer Genauigkeit im voraus geplant werden. So konnte das Gehen vom Sessel zu der wenige Schritte entfernten Liege nicht *direkt* erfolgen: Miss T. „erstarrte" nämlich und behielt dann vielleicht für eine halbe Stunde oder länger diese „erstarrte" Haltung bei. Sie hatte sich daher auf eine von zwei Handlungsfolgen einzustellen: Bei der einen erhob sie sich, legte den Richtungswinkel exakt fest und rief „Jetzt" aus, worauf sie in ein zügelloses Gehen verfiel, das sich nicht aufhalten und dessen Richtung sich nicht verändern ließ. Wenn die Doppeltür zwischen Wohnzimmer und Küche offen war, rannte sie dort hindurch, quer durch die Küche, um hinter dem Ofen eine Kurve zu beschreiben, dann die andere Wand der Küche entlang und durch die Tür zu laufen, bis sie ihr Ziel — das Bett — nach Zurücklegung einer großen Achter-Figur erreichte. War die Doppeltür dagegen zu, berechnete sie den Richtungswinkel wie ein Billardspieler, warf sich dann mit großer Kraft gegen die Tür, prallte in einem rechten Winkel zurück und erreichte ihr Bett. — Miss T.s Wohnung (und bis zu einem gewissen Ausmaß auch ihr Geist) glich dem Kontrollraum der Apollo-Flüge in Houston/Texas: Alle Wege wurden vorausberechnet, miteinander verglichen, mögliche Abweichungen und „Fehlerkorrekturen" im voraus eingebaut. Kurzum, ein großer Teil von Miss T.s Leben hing von bewußten Vorsichtsmaßnahmen und ausgefeilten Kalkulationen ab. Dies war aber die einzige Möglichkeit zur Aufrechterhaltung ihres Daseins. Unnötig

zu sagen, daß viele nicht so spitzfindige Formen der Vorsichtsmaßnahmen und der Kalkulationen automatisch ablaufen konnten und zur zweiten Natur der Patienten gehörten, weil sie keine bewußte Aufmerksamkeit mehr erforderten.

Dieses letzte Thema wurde besonders eindringlich von Lurija erörtert (vgl. Lurija 1932), der in diesem Zusammenhang von der Notwendigkeit von „Verhaltens-Algorithmen" spricht, die es erlauben, Substitute für die durch Krankheit zerstörte Natürlichkeit und intuitive Sicherheit zu „berechnen". Solche „Algorithmen" sind natürlich Artefakte und vor allem *künstliche Metriken*. Sie sind aber fast die einzigen Hilfsmittel, mit denen ein Patient, der die Dynamik und Metrik seiner Bewegungen nicht mehr beherrscht, eine gewisse Kontrolle über seine Bewegungsimpulse zu erzielen vermag. Der Einsatz solcher Hilfsmittel gleicht dem Gebrauch eines Metronoms bei einem Musiker bei mangelhaftem oder verzerrtem Gefühl für Zeitmaß und Rhythmus.

Völlig anders — das eigentliche Ideal — wäre bei jedem die Wiederherstellung eines „natürlichen" Rhythmus und einer „natürlichen" Bewegung, also der „kinetischen Melodie" (in Lurijas Ausdrucksweise). Es ginge um mehr als nur um ein Schema, Diagramm oder einen Algorithmus des Verhaltens, also um Wiederherstellung der echten, unverfälschten Räumlichkeit und Freiheit. Wir haben oft beobachtet, daß die Patienten ihre eigenen kinetischen Melodien, wenn auch nur flüchtig, durch das Hören einer dafür angemessenen *Musik* wiedererlangen. Man wird hier an den Aphorismus von Novalis erinnert: „Jede Krankheit ist ein musikalisches Problem — die Heilung eine *musikalische Auflösung*." (Novalis, *Schriften*, hg. von R. Samuel und P. Kluckhohn, Bd. 3, Leipzig o. J., S. 119)

Andere „natürliche" visuelle oder taktile Vorgänge in Natur und Kunst sind ebenso wirksam. So habe ich durch Parkinsonismus fast völlig immobilisierte, an Dystonien, Kontorsionen usw. leidende Patienten gekannt, die mit Leichtigkeit ein Pferd reiten konnten — mit Leichtigkeit, Grazie, intuitiver Kontrolle, wobei sie mit dem Pferd eine natürliche Einheit bildeten. Tatsächlich kann schon der bloße Anblick von Reiten, Laufen, Gehen, Schwimmen und anderen natürlichen Bewegungen auf einem Fernseher beim Parkinsonkranken durch Suggestion oder Sympathie eine gleiche Natürlichkeit der Bewegungen hervorrufen.

Die Kunst, mit Parkinsonkranken umzugehen, wird von feinfühligen Schwestern und Freunden erlernt; diese begleiten durch bloße Andeutungen, Berührungen oder durch wortlose, berührungslose, gemeinsam ausgeführte Bewegungen in intuitiver kinetischer Abstimmung den Patienten. Dies ist in der Tat eine echte Kunst; sie kann durch einen Menschen, ein Pferd oder einen Hund ausgeübt, aber *niemals* durch irgendein mechanisches Feedback simuliert werden. Denn nur das gegenseitige, melodische und lebendige Kräftespiel — die Gegenseitigkeit selbst — kann das lebende Wesen in dessen Lebensdasein zurückversetzen. Solch ein subtiles, wechselseitiges Kräftespiel kann auch durch den Gebrauch gewisser „natürlicher" Artefakte erreicht werden, die sozusagen zwischen dem Patienten und den Kräften der Natur *vermitteln*.

Schwer betroffene Parkinsonkranke sind am Steuer von Kraftwagen und Motorbooten eine Gefahr, weil alle pathologischen Bewegungsimpulse *verstärkt* werden. Diese Patienten können dagegen leicht und geschickt mit intuitiver Genauigkeit und „Gefühl" ein Segelboot handhaben. Hier bilden in der Tat Mensch—Boot—Wind—Wellen eine natürliche, dynamische Einheit oder einen Einklang. Der Patient fühlt sich eins mit der Natur und heimisch mit den Kräften. Seine eigene natürliche Melodie wird hervorgerufen, paßt sich an die Harmonie der Natur an. So gibt er das Dasein eines passiven, von Bewegungsimpulsen getriebenen Patienten auf und wird zu einem aktiv und frei *Handelnden*. Solche und Hunderte ähnlicher Beobachtungen weisen auf das bedeutendste aller Heilmittel gegen Parkinsonismus — wie auch gegen alle Krankheiten, Verirrungen und Entgleisungen der Natur hin: auf die Natur selbst — *vis mediatrix naturea* —, jene tiefgreifende und geheimnisvolle Heilkraft, an welche wir uns wenden, wenn alles andere versagt:

„Heilen"
sagte mir Papa,
„ist keine Wissenschaft,
sondern die Kunst der Anschauung,
die Natur zu gewinnen."
(aus: W. H. Auden, *The Art of Healing*, in: *Collected Poems*, London 1976, S. 627)

32 H. Hesse, *Das Glasperlenspiel*, Frankfurt am Main 1974, S. 192—193.

Anmerkungen zu den Seiten 192—219

1 Es gab ein langwieriges Ringen um das Verständnis von „Raum" (auch von „Zeit" und „Realität"), da er für den Parkinsonkranken Besonderheiten aufzuweisen scheint. In der Ausgabe von 1973 faßte ich diese Besonderheiten im Sinne Einsteins als eine systematische Unordnung von Raum-Zeit-Parametern, als systematische Verzerrung der Koordinatensysteme auf, obwohl diesen Begriffen ein gewisses Paradoxon oder Widerspruch innewohnt. Dies wurde deutlich, als ich von „Einsteinschen Delirien" sprach — was in sich ein Widerspruch ist. 1975 (Sacks 1975 a) sprach ich von „Parkinsonschen Täuschungen", als seien die Wahrnehmungen von Parkinsonkranken, die die Parkinsonbewegungen inszenieren, irreal oder phantastisch. Damals interessierten mich Phantomglieder und sensorische Gespenster, deshalb sprach ich vom Parkinsonismus als von einem „motorischen Phantom".

Beobachtet man den Parkinsonkranken genau — z.B. wenn er schreibt —, kann man feststellen, daß es zwar Maßstabsverzerrungen gibt, daß diese aber aus *plötzlichen, unberechenbaren Sprüngen* bestehen: Innerhalb einiger Sekunden kann es zu bis zu einem Dutzend solcher „Sprünge" kommen. So ist das, was *wir* beobachten, eigentlich nicht eine kontinuierlich *verzerrte* Metrik, sondern eine unendlich fremdartigere *zuckende* Metrik; nicht eine fließende, geometrische oder topologische, sondern eine plötzliche, algebraische oder statistische Transformation. Was ich zuerst als „Bewegung" angesehen hatte, erwies sich bei näherer Prüfung überhaupt nicht als kontinuierliche Bewegung, sondern als *Pseudo*-Bewegung, als eine zuckende Folge von Konfigurationen und Maßen — das motorische Äquivalent dessen, was ich an anderer Stelle „kinematische Vision" genannt habe (Sacks 1985). Und entsprechend: Was ich zuvor einfach als „Raum" und „Zeit" bezeichnet hatte, erwies sich seinerseits als etwas Fremdartiges. Es durfte nicht länger als Ausdehnung bzw. Dauer angesehen werden, d. h. als Kontinuum, sondern mußte als „Aufblitzen" des „Pseudo-Raumes" in einer statistischen „Pseudo-Zeit" begriffen werden. Selbst wenn der Maßstab als ziemlich fest *erschien*, konnte (wenn man mit mikroskopischer Exaktheit beobachtete) festgestellt werden, daß er ständig minimal oszillierte, wie die „mikroptisch-makroptischen Gitterfenster" in einer Migräne. *So war der Maßstab selbst nicht ideal — wie ein starres Einsteinsches Lineal oder Uhrwerk —, sondern eine Art von durchschnittlichem, statistischem „Pseudo-Maßstab"*. So ist das „Chaos von zerbrochenen Linealen und Uhren" ein Chaos von Phantom-Uhren und Phantom-Linealen, denen in gleicher Weise Realität und Idealität fehlt. In dieses gespenstische Reich von Phantomen und Fragmenten haben *wir* Realität und Idealität, ein reales und ideales Lineal und Uhrwerk hineinzutragen. Der Parkinsonpatient, dem Geister die Metrik entwendet haben, muß durch metrische Idealität und Realität geheilt werden.

2 Anmut ist das Verhältnis zwischen dem Handelnden und der Handlung (J. J. Winckelmann).

3 Für Harold Pinter war es eine Art von Alaska — so hat er sein Theaterstück über die postenzephalitischen Fallgeschichten betitelt.

Erläuterung von Fachbegriffen

Ein Buch wie dieses enthält zwangsläufig eine Reihe unbekannter, sich auf den speziellen Gegenstand beziehender Ausdrücke. Ich war im großen ganzen bemüht, die Bedeutung derselben in dem Zusammenhang, in dem sie jeweils auftreten, zu erhellen. Das folgende, kurze Glossar ist als Begleiter für den Leser gedacht, der sich die eigenartigen Störungen der Bewegung, Körperhaltung, des Willens, der Bedürfnisse, des Schlafs usw. bildlich vorstellen möchte. Die erläuterten Begriffe verhalten sich analog zu den viel vertrauteren Ausdrücken, mit denen wir über emotionale und neurotische Störungen sprechen. Sie sind inhaltlich nicht klar voneinander abgegrenzt und überschneiden sich so, wie die Störungen, die durch sie bezeichnet werden, sich überschneiden.

ABULIE: Mangel an Willen oder Initiative. Ein zeitweilig bevorzugter Begriff zur Bezeichnung neurotischer „Willenslähmungen". Die echte Abulie tritt jedoch vielleicht nur bei organischen Erkrankungen oder bei Schädigungen des Gehirns auf — bei der *Encephalitis lethargica*, als Folge ausgedehnter Leukotomie usw. Sie ist häufig, aber nicht zwangsläufig, mit völliger Apathie verbunden. Das Gegenteil von Abulie ist *Hyperbulie* — ein Übermaß an Willen, Willkür, Drang- und Triebhaftigkeit. In ähnlicher Weise ist *Erethismus* das Gegenteil von *Apathie* — eine krankhafte (sexuelle) Erregbarkeit, Drängeln, Drängen, Stoßen. Ähnliche antithetische Paare sind: *Anergie* — *Hyperergie* (Mangel an Energie; Überschuß an Energie) und *Adynamie* — *Hyperdynamie* (Mangel an Kraft; Überschuß an Kraft).

AGRYPNIE: Völlige Unfähigkeit zu schlafen, absolute Resistenz gegenüber Sedierung — stärkste Ausprägung der Schlaflosigkeit. Diese Störung, die tödlich verläuft, wenn sie länger als eine Woche anhält, ist ebenfalls nur bei Krankheiten oder Vergiftungen zu beobachten — speziell bei *Encephalitis lethargica* und Vergiftungen mit Ergotin.

AKATHISIE: Unfähigkeit, bewegungslos zu verharren; intensiver Bewegungsdrang; extreme Erscheinungsform von Ruhelosigkeit oder Zappeligkeit.

AKINESE: Völliges Fehlen von Bewegungen oder Unfähigkeit, willkürliche Bewegungen — zu welchem Zweck auch immer — auszuführen; am stärksten ausgeprägt bei postenzephalitischer Erkrankung. In vergleichbarer Weise spricht man von *Aphonie* (Unfähigkeit, Laute von sich zu geben), *Aphrenie* (Stillstand des Denkens) usw.

ALGOLAGNIE: Lustvolles Zufügen und Erleiden von Schmerz.

AMETRIE, AMORPHIE: Unfähigkeit zur Beurteilung von *Ausmaß* und *Form* (so wie *Dysmetrie* und *Dysmorphie* systematische Fehlbeurteilungen von Ausmaß bzw. Formen sind). Ursachen und Erscheinungsformen derartiger falscher Abmessungen von Zielbewegungen sind vielgestaltig (Auftreten und Behandlung bei postenzephalitischen Patienten werden in Anm. 1, S. 228—229 und Anm. 31, S. 248—250 erörtert).

AMIMIE: Vollständiger Verlust der *mimesis* — der mimischen und darstellerischen Ausdrucksfähigkeit. Der Begriff wird häufig zur Beschreibung der Unbeweglichkeit und weitgehenden Ausdruckslosigkeit des Gesichts, der Stimme und Körperhaltung vieler Parkinsonpatienten verwendet. Hervorzuheben ist, daß die Amimie sekundär und nicht primär ist: Parkinsonpatienten können über ein reichhaltiges Repertoire *inneren* Ausdrucks und *innerer* Gesten verfügen, denen der entsprechende äußere Ausdruck aufgrund der durch die Akinese bedingten Einengung (oder Schwächung) versagt ist. Manchmal „bricht" ein lebhafter Ausdruck unversehrt und unerwartet „durch". Durch L-DOPA übererregte Patienten können (wie Patienten mit dem Tourette-Syndrom) *hypermimisch* werden. Sie verhalten sich dann übertrieben theatralisch, grimassieren und gestikulieren unaufhaltsam, sind leicht beeinflußbar, neigen zu unfreiwilliger Nachahmung, zu Tics, Manieriertheiten usw.

ANABLEPSIE: Zwanghaft aufwärtsgerichteter, starrer Blick — das Gegenteil von *Katablepsie*: Störungen, die besonders während *okulogyrer* Krisen der *Encephalitis lethargica*, aber auch bei *Hysterie*, unter *Hypnose*, in *Ekstase* usw. auftreten.

APATHIE: Anhaltende oder vorübergehende Teilnahmslosigkeit gegen äußere Eindrücke.

APHAGIE: Unfähigkeit zu schlucken.

APHONIE: siehe *Akinese*.

APHRENIE: siehe *Akinese*.

APRAXIE, AGNOSIE: Schwierigkeiten bei der Ausführung von Tätigkeiten oder beim Vollziehen von Wahrnehmungen aufgrund von Beeinträchtigungen der intellektuellen Fähigkeiten. Schwierigkeiten dieser Art sind oft mit Schädigungen der Großhirnrinde verbunden und können im Zusammenhang mit Hirntumoren, Schlaganfällen, Altersabbau usw. auftreten. Sie treten beim Parkinsonismus *nicht* in Erscheinung, bei dem die Schwierigkeiten nicht im *Verstehen*, sondern im Ausführen von Handlungen liegen (siehe jedoch Anm. 1, S. 228—229).

ATHETOSE: In Gowers Worten: „mobiler Spasmus"; „unwillkürliches" Verzerren des Gesichts, Verdrehen und Krümmen der Zunge und der Extremitäten — eine Form von *Dystonie*.

AUTOMATISMUS: Zwanghaftes Reagieren auf äußere Reize oder zwanghaftes Befolgen von Aufforderungen, im Gegensatz zum *Befehlsnegativismus*. Tritt am dramatischsten bei der Katatonie zutage, aber auch bei Parkinsonismus und zwanghaften oder hysterisch-neurotischen Störungen (siehe auch *Echolalie*, *Palilalie* usw.).

BLEPHAROSPASMUS: Lidkrampf, der als anhaltende Verkrampfung *(Blepharotonus)* oder Lidflattern *(Blepharoklonus)* auftreten kann.

BLOCKIERUNG: Widerstand (auf jedweder Ebene) gegen Gedanken oder Bewegung. Am auffälligsten bei Katatonie, häufig verbunden mit Befehlsnegativismus; aber auch bei Parkinsonscher Starre und bei neurotischen Denk-, Gefühls-, Sprach- und Aktivitätshemmungen zu beobachten. Auf niederen Ebenen „unwillkürlich", auf höheren Ebenen jedoch verbunden mit einem Gefühl von „Klebrigkeit" oder innerem Widerstreben.

BRADYKINESE: Für den Parkinsonismus äußerst charakteristische Verlangsamung der willkürlichen Bewegungen; in vergleichbarer Weise spricht man von *Bradyphemie*, *Bradyphrenie* usw. Eine ähnliche Verlangsamung ist bei Depressionen häufig feststellbar.

BRUXISMUS: Mit dem *Trismus* (Kieferklemme als Folge eines tonischen Krampfes der Kaumuskeln) verbundenes Zähneknirschen. Tritt nicht nur in postenzephalitischen Krankheitsbildern, sondern auch in Zuständen neurotischer Spannung und als Reaktion auf Amphetamin auf.

Bulimie: Wörtlich: „Ochsen-Hunger". Heftiges, nicht zu befriedigendes Verlangen nach Essen. Wie jede Maßlosigkeit verwandelt sich Bulimie leicht in ihr Gegenteil, d. h. in heftige Nahrungsverweigerung, Verabscheuung von Nahrung, in *Anorexie* (Appetitlosigkeit), in „Gefräßigkeit mit umgekehrtem Vorzeichen".

Chorea (Veitstanz): Unwillkürliche, unbeständige, fahrige Bewegungen (motorisches Flackern), die dazu tendieren, von einer Muskelgruppe auf eine andere überzuspringen; eine Bewegungsform, die einfacher strukturiert ist als Tics, jedoch komplexer organisiert ist als das Gliederwerfen (Jaktation) und die myoklonischen Zuckungen.

Dystonie, Dyskinese: Sammelbegriffe für Abnormitäten des Muskeltonus und der Bewegungen, einschließlich Störungen wie Parkinsonismus, Athetose, Tortikollis usw.

Echolalie: Zwanghafte, stets von neuem beginnende Wiederholung von Wörtern, die eine andere Person gesprochen hat; *Palilalie* ist entsprechend die Wiederholung der vom Kranken gesprochenen Wörter, Wendungen oder Sätze; *Echopraxie* und *Palipraxie* sind die zwanghafte Wiederholung von Bewegungen oder Tätigkeiten. Diese Symptome treten häufig bei der Katatonie auf und verhalten sich analog zur *Katalepsie* (zwanghafte Wiederholung oder Nachahmung von Körperhaltungen).

Emprosthotonus: Zwanghaftes Senken des Kopfes zur Brust, im Gegensatz zum zwanghaften Zurückwerfen des Kopfes *(Opisthotonus)*.

Erethismus: Pathologische, auf Entladung drängende, gesteigerte Erregung. Der Begriff wird speziell für Erregungszustände verwendet, die auf sexuelle Selbstbefriedigung oder auf Geschlechtsverkehr gerichtet sind.

Exotropie: Auswärtsschielen; eine Form des *Strabismus*.

Festination: Zwanghafte Eile beim Gehen, Sprechen oder Denken — vielleicht das charakteristischste Merkmal des Parkinsonismus. Die zwanghaft übereilten Schritte werden kürzer und kürzer, bis der Patient schließlich „erstarrt" — doch innerlich weitergeht, ohne vom Fleck zu kommen. Diese Form von Hast bildet den Gegensatz zum unfreiwilligen Zögern und zwanghaften Aufgehaltenwerden beim Gehen und Denken.

Gegenhalten: Manchmal als *Paratonie* bezeichnet. Ein zwanghafter Widerstand oder Widerwille gegen passive Bewegung, ähnlich den Parkinsonschen negativistischen oder neurotischen Widerständen und dennoch von diesen abweichend. Das entsprechende Antonym wäre (so nehme ich an) „Mithalten", obgleich ich mir nicht sicher bin, diesem Begriff in diesem Sinne je begegnet zu sein.

Hyperkinese: Vermehrte Kraft, verstärkter Antrieb, erhöhtes Tempo, gesteigerte Heftigkeit, weit ausladende Bewegungen; in der Regel verbunden mit überschießenden „Hintergrund"-Bewegungen *(Synkinese)*; häufig gleichzeitig mit Impulsivität, Ungestüm, Reizbarkeit, Schlaflosigkeit usw. Hyperkinesen sind das Gegenteil von *Akinesen*, unabhängig davon, ob letztere durch Parkinsonismus, Katatonie oder Neurosen bedingt sind. Akinesen und Hyperkinesen können sich gegenseitig ersetzen — *Kinesia paradoxa* —, und zwar gelegentlich plötzlich und auf explosive Art. Derartige plötzliche Umschwünge finden sich nicht nur im Krankheitsbild manisch-depressiver Zustände, sondern auch in demjenigen der Hysterie, des Parkinsonismus und besonders der Katatonie.

Hypertonus: Besonders stark ausgeprägte Muskelspannung — aufgrund von Krampfneigung, Parkinsonismus, nervöser Spannung, lokaler Reizung usw. Der mit Parkinsonismus verbundene Hypertonus tendiert dazu, sich auf einander gegenüberliegende Muskeln symmetrisch auszuwirken, somit zu einer plastischen oder „Bleirohr“-Rigidität führend. Eine auffällige Wirkung von L-DOPA (selbst bei nicht an Parkinsonismus leidenden Patienten) besteht darin, daß der Muskeltonus auf ein unternormales Niveau herabgesetzt wird — *Hypotonus* —, und dies in einem solchen Ausmaß, daß normale Körperhaltungen nicht eingenommen werden können. Somit neigen die Muskeln und Körperhaltungen von Parkinsonpatienten dazu, *hart*, die von an Chorea leidenden und die von anti-Parkinsonschen Patienten jedoch dazu, *weich* zu sein (die sog. *chorea mollis*).

Hypokinesie: Reduzierte Kraft, verminderter Antrieb bzw. Bewegungsumfang — eine Verringerung der Bewegung bis an die Grenze der *Akinese*.

Jaktation: Hinundherwälzen im Bett; krankhafte Ruhelosigkeit, die in der Höhe der Erregung auch zu Zerstörungsdrang führen kann.

Katalepsie: Das unermüdliche, zeitlich unbegrenzte, mühelose Verharren in einer bestimmten Körperhaltung — auch in einer Wahrnehmungs- und Gedankenhaltung (Faszination, Verzückung usw.). Für Hysterie und Hypnose ebenso charakteristisch wie für Katatonie; tritt auf niedrigerer Ebene auch bei Parkinsonismus auf.

Katatonie: Seit etwa einem Jahrhundert so benannt, aber beschrieben und dargestellt bereits seit den ersten Anfängen der Geschichtsschreibung. Umfaßt in ihren bekanntesten Erscheinungsformen Katalepsie und das statuenhafte Verharren in Körperhaltungen, Befehlsautomatismus oder -negativismus, extreme Suggestibilität (in positivem oder negativem Sinne) usw. Weniger bekannt ist der *katatone Wahnsinn* („Amok“), in den sich katatone Starrheit plötzlich verwandeln kann. Obgleich gelegentlich bei Schizophrenen auftretend, ist Katatonie des öfteren auch bei nichtschizophrenen Postenzephalitikern feststellbar; sie kann ferner durch Hypnose oder Medikamente hervorgerufen werden. Möglicherweise ist die Katatonie als Ekstase, Trancezustand, Verzückung oder extreme „Konzentration“ eher bekannt, wenn sie in Zusammenhang mit anhaltender, vertiefter und intensivierter Aufmerksamkeit auftritt. Katatonie läßt sich als eine auf einer „mittleren“ Ebene zwischen Parkinsonismus und neurotischen Störungen angesiedelte Erscheinung auffassen.

Koma: Zustand tiefer Bewußtlosigkeit, verbunden mit dem Verlust jeglicher Ansprechbarkeit und dem Aussetzen aller höheren Tätigkeiten. Es handelt sich um einen Zustand, der nur bei schweren Hirnschädigungen oder Volltrunkenheit zu beobachten ist. Er steht im Gegensatz zum *Stupor* (bei dem grobe Schutzreaktionen und manchmal eine unorganisierte, verwirrte Art geistiger Aktivität erhalten bleiben) wie auch im Gegensatz zu Zuständen abnormer Lethargie (*Torpor*), aus denen Patienten völlig, wenngleich nur kurzzeitig, herausgerissen werden können.

Koprolalie: Lautes Fluchen und die Verwendung feindseliger und obszöner Bezeichnungen auf zwanghafte und krampfartige Art, durchsetzt von Murmeln und Fluchen *sotto voce* (mit verhaltener Stimme). Tritt vornehmlich gleichzeitig mit Tics und anderen hyperaktiven und impulsiven Zuständen auf.

Myoklonus: Plötzliche, heftige, einfache, auf niedrigem Niveau organisierte Zuckungen sowohl kleinster Teile von Muskelgruppen (*Myokymie*, Zuckungen von Muskelfasern) als auch der gesamten Körpermuskulatur (*Blitzkrampf*). Derartige Bewegungen können bei allen Menschen auftreten, z. B. beim Einschlafen.

Narkolepsie: Eine der zahlreichen Schlafstörungen, besonders verbreitet bei postenzephalitischen Patienten. Narkolepsie besteht in plötzlich auftretendem, unwiderstehlichem Schlafbedürfnis, wobei der Schlaf manchmal nicht länger als ein paar Sekunden dauert. In der Regel wird dabei lebhaft geträumt. Oft geht die Narkolepsie mit *Kataplexie* (plötzlicher Verlust jeglichen Muskeltonus, oft durch

Aufregung oder Lachen hervorgerufen), *Schlaflähmung* (Unfähigkeit, sich einige Sekunden nach dem Erwachen zu bewegen), *Sprechen im Schlaf*, *Schlafwandeln*, *Alpträumen*, *nächtlichen Angstzuständen* und ausgeprägter *Unruhe* und übermäßigem Bewegungsdrang während des Schlafs einher (s. auch *Schlafstörungen*).

Okulogyre Krisen: Anfallartige, unwillkürliche Blickabweichungen, häufig in Verbindung mit aufwallendem Parkinsonismus, mit Katatonie, Tics, Wahnvorstellungen, Suggestibilität usw.

Ophthalmoplegie: Lähmung des Blicks.

Opisthotonus: siehe *Emprosthotonus*.

Orexie: Nicht zu unterdrückende Neigung zur Völlerei, Freßsucht, Gier. Ihre Negativform (*Anorexie*) kann entweder zur Beschreibung einfacher Appetitlosigkeit oder zur Bezeichnung eindeutiger Essensverweigerung dienen, zu „Freßsucht mit umgekehrten Vorzeichen". (Alle im Rahmen dieser Ausführungen auftretenden negativen oder verneinenden Begriffe — *Akinse*, *Abulie* usw. — können auch zur Bezeichnung eines einfachen Mangels, eines Gegensatzes oder von Mangel und Gegensatz zugleich verwendet werden.)

Paligraphie: Mehrfache Wiederholung eines bereits geschriebenen Wortes oder Satzes durch den Schreibenden.

Palilalie, Palipraxie: siehe *Echolalie*.

Perseveration: Tendenz zur zeitlich unbegrenzten Aufrechterhaltung oder Wiederholung nervöser Prozesse, die sich selbst in Gang setzen, stets von neuem ablaufen und sich selbst aufrechterhalten; kaum kontrollierbar; ein grundlegender pathologischer Zustand, die Antithese zu „Blockierung" bildend (s. *Katalepsie*, *Echolalie*, *Rigidität* usw. als Beispiele für derartige Verharrungsvermögen).

Petit Mal: *Epilepsia minor*: der mit mehr oder weniger starker Bewußtseinstrübung auftretende kleine epileptische Anfall, bei dem Krampferscheinungen ausbleiben.

Rigidität: Primäres Symptom des Parkinsonismus, jedoch auch auf höherem Niveau zu beobachten, wie bei *Gegenhalten* (paratone Rigidität), katatoner Rigidität, neurotischer Rigidität und neurotischer Hartnäckigkeit. Die Durchdringung eines Gliedes (oder des gesamten Körpers bzw. des gesamten Seins) durch die dynamische Gegenwirkung gegensätzlicher Innervationen hat einen gewissen Zustand (*clench*) bzw. das Auftreten von Spasmen zur Folge. Sofern die gegensätzlichen Impulse alternieren, anstatt zeitlich zusammenzufallen, sind *Tremor*, *Flattern*, *Zögern*, *Schwanken* usw. zu beobachten — also grundlegende Symptome des Parkinsonismus und der Neurose.

Satyriasis: Übermäßig gesteigerte sexuelle Begierde oder sexueller Drang und sexuelles Verlangen; das sexuelle Äquivalent zur *Bulimie*.

Seborrhoe: Schmerzfluß; gesteigerte Absonderung der Talgdrüsen, die entweder zu einer öligen Beschaffenheit der Haut führt oder eine fettige Schuppung verursacht.

Sialorrhoe: Gesteigerter Speichelfluß.

Schlafstörungen: Ungewöhnliche Formen und Zwischenformen des Schlafs waren in den ersten Tagen der Schlafkrankheit besonders verbreitet und wurden später erneut als „paradoxe" Wirkung von L-DOPA bekannt. Diese Art von Schlaf scheint unwillkürlich und häufig aufzutreten, ist sehr tief und in der Regel gegenüber Unterbrechungen resistent. Es gibt zwei grundlegende Arten: ohnmachtsähnlicher Schlaf, Tiefen der Perseveration, in die Patienten immer weiter versinken (analog zur

Katalepsie), oder Hemmungen und Widerstände des Bewußtseins (der *Blockierung* entsprechend). Es kommt vor, daß Patienten, wenn sie plötzlich aus einem solchen pathologischen Schlaf geweckt werden, sofort in Wut geraten oder in Raserei ausbrechen — ein Phänomen, das der *Kinesia paradoxa* bzw. der bekannten Explosivität depressiver oder katatoner Patienten vergleichbar ist (s. auch *Narkolepsie*).

TACHYKINESE: Äußerst schnelle Bewegungen, häufig gekennzeichnet durch extreme Wucht und Abruptheit; charakteristisch für Parkinsonismus (speziell, wenn er durch L-DOPA aktiviert wird), für manische und Zustände der Raserei und für in Tics zutage tretende Störungen; in vergleichbarer Weise spricht man von *Tachyphemie*, *Tachyphrenie* usw.

THALAMISCHE ATTACKE: Anfall mit komplexem Erscheinungsbild, u. a. mit choreatischen und atheotischen Bewegungen der Glieder, Herabsetzung der Tiefensensibilität in der kontralateralen Körperhälfte usw.

TIC: Eine plötzlich auftretende, komplexe, zwanghafte Bewegung; von komplexerem Organisationsgrad und in ihrer Erscheinungsform konstanter als myoklonische Zuckungen, Laktation, Chorea usw. Eine Neigung zu Tics — in ihrer reichhaltigsten Form in der Tic-Krankheit (Tourette-Krankheit) zu erkennen — tritt *ebenfalls* häufig bei neurotischen und speziell bei schizophrenen Störungen auf, desgleichen bei akutem oder aktiviertem Parkinsonismus. Tics der Unbeweglichkeit oder tonische Tics ähneln der Katalepsie und deuten auf die funktionale Ähnlichkeit dieser Tics mit der Katatonie hin. Höher organisierte Tics neigen zur Ausbreitung, zur Erzeugung von *Gegen-Tics* sowie zum Entstehen idiosynkrasieartiger Manieriertheit, Affektiertheit sowie von aufgesetzten Posen.

TONUS-KLONUS: Allgemeine, sowohl gleichzeitiges als auch alternierendes Auftreten gegensätzlicher Reaktionen bezeichnende Begriffe. Diese Begriffe werden nicht nur im Zusammenhang mit Parkinsonismus, Katatonie usw., sondern auch im Zusammenhang mit Epilepsie als Störungen auf der höchsten Ebene und mit Rückenmarkstörungen als Beeinträchtigungen auf der niedersten Ebene verwendet.

TORPOR: Schlaffheit, Trägheit, Schläfrigkeit, herabgesetzte Aufnahmefähigkeit gegenüber äußeren Reizen.

TORSION: Drehung, Achsendrehung, hier: durch Muskelkrämpfe verursacht.

TORTIKOLLIS: Schiefhals; fortdauernde, asymmetrische Verkrampfung der Halsmuskulatur, wodurch der Kopf auf eine Seite gedrängt wird — ein dystonisches Symptom, das „organisch" (z. B. durch Parkinsonismus) oder „funktionell" (z. B. durch Hysterie) bedingt sein kann. In vergleichbarer Weise spricht man von *Tortipelvis*. Der übergreifende Begriff *Torsionsspasmus* bezeichnet Spasmen, die Rumpf und Hals betreffen (vgl. *Athetose*). Ähnliche, verdrehende und krümmende Bewegungen und Verzerrungen können sich selbstverständlich auf die Gesamtbefindlichkeit auswirken; daher kann man von *moralischer Athetose* und quälenden Zuständen *emotionaler Torsion* sprechen.

Zur Literatur

Bemerkungen

Die ursprüngliche Beschreibung dessen, was heute als Parkinsonismus bezeichnet wird, stammt von James Parkinson (1817). Die klassische Studie über die große *Encephalitis-lethargica-Epidemie* und deren vielfältige Folgen wurde von v. Economo (1929) veröffentlicht. Die ausführlichsten Analysen postenzephalitischer Störungen (insbesondere der zwanghaft bedingten) wurden vom Psychoanalytiker und Neurologen Jelliffe (1927 und 1932) vorgelegt. Lurija (1932) entwickelte in seinem Buch über menschliche Konflikte zwar allgemeine Ideen zur Neuropsychologie; das letzte Kapitel enthält jedoch eine beachtenswerte Studie Parkinsonismus-bedingter Handlungsbehinderungen.

Eine gute Übersicht über postenzephalitische Ausfallserscheinungen, die auf die Beobachtung von Patienten im Stobhill Hospital in Glasgow beruht, ist von Gilbert Onuaguluchi (1964) vorgelegt worden. Besonders aufschlußreich sind die Angaben zum EEG dieser Patienten und die Beziehungen, die zum EEG der Patienten in Mount Carmel bestehen (s. Anhang).

Eine einmalig gute Studie über Haltungs- und Bewegungsbehinderungen postenzephalitischer Patienten, ergänzt durch Angaben über deren Behandlung, stammt von J. Purdon Martin (1967). Die Pionierstudie über die therapeutischen Wirkungen von L-DOPA wurde von Cotzias und Mitarbeitern (1967) vorgelegt. Eine kurze Beschreibung der Wirkung von L-DOPA auf die Patienten im Highlands Hospital stammt von Calne und Mitarbeitern (1969).

Zur Geschichte der Schlummersucht-Epidemien vgl. Sacks 1972.

Unmittelbarer Vorläufer und „Modell" meines Buches ist eine 1972 erschienene Arbeit; vgl. Sacks 1972. Zur Problematik der Wahrnehmungsstörungen von Parkinsonkranken vgl. Sacks 1975a; zu derjenigen der ontologischen Behinderungen und Störungen vgl. Sacks 1975b. Zum Tourette-Syndrom, das dem postenzephalitischen Syndrom in mancher Hinsicht sehr ähnlich ist, und zur Fallgeschichte eines an „Tourettismus" leidenden Patienten, der auf Haloperidol gesetzt worden war, vgl. Sacks 1981 und 1982a.

Zur Ähnlichkeit zwischen einzelnen Phänomenen, die durch das L-DOPA bei postenzephalitischen Patienten hervorgerufen werden, und bestimmten Migräne-Phänomenen vgl. Sacks 1985, Kap. 3.

Bibliographie

Bruner, J. 1986: Actual Minds, Possible Worlds. Cambridge, Mass.

Calne, D. B. u. a. 1969: L-DOPA in post-encephalitic parkinsonism. The Lancet i/Nr. 7598, S. 744—746

Cotzias, G. u. a. 1967: Aromatic amino acids and modification of parkinsonism. New England Journal of Medicine *276*, S. 374—379.

Darwin, C. 1878: Das Variieren der Tiere und Pflanzen im Zustande der Domestikation, übers. von J. V. Carus, Band 2. Stuttgart.

Darwin, C. 1958: Autobiography, hg. von N. Barlow. London.

Economo, C. v. 1917: Die Encephalitis lethargica. Wien.

Economo, C. v. 1929: Die Encephalitis lethargica, ihre Nachkrankheiten und ihre Behandlung. Berlin/Wien.

Goffman, E. 1961: Asylums. Garden City, N.Y.

Goldstein, K. 1934: Der Aufbau des Organismus. Den Haag.

James, W. 1890: The Principles of Psychology, Bd. 2. New York.

Jelliffe, S. E. 1927: Post-Encephalitic Respiratory Disorders. Washington.

Jelliffe, S. E. 1932: Psychopathology of Forced Movements and the Oculogyric Crises of Lethargic Encephalitis. Washington.

Leibniz, G. W. 1957: Discours de Métaphysique et correspondance avec Arnauld, hg. von G. Le Roy. Paris.

Leibniz, G. W. 1958: Discours de Métaphysique/Metaphysische Abhandlung. Hamburg.

Lurija, A. R. 1932: The Nature of Human Conflicts. New York.

Lurija, A. R. 1962: Vysšie korkovye funkcii čceloveka i ich narušenija pri lokal'nych poraženijach mozga. Moskau.

Lurija, A. R. 1966: Higher Cortical Functions in Man. New York.

Lurija, A. R. 1968: Malen'kaja knižka o bol'šoj pamjati. Moskau.

Lurija, A. R. 1971: Poterjannyj i vozvraščennyj mir. Moskau.

Lurija, A. R. 1979: The Making of Mind: A Personal Account of Soviet Psychology. Cambridge, Mass.

Lurija, A. R. 1982: Ėtapy projdennogo puti. Naučnaja avtobiografija. Moskau.

Lurija, A. R. 1987a: The Man with a Shattered World: The History of a Brain Wound. Cambridge, Mass.

Lurija, A. R. 1987b: The Mind of a Mnemonist. Cambridge, Mass.

McKenzie, I. 1927: Discussion on epidemic encephalitis. British Medical Journal *24*, S. 632—634.

Meige, H. & Feindel, E. 1902: Les tics et leur traitement. Paris.

Newton, I. 1958: Papers and Letters on Natural Philosophy and Related Documents, hg. von I. B. Cohen. Cambridge, Mass.

Nietzsche, F. 1973: Die fröhliche Wissenschaft. In: Kritische Werkausgabe, 5. Abteilung, 2. Band. Berlin (West), S. 11—335.

Onuaguluchi, G. 1964: Parkinsonism. London.

Parkes, C. M. 1973: Bereavement: Studies of Brief in Adult Life. Independence, Missouri.

Purdon Martin, J. 1967: The Basal Ganglia and Posture. London.

Sacks, O. W. 1969: L-DOPA for progressive supranuclear palsy. The Lancet ii/Nr. 7620, S. 591—592.

Sacks, O. W. 1972: The great awakening. The Listener, 26. Oktober 1972.

Sacks, O. W. 1975a: Perceptual illusions in Parkinsonism. Proceedings of the British Association Annual Meeting. London.

Sacks, O. W. 1975b: The nature of consciousness. Harper's Magazine, Dezember.

Sacks, O. W. 1981: Witty Ticcy Ray. London Review of Books *3*, Nr. 3, 19. März 1981.

Sacks, O. W. 1982a: Acquired Tourettism in adult life. In: Gilles de la Tourette Syndrome. New York, S. 89—92.

Sacks, O. W. 1982b: Awakenings revisited. In: Advanced Medicine *18*. London, S. 326—340.

Sacks, O. W. 1983: The origins of Awakenings. British Medical Journal *287*, S. 1968—1969.

Sacks, O. W. 1984: A Leg to Stand on. London.

Sacks, O. W. 1985: Migräne. Evolution eines häufigen Leidens. Stuttgart.

Sacks, O. W. & Carolan, P. C. 1979: EEG finding in post-encephalitic and Tourettic patients. In: Proceedings of the Annual Meeting of the Metropolitan EEG Society. New York.

Sacks, O. W. & Kohl, M. 1970c: Incontinent nostalgia induced by L-DOPA. The Lancet i/Nr. 7661, S. 1394.

Sacks, O. W. & Kohl, M. 1970d: L-DOPA and oculogyric crises. The Lancet ii/Nr. 7665, S. 215—216.

Sacks, O. W., Kohl, M., Schwartz, W. & Messeloff, C. 1970a: Side effects of L-DOPA in postencephalitic parkinsonism. The Lancet i/Nr. 7654, S. 1006.

Sacks, O. W., Messeloff, C., Schwartz, W., Goldfarb, A. & Kohl, M. 1970b: Effects of L-DOPA in patients with dementia. The Lancet i/1231—1232.

Sacks, O. W., Messeloff, C. & Schwartz, W. 1970e: Long-term effects of levodopa in several disabled patients. Journal of the American Medical Association *213*, S. 2270.

Sacks, O. W., Ross, S. J., de Paola, D. P. & Kohl, M. 1970f: Abnormal mouth movements and oral damages associated with L-DOPA treatment. Annals of Dentistry *19*, S. 130—144.

Sherrington, C. 1947: The Integrative Action of the Nervous System. Cambridge.

Vogt, C. & Vogt, O. 1920: Lehre der Erkrankungen des striären Systems. Journal für Psychologie und Neurologie *26*, S. 43—57.

Sachregister

Namensregister